U0920830

猪病诊断彩色图谱与防治

宣长和　王亚军　邵世义 等主编

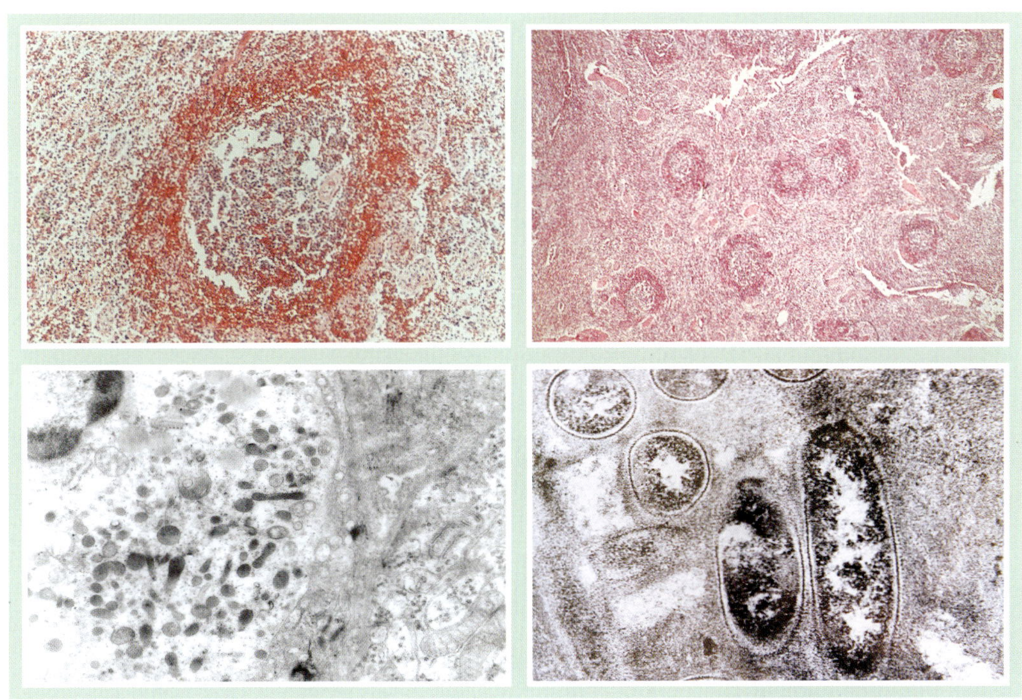

中国农业科学技术出版社

图书在版编目(CIP)数据
猪病诊断彩色图谱与防治/宣长和，王亚军，邵世义等主编.-北京:中国农业科学技术出版社.2005.1
ISBN 7-80167-721-8
Ⅰ.猪··· Ⅱ.宣··· Ⅲ.①猪病-诊断-图谱 ②猪病-防治-图谱 Ⅴ.S858.28-64
中国版本图书馆CIP数据核字（2004）第107326号

内容简介

本书以图谱形式介绍了1999年2月12日农业部96号公告公布的一、二、三类动物疫病病种名录中26种猪疫病和常见多发病毒性与细菌性传染病、寄生虫、营养代谢等疾病的病原(因)、流行病学、症状、病理变化以及诊断、防治技术。书中有彩色照片近700幅，图文并茂，通俗易懂，便于读者掌握，有助于提高猪病防治技术水平。

责任编辑	孟宪松
责任校对	李　刚
出版发行	中国农业科学技术出版社
	地址：北京海淀区中关村南大街12号　　邮政编码：100081
	电话：010-68975144　010-68919703　　传真：010-68919698
经　　销	全国新华书店
印　　刷	北京长宁印刷有限公司
开　　本	889mm × 1194mm 1/12　印张：18
印　　数	1～3000册　字数：100千字
版　　次	2005年1月第一版　2005年1月第一次印刷
定　　价	160.00元

《猪病诊断彩色图谱与防治》

编委会名单

主　编：宣长和　王亚军　邵世义　全双军　戈　盾　王　莉

副主编（以姓氏笔画为序）：

王长远　王翠萍　王孟良　王洪刚　冯悦萍　孙运刚　孙进华
刘德贵　李子文　李玉娥　李德锋　李洪昌　李书峰　邢成军
曲玉莼　完善春　卢　群　陈建熬　陈志宝　吴海燕　杨再龙
姚绪涛　周　景　郗文莉　徐洪斌　聂　力　解兆林　薛　飞

主　审：孙福先　于长江　耿国富　任凤兰　王瑞久　马春全

编　者（按姓氏笔画为序）

王　莉　王长远　王亚军　王孟良　王朝军　王翠萍　王洪刚
戈　盾　冯悦萍　孙运刚　孙进华　孙　斌　刘德贵　李　明
李纪平　李子文　李玉娥　李书峰　李洪昌　李德锋　全双军
邢成军　曲玉莼　邵世义　完善春　卢　群　吴海燕　严彩虹
杨再龙　陈建熬　陈志宝　姚绪涛　周　景　郗文莉　宣长和
唐　诗　徐洪斌　聂　力　解兆林　薛　飞

摄影和制片：宣长和　任凤兰　冯悦萍　周　景　郗文莉　吴海燕

前 言

本书是以作者在教学、科研、外检工作中长期积累有关猪病方面的彩色照片和诊断、防治实践第一手资料为基础编写而成。在编写过程中，广泛搜集了猪病的病原学、流行病学、临床学、病理学、治疗学、免疫学、预防医学等方面的最新科技成果。每种疾病都附上具有诊断价值的临床症状和病理变化彩色照片,并对其病因(原)、流行病学特点、临床症状、病理变化、防治措施的基础理论和技术都作了简要说明,图文并茂、通俗易懂。特别适合从事猪病防治的专业技术人员尤其是新从事养猪的专业户或猪场工作人员参考使用。

本出版物既有作者从事教学、科研、生产工作的经验和科研成果,又吸收有国内外猪病研究方面的最新成就。照片病变景象逼真，使抽象的文字叙述形象化,一目了然,易记忆,应用方便。

作者近年曾到华南、华中、华北地区一些猪场进行了调查研究，收集大量图片,汇于本书,并从国内外著作中选取了部分图例,丰富了本书的内容。在此对国内外同行表示感谢。因编写时间仓促,书中定有疏漏之处,敬请读者指正，以便进行修改完善，以满足养猪业的不断发展。

为了对读者负责，本书读者如有猪病诊断与防治疑难问题，可拨打电话010-61598704或发电子邮件到xuanchanghe@yahoo.com.cn,对有特殊需要者,作者可到现场指导、咨询。

黑龙江八一农垦大学教授

宣 长 和

2004年8月1日于北京东燕郊

目 录

1 猪瘟……(1)
2 口蹄疫……(30)
3 非洲猪瘟……(33)
4 猪传染性胃肠炎……(36)
5 猪细小病毒病……(40)
6 猪乙型脑炎……(43)
7 伪狂犬病……(46)
8 猪繁殖与呼吸综合征……(51)
9 猪圆环病毒感染……(59)
10 猪水疱病(附痘病)……(69)
11 猪流感……(73)
12 猪丹毒……(75)
13 猪布鲁氏菌病……(83)
14 坏死杆菌病……(86)
15 猪梭菌性胃肠炎……(88)
16 猪传染性胸膜肺炎……(90)
17 猪传染性萎缩性鼻炎……(93)
18 猪肺疫……(95)
19 猪大肠杆菌病……(98)
20 猪副伤寒……(105)
21 炭疽……(109)
22 猪痢疾……(111)
23 猪链球菌病……(113)
24 李氏杆菌病……(117)
25 结核病……(119)
26 钩端螺旋体病……(121)
27 衣原体病……(123)
28 猪气喘病……(127)
29 猪副嗜血杆菌病……(130)
30 附红细胞体病……(134)
31 猪的蔷薇糠疹……(138)
32 华枝睾吸虫病与姜片吸虫病……(140)
33 猪囊尾蚴病……(142)
34 棘球蚴病……(144)
35 细颈囊尾蚴病与猪冠尾线虫病……(145)
36 猪蛔虫病……(147)
37 猪食道口线虫病……(149)
38 后圆线虫病……(150)
39 猪毛首线虫病……(153)
40 旋毛虫病与猪棘头虫病……(154)
41 猪疥螨病……(156)
42 猪虱病……(158)
43 猪球虫病……(160)
44 弓形虫病……(162)
45 住肉孢子虫病……(173)
46 胃溃疡……(174)
47 肠变位……(176)
48 仔猪缺铁性贫血……(178)
49 钙和磷缺乏症……(180)
50 猪硒缺乏症……(181)
51 霉饲料中毒……(187)
52 食盐中毒与异嗜癖……(190)
53 猪呼吸道疾病综合征……(192)
54 猪场生物安全控制体系的建立……(202)
55 建立SPF猪生产繁育系统……(204)

1 猪瘟
Swine Fever

猪瘟是由病毒引起的一种急性热性传染病，各种年龄的猪均可发病，一年四季流行，传染性极强，具有高的发病率和死亡率，严重地威胁养猪业的发展。

一、病原

猪瘟病毒,属黄病毒科,瘟病毒属,基因组为单股正链RNA，有囊膜，病毒粒子略呈圆形，目前基因型有group1型和group2

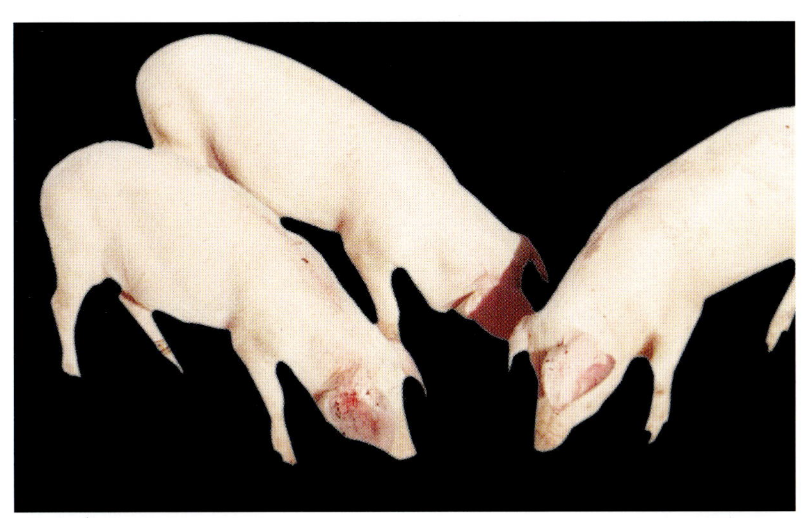
图 1-1 全身无力行动迟缓

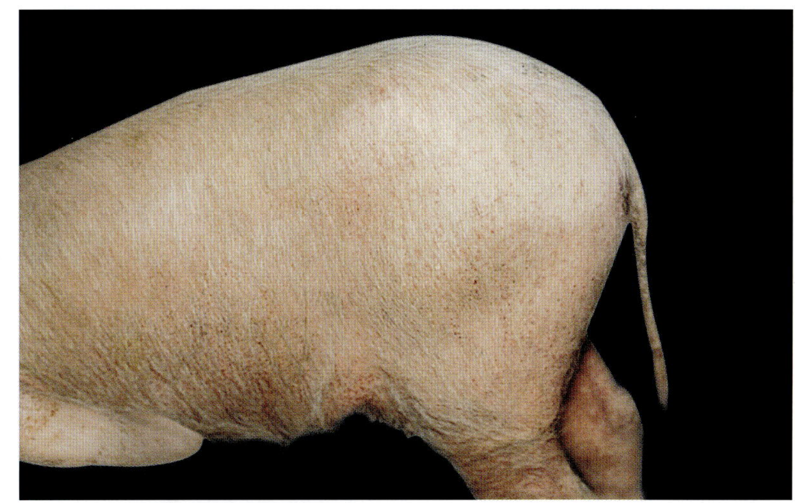
图 1-2 胸腹侧和臀部皮肤出血点

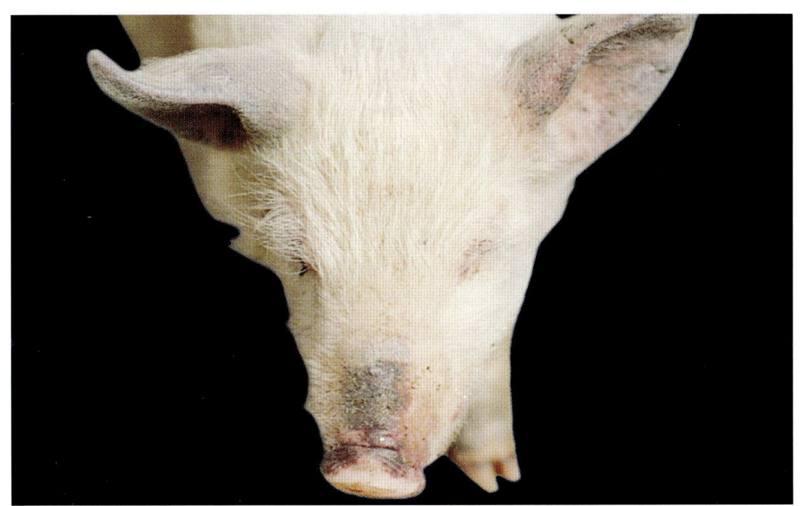
图 1-3 耳与鼻梁处皮肤出血斑

图 1-4 耳与四肢皮肤融合形成较大的出血坏死区

型,其中以 group2 型为主,占 80% 以上；国外流行的猪瘟病毒基因型除 1、2 型外,还有 group3 型,其中也以 group2 型为主,占 80% 以上。病毒在细胞内进行复制时，猪瘟病毒可引起猪胎儿免疫耐受性。猪瘟病毒与牛腹泻粘膜病病毒（BVDV）的血清学关系，存在共同抗原。目前猪瘟只有一个血清型，中国株兔化弱毒疫苗免疫原性好。据丘惠深报道(2004)，40 多年来我国应用中国株兔化弱毒疫苗，在控制我国猪瘟中起到了至关重要作用，近年又多次作中国株兔化弱毒疫苗的效力和

图 1-5 猪瘟 慢性型 临床症状 体温时高时低，病猪消瘦和皮肤有陈旧性出血斑(鼻部)

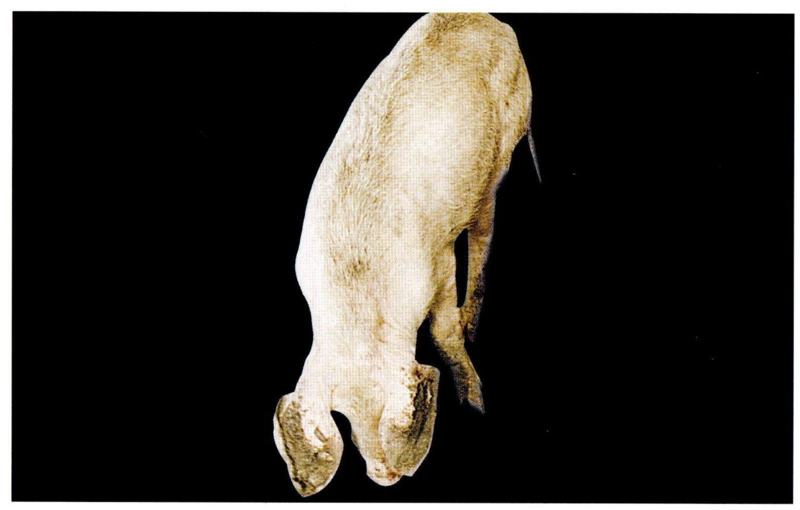

图 1-6 猪瘟 慢性型 临床症状 耳部皮肤有陈旧性出血斑、坏死痂

图 1-7 育肥猪感染后末梢皮肤仅出现轻微出血性变化 精神食欲正常

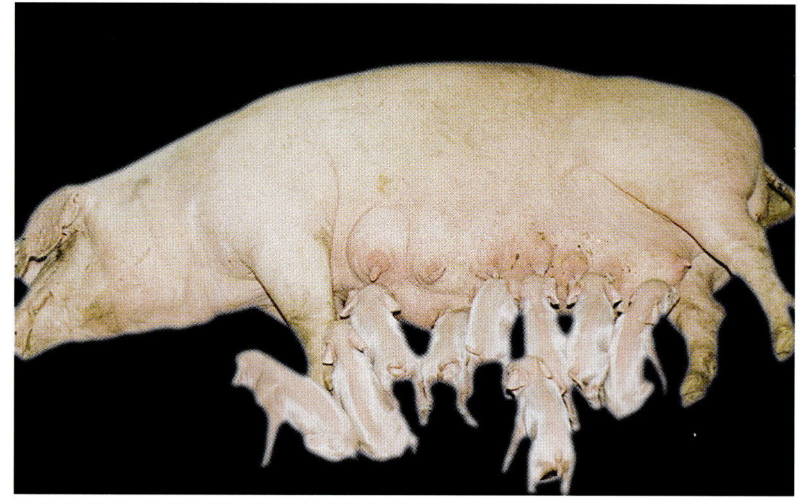

图 1-8 猪瘟 阳性母猪 产出弱小或颤抖的仔猪

安全性实验证明，该疫苗接种各品种的猪均安全，对孕猪、胎猪、乳猪都无残余毒力，且不通过胎盘屏障诱发仔猪慢性猪瘟。免疫原性好完全可以放心应用。病毒对低温有较强的抵抗力，冷冻肉中病毒数年不减其感染性，冻干的血毒在-35℃可保存15年。干燥的条件下，病毒易于死亡，被污染的环境如能保持干燥强烈阳光暴晒，经1～4周即可失去传染性。尸体腐败后2～4天病毒可灭活，在腐败的骨髓内可存活20天，在冰冻条件下可长久存活。对碱性消毒药物最为敏感，如苛性

图 1-9 猪瘟 断奶仔猪 精神沉郁、面部水肿，下痢

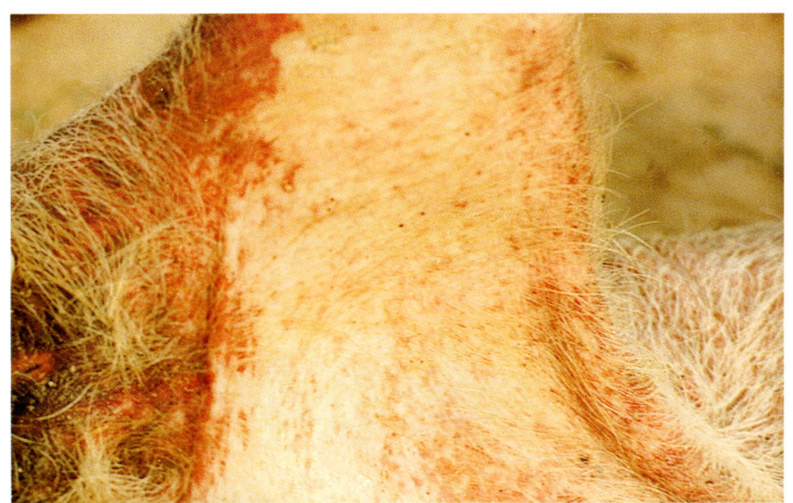

图 1-10 皮肤出血初期可见淡红色充血区

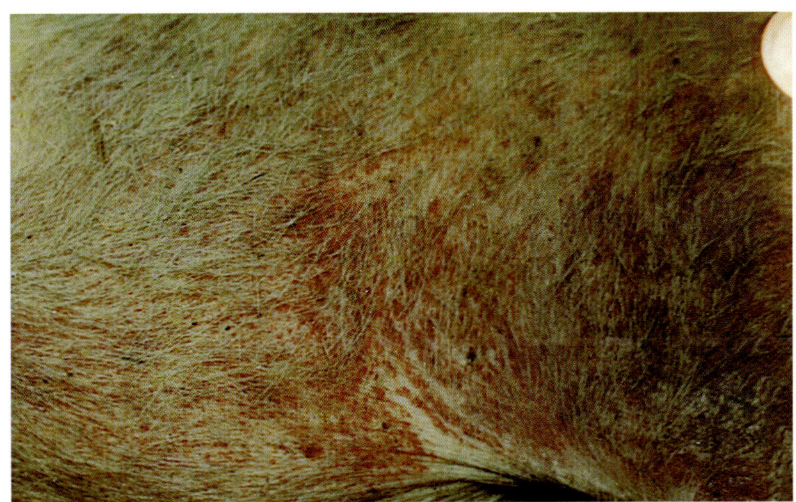

图 1-11 皮肤明显的小出血点

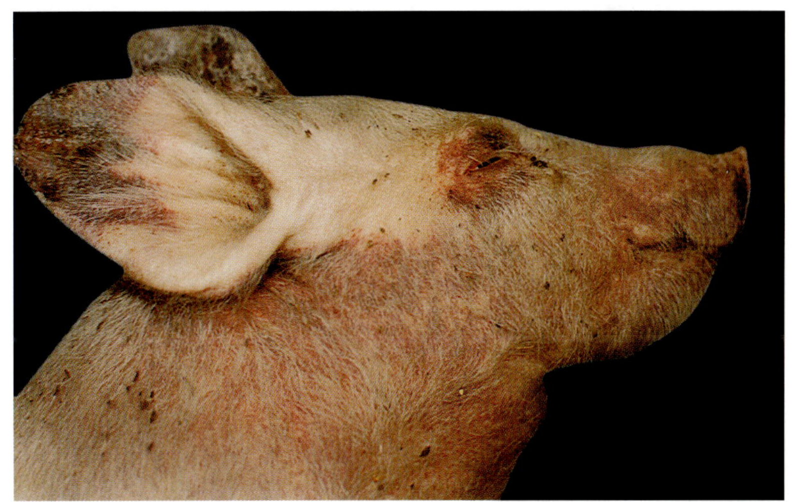

图 1-12 耳、颈 部皮肤出血

钠，生石灰等。

二、流行病学

1.易感动物：各种品种的猪对猪瘟病毒都有易感性。

2.传染源：病猪和隐性感染猪是最主要的传染源，病毒的储存宿主，主要是没有临床症状的“带毒母猪”，大量的病毒可通过“带毒母猪”产下的仔猪进行传播，甚至可存在于血清中有中和抗体的猪中，构成潜在的传染源。在防制猪瘟

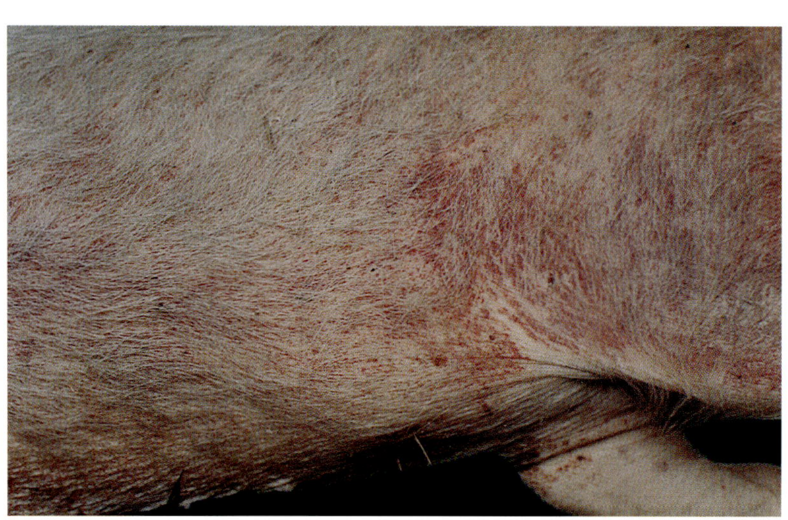

图 1-13 胸部皮肤出血点

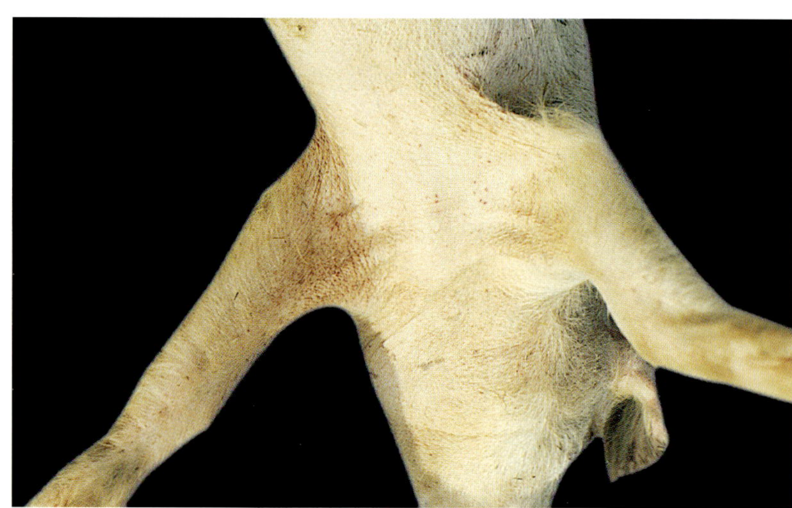

图 1-14 前肢内侧出血点

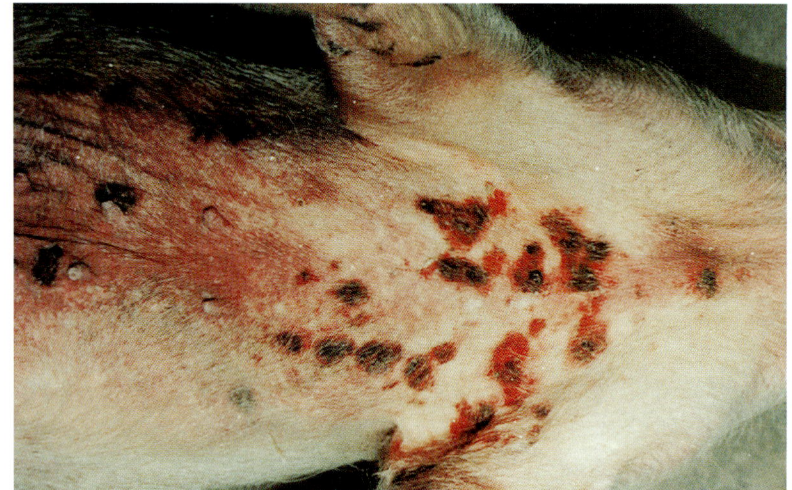

图 1-15 胸部皮肤出血斑

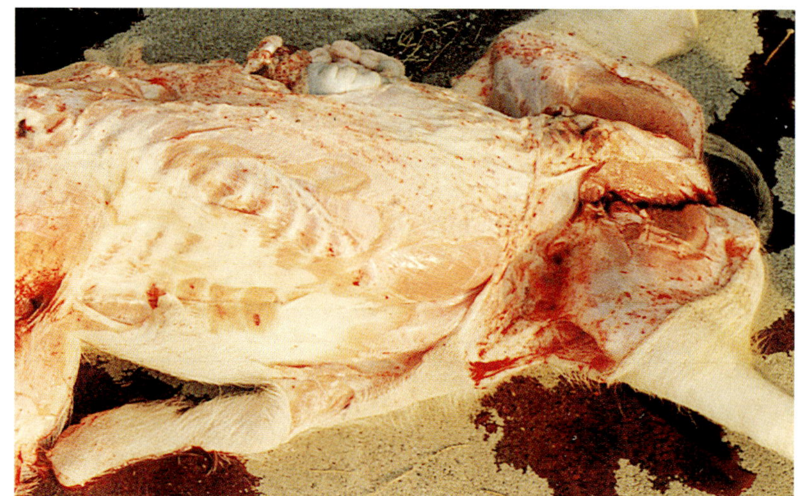

图 1-16 皮下组织弥漫性出血点

上应当注意母猪持续感染现象，病后带毒猪、隐性感染猪、潜伏期带毒猪也是重要传染来源。

3.传播途径：猪瘟的流行主要是病猪与易感猪之间直接或间接感染而引起，带毒母猪经胎盘垂直感染胎猪也是传播途径之一。

4.传染媒介：被猪瘟病毒污染的饲料、饮水、饲养工具、运输工具、以及与病猪直接接触人员的工作服、鞋等如未被彻底消毒都可成为传染媒介。

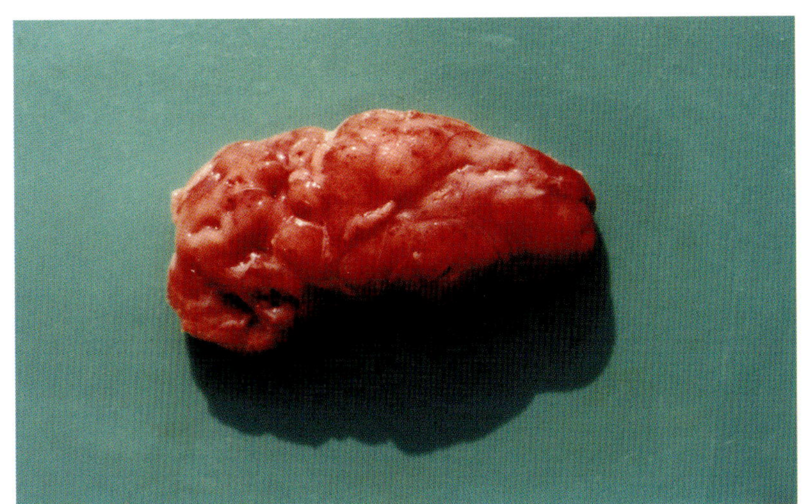

图 1-17 淋巴结肿胀红色被膜表面新鲜出血点

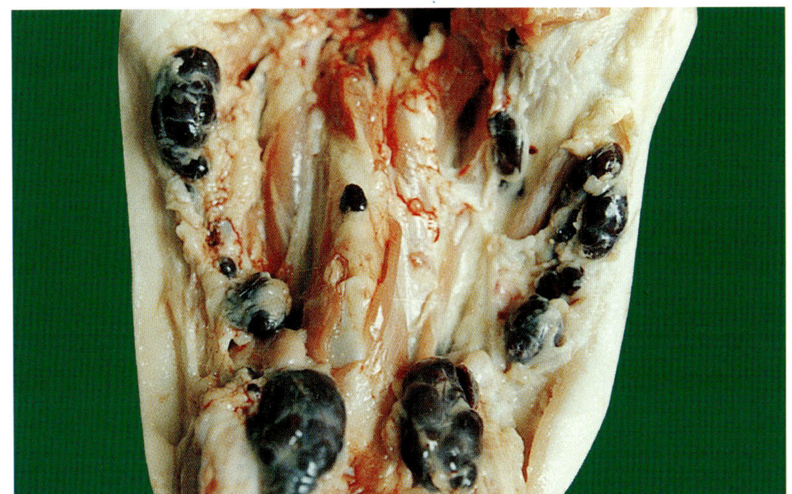

图 1-18 淋巴结肿胀紫红色整个淋巴结弥漫性出血

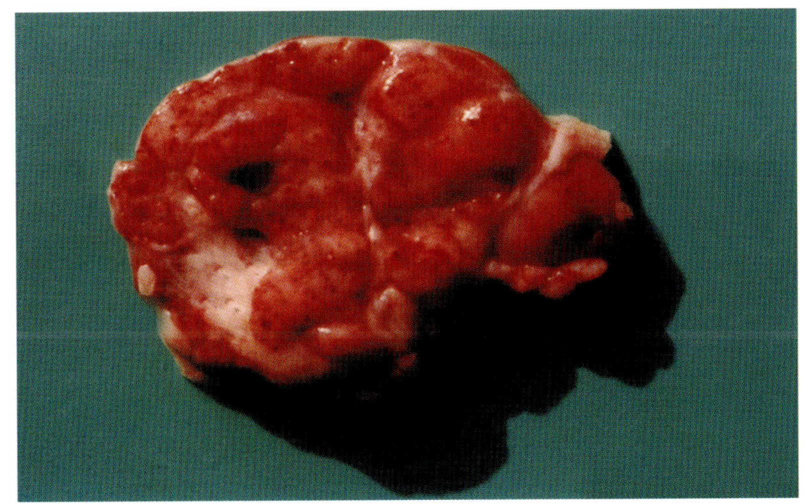

图 1-19 淋巴结切面弥漫性出血点

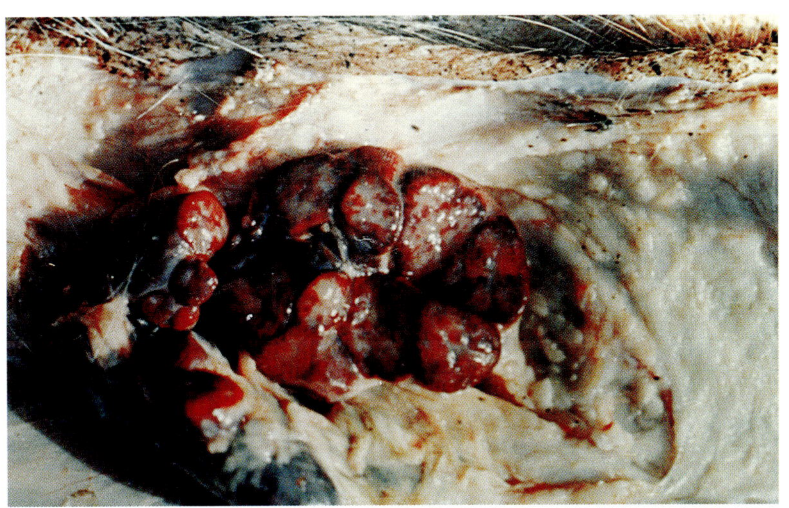

图 1-20 淋巴结切面周边弥漫性出血点或出血斑

5.流行特征： 本病自1833年在美国俄亥俄州发现以来，流行世界各地，至今猪瘟仍是威胁养猪业最重要的一种传染病。据联合国粮农组织和国际兽疫局1982年《动物健康年鉴》记载，北美、北欧已有21个国家宣布消灭了猪瘟。我国基本控制了本病的流行。20世纪80年代至90年代，猪瘟的流行特征有了许多新的特点，由于猪瘟预防接种弱毒苗的广泛实施，绝大多数猪都获得了不同程度抗猪瘟抗体。流行初期多出现亚急性型和非典型猪瘟，而流行速度趋向缓和，流行范围局

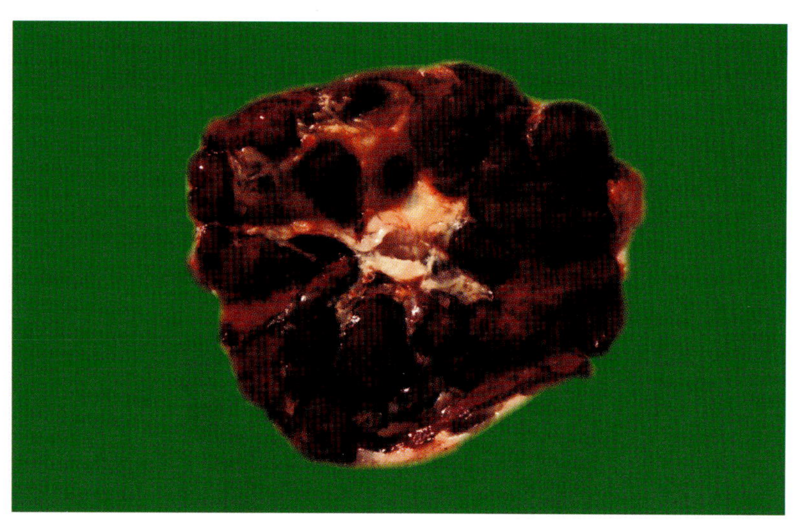

图1-21 淋巴结切面 弥漫性出血斑

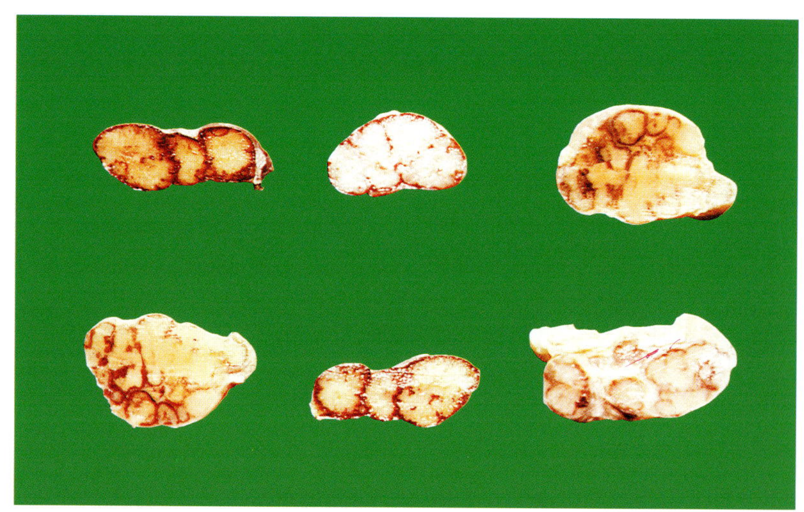

图1-22 淋巴结切面呈出血红白相间的大理石状外观

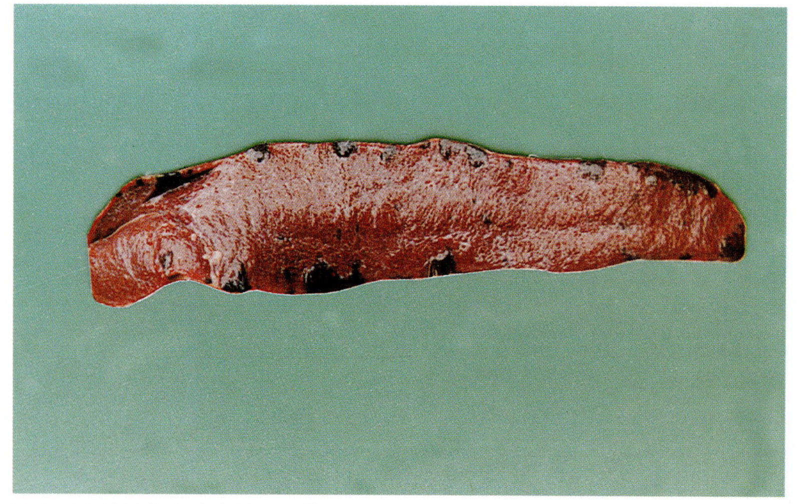

图1- 23 脾边缘有出血性梗死灶

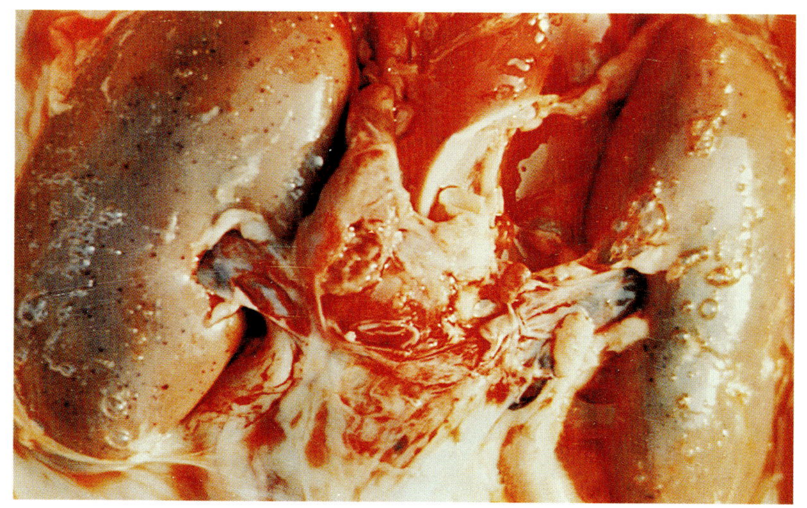

图1-24 肾呈弥漫性大小不一点状出血

限化。但是猪瘟的“带毒母猪综合征”产下来似乎健康的先天性被垂直感染的仔猪危险性是极大的。因为这些带毒仔猪可在长达数月之久不断的排出大量的猪瘟病毒而不表现出临床症状，同时也检测不出猪瘟抗体。带毒母猪综合征在妊娠母猪的感染率可达43%。当前我国母猪带毒现象相当普遍，据丘惠深报道(2004)13个省、市29个大、中型猪场21014头种猪，以猪瘟荧光抗体技术检测抗原，结果有2336头(11.12%)为抗原阳性(带毒猪)。这29个猪场中全部存在母猪带毒，只是严

图1-25 肾点状出血密如麻雀卵样

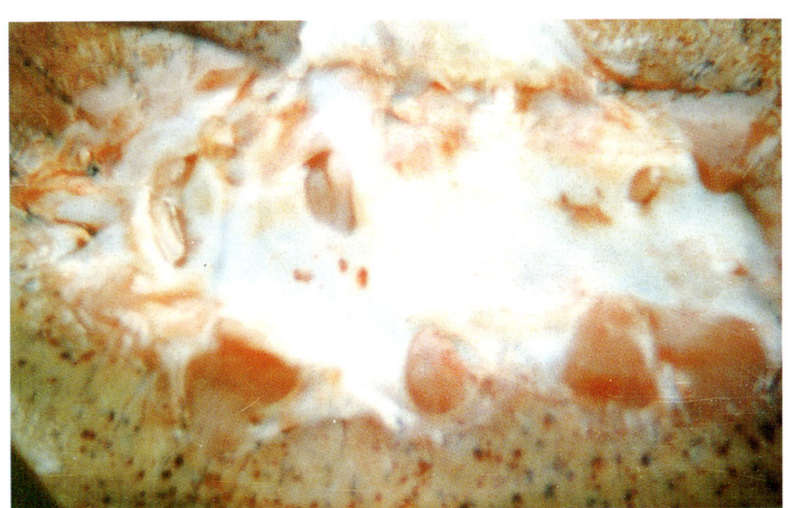

图1-26 肾切面出血

图1-27 输尿管出血

图1-28 膀胱粘膜有出血点

重程度不同而已。阳性比例在30.70%～4.4%，是目前困扰养猪业严重疫病之一。

三、临床症状

典型猪瘟潜伏期短的2天，一般为5～10天，最长达21天。经过可分最急性型、急性型、亚急性型、慢性型。目前又出现温和型和非典型猪瘟。

1.最急性型：体温高达41℃以上稽留1至数天死亡，可视粘膜和腹部皮肤有针尖大密发出血点，病程1～4天，多突然发病死亡。

图1-29 膀胱出血性浸润

图1-30 大网膜 弥漫性出血

图1-31 肠系膜有小点状出血

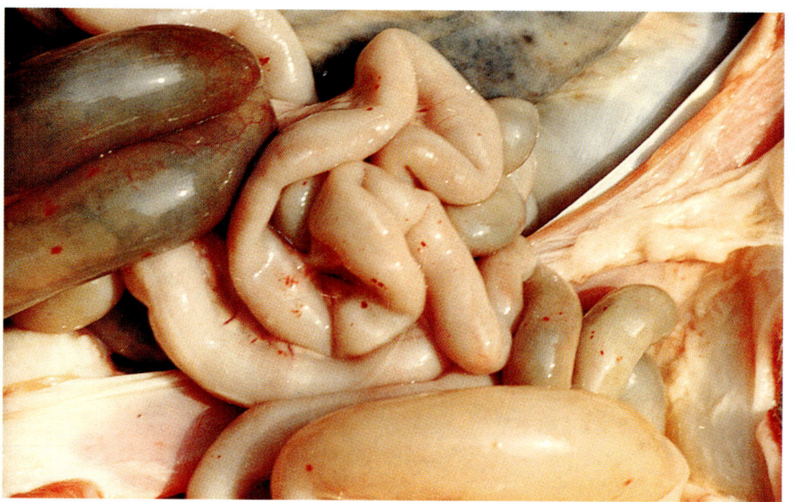

图1-32 小肠浆膜出血点

2.急性型：体温41℃以上稽留不退，死前降至常温以下，发病时精神极度沉郁,两眼无神，伏卧嗜睡，全身无力，行动迟缓（图1-1），摇摆不稳，发抖，常喜钻入草堆，呈怕冷状。初期眼结膜潮红，后期苍白，眼角开张不全，眼角处初期有多量粘液，后期转为脓性分泌物，呈褐色而粘着两眼。病初减食或停食，饲喂时，缓慢走近食槽，食数口后，即退槽回床卧下，死前有的猪还可吃几口，有时可见呕吐。初期患猪便秘，排干粪球状，附带血的粘液或伪膜，有的病猪可出现腹泻，或便秘和

图1-33 结肠浆膜出血点

图1-34 胆囊出血

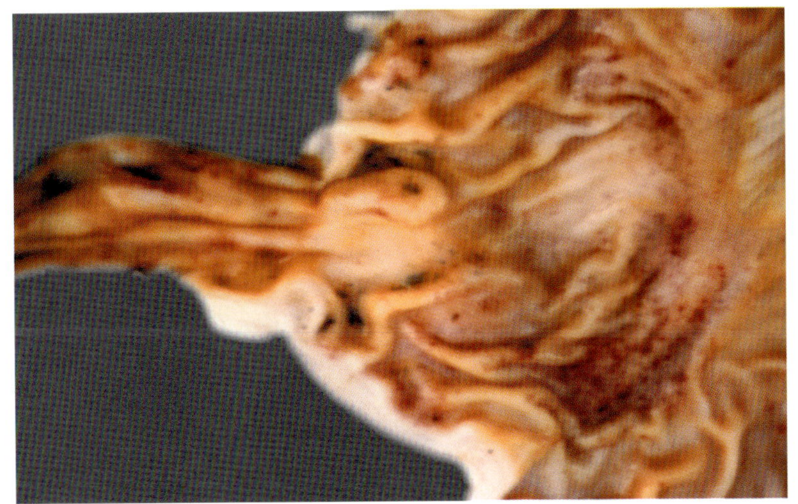
图1-35 胃底腺部粘膜及12指肠粘膜出血

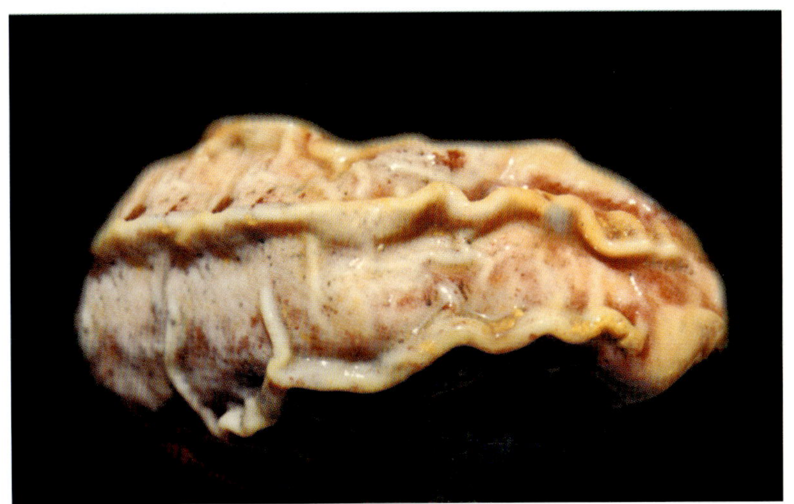
图1-36 胃底腺部粘膜散在出血

腹泻交替。皮肤初期常见潮红充血，后期出现贫血状态。各部皮肤有出血点（图 1-2）或出血斑（图 1-3），病程长的互相融合形成较大的出血坏死区（图 1-4）。病程 7～21 天时常继发巴氏杆菌和副伤寒感染。

3.亚急性型：症状与急性相似，体温先升高后下降，然后又可升高，直到死亡。病程长达 21 天～30 天，皮肤有明显的出血点，耳、腹下、四肢、会阴等可见陈旧性出血点，或新旧交替出血点，仔细观察可见扁桃体肿胀溃疡，舌、唇、齿龈结

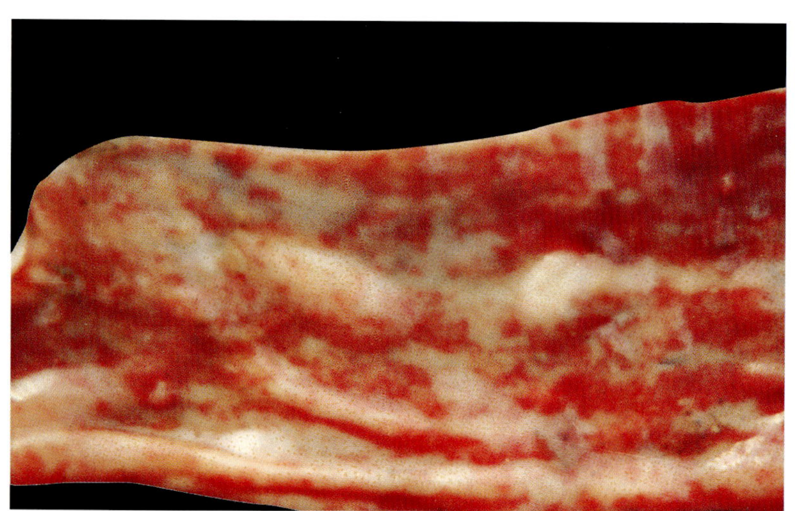

图 1-37　12 指肠粘膜出血与滤泡肿胀

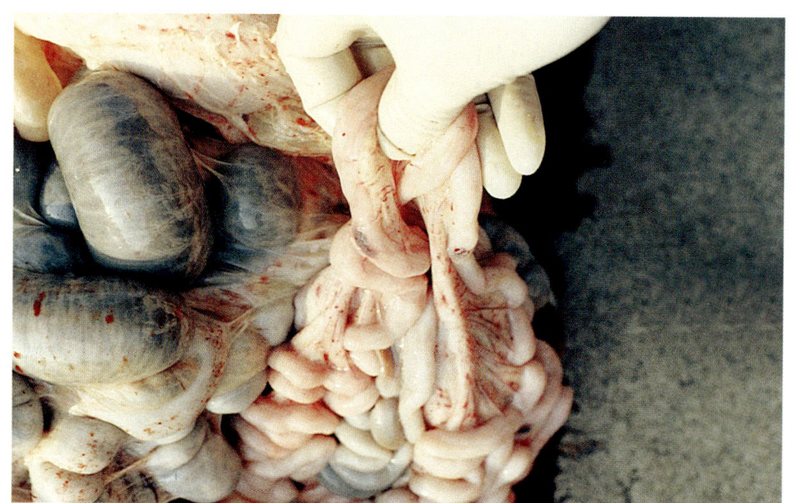

图 1-38　空肠与结肠出血点

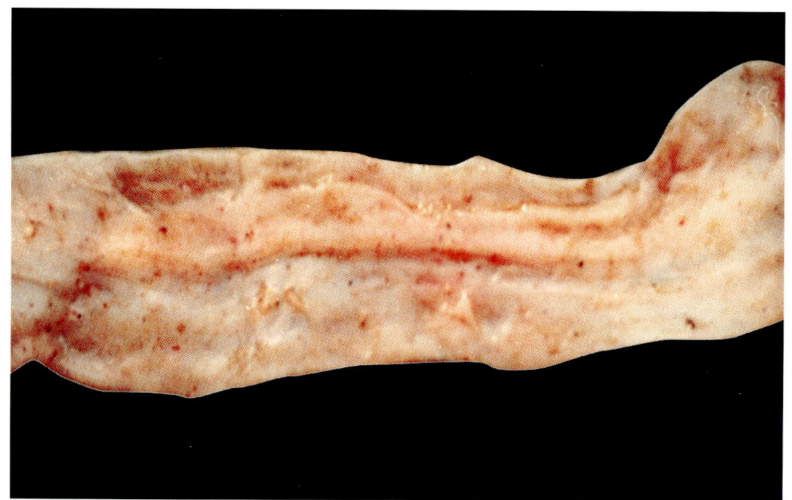

图 1-39　回肠粘膜出血点

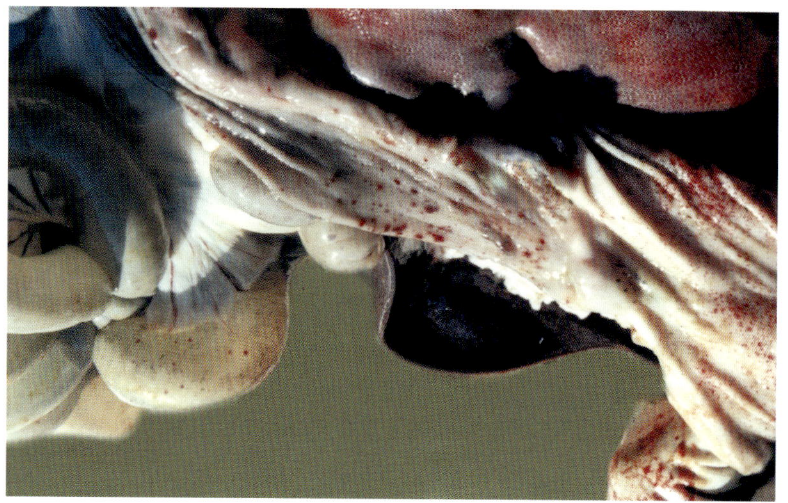

图 1-40　盲肠粘膜出血点

膜有时也可见到。病猪日渐消瘦衰竭，行走摇晃，后驱无力，站立困难。

4.慢性型：病程一个月以上，体温时高时低，全身衰弱，精神不振，食欲不佳，病猪消瘦（图1-5）、贫血，便秘与腹泻交替，转归死亡，皮肤有陈旧性出血斑或坏死痂（图1-6）。

5.温和型：是由低毒力的猪瘟病毒所引起的混合型猪瘟，其症状和病变不典型，病情缓和，发病率和病死率均低，死亡的多是幼猪，成年一般可耐过（图1-7）。这种病毒连续通过易

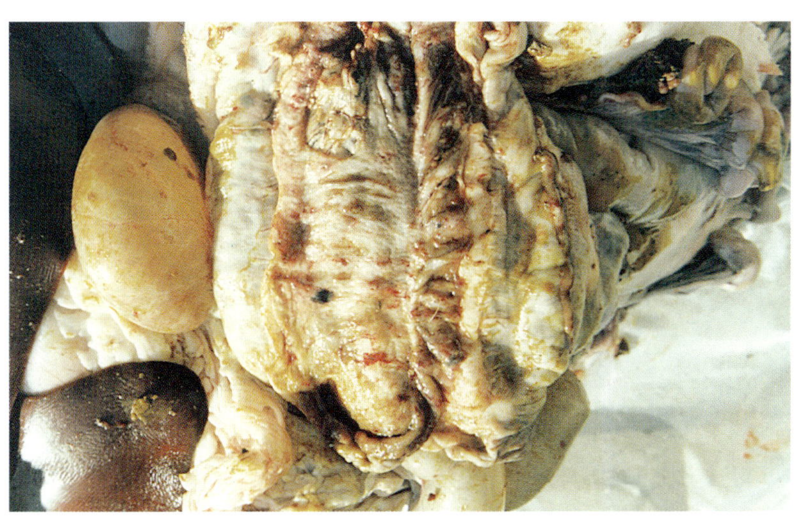

图1-41 结肠粘膜出血点

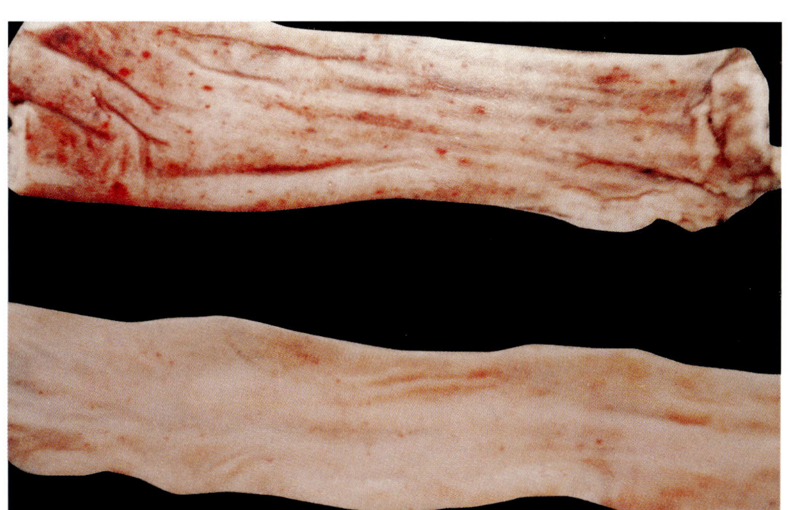

图1-42 直肠粘膜出血

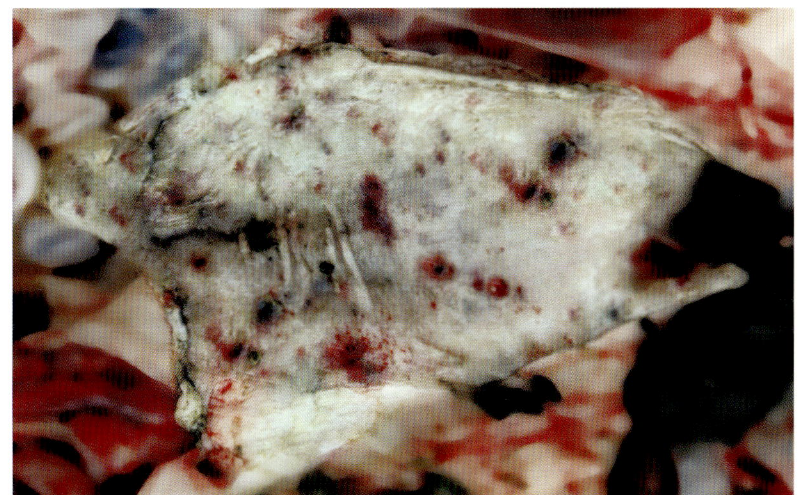

图1-43 大肠孤立和集合淋巴滤泡肿胀，病灶周围可见炎性反应

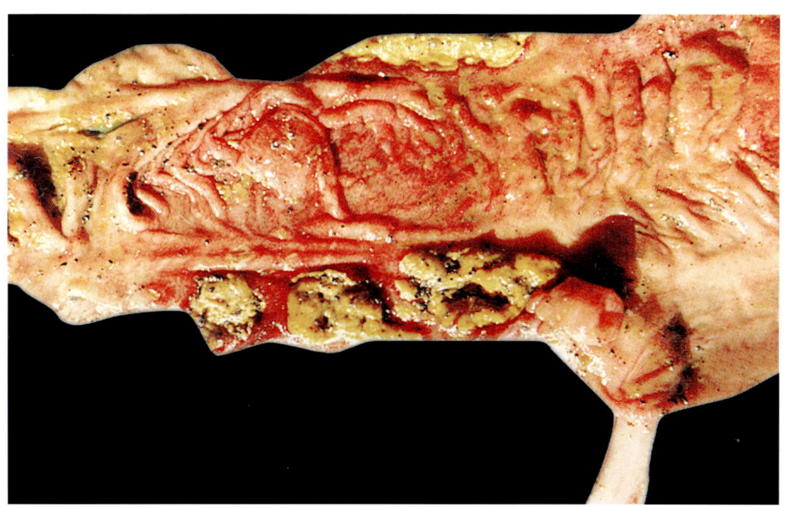

图1-44 回盲瓣口的淋巴滤泡肿大出血和坏死

感猪继代后，毒力增强，可使易感猪发生典型症状死亡。若阳性母猪或母猪于怀孕期感染猪瘟，可引起死胎、滞留胎、木乃伊胎、早产、产出弱小（图1-8）或颤抖的仔猪。存活仔猪因免疫耐受，断奶后又复发出现猪瘟症状（图1-9）。

四、病理变化

1.急性型：具有典型的败血症变化。皮肤出血初期可见淡红色充血区（图1-10），以后红色加深，有明显的小出血点（图1-11）。主要见于耳、颈（图1-12）、胸、腹部（图1-13）、四肢

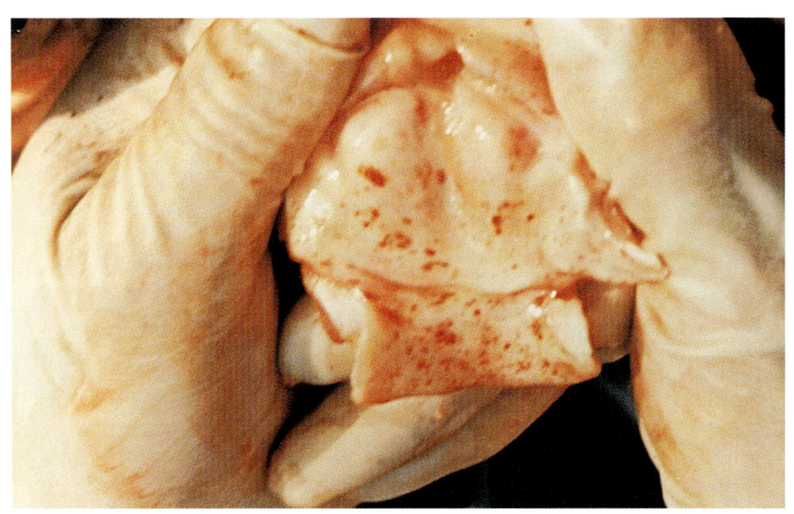

图1-45 喉和会厌软骨粘膜出血斑点

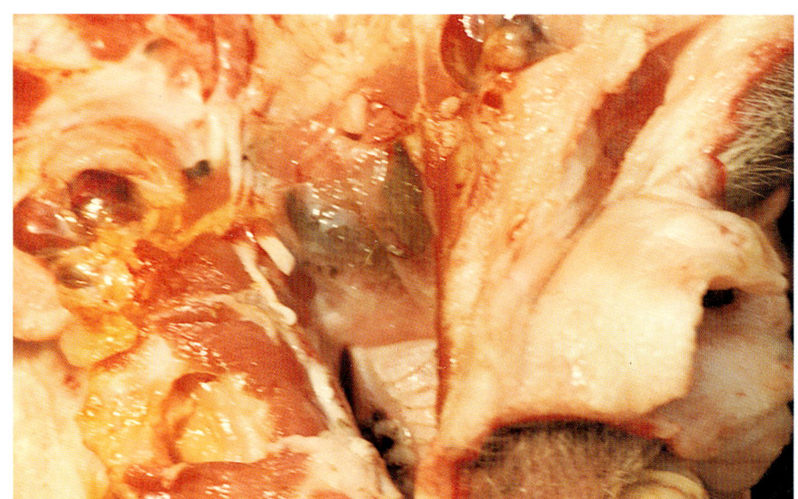

图1-46 扁桃体出血

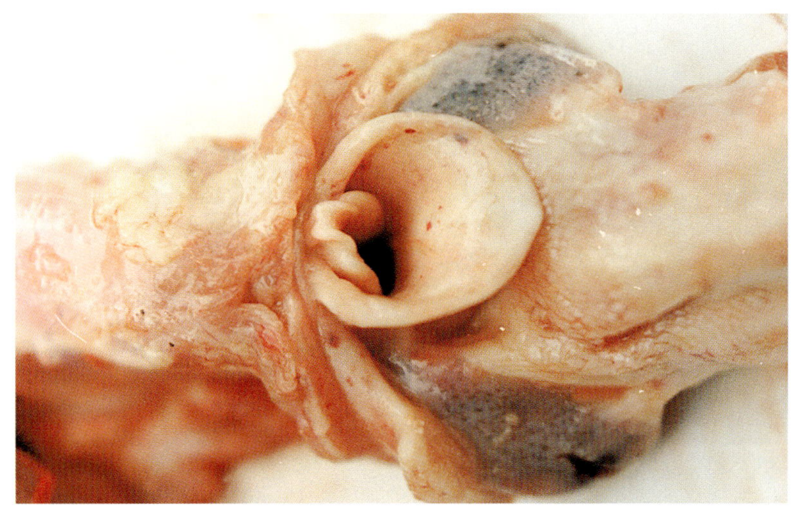

图1-47 扁桃体出血与坏死

图1-48 肋胸膜有点状出血

内侧（图1-14）。病程稍久，出血点可相互融合形成出血斑（图1-15）。脂肪及肌肉、皮下组织（图1-16）均可见到出血。

淋巴结变化具有特征性，几乎全身淋巴结都具有出血性淋巴结炎的变化。主要表现淋巴结肿胀外观呈深红色，被膜暗红色并有出血点（图1-17）乃至紫红色（图1-18），切面有弥漫性出血点或出血斑（图1-19、图1-20、图1-21），呈红白相间的大理石状外观（图1-22），尤以颌下、咽背、耳下、腹股沟、肺门、胃门、肾门、肝门、胰门、肠系膜、额内、直肠、淋巴

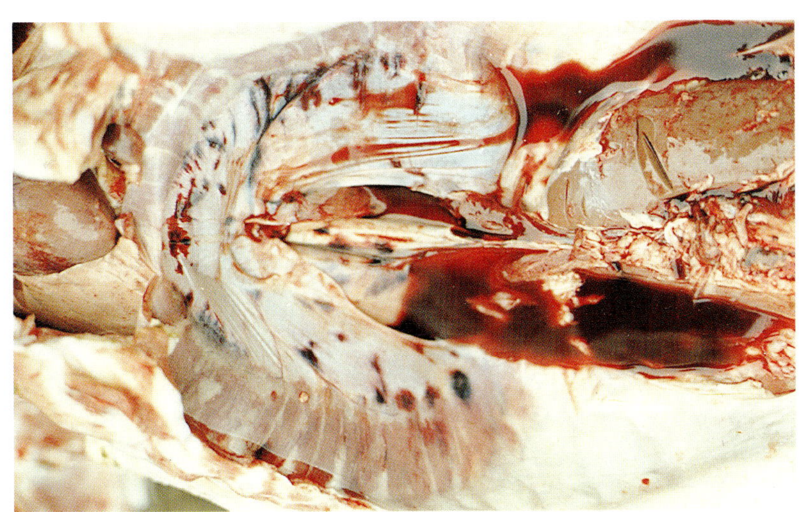

图1-49 膈肌弥散性出血斑

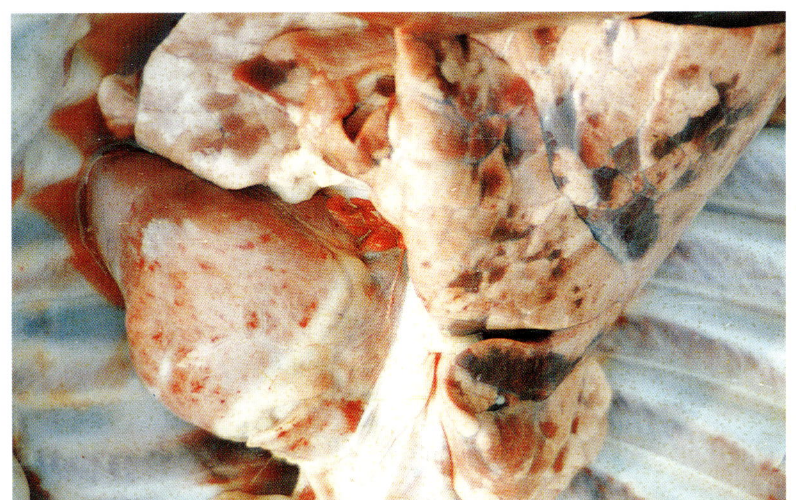

图1-50 肺有局灶性出血斑

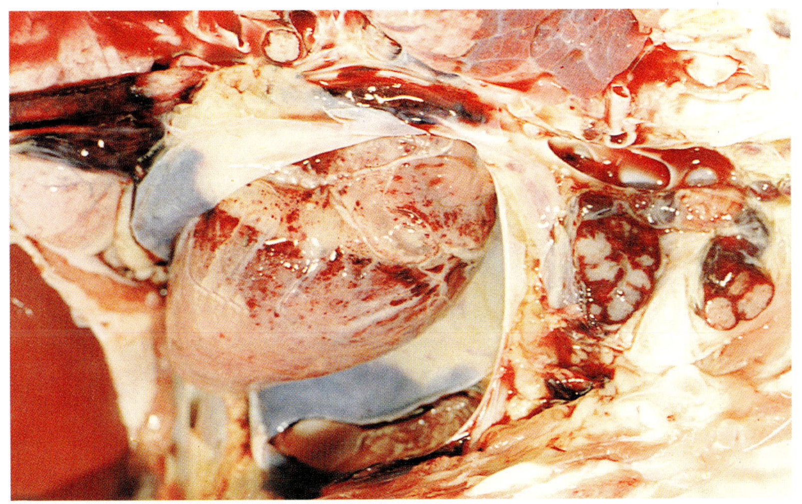

图1-51 心外膜出血斑点

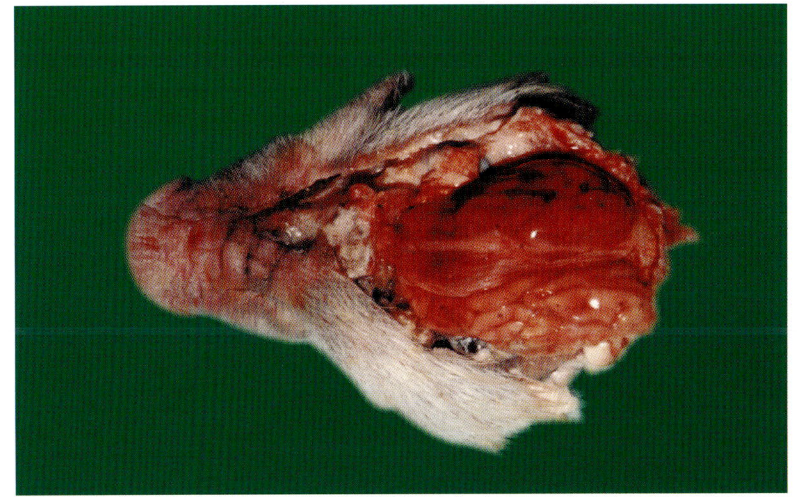

图1-52 猪瘟急性型病理变化 脑软膜和脑实质出血斑点

等淋巴结的病变最明显。淋巴结病变出现的最早、最明显，具有早期诊断价值。

脾脏一般不肿胀，脾边缘有栗粒至黄豆大，深于脾颜色呈紫红色隆起的出血性梗死灶，呈结节状，表面稍膨隆，切面多呈楔形，有时多数梗死灶联接成带状，一个脾可出现几个或十几个梗死灶（图1-23），其检出率约30～40%，具有诊断意义。

肾脏病变极明显和常见，也是建立诊断的指标之一。肾在急性病变的基础上出现大量的点状出血，量少时可见出血点

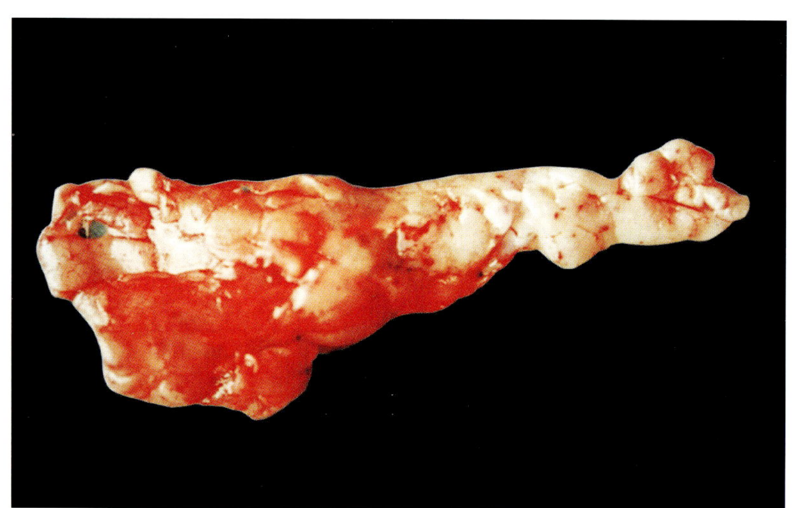

图 1-53 猪瘟急性型病理变化 胸腺大小不等的出血点

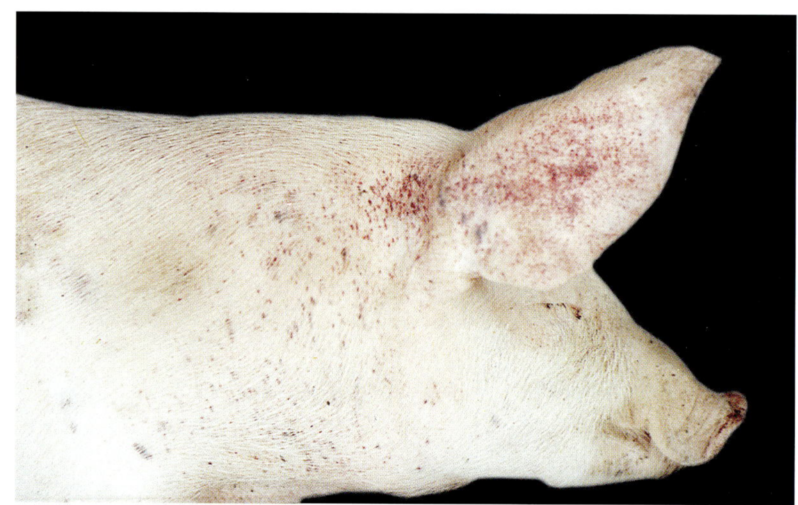

图 1-54 皮肤 新旧的出血点

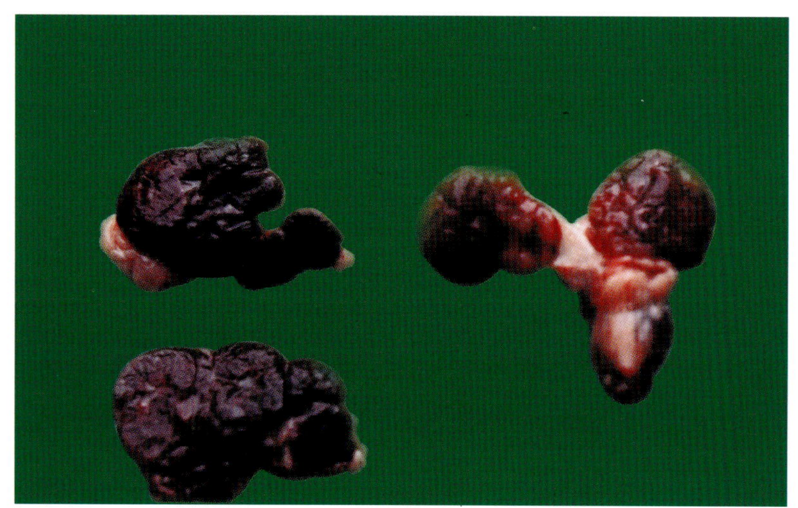

图 1-55 猪瘟 淋巴结陈旧的出血点斑

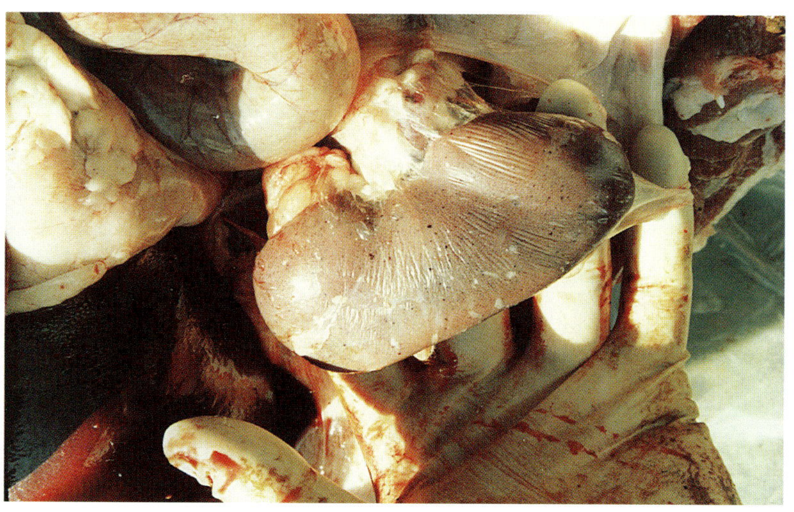

图 1-56 猪瘟 肾 陈旧出血点

散在（图1-24），量多时密布整个肾脏表面，密如麻雀卵样（图1-25），切面肾皮质和髓质均见有点状和线状出血，肾乳头、肾盂常见有出血（图1-26），输尿管（图1-27）、膀胱粘膜处有出血点（图1-28），或大面积的出血性浸润（图1-29）。

消化道病变表现为，在口角、齿龈、颊部和舌面粘膜有出血点或坏死灶，舌底部偶见梗死灶。大网膜（图1-30）、小肠系膜（图1-31）和小肠浆膜（图1-32）、结肠浆膜（图1-33）、常见小点状出血。胆囊亦可见出血（图1-34）、胃底部粘膜可

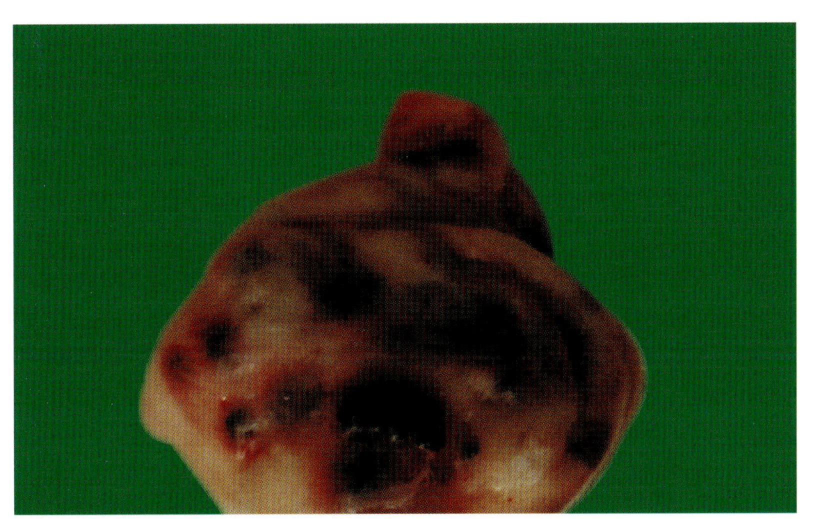

图1-57 猪瘟 膀胱 陈旧的出血斑

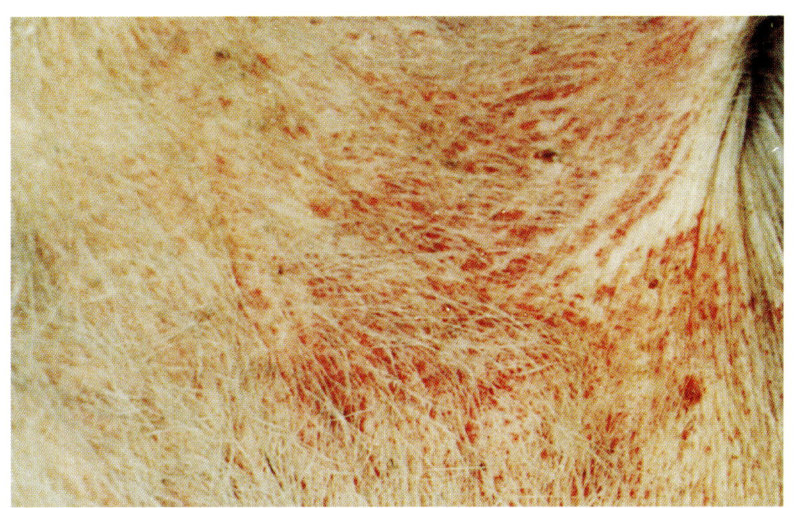

图1-58 皮肤陈旧性出血吸收灶

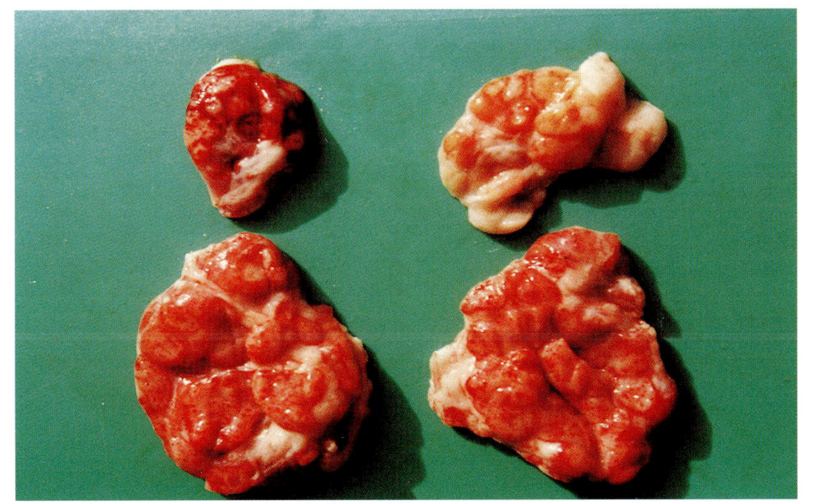

图1-59 淋巴结陈旧性出血吸收灶呈淡黄色铁锈色

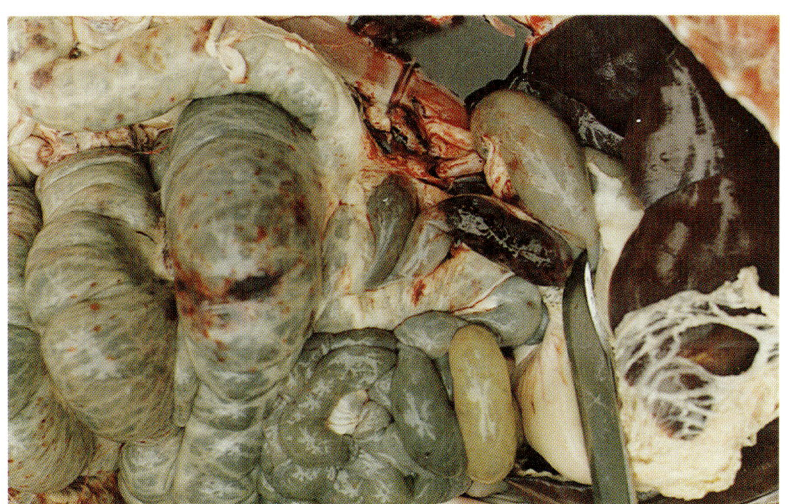

图1-60 结肠浆膜与肠管局灶性出血坏死灶

见出血和溃疡（图1-35、图1-36），12指肠（图1-37）、空肠（图1-38）、回肠（图1-39）、盲肠（图1-40）、结肠（图1-41）和直肠（图1-42）粘膜也常见有出血点。小肠和大肠孤立和集合淋巴滤泡肿胀，病灶周围可见炎性反应（图1-43），现场剖检时如见此病变时，可为诊断建立信心，此为慢性猪瘟扣状肿形成的基础。回盲瓣口的淋巴滤泡常肿大出血和坏死（图1-44）。

呼吸系统：在喉和会厌软骨粘膜常有出血斑点（图1-45），

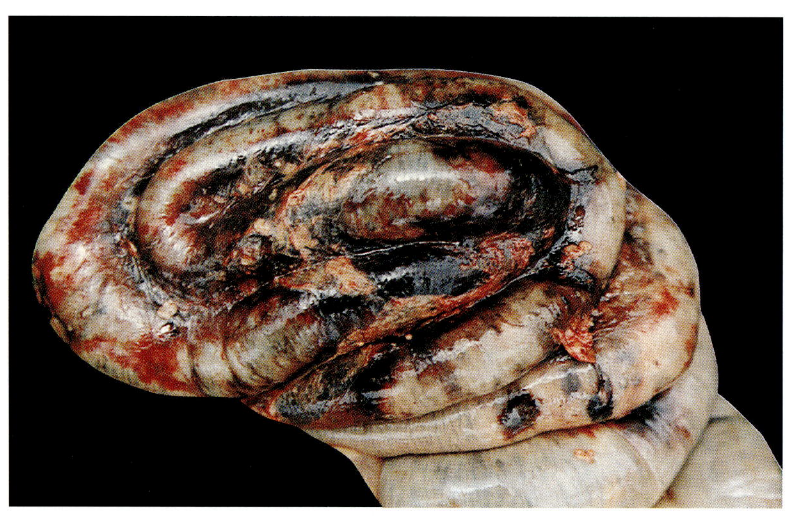

图1-61 结肠浆膜与结肠弥漫性出血坏死灶

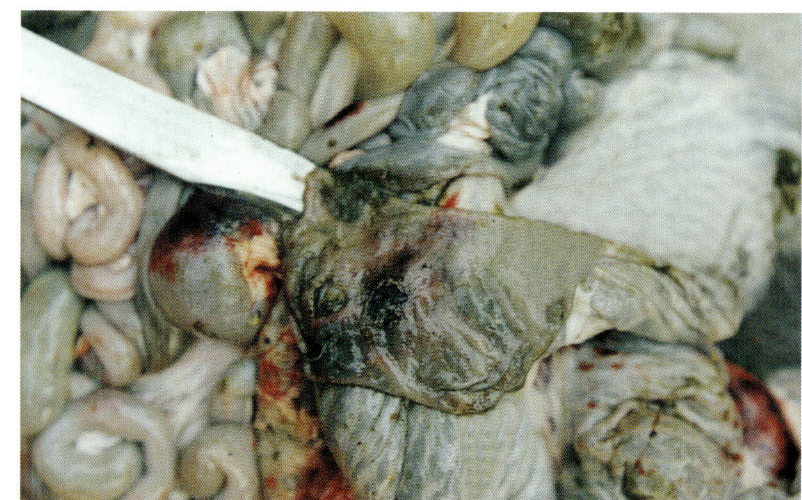

图1-62 剪开肠管后肠表面的扣状肿病变

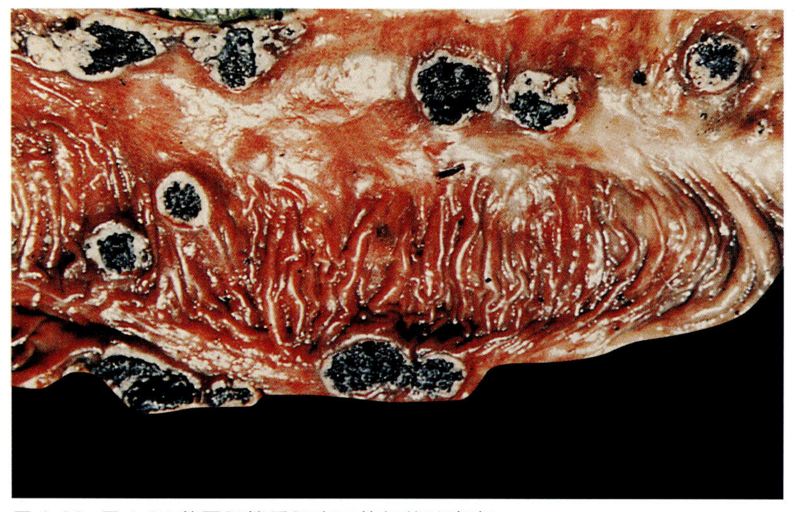

图1-63 图1-61剪开肠管后肠表面的扣状肿病变

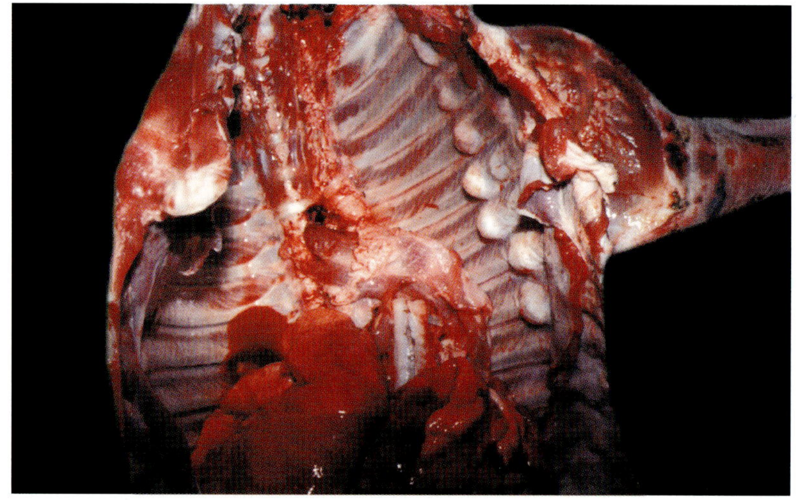

图1-64 肋骨末端与软骨交界部位有骨化线

扁桃体常见有出血（图1-46）或坏死（图1-47），肋胸膜有点状出血（图1-48），膈肌出血（图1-49），肺有局灶性出血斑块（图1-50）。

心血管：心外膜、冠状沟（图1-51）和两侧纵沟及心内膜均见有出血斑点，数量和分布不等。

中枢神经系统：主要见于脑膜和脑实质有针尖大小的出血点（图1-52）。胸腺出血点（图1-53）。

2.亚急性型：常见在本病经常流行地区及流行的中期，

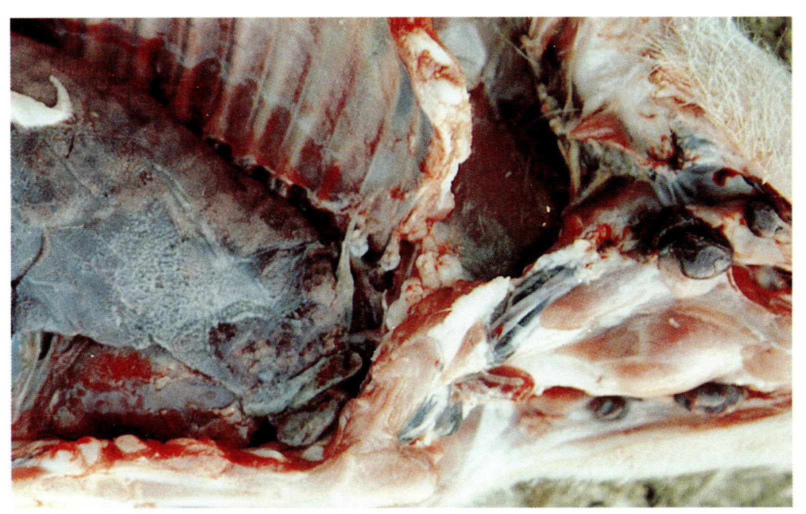

图1-65 猪瘟同时感染巴氏杆菌而引起的纤维素性胸膜肺炎

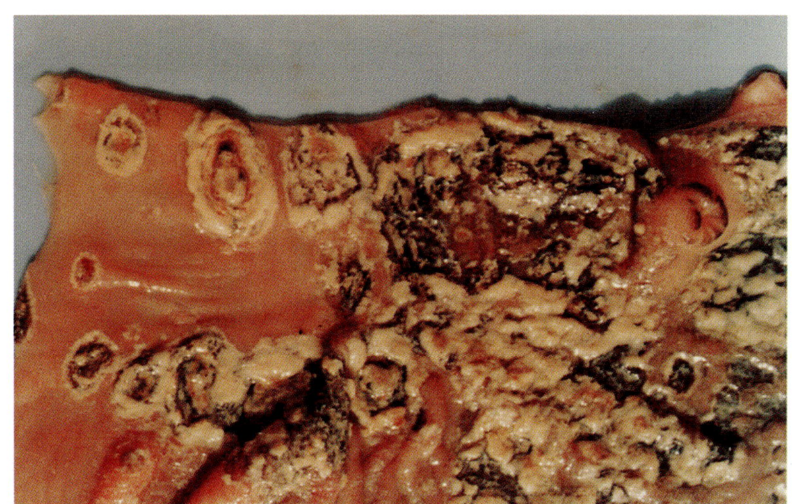

图1-66 猪瘟时感染沙门氏杆菌而引起猪副伤寒的肠纤维素坏死性肠炎

图1-67 肠扣状肿修复病理变化

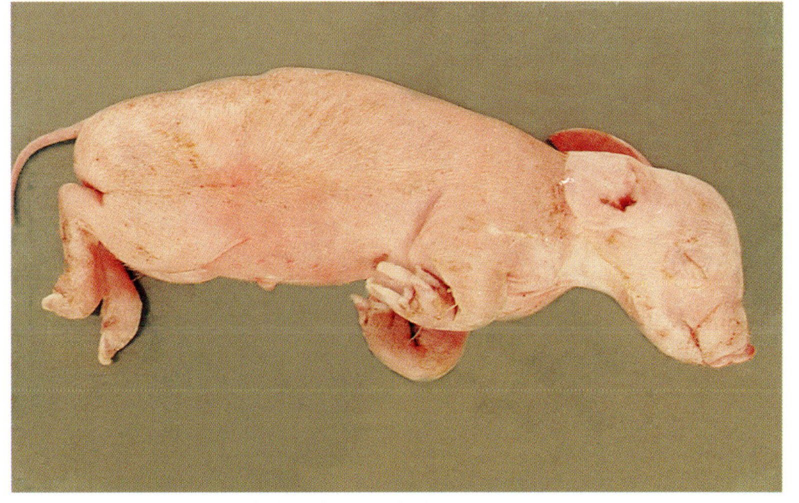

图1-68 猪瘟 繁殖障碍型 病理变化 死胎 水牛头

病程2～4周，败血性病变轻微，有新旧交替的出血点。主要病变在皮肤（图1-54），淋巴结（图1-55），肾（图1-56），膀胱（图1-57）等器官均可出现大小不一陈旧性出血斑点。

3．慢性型：败血症的变化较轻微，皮肤（图1-58）和各器官（图1-59）均可见有陈旧性出血斑点和出血吸收灶。本型特征性病变为大肠轮层状溃疡，俗称扣状肿，剖开腹腔后即可见有结肠浆膜与肠管局灶性（图1-60）或弥漫性出血坏死灶（图1-61），再剪开肠管可见到典型轮层状溃疡（图1-62、图

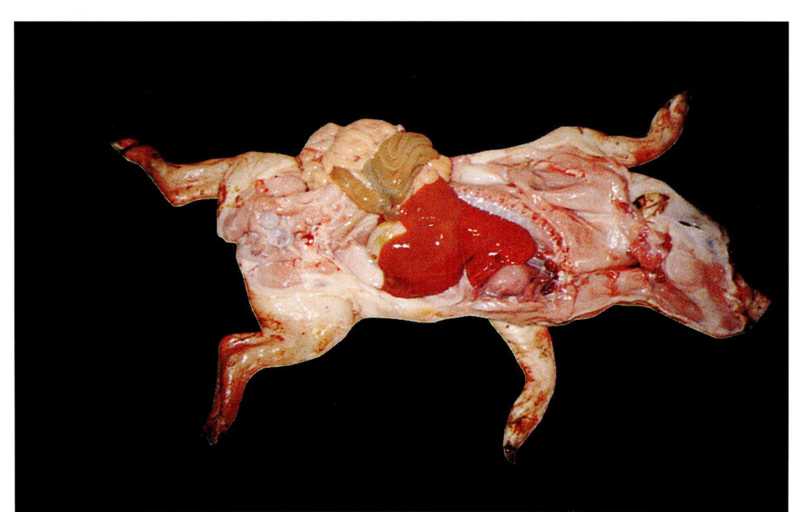

图1-69 猪瘟 繁殖障碍型 病理变化 死胎 下颌淋巴结肿大出血

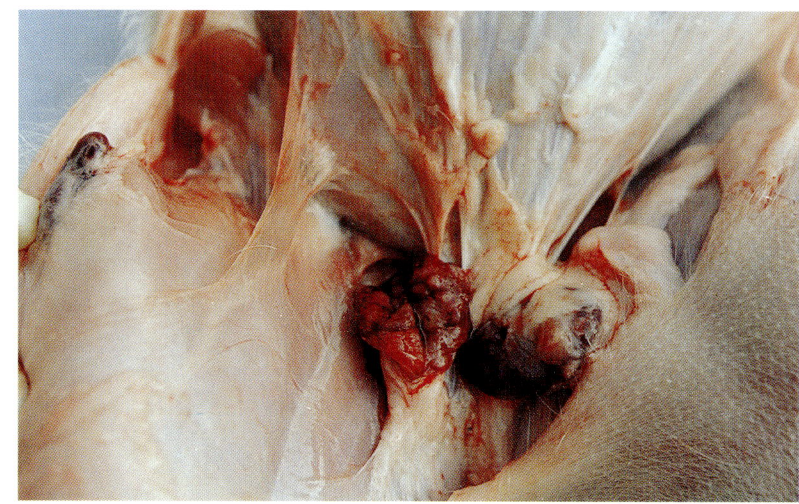

图1-70 猪瘟 繁殖障碍型死胎 腹股沟淋巴结肿大出血（特技）

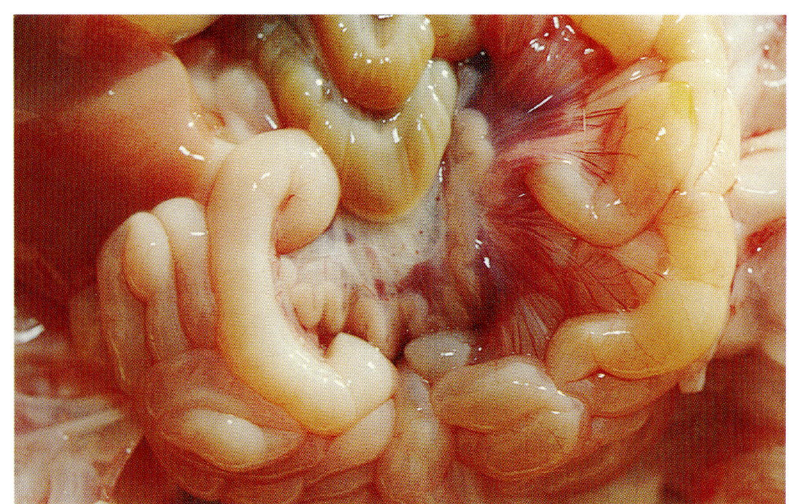

图1-71 肠系膜所属淋巴结肿大与肠系膜出血点

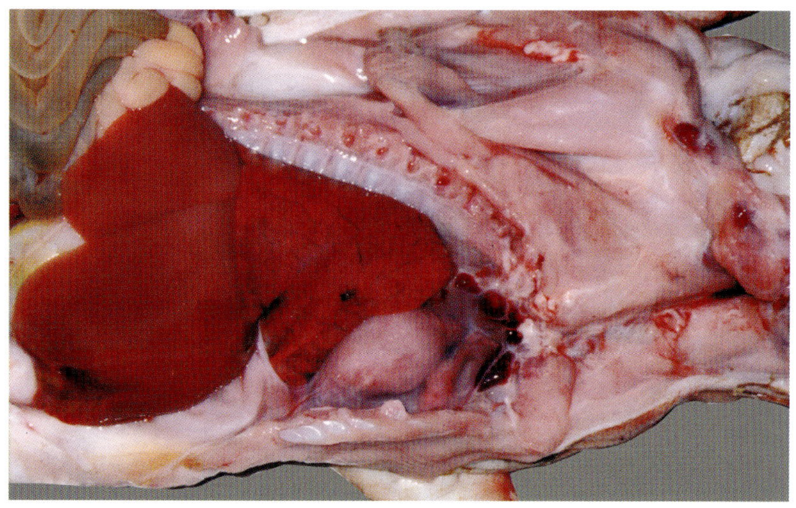

图1-72 猪瘟 繁殖障碍型死胎 胸前淋巴结出血

1-63)。目前认为轮状溃疡形成，是猪瘟病毒作用引起的，如继发感染猪霍乱沙门氏杆菌，在轮层状溃疡的基础上，可见有弥漫性坏死肠炎变化。慢性型断奶仔猪肋骨末端与软骨交界部位发生钙化，呈黄色骨化线(图1-64)，检查肋软骨连合处，在骺线下1～4mm的骨化线是一个经常可见的变化，这在慢性猪瘟诊断上有一定价值。其病变，主要原因是由于感染后病猪体内磷钙代谢紊乱而引起的。

4.胸型：感染巴氏杆菌而引起的，其病变除有猪瘟特有

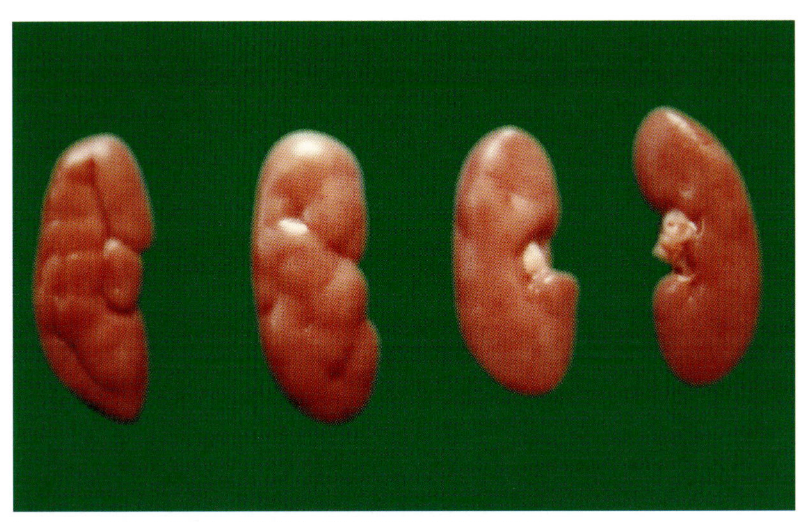

图1-73 猪瘟 繁殖障碍型死胎 肾畸形肾皮质部有裂缝

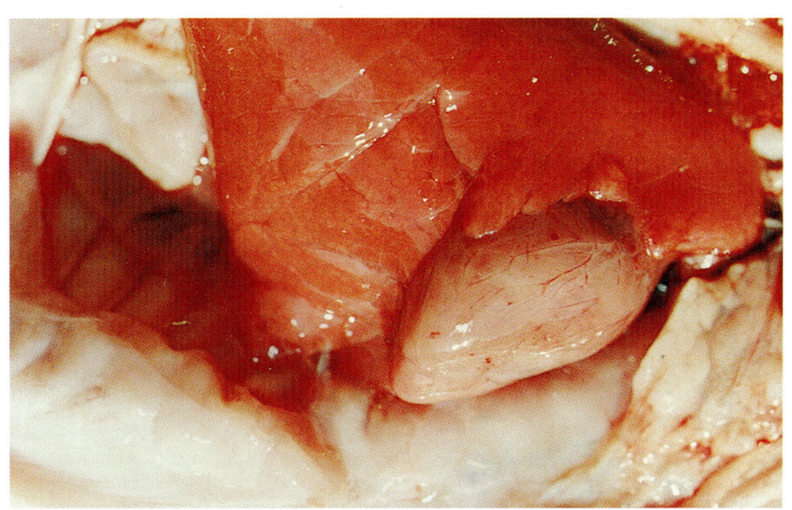

图1-74 猪瘟 繁殖障碍型死胎 肺出血点

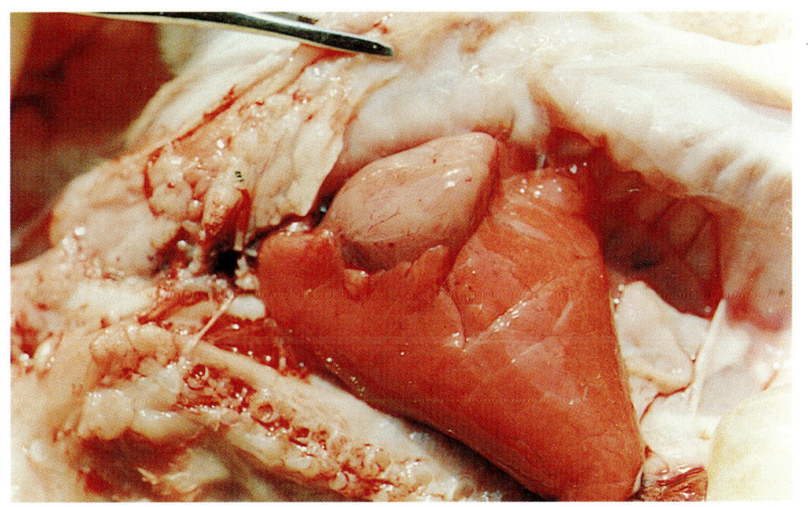

图1-75 猪瘟 繁殖障碍型死胎 心肌出血点

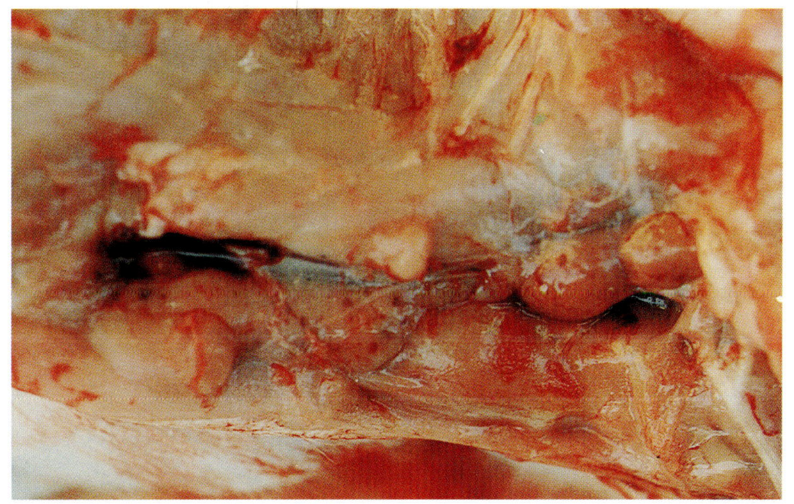

图1-76 猪瘟 繁殖障碍型死胎 胸腺出血

的病理变化外，尚有猪巴氏杆菌病的病理变化（图1-65）。

5. 肠型：一般为慢性经过，本型由感染猪霍乱沙门氏杆菌引起。病变在盲结肠发生固膜性肠炎。有两种形式：一是以慢性猪瘟的局灶性固膜性肠炎，特有的大肠扣状肿（见图1-63）形式出现；另一种以仔猪慢性副伤寒的弥漫性固膜性肠炎形式出现（图1-66）。疾病好转时，溃疡可被机化而形成瘢痕组织（图1-67），亦可生长出新的上皮组织。如果病情恶化时，坏死炎症可向深部发展，从肌层侵害到浆膜，发生肠穿孔，

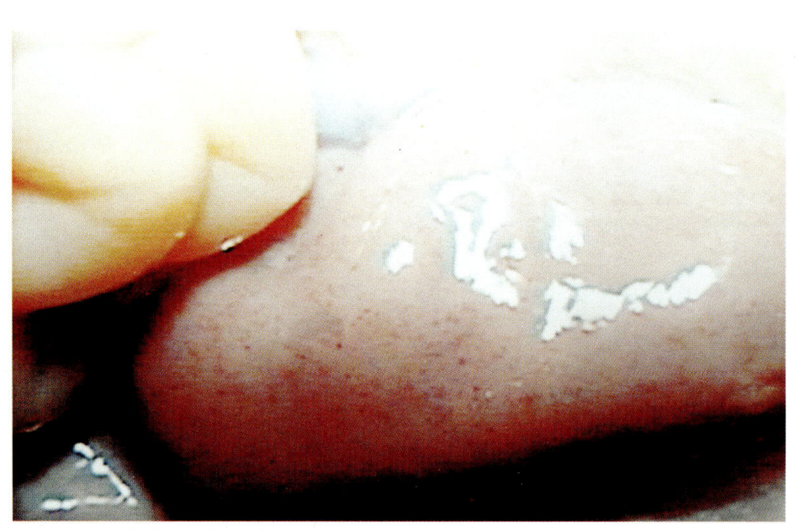

图1-77 猪瘟 繁殖障碍型死胎 肾出血点（特技）

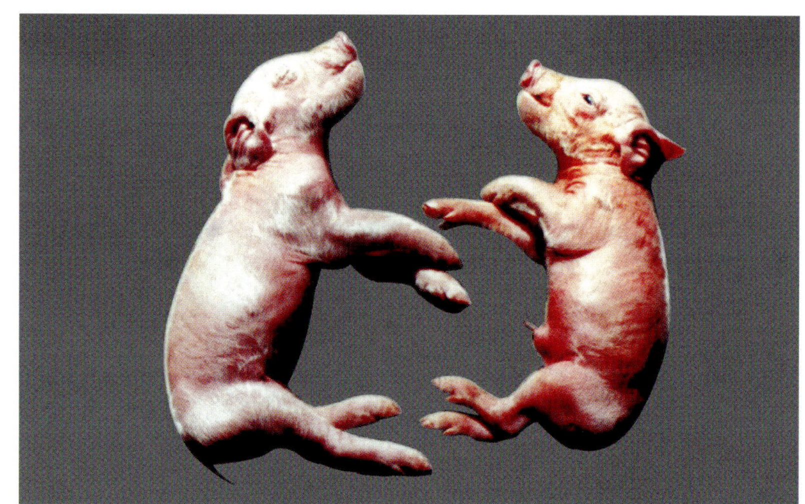

图1-78 猪瘟三日龄仔猪病理变化皮肤出血

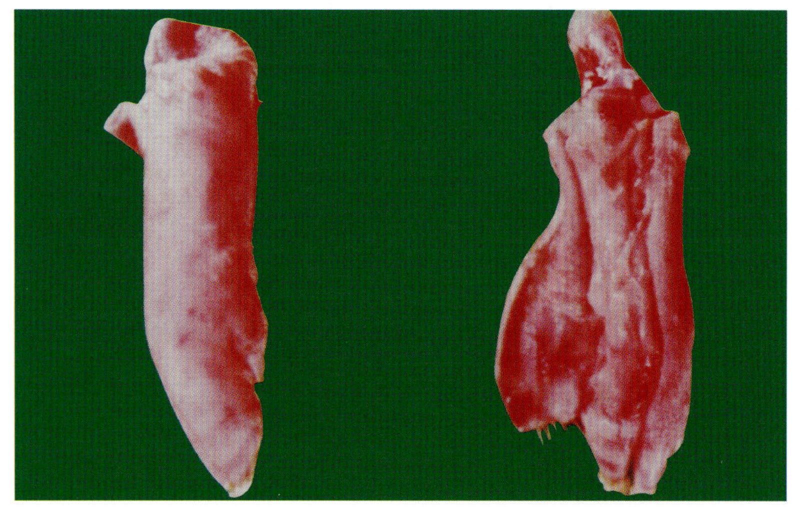

图1-79 猪瘟上图仔猪 病理变化后肢皮肤出血

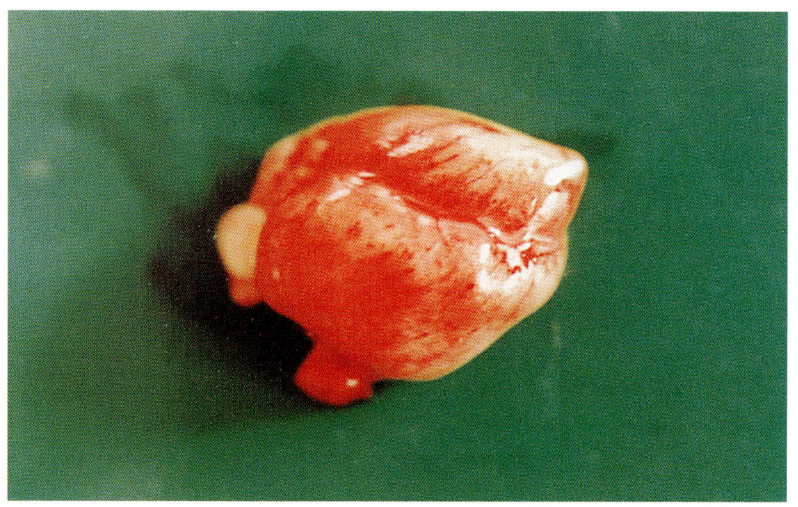

图1-80 猪瘟三日龄仔猪病理变化心肌出血

引起局灶性腹膜炎。

6．繁殖障碍型：死胎水牛头样（图1-68），剖检时常可见淋巴结肿大出血，下颌（图1-69）和腹股沟（图1-70）、肠系膜（图1-71）胸前（图1-72）淋巴结等。肾皮质层有裂缝（图1-73），肺（图1-74）、心（图1-75）和胸腺出血（图1-76）、肾弥漫性出血（图1-77）等。

7.哺乳仔猪：哺乳仔猪猪瘟，发病时往往为出血性变化，死亡猪常见皮肤出血(图1-78、79),心肌出血(图1-80)，肺弥漫

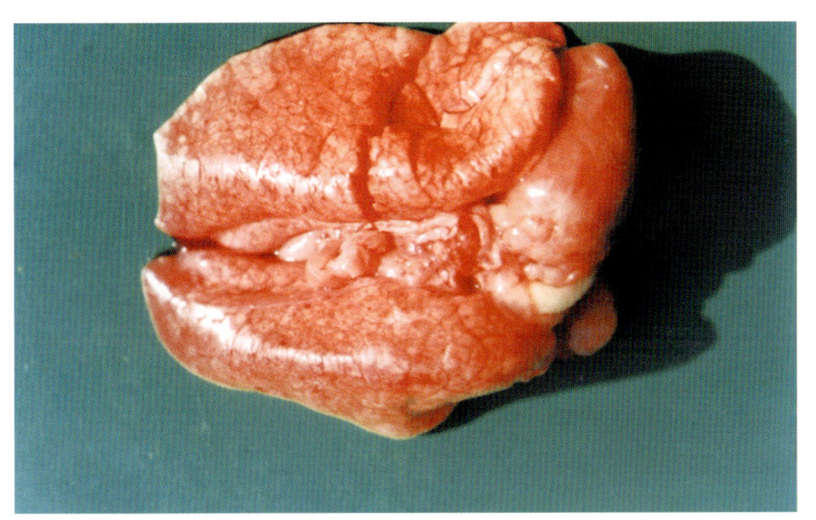
图1-81 猪瘟三日龄仔猪病理变化肺弥漫性出血点

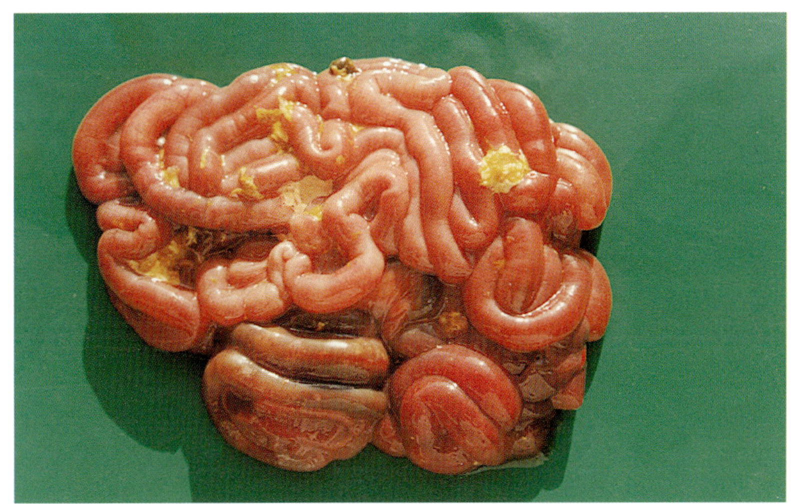
图1-82 猪瘟三日龄仔猪大小肠弥漫性出血及出血斑点展示

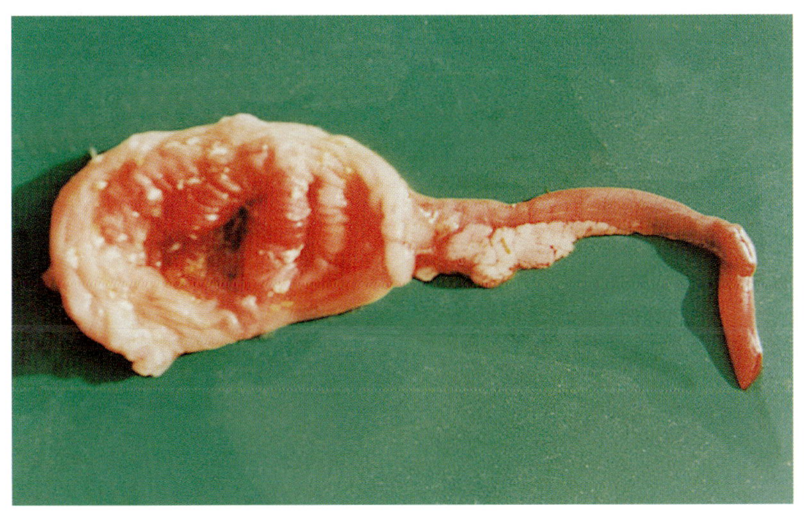
图1-83 猪瘟三日龄仔猪病理变化胃粘膜出血

图1-84 猪瘟三日龄仔猪病理变化膀胱粘膜出血

性出血点(图1-81),大小肠弥漫性出血及出血斑点,(图1-82),胃粘膜出血(图1-83),膀胱粘膜出血(图1-84),肾出血(图1-85),淋巴结出血(图1-86、图1-87)。

十日龄仔猪：发病仔猪虚弱、皮肤不洁，被毛篷乱，后躯麻痹，起立困难(图1-88)。死亡仔猪耳部和四肢末梢弥漫性出血斑点（图1-89),下颌淋巴结病变(图1-90),鼠蹊淋巴结病变(图1-91),肠系膜所属淋巴结病变（图1-92),髂内淋巴结病变(图1-93),肾所属淋巴结病变(图1-94),心肌出血斑点

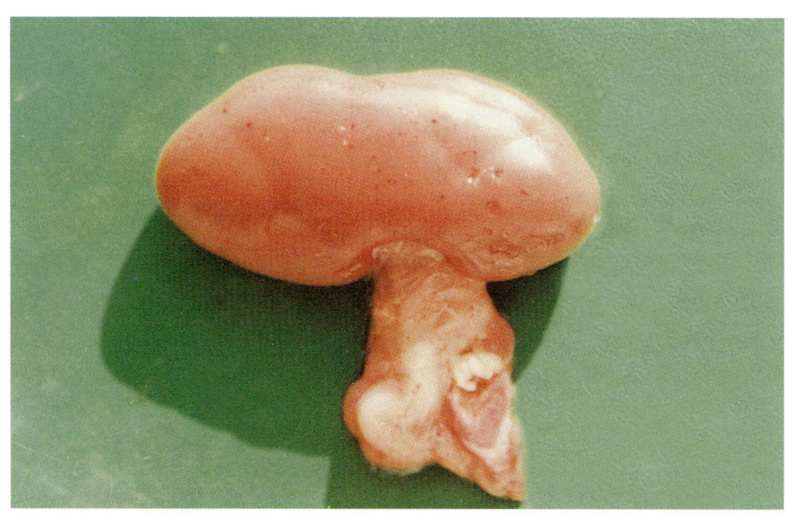

图 1-85　猪瘟三日龄仔病理变化 肾出血

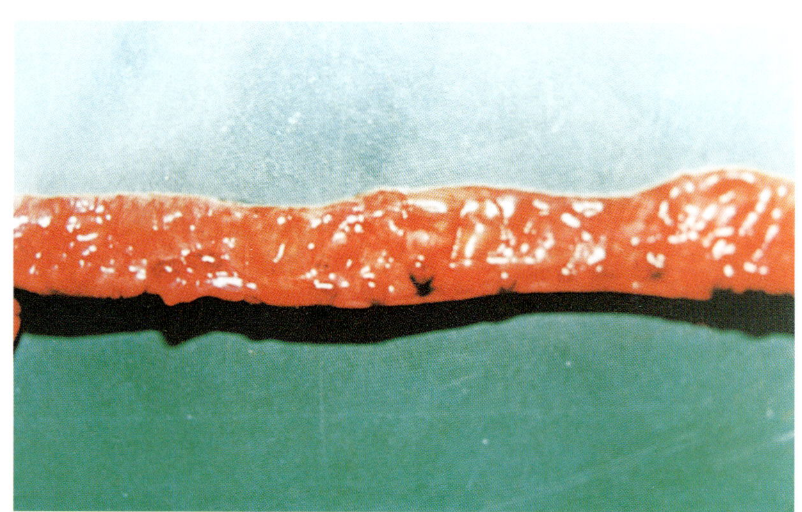

图 1-86　猪瘟三日龄仔猪病理变化直肠所属淋巴结病变

图 1-87　猪瘟三日龄仔猪病理变化淋巴结出血病变展示

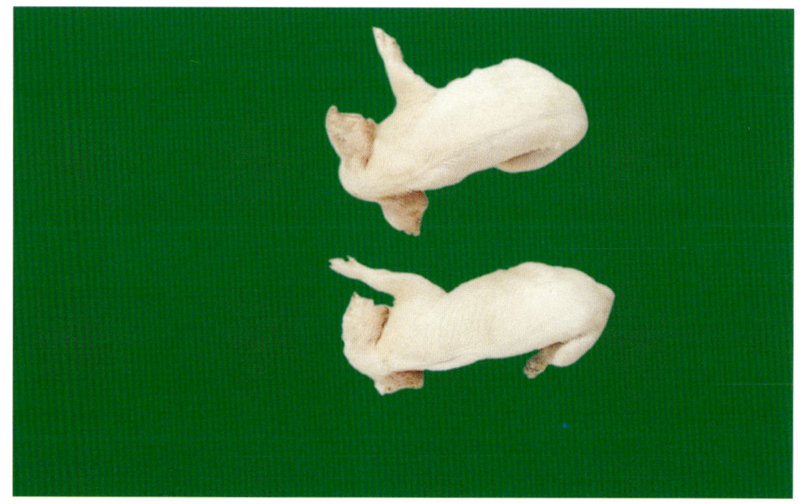

图 1-88　十日龄仔猪 发病仔猪虚弱、后躯麻痹，起立困难

(图 1-94),肾散在点状出血(图 1-95) ,肾大量点状出血(图 1-96),肺弥漫性出血点(图 1-97),脾出血梗死灶(图 1-98),胃底腺部出血(图 1-99)

8.断奶仔猪：仔猪面部肿胀，精神沉郁，伴有腹泻(图 1-100),两耳、眼部、鼻部呈暗紫红色，后驱麻痹起立困难(图 1-101)，仔猪常出现神经症状，病猪间歇性抽搐(图 1-102)，病死猪的皮肤全身性出血(图 1-103)，病死猪的淋巴结病变展示(图 1-104),断奶仔猪肠系膜淋巴结病变(图 1-105)，直肠周围与髂

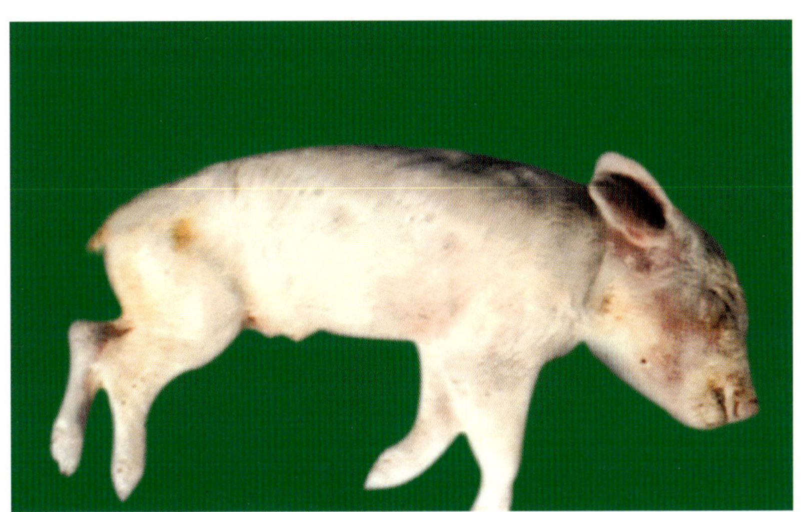

图 1-89 十日龄仔猪 耳部和四肢末梢弥漫性出血斑点

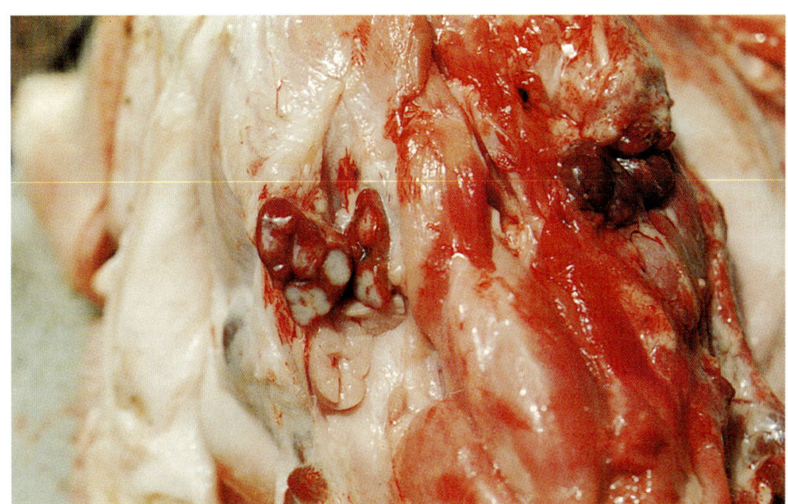

图 1-90 十日龄仔猪 下颌淋巴结病变

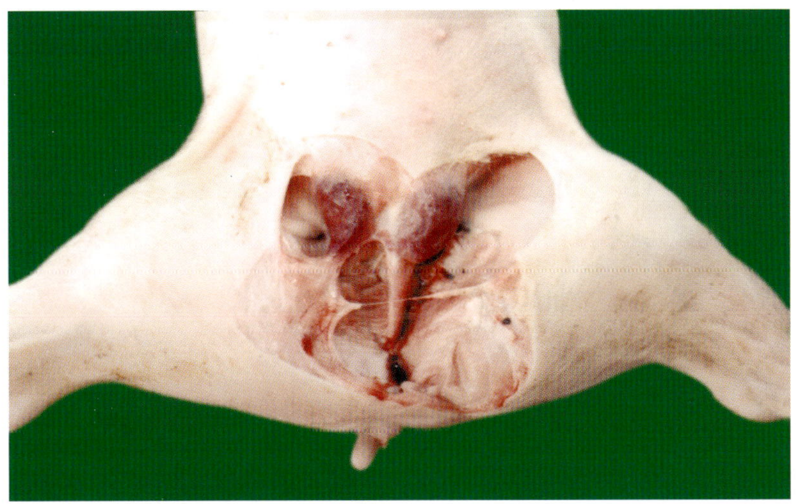

图 1-91 十日龄仔猪腹股沟淋巴结病变

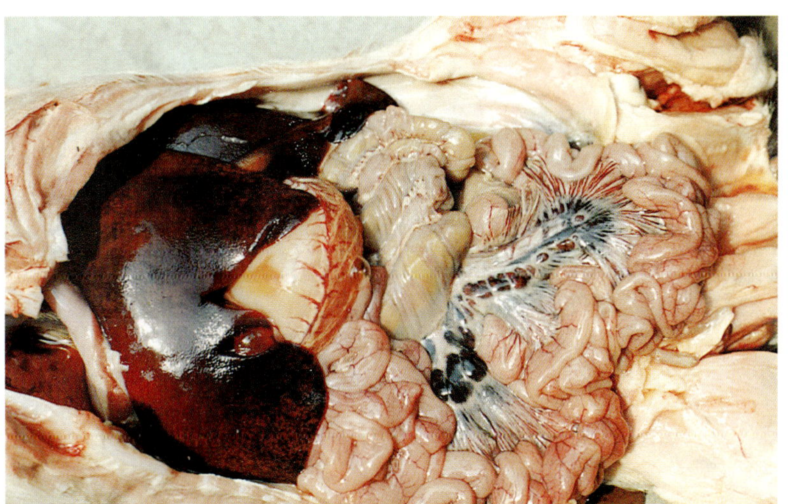

图 1-92 十日龄仔猪肠系膜所属淋巴结病变

内淋巴结病变(图 1-106),肾点状出血(图 1-107),胃底腺部出血(图 1-108),结肠出血与肠扣状肿(图 1-109、图 1-110),脾出血梗死灶(图 1-111),肝散在出血点(图 1-112),心肌与主动脉弓被膜出血(图 1-113),继发猪肺疫和副伤寒(图 1-114、图 1-115)。

七十日龄（胚胎期感染）：全身皮肤出血斑点，肾出血点与肾畸形为近似三角形。

组织学：肾(图 1-116)

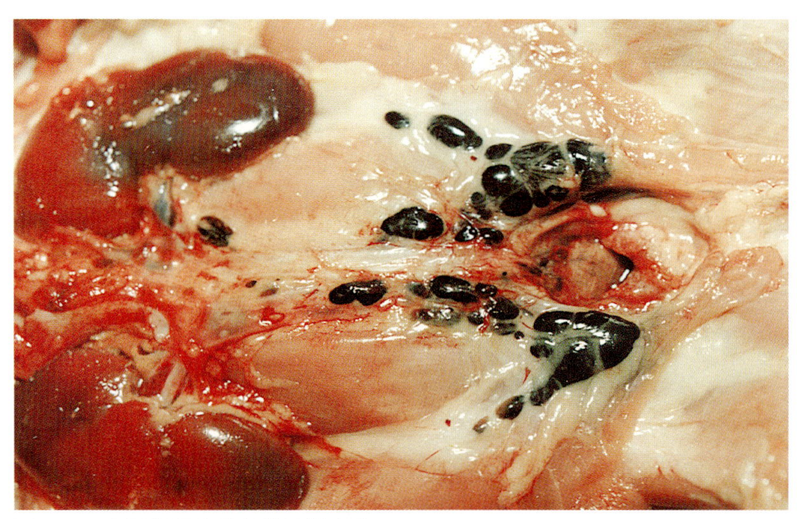

图 1-93 十日龄仔猪髂内淋巴结病变

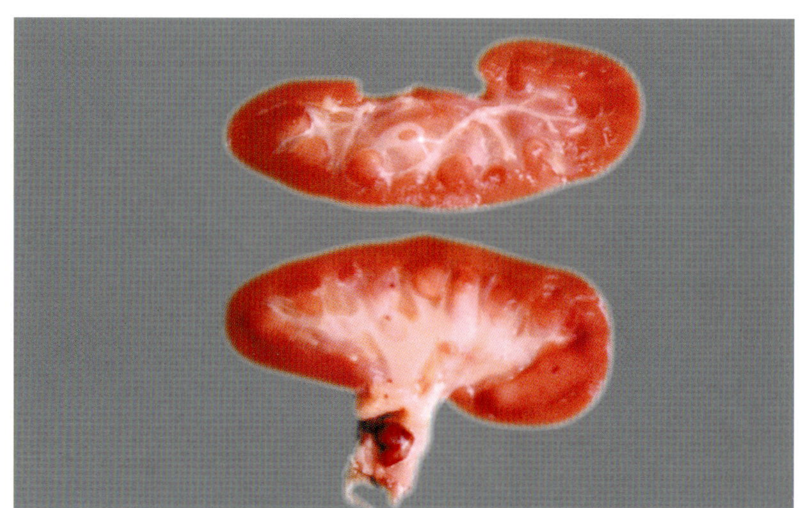

图 1-94 十日龄仔猪 肾所属淋巴结病变

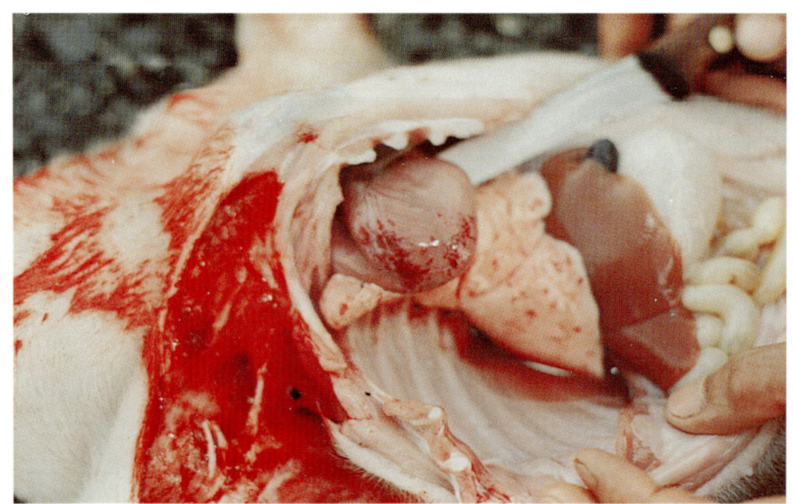

图 1-95 十日龄仔猪 心肌出血斑点

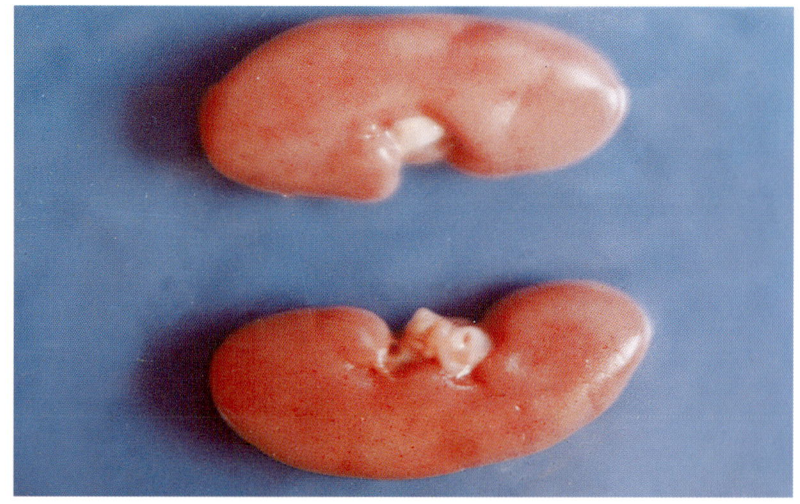

图 1-96 十日龄仔猪 肾散在点状出血

五、诊断

猪场一旦发生猪瘟，迅速做出早期诊断，具有重大意义。因扑灭猪瘟的有效方法是在猪群尚未大批感染时，早期紧急接种大剂量猪瘟弱毒苗，使机体产生干扰素，严格进行大消毒，可及时控制猪瘟的发生和流行。猪瘟的病情复杂，病变多种多样，目前多与其他传染病混合感染，特别是非典型猪瘟的出现，给诊断增加许多困难。及时做出正确诊断，必须采取多种诊断方法，如病原学、流行病学、临床血液学、病理剖检、

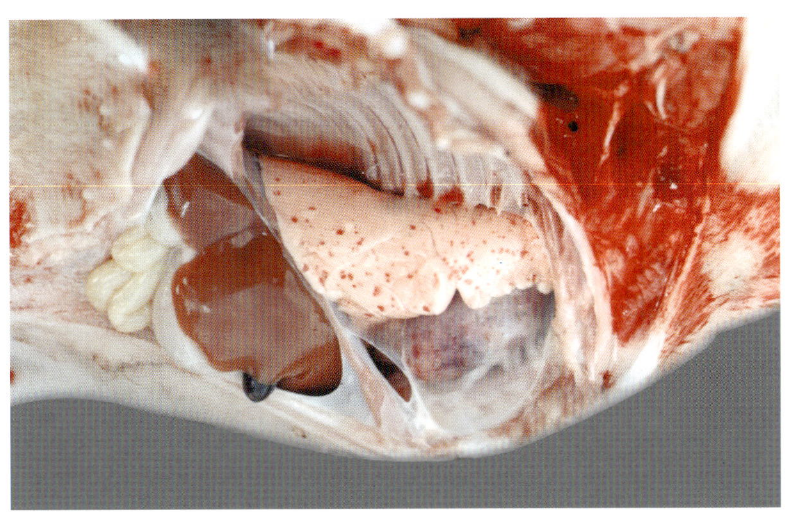

图1-97 十日龄仔猪 肺弥漫性出血点

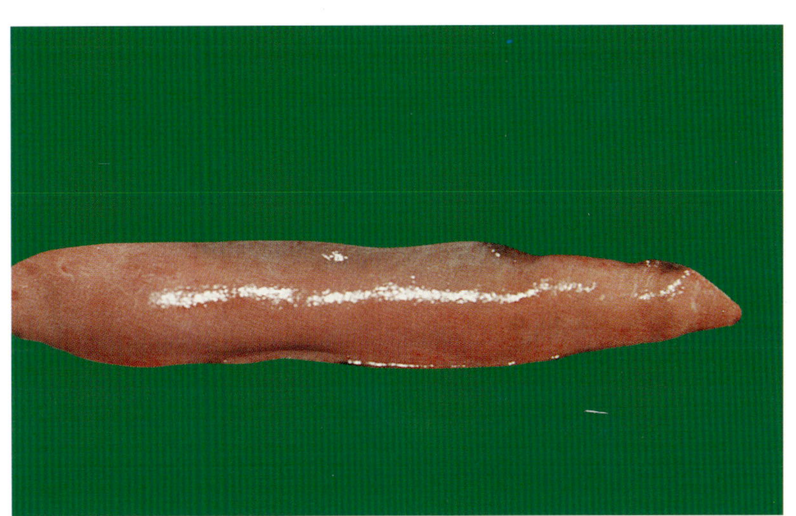

图1-98 十日龄仔猪 脾出血梗死灶

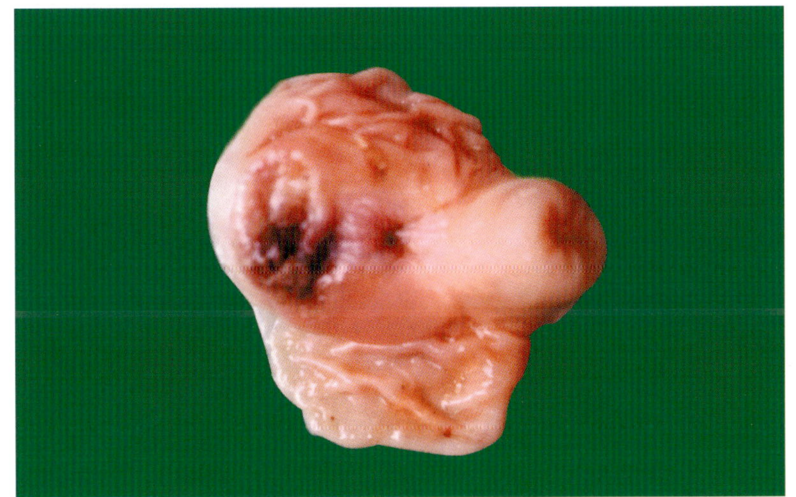

图1-99 十日龄仔猪 胃底腺部出血

图1-100 断奶仔猪仔猪面部肿胀 精神沉郁，伴有腹泻

免疫荧光技术、酶标技术等方法的综合诊断。应在现地多剖检几例，综合多数病猪剖检结果，以便观察猪瘟病变的全貌，及早做出正确诊断。

六、防治

猪瘟是一种毁灭性疾病，有很高的发病率和病死率，据邱昌庆报道(2003)近些年因疾病死亡生猪占养猪总数的8%～10%,其中猪瘟死亡占死亡总数三分之一。占80%以上。并造成严重的经济损失，所以要加强平时的预防工作。

(一)非猪瘟场的防治措施：

可采用乳前免疫1～2头份猪瘟兔化疫苗(细胞苗),70日龄左右再注射2～4头份的同类疫苗，以后不再做猪瘟免疫,直到

图1-101 断奶仔猪两耳、眼部、鼻部呈暗紫红色，后驱麻痹起立困难

图1-102 断奶仔猪仔猪神经症状 病猪间歇性抽搐

图1-103 断奶病死仔猪全身性皮肤出血展示

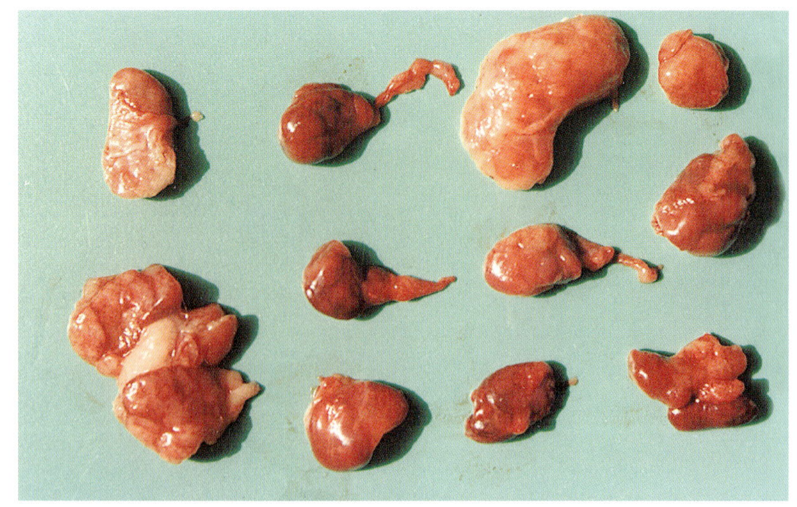

图1-104 断奶病死仔猪淋巴结病变展示

出栏。留作后备种猪，则在配种前再进行一次免疫接种，以后按种猪免疫程序进行。

（二）猪瘟污染场的防治措施：

应用0-35-70日龄3次的免疫程序进行，注射猪瘟兔化弱毒疫苗(细胞苗),乳前免疫1～2头份后,于35和70日龄左右再分别注射同类疫苗(细胞苗)4头份。

（三）猪瘟流行时的防治措施：

1.暴发疫点的扑灭措施：①检疫隔离封锁：一旦强毒株侵入猪群内暴发流行，及时把猪群划分病猪群、可疑感染和假定健康猪群，前者集中做无害化处理。②紧急接种疫苗和强化免疫：对猪场的可疑猪群和假定健康猪群，在舍内彻底大消毒和猪体消毒后，再用新出厂的猪瘟兔化弱毒苗进行接种，注射

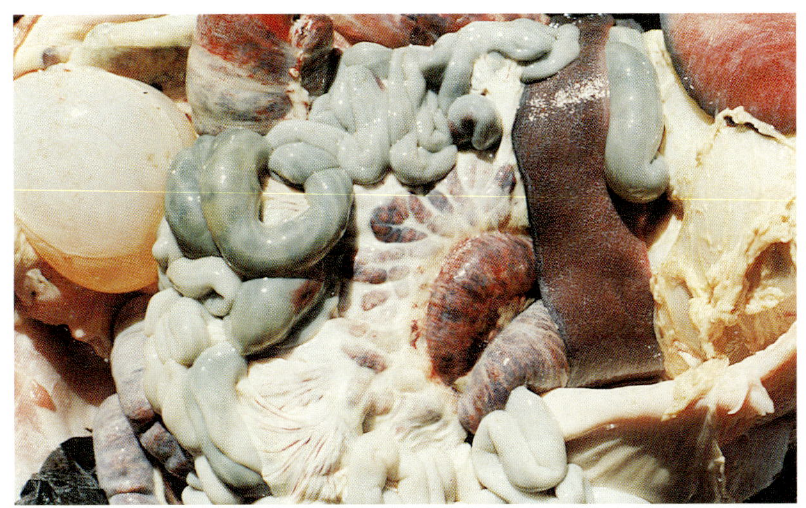

图1-105 断奶仔猪肠系膜淋巴结病变

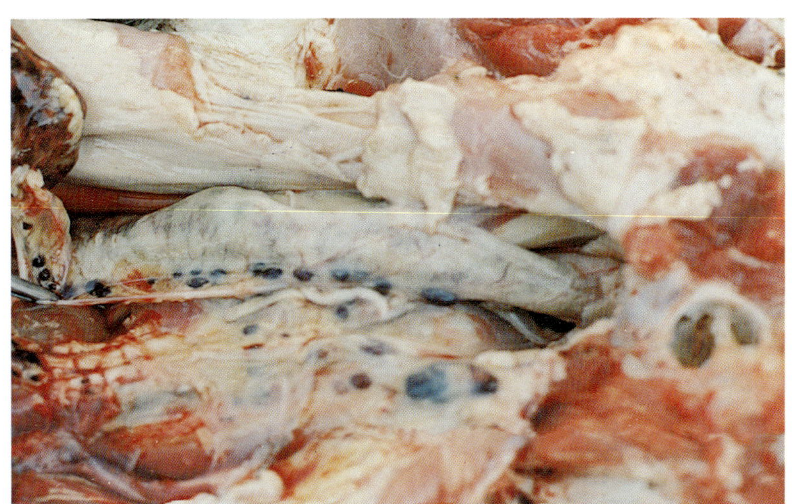

图1-106 断奶仔猪直肠周围与髂内淋巴结病变

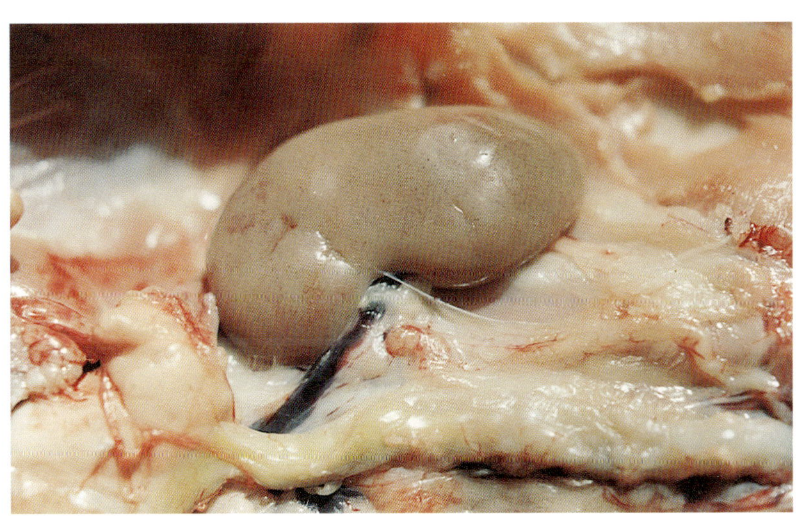

图1-107 断奶仔猪肾点状出血

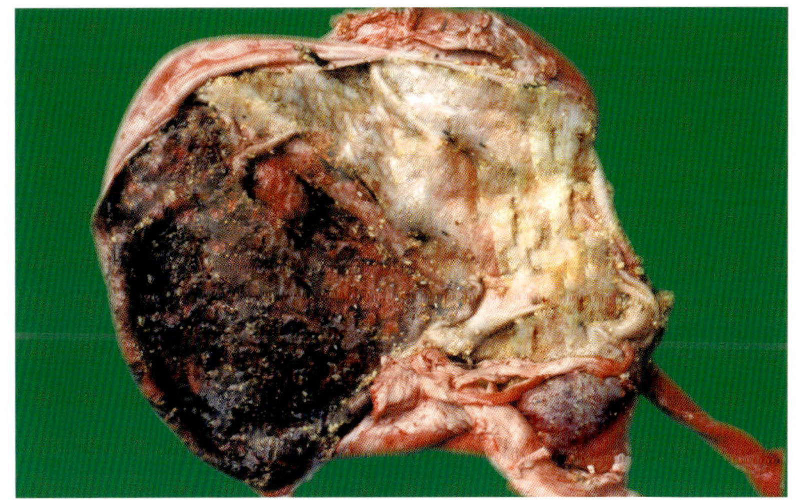

图1-108 断奶仔猪胃底腺部出血

时局部彻底消毒，一猪换一针头。③接种剂量：根据实际情况进行接种，首次大剂量，10～12日后，再接种一次，其剂量比第一次高2～4倍为好。④初生仔猪的主动免疫(乳前免疫)，其方法为仔猪产出处理后，当即接种猪瘟疫苗2～4头份，放保温护仔箱内1.5～2小时后哺乳，断奶后3～5天二免4头份。70日龄三免4头份。

2.繁殖障碍型猪场的净化措施：①每两个月检测一次种猪的强毒抗体，阳性猪再用荧光抗体技术，活体穿刺取扁桃体

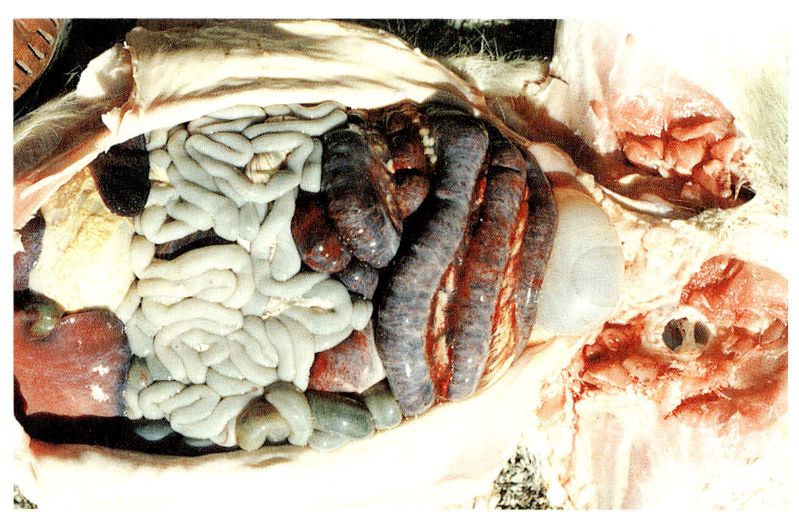

图1-109 断奶仔猪结肠出血

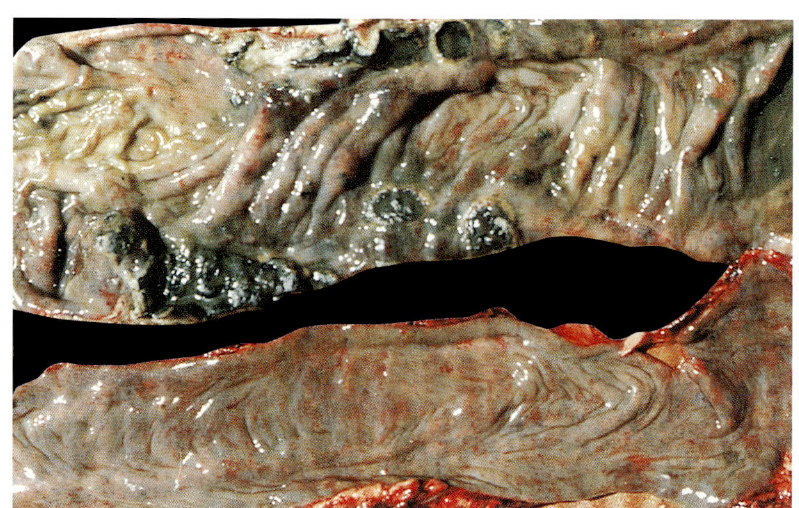

图1-110 断奶仔猪肠扣状肿

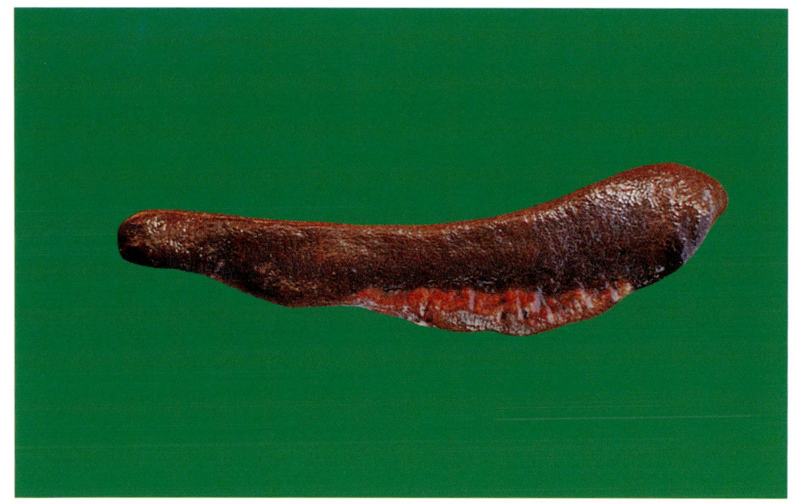

图1-111 奶仔猪脾出血梗死灶

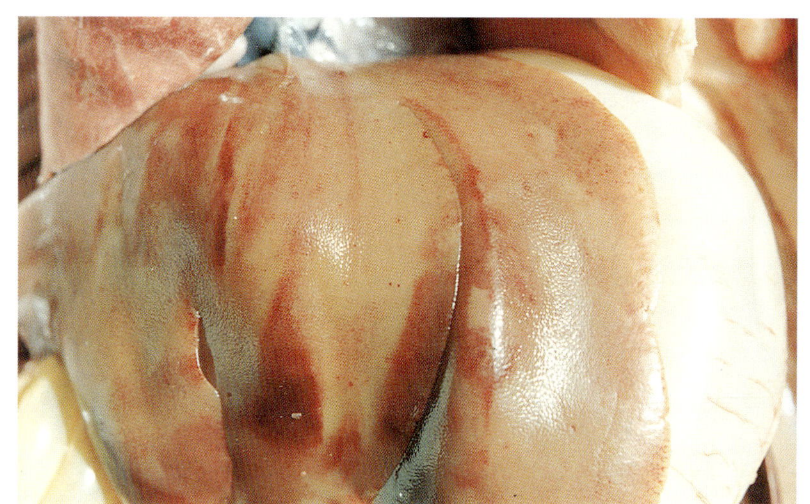

图1-112 断奶仔猪肝散在出血点

或股前淋巴，做冰冻切片，抗原阳性猪坚决淘汰，一般连检3～4次，直至被检猪全部为阴性时为止。②免疫程序：种公猪每年2次每次4头份，母猪在配种前30日接种4～8头份。③平时消毒：定期做好舍内消毒工作。④新生仔猪被动免疫：自制高免猪瘟血清，生后一日龄仔猪股内侧皮下注射2～5毫升，20日龄首免2～4头份，65～75日龄二免4头份。也可采用初生仔猪的主动免疫。

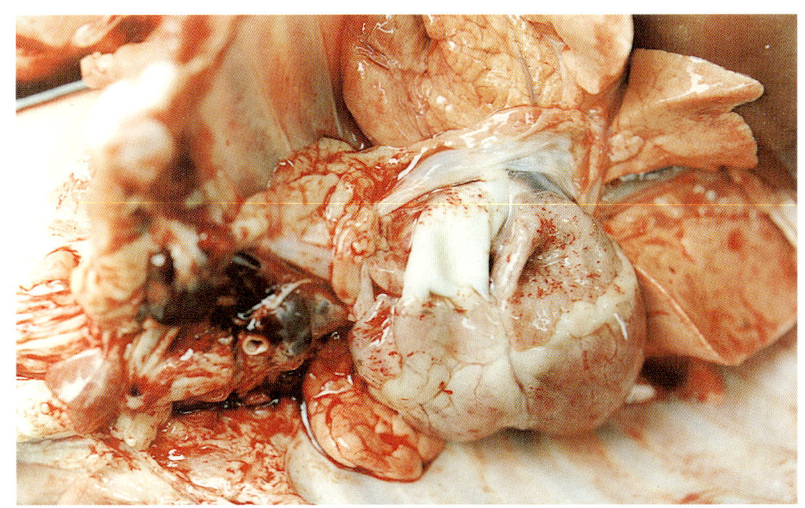
图1-113 断奶仔猪心肌与主动脉弓被膜出血

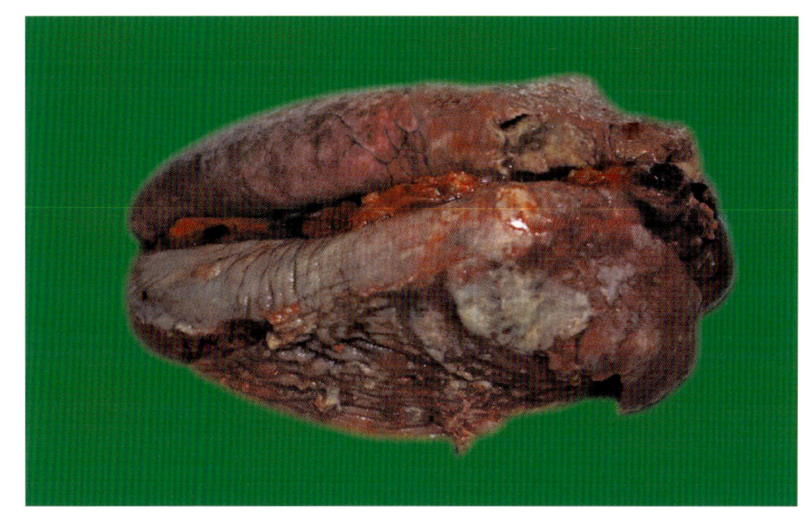
图1-114 断奶仔猪继发猪肺疫

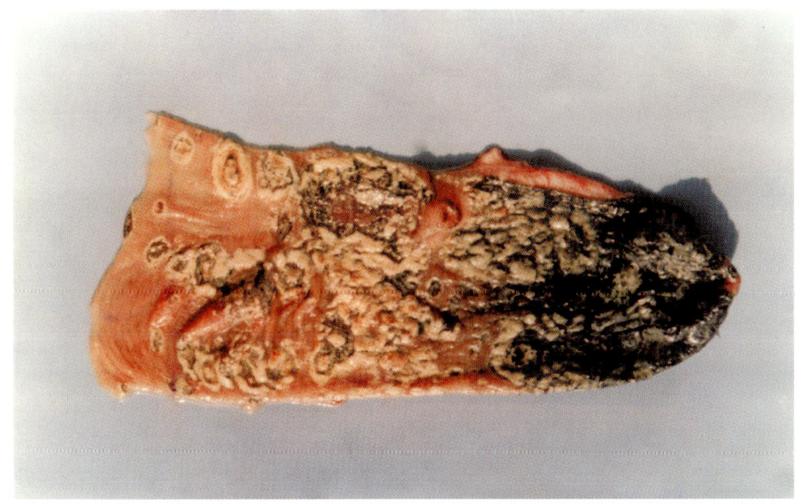
图1-115 断奶仔猪继发副伤寒

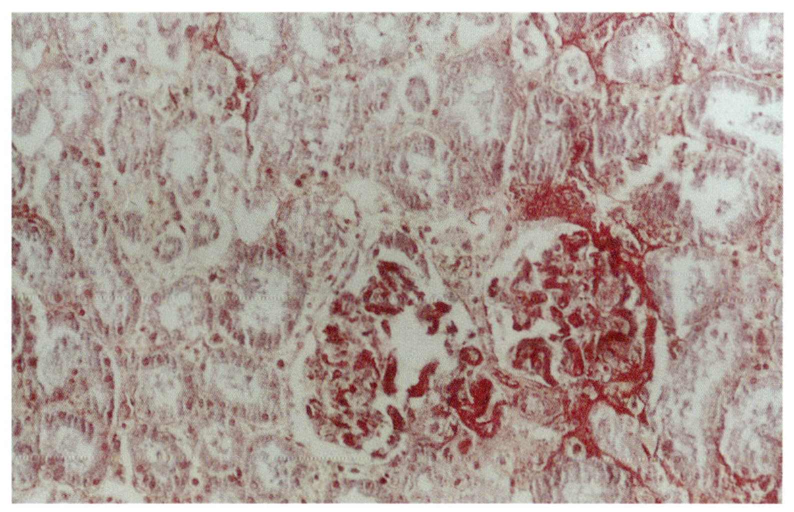
图1-116 组织学 肾 (DIC) PTAH ×40

2 口蹄疫
Foot and Mouth Disease

口蹄疫是由口蹄疫病毒引起偶蹄动物的一种急性、热性、高度接触性传染病，主要特征是在口腔粘膜、蹄部、乳房、皮肤出现水疱，继而发生溃疡的一类传播速度极快的传染病。国际兽医局(OIE)公布属A类疫病。一旦流行经济损失巨大。

一、病原学

口蹄疫病毒属小RNA病毒科，口蹄疫病毒属，单股RNA，无囊膜。有7个血清型，即O、A、C、SAT1、SAT2、SAT3(即南非1、2、3型)以及Asial(亚洲1型)。每一型内又有亚型，

图2-1 猪口蹄疫 蹄部发炎疼痛致起卧困难

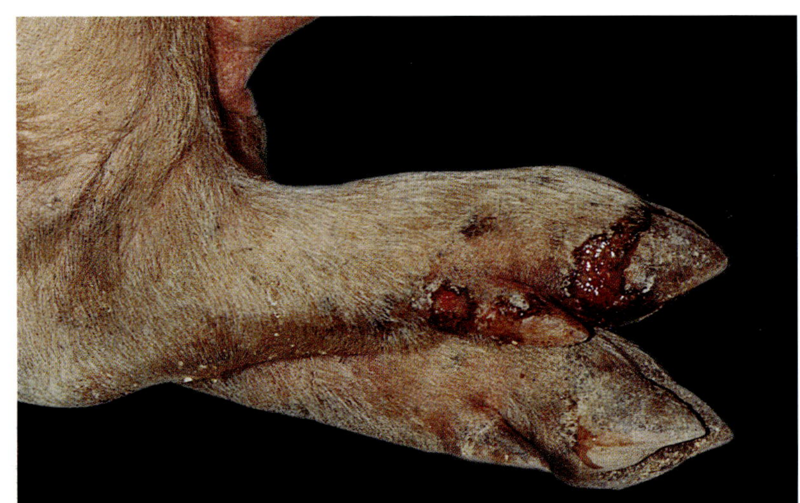
图2-2 猪口蹄疫 蹄冠的溃疡出血

图2-3 猪口蹄疫育肥猪鼻镜水疱

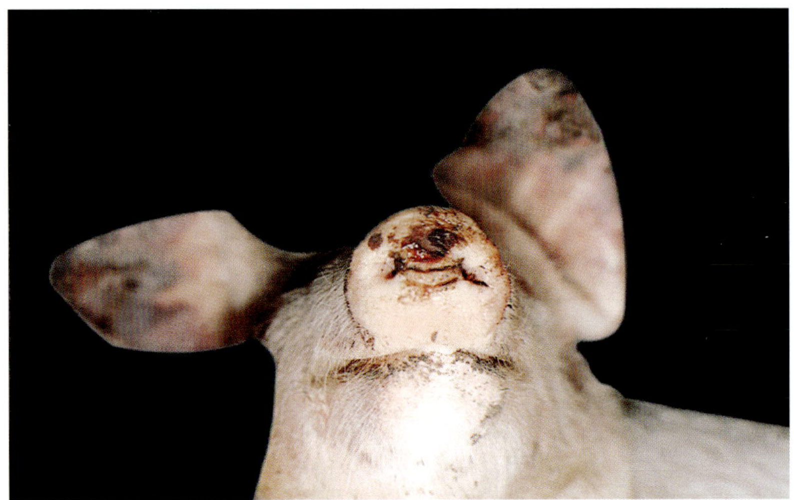
图2-4 猪口蹄疫育肥猪鼻镜水疱破溃后的溃疡灶

亚型内又有许多抗原差异显著的毒株。各型之间不能相互免疫保护，但临床表现完全相同。我国历史上曾发生过口蹄疫的病毒型为O、A型和亚洲I型。据FAO世界口蹄疫标准实验室消息，一种新的口蹄疫是由最新发现的A型变异株引起，现有可利用的疫苗均无效。本病毒在直射阳光下1小时即可被杀死。口蹄疫病毒对酸非常敏感，在pH = 6.5的缓冲液中，在4℃条件下14小时可灭活90%，pH=5.5时，1分钟可灭活90%，pH=5.0时1秒钟即可灭活90%，所以根据此特点，肉品可用酸化处理，屠宰后利用肌肉产生的微量乳酸来杀死病毒，防制口蹄疫传播具有特别重要的意义。但骨髓、淋巴结、脂肪、腺器官中产酸少,所以往往有病毒长期存活。本病毒对碱亦十分敏感,1%火碱1分钟，可杀死病毒，畜舍的消毒常应用2%火碱，1%～2%甲醛溶液、30%草本灰水或0.2%～0.5%过氧乙酸等，消毒后5日，可达安全指标。口蹄疫康复动物带毒和排毒、隐性感染和病毒的持续感染，这是消灭口蹄疫的一大障碍。

二、流行病学

1.易感动物：偶蹄动物对本病敏感，单蹄动物不发病。

2.传染源：病猪、带毒猪是最主要的直接传染源。

3.传播途径：本病主要通过消化道、呼吸道、破损的皮

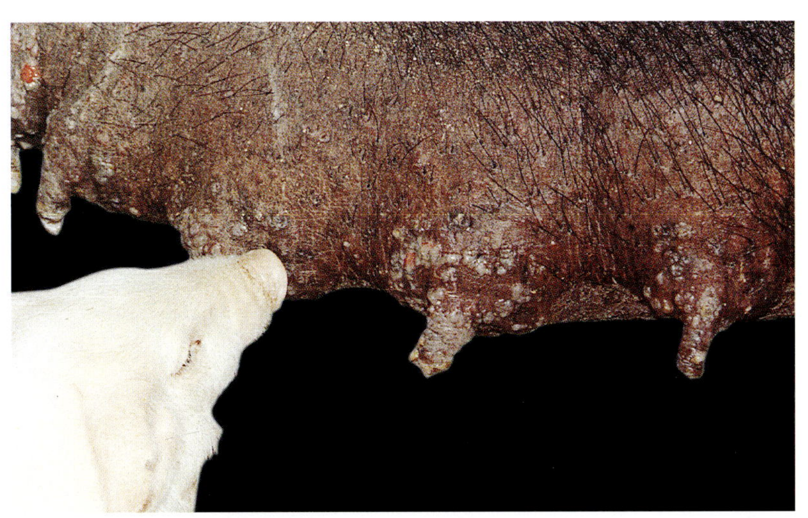
图2-5 猪口蹄疫 母猪乳头水疱

图2-6 猪口蹄疫 哺乳仔猪蹄壳脱落

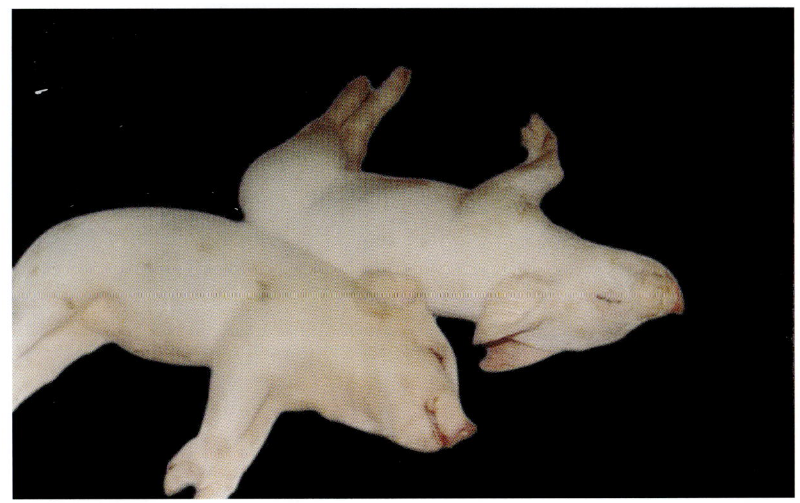
图2-7 猪口蹄疫 因心肌炎死亡的哺乳仔猪

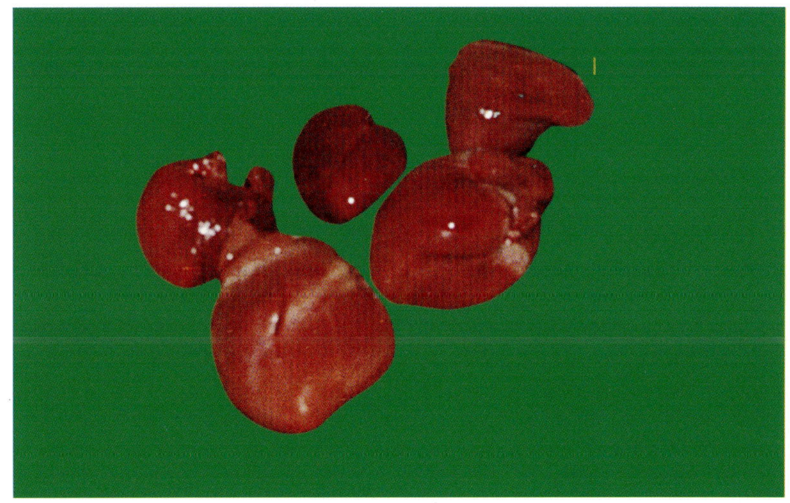
图2-8 猪口蹄疫 图2-6死亡仔猪心肌

肤、粘膜、眼结膜、人工输精来进行直接或间接性的传播。另外鸟类、鼠类、昆虫等野生动物也能机械性的传播本病。病毒能随风传播到50～100公里以外的地方，所以有人认为气源性传播在口蹄疫流行上起着决定性的作用。

4.流行特点：本病以冬春、秋季，气候比较寒冷时多发。本病的传染性极强，一般猪场防疫设施不佳一旦发生本病,如没采取有效而果断措施猪群无一幸免，经济损失惨重。常呈大流行性，传播方式有蔓延式和跳跃式两种，还有呈2～5年1次的周期性流行。

三、临床症状与病理变化

病初体温上升至40～41℃，行走起立时痛疼呈明显的跛行（图2-1），在蹄冠（图2-2）、蹄踵、蹄叉、口腔的唇、鼻镜（图2-3、4）、齿龈、舌面、口、乳房的乳头（图2-5）等部位出现一个、几个或更多的米粒大小的水疱，小水疱可相互融合呈黄豆粒大蚕豆大或更大。水疱自行破裂后形成鲜红色烂斑,表面渗出一层淡黄色渗出物,干燥后形成黄色痂皮，当继发细菌感染时，严重时造成蹄壳脱落（图2-6）。

哺乳母猪泌乳下降。但初生仔猪和哺乳仔猪，通常呈急性肠炎和心肌炎而突然死亡（图2-7）。病死率可达60%～80%。10日龄以内的仔猪由于疾病呈急性经过，可见琥珀斑心、心肌扩张、色淡（图2-8、9）、质变柔软，弹性下降。出现红白相间的条纹状的变性坏死灶。本病一般呈良性经过。大猪很少发生死亡。如无继发感染，一般约3-5周左右可痊愈图(2-10)。

四、诊断

根据本病的特点，临床症状、病理变化，并结合流行病学，一般不难做出初步诊断，但要区别水疱病、水疱疹、水疱性口炎则必须结合实验室进行。由于口蹄疫具有多型性，应了解当地流行的口蹄疫病毒型,并进行实验室做特异性试验，以确定病毒型才能最后做出诊断。确诊本病由国家权威机构认定。

五、防治

（一）紧急防治措施

严格执行国家颁布的动物防疫法，非疫区一旦爆发口蹄疫应当迅速对疫点进行封锁隔离，病猪群全部销毁，运输工具、猪舍、饲养用具等彻底消毒。与疫区临近的非疫区，应在交通要道处设消毒站，对往来车辆进行消毒，在疫区未解除封锁前，严禁由外地购入猪只，同时对非疫区内猪群进行紧急疫苗接种。

（二）免疫防治

猪口蹄疫的预防接种可用灭活苗或猪用弱毒苗，接种疫苗前应注意先测定发生的口蹄疫血清型,然后再进行接种。目前有猪O型口蹄疫,BEI（二乙烯亚脂）灭活油佐剂苗，疫苗应用可参考说明书。

（三）治疗

对发生本病的猪,可注射口蹄疫病猪发病后四周的痊愈猪的血清或全血。对新生仔猪，每头2～3毫升，每日1次，连用2～3天，预防和治疗效果均很好，为防止合并感染，可注射抗生素或磺胺类药物。

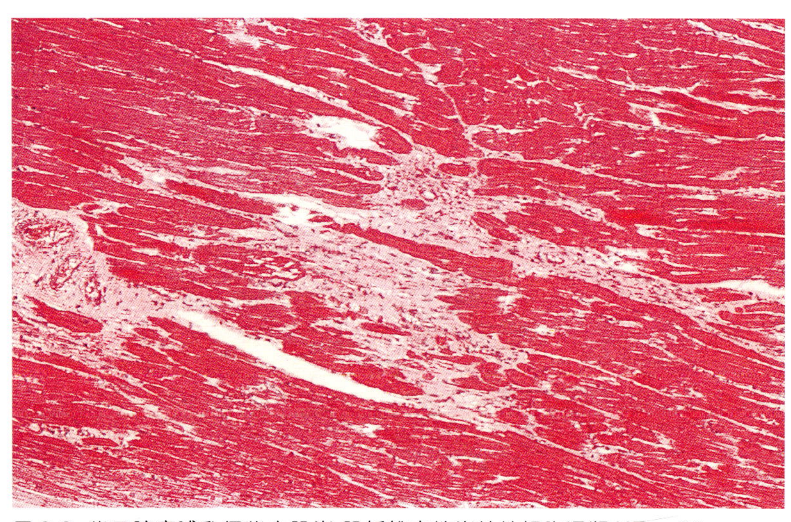

图2-9 猪口蹄疫哺乳仔猪心肌炎,肌纤维变性炎灶性细胞浸润HE × 20

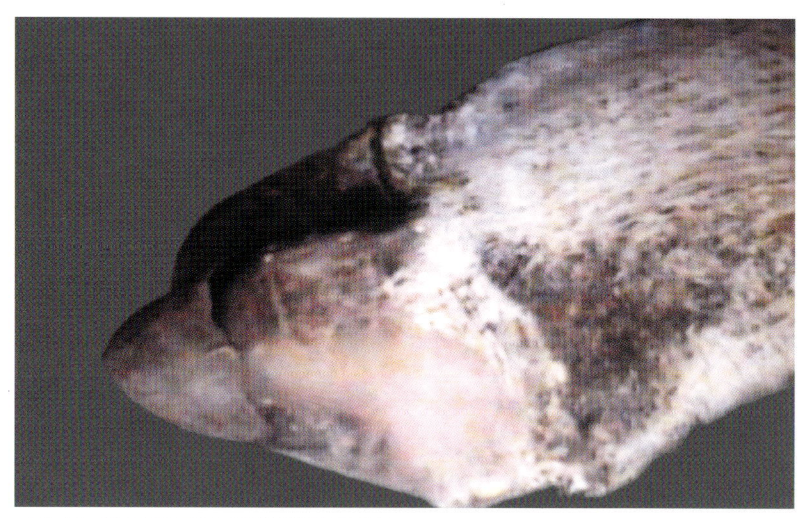

图2-10 猪口蹄疫康复母猪蹄匣有裂纹

3 非洲猪瘟
Africa Swine Fever,ASF

非洲猪瘟是猪的一种急性、致死性的病毒性传染病，发病急，病程短，死亡率极高，其临床症状和病理变化与猪瘟相似，全身各器官组织有明显的出血性素质变化。急性型的死亡率在95%以上，1960年以后出现慢性型，死亡率减低到20%～30%。我国目前尚无本病发生的报道，因此在我国应当加强进口猪的检疫工作，严防本病侵入我国。

一、病原

非洲猪瘟病毒属非洲猪瘟病毒类病毒属，双股DNA，成熟病毒粒子具有囊膜。病毒复制：病毒主要在单核吞噬细胞系统的细胞内复制，在非洲已分出几个血清型。病毒在鸡胚卵黄囊、猪骨髓组织和白细胞内培养。

病毒在低温下稳定，不耐高温，在室温60℃20分钟很快

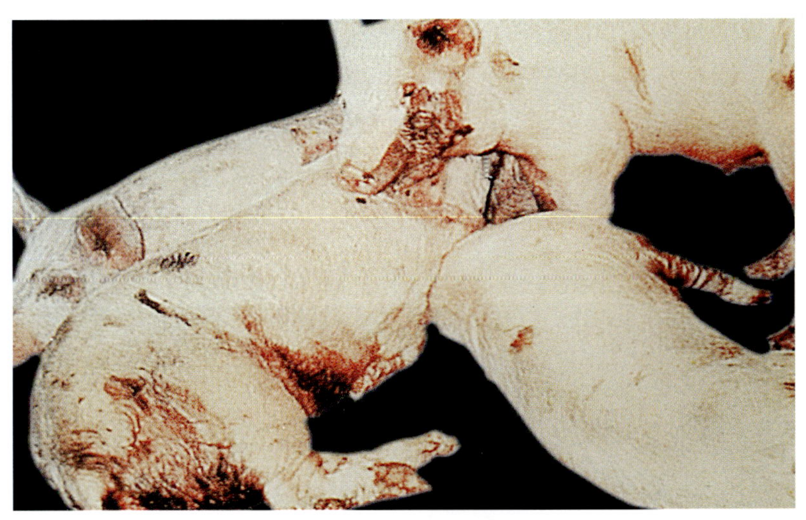

图3-1 全身衰弱，腹泻，便血(自Karl-Otto Eich)

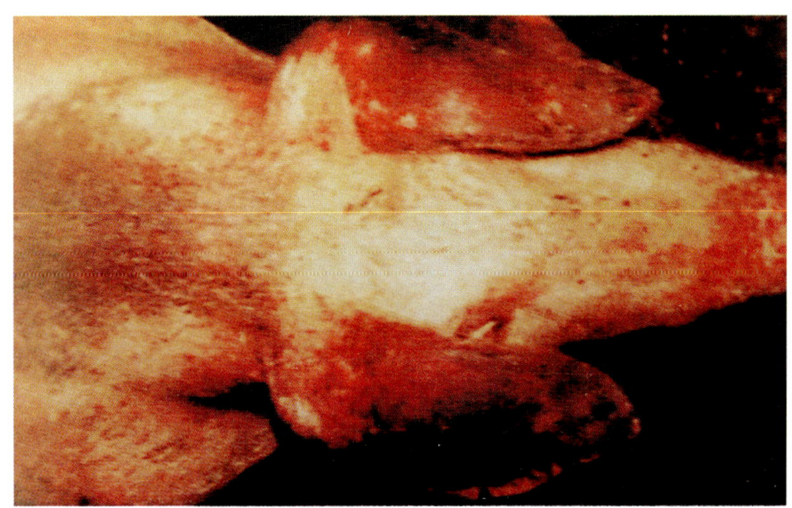

图3-2 耳、背部皮肤紫绀区(自Karl-Otto Eich)

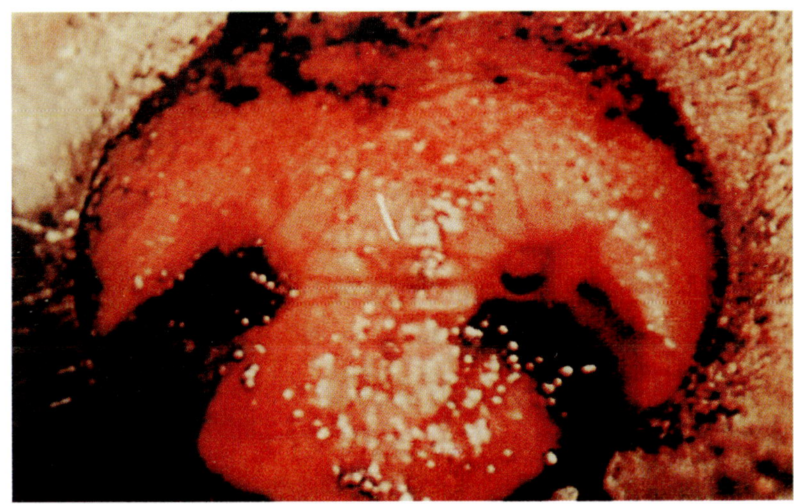

图3-3 鼻孔出血(自Karl-Otto Eich)

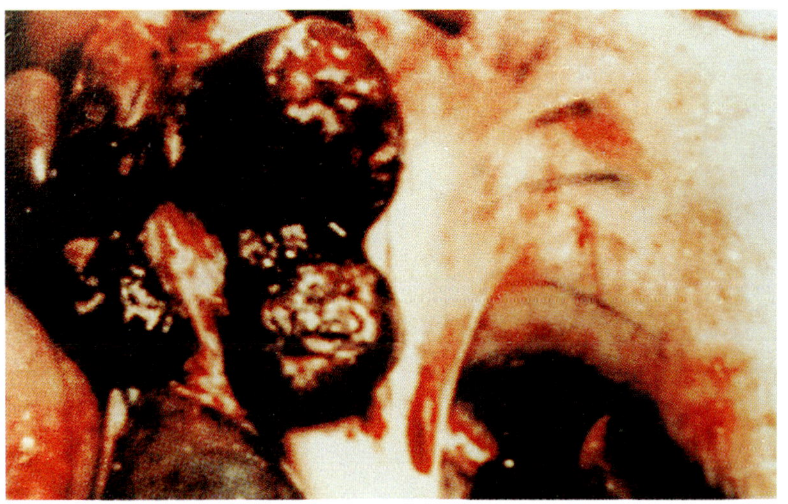

图3-4 胃门淋巴结严重出血(自WJ Smith等)

失去活性，对强碱有抵抗力,病毒对福尔马林及次亚氯酸钠都敏感。2%苛性钠24小时灭活病毒，最有效的消毒药是10%苯基苯酚。

病毒广泛分布于病猪体内各器官组织,体液,分泌物和排泄物中。血液内病毒室温下可存活数周,病料中室温干燥或冰冻下经数年不死；土壤中的病毒在23℃下经120天仍存活。

二、流行病学

1.易感动物：猪是自然感染本病的惟一家畜。疣猪、壕猪和森林野猪是病毒的储存宿主。

2.传染源：病猪和带毒猪是主要传染源。猪和钝缘蜱属可自然感染非洲猪瘟病毒，非洲疣猪和野猪是非洲猪瘟带毒者。往往是由呈隐性感染带毒野猪，于晚间闯入猪舍偷食，而在家猪群中引起暴发流行。

3.传播途径：最主要的是通过消化道感染，被污染的饲料、饮水、饲养用具、猪舍等是本病传播的重要因素。吸血昆虫、非洲的鸟软壁虱（Argasd）和隐嘴蜱是传播媒介，病猪的各种分泌物、排泄物、器官均含有病毒，是危险的传染源。

4.流行特征：病猪不产生中和抗体，疫苗试制还未成功，极少数存活猪仅对原毒株感染具有一定的抵抗力,急性发作而存活的猪,可转变成慢性的稳性带毒猪，存活猪终身带毒；传播本病，各病毒株的毒力和抗原性也各不相同。

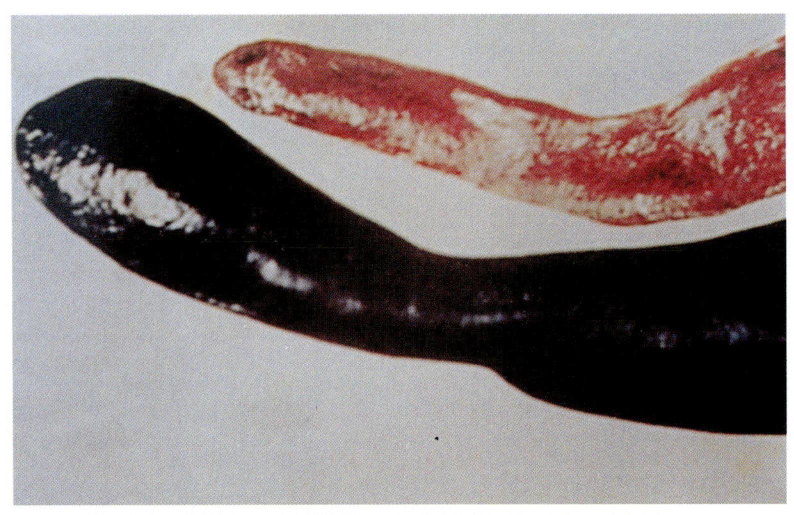

图3-5 脾严重充血肿大，呈黑紫色、质度柔软(自Karl-Otto Eich)

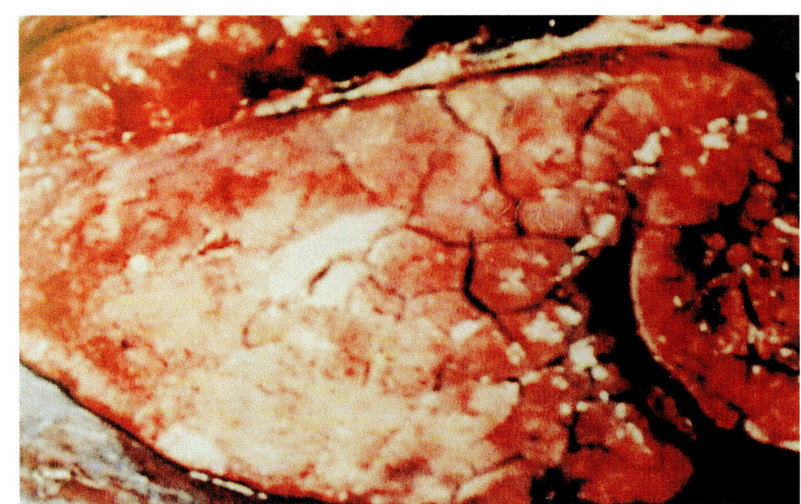

图3-6 肺水肿及充血有实变(自WJ Smith等)

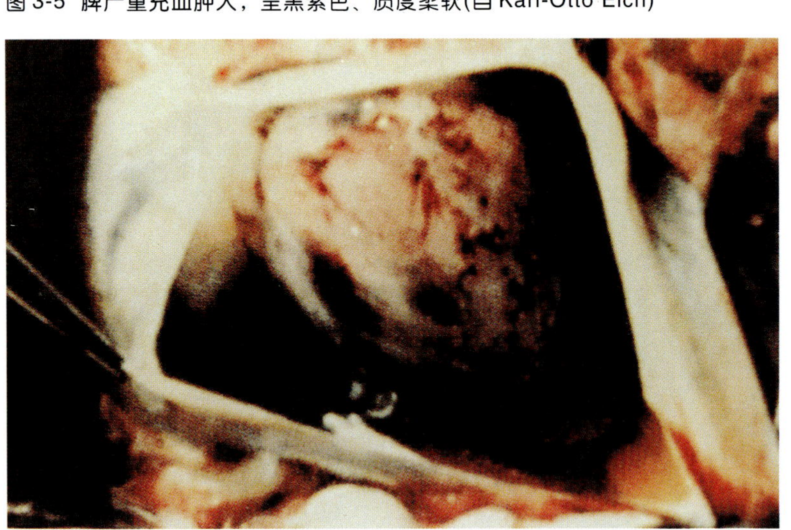

图3-7 心耳出血(自WJ Smith等)

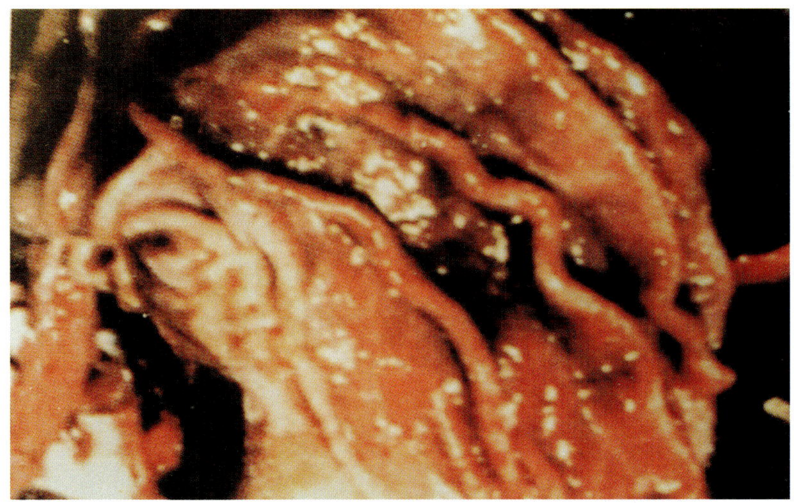

图3-8 胃肠粘膜有炎症和斑点状或弥漫性出血变化(自Karl-OttoEich)

三、症状与病理变化

潜伏期5～15天,人工感染2～5天,猪一旦被感染，体温突然升高达40.5℃，高热持续4天，饮食活动不见异常，随后体温下降，才开始出现全身衰弱，腹泻，便血（图3-1），耳、背部皮肤紫绀区（图3-2），鼻孔出血（图3-3）白细胞常减少。眼观病理变化：淋巴结严重出血，尤以胃（图3-4）、肝、肾、肠等所属淋巴结最为严重，脾严重充血肿大，可达正常脾的5倍以上，呈黑紫色、质度柔软（图3-5），肺水肿及充血有实变（图3-6），心包腔中积有大量液体。喉头粘膜发绀，会厌软骨见出血斑点，会厌软骨偶见水肿、气管前部的粘膜散在小出血点，气管、支气管腔中积有不等的泡沫。心肌柔软，心外膜及心内膜下散在小出血点，有时可见广泛出血，心肌常见出血（图3-7）。胃和肠粘膜有炎症和斑点状或弥漫性出血变化（图3-8），或有溃疡。肝脏瘀血，实质变性，与胆囊接触部间质水肿。胆囊肿大，充满胆汁、胆囊壁因水肿而明显增厚，其浆膜和粘膜有出血斑点，肾脏出血一般比猪瘟轻（图3-9），约30%病例的膀胱粘膜有出血点（图3-10），脑膜充血、出血。组织学变化，镜下单核细胞的核破碎是非洲猪瘟组织炎症变化特征，淋巴结触片可见单核细胞严重核破碎。

四、诊断

在诊断上，主要是将本病和猪瘟区别开来，有猪瘟存在的地方，在本病开始暴发时，很难根据流行病及临床检查做出非洲猪瘟的诊断，特别是在已注射过猪瘟疫苗的猪群中，发生可疑非洲猪瘟时，必须从病猪体中检出病毒或抗体才能做出非洲猪瘟的诊断。目前，最方便可靠的诊断方法仍是直接免疫荧光试验（DIF），血吸附试验（HAD）和猪接种试验。

五、防治

对来自病区的车、船、飞机卸下的肉食品废料、废水，应就地进行严格的无害处理，不可用作饲料。不能从有病地区进口猪和猪的产品，对进口的猪和猪的产品应进行严格检疫，以预防病的传入。猪群中发现有可疑病猪时，应立即封锁；确定诊断之后，全群扑杀、销毁，彻底消灭传染源；场舍、用具彻底消毒，该场地暂不养猪，改作它用，以杜绝传染。我国尚未发生非洲猪瘟，应十分重视可疑病猪的诊断工作，一旦发生可疑情况，应当迅速上报政府的防疫机构。

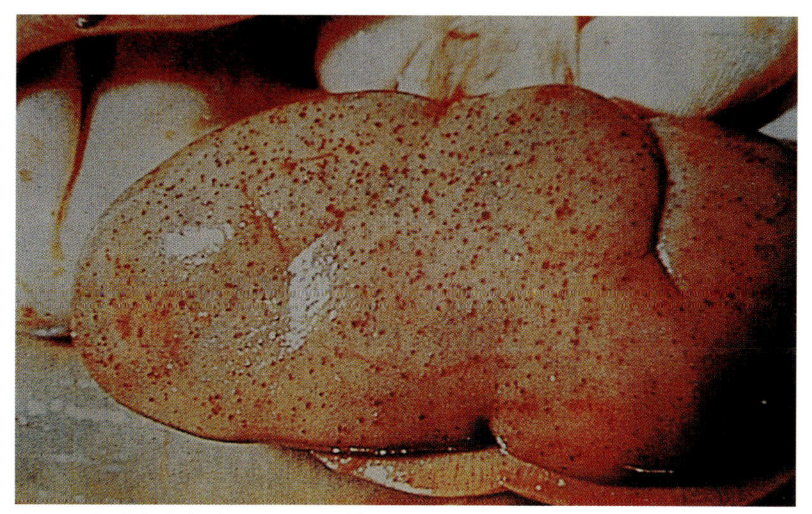

图3-9 肾脏出血点(自WJ Smith等)

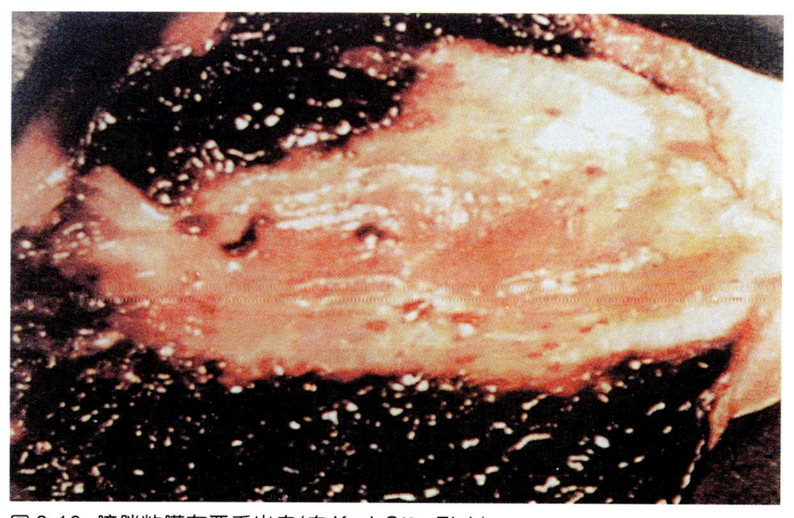

图3-10 膀胱粘膜有严重出血(自Karl-Otto Eich)

4 猪传染性胃肠炎

Transmissible Gastroenteritis of Pigs(TGE)

该病是由猪传染性胃肠炎病毒引起的一种高度接触性肠道传染病。临床症状以引起2周龄以下仔猪呕吐、严重腹泻、脱水和高死亡率为特征。虽然不同年龄的猪对这种病毒均易感，但5周龄以上者死亡率很低，较大或成年猪几乎没有死亡。

一、病原

猪传染性胃肠炎病毒属冠状病毒科，冠状病毒属，单股RNA，有囊膜。病毒在-20℃可保存6个月，-18℃保存18个月。在阳光下曝晒6小时即被灭活，紫外线能使病毒迅速失活。0.05%甲醛溶液，0.5%的石炭酸在37℃分别处理20分钟及50分钟，即可灭活病毒。病毒存在于发病仔猪的各器官、体液和排泄物中，但以空肠、十二指肠及肠系膜淋巴结中含毒量最高，在病的早期，呼吸系统组织及肾的含量也相当高。该病毒只有一个血清型。

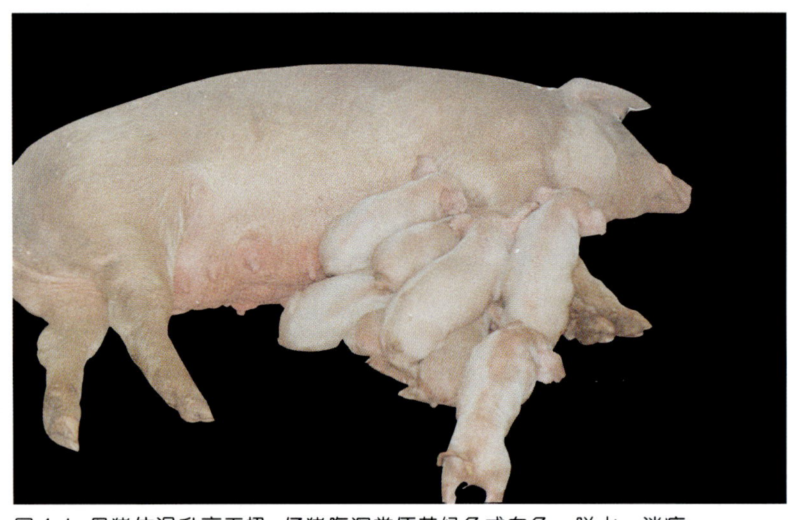

图4-1 母猪体温升高无奶，仔猪腹泻粪便黄绿色或白色，脱水、消瘦

图4-2 仔猪腹泻，黄绿色粪便污染全身，明显脱水，消瘦

图4-3 病仔猪腹泻时的黄绿色粪便

图4-4 痊愈仔猪生长发育不良

二、流行病学

1.易感动物：各种年龄的猪均有易感性，10日龄以内仔猪的发病率和死亡率很高，而断奶猪、育肥猪和成年猪的症状较轻，大多能自然康复，其他动物对本病无易感性。

2.传染源：病猪和带毒猪是主要的传染源。它们从粪便、乳汁、鼻分泌物、呕吐物、呼出的气体中排出病毒，污染饲料、饮水、空气、土壤、用具等。

3.传播途径：主要经消化道、呼吸道传染给易感猪。健康猪群的发病，多由于带毒猪或处于潜伏期的感染猪引入所致。猫、犬、狐狸和燕子、八哥等也可以携带病毒，间接的引起本病的发生。

4.流行特点：本病的发生有季节性，从每年12月至次年的4月发病最多，夏季也有发病。本病的流行形式有3种：在新疫区主要呈流行性发生，老疫区则呈地方流行性或间歇性的地方流行性发生，在新疫区，几乎所有的猪都发病，10日龄以内的猪死亡率很高，几乎达100%，但断乳猪、育肥猪和成年猪发病后呈良性经过。几周以后流行终止，青年猪、成年猪产生主动免疫，50%的康复猪带毒，排毒可达2～8周，最长可达104天之久。在老疫区，由于病毒和病猪持续存在，使得母猪大都具有抗体，所以哺乳仔猪10日龄以内发病率和死亡率均很低，甚至没有发病与死亡。但仔猪断奶后切断了补充抗体的来源，重新成为了易感猪，把本病延续下去。

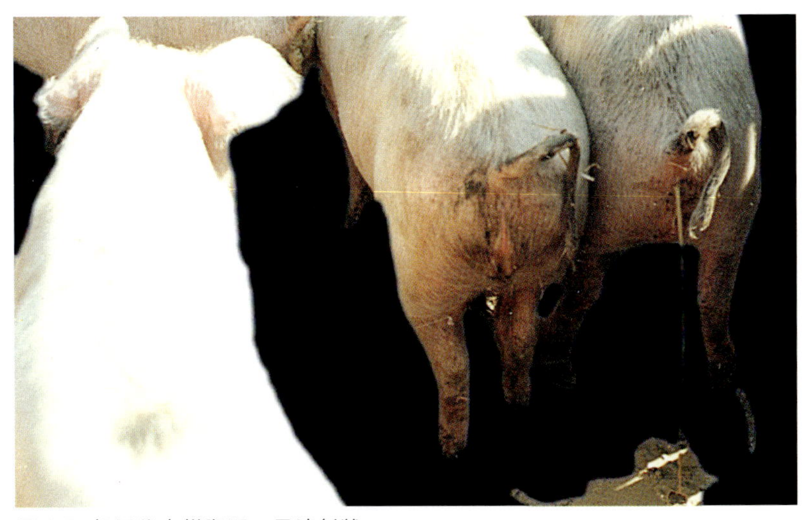

图4-5 架子猪水样腹泻，呈喷射状

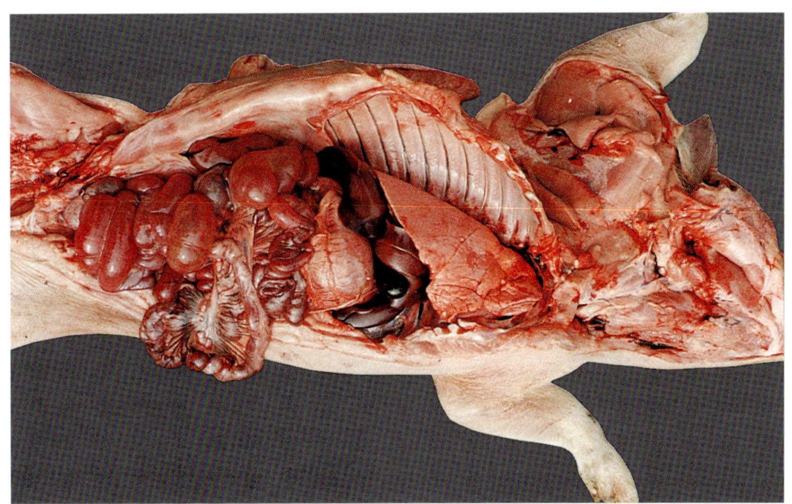

图4-6 小肠弥漫性炎性充血，肠管扩张

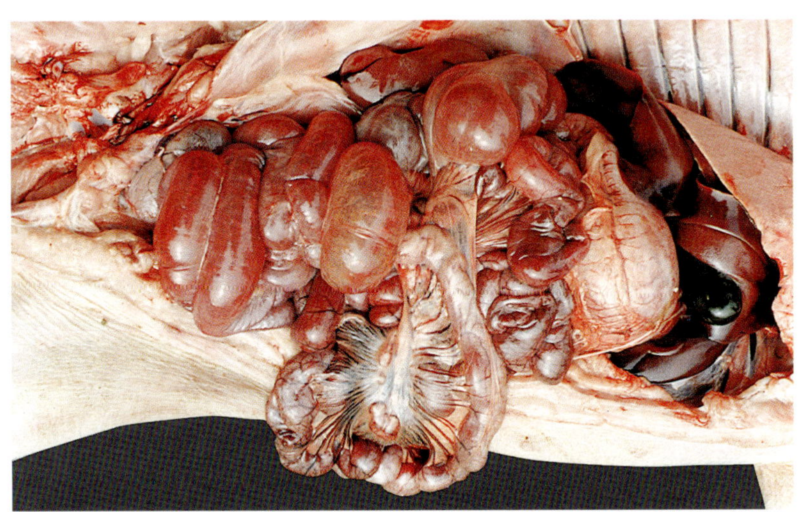

图4-7 肠壁弛缓，变薄有透明感

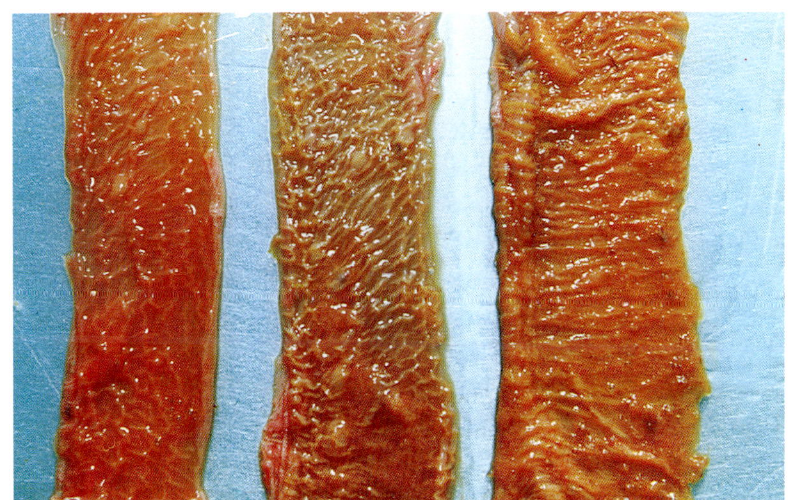

图4-8 小肠绒毛变短，大面积绒毛消失

三、临床症状与病理变化

成年母猪泌乳减少或停止。一周左右腹泻停止而康复，极少死亡。仔猪的典型症状是呕吐，病猪脱水消瘦,伴有或继而发生水样腹泻（图4-1），呈黄绿色（图4-2、3），体重迅速减轻，日龄越小，病程越短，病死率越高。10日龄以内的仔猪大都于2～7日内死亡。随着日龄的增长，如断乳猪病死率逐渐降低,痊愈仔猪生长发育不良(图4-4)。架子猪、肥猪和成年猪的症状较轻，一至数日的食欲不振或缺乏，然后发生水样腹泻，呈喷射状（图4-5）。体重迅速减轻。病理变化主要见于小肠，肠管扩张，空肠伴有卡他性炎症（图4-6），内容物稀薄，呈黄色，泡沫状，肠壁弛缓，变薄有透明感(图4-7)，患病的小肠绒毛变短，粗细不均，甚至大面积绒毛仅留有痕迹或消失（图4-8）。并有充出血变化（图4-9），肠系膜淋巴结肿大（图4-10),胃底粘膜潮红充血，并有粘液覆盖，亦可见有小点状或斑状及弥散出血（图4-11），胃内容物呈鲜黄色 并混有大量乳白色凝乳块。组织学为肠粘膜上皮纤毛脱落毛细血管充血（图4-12）。

四、诊断

本病多发生于寒冷季节,不同年龄的猪相继或同时发病,出现黄绿色水样腹泻和呕吐，1-10日龄猪病死率很高,较大的或成年猪经5～7日康复,病死仔猪空肠呈卡他性炎症变化，肠绒毛萎缩。

最常用的是免疫荧光染色、免疫酶技术检测、琼脂扩散试验和对流免疫电泳检查小肠浸出液中的病毒抗原。

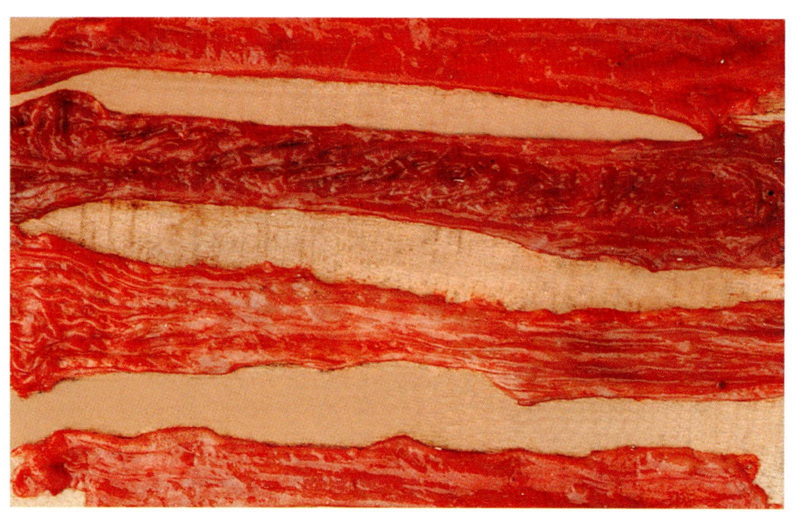

图4-9 肠粘膜潮红充血及弥散出血

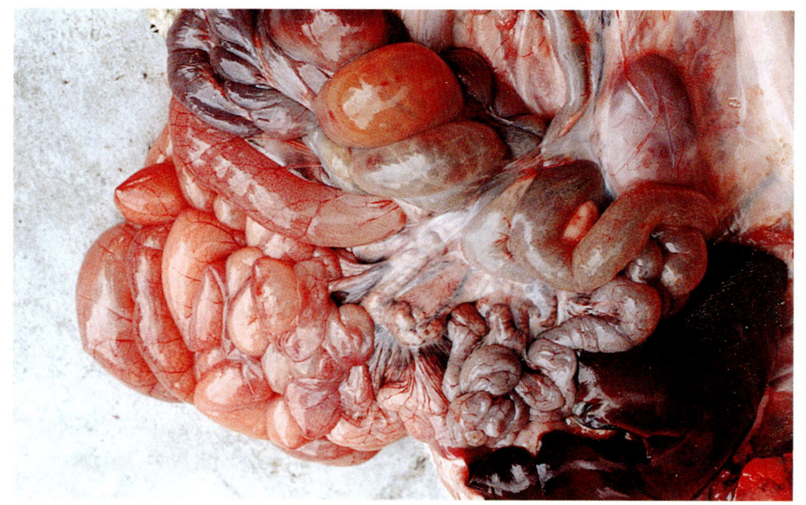

图4-10 小肠系膜淋巴结肿大

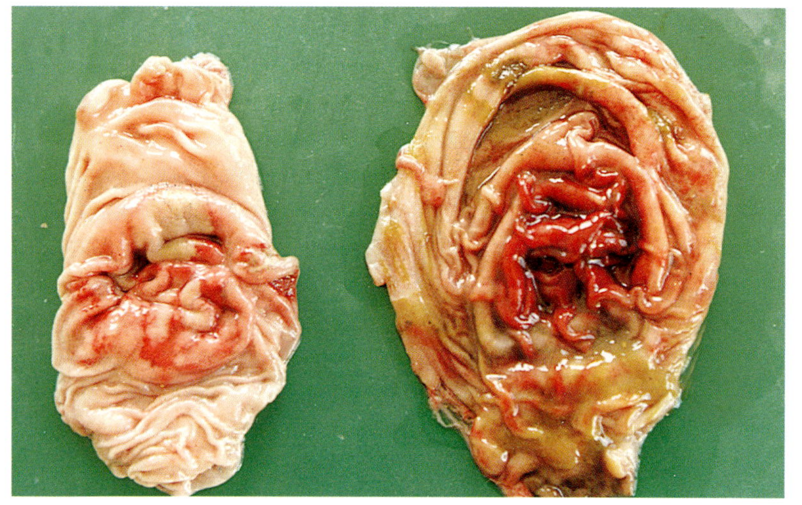

图4-11 胃底粘膜潮红充血点状或斑状出血

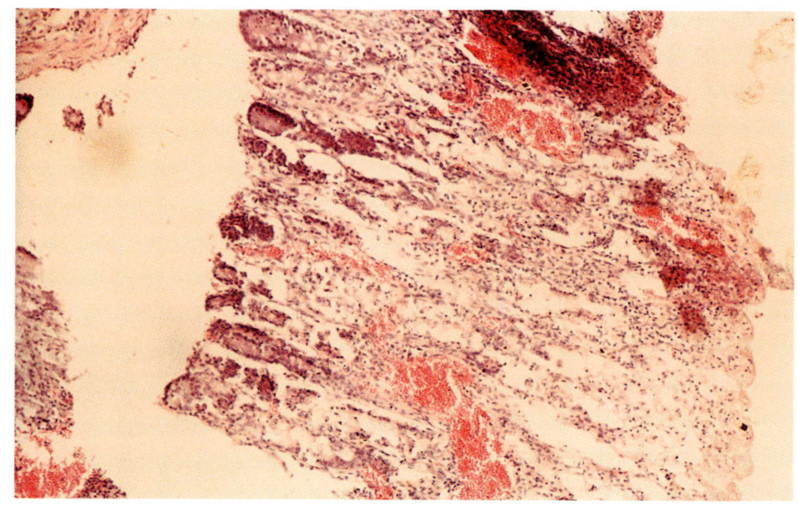

图4-12 肠黏膜上皮纤毛脱落,毛细血管充血 HE × 10

在具有腹泻的仔猪疾病的鉴别诊断方面，应注意与仔猪白痢、仔猪副伤寒、仔猪低血糖及猪轮状病毒感染等疾病鉴别。

五、防治

(一)免疫

猪传染性胃肠炎弱毒疫苗，给妊娠母猪产前20～30日接种后，则对其3日龄哺乳仔猪的被动免疫保护率达95%以上。

(二)治疗

用高免血清和康复猪的抗凝血给新生仔猪皮下注射5～10毫升，口服10毫升，有一定的预防和治疗作用。此外可采用对症疗法，发病猪采用抗菌补液，防止继发感染。应用鸡新城疫Ⅰ系苗诱导干扰素的原理治疗猪传染胃肠炎有较好的疗效，此外，鸡新城疫Ⅰ系苗用灭菌生理盐水50倍稀释，皮下注3～5毫升，一日一次，连用2日。对新生仔猪有一定的预防性治疗效果。

发生猪传染性胃肠炎的猪场应立即隔离病猪，用2%～3%火碱消毒猪舍、运动场、用具、车辆等。发病猪与健康猪严格隔离，将损失控制在最小范围内。

5 猪细小病毒病
Porcine Epidemic Diarrhea

猪细小病毒病是以引起初产母猪胚胎和胎儿感染及死亡而母体本身不显症状的一种母猪繁殖障碍性传染病。在我国，本病已广泛分布存在,所以一定要引起足够的重视，以免造成大的经济损失。

一、病原

本病病原属细小病毒科、细小病毒属，单股RNA，无囊膜，有血凝性，本病毒在几乎所有猪的原代细胞（如猪肾、猪睾丸细胞等），传代细胞上生长繁殖。受感染的细胞表现为变

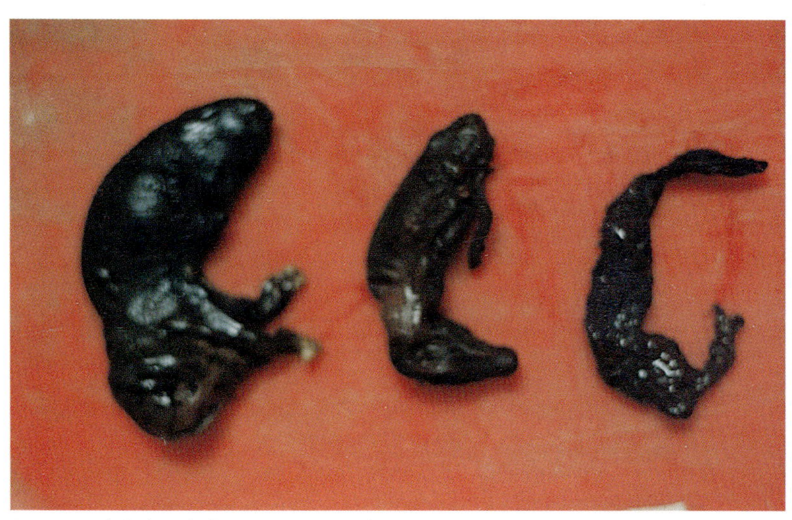
图5-1 胎儿木乃伊化

图5-2 死亡胎儿黑化

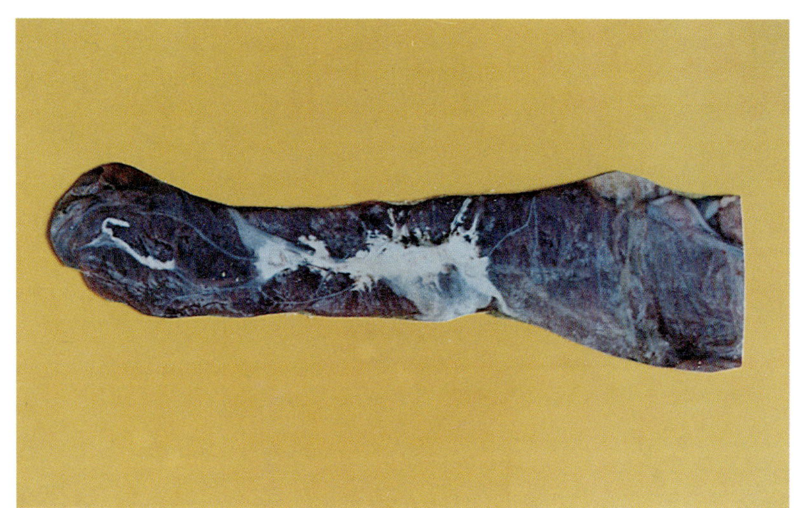
图5-3 胎盘部分钙化

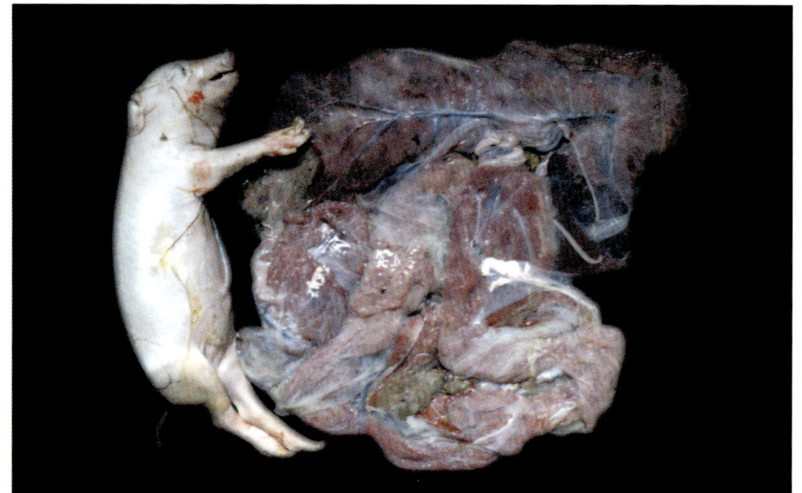
图5-4 死产胎儿体腔积液而膨大，胎盘部分钙化

圆、固缩和裂解等病变，并可用免疫荧光技术查出胞浆中的病毒抗原，病毒可在细胞中产生核内包涵体。但包涵体通常散在分布。0.5%漂白粉或2%NaOH溶液5分钟可杀灭病毒。

二、流行病学

1.易感动物：猪是惟一的已知宿主，不同年龄、性别的家猪、野猪都可感染。

2.传染源：病猪和隐性感染猪是本病的主要传染源。本病感染的母猪所产的死胎、活胎、仔猪及子宫内分泌物均含有高滴度的病毒。垂直感染的仔猪至少可带毒9周以上。某些具有免疫耐受性的仔猪可能终身带毒和排毒。被感染公猪的精细胞、精索、附睾、副性腺中都可带毒，在交配时很容易传给易感母猪，急性感染期猪的分泌物和排泄物，其病毒的感染力可保持几个月，所以病猪污染过的猪舍，在空舍4～5月后仍可感染猪。

3.传播途径：本病可经胎盘垂直感染和交配感染。公猪、育肥猪、母猪主要通过被污染的食物，环境，经呼吸道、消化道感染。另外，鼠类也可机械性的传播本病，出生前后的猪最常见的感染途径是胎盘和口、鼻。

4.流行特征：本病常见于初产母猪。一般呈地方流行性或散发。一旦发生本病后，可持续多年，病毒主要侵害胚胎、胎猪、新生仔猪。母猪怀孕早期(1～70日)感染时，其胚胎、胎猪死亡率可高达80%～100%。多数初产母猪受感染后，可获得坚强的免疫力，甚至可持续终生。

三、临床症状

母猪的急性感染通常都表现为亚临床症状。感染的母猪症状与怀孕天数有关，母猪配种前10日至配种之后30日期间感染时，病毒通过胎盘感染使胎儿致死。一般不是全部胎儿感染，开始一二个胎儿感染，然后，陆续传播给同窝胎儿，胎儿间互相感染的过程很长，所以只有少数胎儿能够存活至出生。当怀孕中期感染时，胎儿死亡,死胎连同其内的胎液均被吸收时，惟一可见的外表征候是母猪的腹围减少。怀孕50～60天感染时多出现死产和流产症状，而怀孕70天以后感染的母猪则多能正常产仔，但这些仔猪常常有抗体和病毒。此外，本病还可引起产仔瘦小、弱胎、母猪发情不正常、久配不孕等症状。

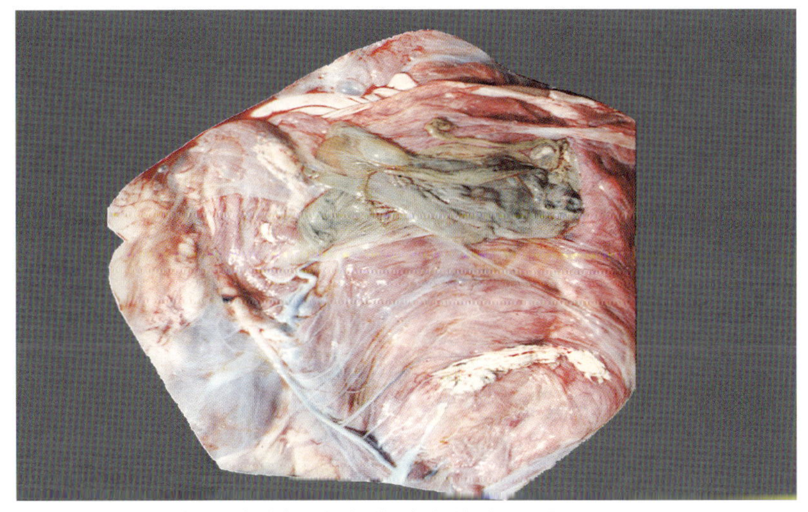

图5-5 胎衣弥散暗红色瘀血部与灰白带状钙化灶对比下明显可见

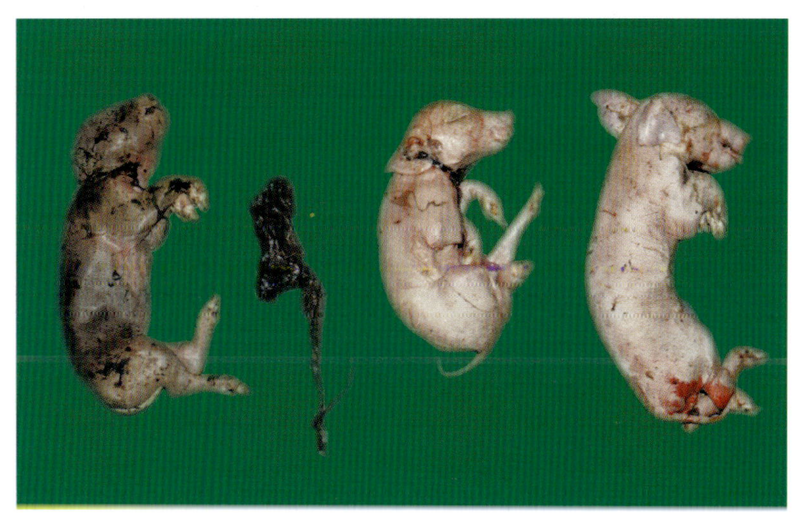

图5-6 早期被感染的胎儿被溶解和吸收

四、病理变化

妊娠初期（1～70天）胎盘组织最适宜本病毒复制,是猪细小病毒增殖的最佳时期,此阶段一旦为猪细小病毒感染,胎儿出现死亡、木乃伊化、骨质溶解、腐败、黑化（图5-1、图5-2）等病理变化。母猪流产，肉眼可见轻度子宫内膜炎变化，胎盘部分钙化（图5-3、图5-4、图5-5），胎儿在子宫内有被溶解和被吸收的现象（图5-6）大多数死胎、死仔或弱仔皮肤、皮下充血或水肿,胸、腹腔积有淡红或淡黄色渗出液。肝、脾、肾有时肿大脆弱或萎缩发暗。

五、诊断

一般诊断据初产母猪流产胎儿出现死亡、木乃伊化、骨质溶解、腐败、黑化等病理变化。母猪流产，子宫内膜炎症变化，胎盘部分钙化。确诊必须依靠实验室诊断，送检材料小于70日龄木乃伊化胎儿或这些胎儿的肺，用荧光抗体技术测猪细小病毒抗原。但大于70日龄的木乃伊胎儿，死产仔猪和初生仔猪则应采取心血或体腔液体，测定抗体的血凝抑制度。应与伪狂犬病、猪乙型脑炎、布氏杆菌病鉴别诊断。

六、防治

目前，我国也已研制出灭活疫苗。所以无本病的各猪场在引进种猪时应进行猪细小病毒的血凝抑制试验（HI）。当HI滴定在1:256以下或阴性时,方准许引进。初产母猪在其配种前可通过人工免疫接种使获得主动免疫。最佳接种疫苗时期是母源抗体消失时,即九月龄母猪,配种前3个月左右注射疫苗可预防本病发生，仔猪母源抗体的持续期可达14～24周，在抗体效价大于1:80时可抵抗猪细小病毒的感染。因此在断奶时,将仔猪从污染猪群移到无病污染的地方饲养,可培育出血清阴性猪群,这有利于本病常发区猪场的净化。

6 猪乙型脑炎
Swine Encephalitis B

乙型脑炎又称流行性乙型脑炎，是由日本乙型脑炎病毒引起的一种人畜共患传染病，母猪表现为流产死胎，公猪发生睾丸炎。

一、病原

乙脑病毒，属于黄病毒科，黄病毒属，单股RNA，有囊膜。病毒粒子呈球形，病毒对外界环境抵抗力不强，在56℃

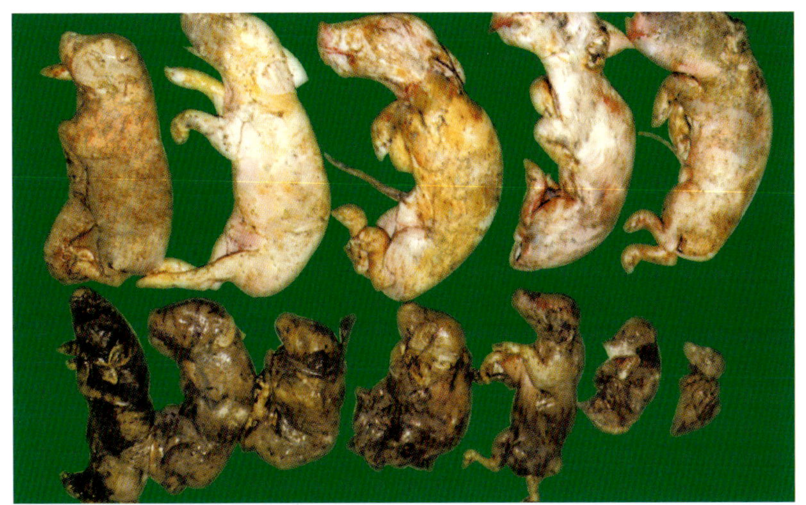
图6-1 死胎、木乃伊胎，同一窝的死胎大小不一

图6-2 仔猪皮下水肿 高度衰弱，震颤、抽搐

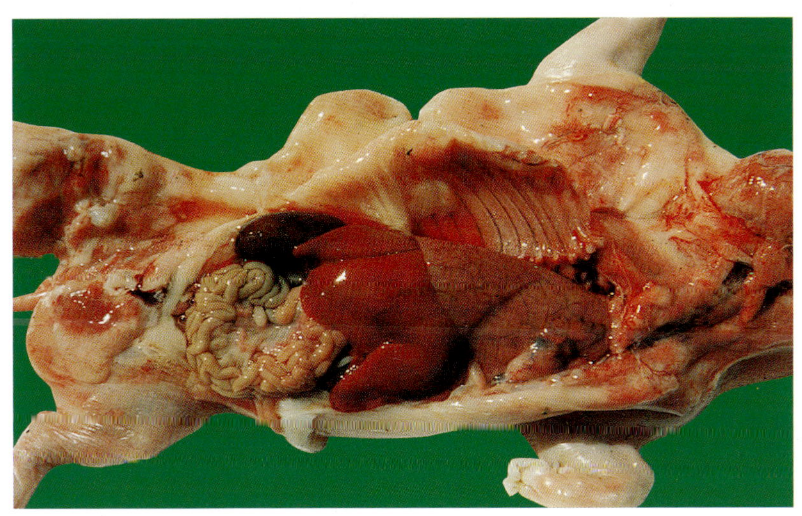
图6-3 仔猪皮下水肿

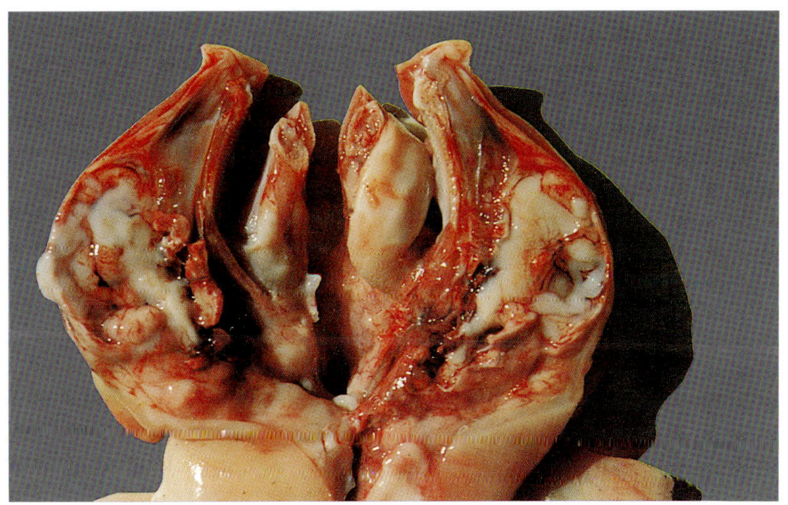
图6-4 仔猪脑切面，脑内水肿，颅腔和脑室内脑积液增量

30分钟灭活，在-70℃或冻干可存活数年，在-20℃下保存一年，但毒价降低。在50%甘油生理盐水中于4℃保存可存活6个月以上。对化学药品较敏感,常用消毒药都有良好的抑制和杀灭作用。如2%苛性钠、3%来苏儿等。

病毒有血凝活性，能凝集鸡、鸽、鸭及绵羊红细胞。病毒在感染动物的血液内存留时间很短，病毒生存于患猪中枢神经系统及肿胀的睾丸等组织中，死亡胎儿的脑组织中有可能分离到病毒。在实验动物中，以1～3日龄的乳鼠最敏感，小鼠脑内接种后经2～4天开始发病，表现为离巢、被毛失去光泽，于1～2天内死亡。

二、流行病学

1.易感动物：目前已知有人，哺乳类、禽鸟类、爬虫类和两栖类动物60余种,均可被感染，隐性感染甚多。

2.传染媒介与传播途径：乙脑病毒必须依靠吸血雌蚊作媒介而进行传播,三带吻库蚊是本病的主要媒介。流行环节是猪—蚊—猪，带毒越冬蚊能成为次年感染人和动物的传染来源。

3.流行季节性: 每年流行高峰期为蚊虫孳生繁殖和猖狂活动的季节,即每年7、8、9月份,一直延续至10月底。人和家畜感染乙脑病毒后，通常病毒不能突破“血脑屏障”入脑。因此，不出现临床症状，多表现“隐性感染”，本病疫区人畜隐性感染的现象很普遍，从血清抗体流行病学调查结果看，猪的感染率为90%～100%，30岁以上的成年人80%以上。猪感染是经蚊的叮咬吸血排毒这一专性方式引起的，因此本病具有严格的季节性。

4.流行特征：乙型脑炎疫区分布在亚洲东部地区的日本、朝鲜、菲律宾、印尼、印度等国。本病的发生和流行给人畜健康和国民经济造成较为严重的损失。

三、临床症状与病理变化

母猪、妊娠母猪感染乙脑病毒后，首先出现病毒血症。母猪流产后，不影响下一次配种。病毒随血流经胎盘侵入胎儿，致胎儿发病，而发生死胎，畸形胎或木乃伊胎，同一胎的仔猪，在大小及病变上都有很大差别(图6-1)。出生后存活的仔猪，皮下水肿（图6-2),高度衰弱，并有震颤、抽搐、癫痫等神经症状，剖检多见 皮下组织水肿与出血性侵润（图6-3)，脑内水肿，颅腔和脑室内脑脊液增量（图6-4)，体腔积液，肝脏、脾脏、肾脏等器官可见有多发性坏死灶（图6-5)。组织学脑水肿，神经细胞变性（图6-6)。流产母猪子宫内膜显著充血、水肿、粘膜糜烂和小点状出血，粘膜下层和肌层水肿，胎盘呈炎性反应。公猪常发生睾丸炎，多为单侧性。

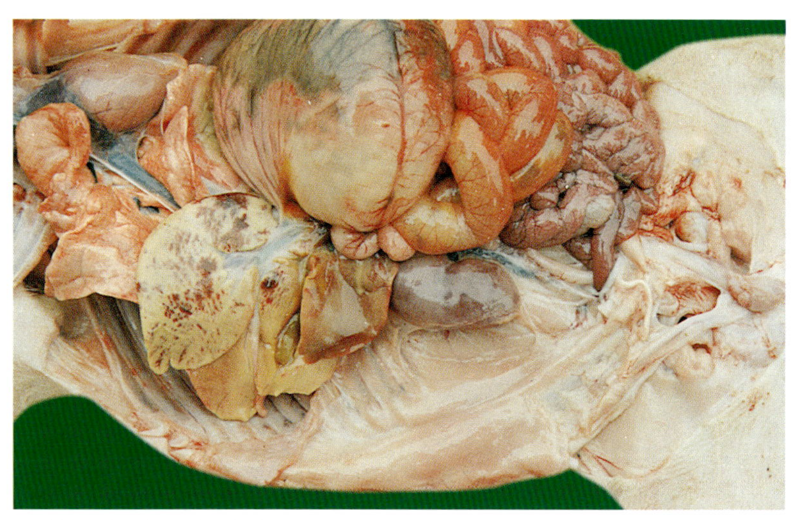
图6-5 肝脏 多发性坏死灶

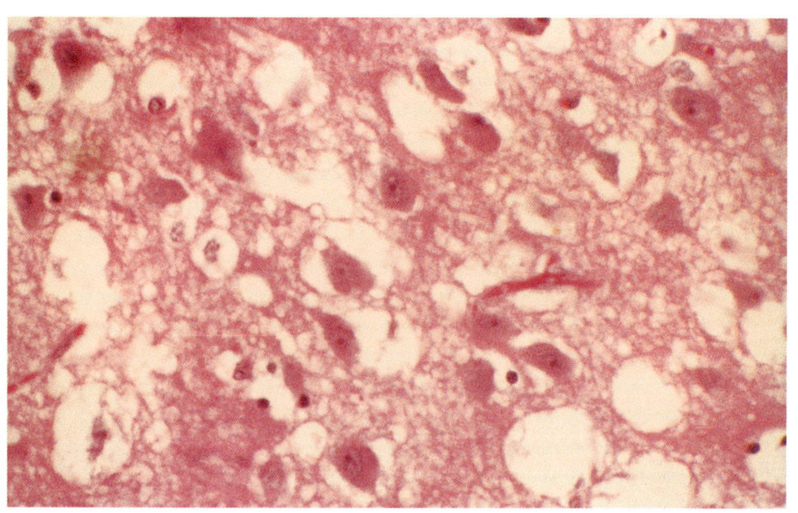
图6-6 组织学脑水肿，神经细胞变性 HE × 40

四、诊断

根据本病发生有明显的季节性及母猪发生流产、死胎、木乃伊胎，公猪睾丸一侧性肿大的现象，可作出初步诊断。确诊必须进行实验室诊断，做病毒分离，荧光抗体试验，补体结合试验，中和试验，血凝抑制试验等。鉴别诊断，本病易与布氏杆菌病混淆，但布氏杆菌病无明显季节性，体温不高，流产主要是死胎，很少木乃伊化，而且没有非化脓性脑炎变化，公猪有睾丸肿胀，但多为两侧性，且是化脓性炎症，副睾也肿，还可有关节炎，淋巴结脓肿等与本病不同。

五、防治

按本病流行病学的特点，消灭蚊虫是消灭乙型脑炎的根本办法。但由于灭蚊技术措施尚不完善。目前采用疫苗接种可控制并减少猪乙型脑炎的危害。

(一)猪用乙脑弱毒疫苗

据报道，上海市奉贤县畜牧兽医站与卫生部药品生物制品检定所等单位研究协作，历时6年多的实验证明，夏秋分娩的新母猪，经注射疫苗后，产活仔率提高到90%以上，公猪睾丸炎基本上得到控制。

(二）疫苗使用的注意事项

1.疫苗必须在乙脑流行季节前使用有效，一般要求4月份进行疫苗接种，最迟不宜超过5月中旬。

2.因有母源抗体干扰，5月龄以下注射无效。因此，接种对象必须是5月龄以上的种猪，免疫孕猪无不良反应。一般注射一次即可。如间隔2周后作第二次注射，可进一步增强免疫效果。

3.注射部位用酒精或新洁尔灭消毒，忌用碘酊。

4.湿苗置2～8℃保存，忌0℃以下冰冻保存，冻干疫苗可按湿苗保存外，更适宜0℃以下低温保存。

5.疫苗使用前要检查疫苗玻璃瓶有否破损、污染等异常现象，否则废弃。疫苗打开后限2小时内用完。

7 伪狂犬病

Pseudorabies Morbus Aujeszky

伪狂犬病是由伪狂犬病病毒引起的猪和其他动物共患的一种急性传染病，病的特征为发热、奇痒，脑脊髓炎的症状。本病有时感染人，但不引起死亡，所以兽医人员在剖检时必须小心，防止通过破损的皮肤感染。

一、病原

伪狂犬病病毒，属疱疹病毒科，甲疱疹病毒亚科猪疱疹病毒属，双股DNA，有囊膜。本病毒的抵抗力较强，在畜舍内的干草上夏季能存活30天以上，冬季可存活46天，56℃ 30分钟可以被灭活。把病毒保存在50%的甘油生理盐水中，0～6℃可存活154天，而感染力仅轻度下降。本病毒对热抵抗力较强，对乙醚、氯仿、福尔马林和紫外线照射都很敏感。在pH5～9中，一般较稳定。5%石灰乳和0.5%～1%NaOH均能将其杀死，在胃蛋白酶、胰蛋白酶作用下于pH=7.6时90分钟可破坏

图7-1 新生仔猪两肢张开

图7-2 仔猪神经紧张眼发直

图7-3 青年母猪发病后视力消失

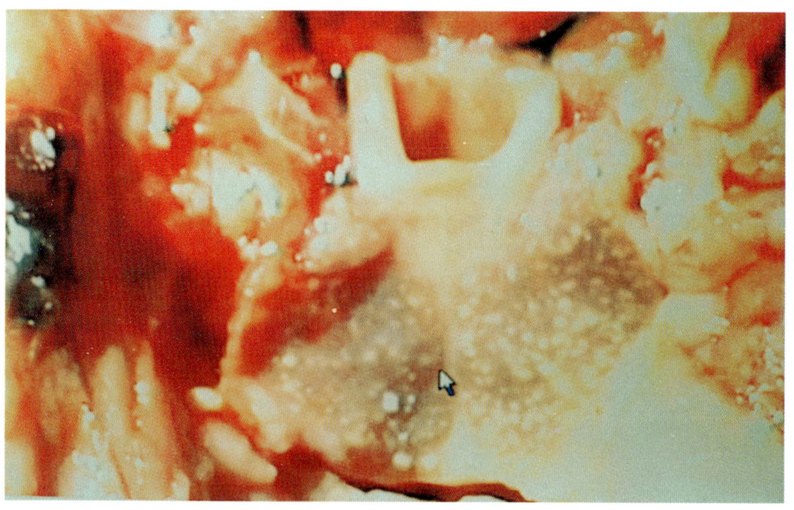

图7-4 扁桃体化脓坏死性炎

本病毒。

二、流行病学

1.易感动物：猪、牛（黄牛、水牛）、羊、犬、猫、兔、鼠等多种动物，都可自然感染本病。野生动物如水貂、貉、北极熊、银狐、蓝狐等也可感染发病，马属动物对本病有较强的抵抗力。人偶尔也可感染发病。

2.传染源：病猪，带毒猪及带毒鼠类是本病重要的传染源。病毒主要从病猪的鼻分泌物、唾液、乳汁和尿中排出。有的带毒猪可持续排毒1年。

3.传播途径：猪可经直接接触或间接接触发生传染，本病还可经呼吸道粘膜、破损的皮肤和配种等发生感染。妊娠母猪感染本病时可经胎盘垂直感染胎儿。泌乳母猪感染本病后1周左右乳中有病毒出现，可持续3～5日，此时仔猪可因哺乳而感染本病。

4.流行特征：成年母猪或青年猪常为隐性感染，可有流产、死胎及呼吸症状，哺乳仔猪除呈脑脊髓炎和败血症与综合症状外，还可侵害消化系统。本病广泛分布于世界各地，我国于1947年首先在家猫中发现本病，以后在猪、牛等动物中流行，造成了一定的危害。近年来，猪伪狂犬病在我国部分地区发生。

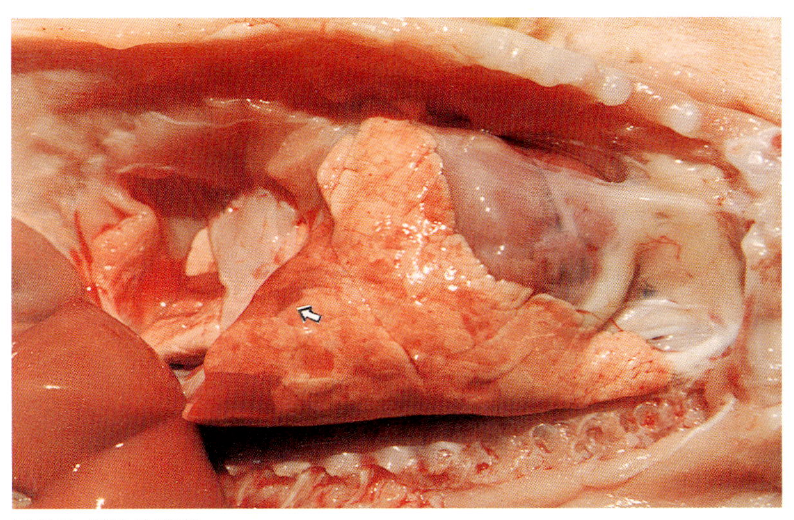

图7-5 出血性肺炎

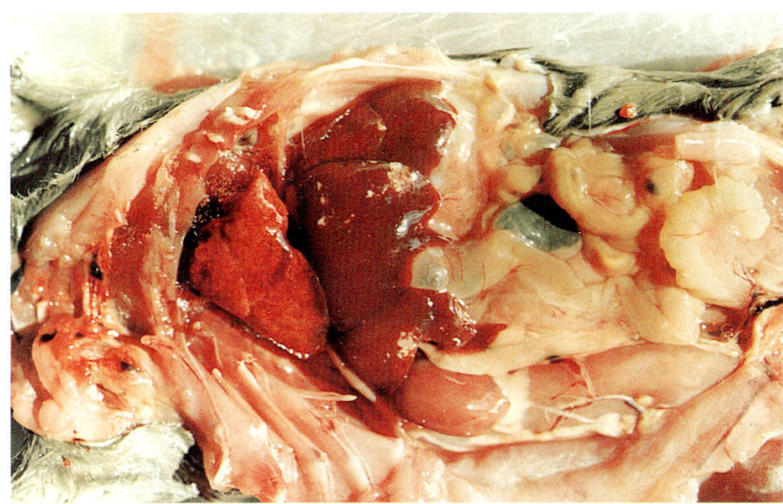

图7-6 肝坏死灶

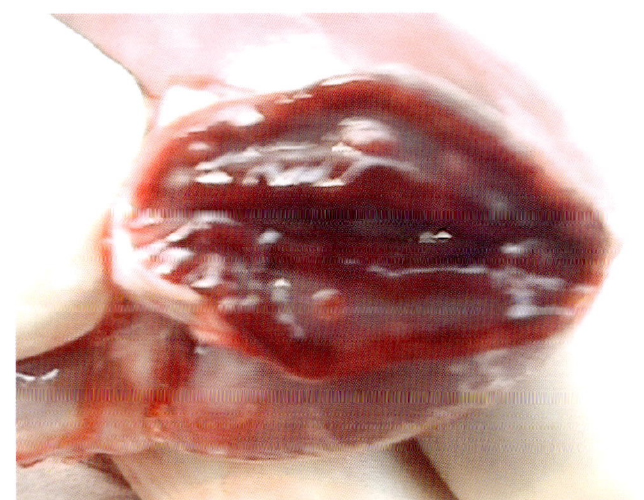

图7-7 肾上腺切面坏死点

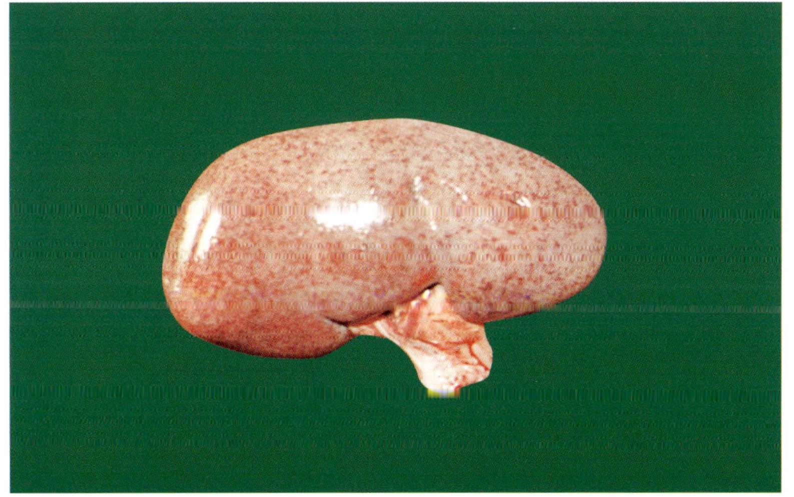

图7-8 肾弥漫性瘀血点

三、临床症状

不同年龄段的猪对伪狂犬病病毒敏感性不同，因出现的症状有年龄上的差异。潜伏期3～6日，乳猪产下后都很健壮，1～3日龄仔猪都很正常。4日后发现有的乳猪眼眶发红，闭目昏睡，体温升高41～41.5℃，精神沉郁，口角有大量泡沫或流出唾液，有的病猪呕吐或腹泻，其内容物为黄色。病猪两耳后竖，遇到声音刺激，发生兴奋和鸣叫。病猪眼睑和嘴角有水肿，腹部几乎都有粟粒大小的紫色斑点，有的甚至全身呈紫色，病初站立不稳或步行蹒跚，有的只能向后退行，步态和姿势异常，容易跌倒，进一步发展为四肢麻痹，完全不能站立，头向后仰，四肢划游，或出现两肢开张和交叉(图7-1)。几乎所有病猪都有神经症状，初期以神经紊乱为主，后期以麻痹为特征，最常见而又突出的是间歇性抽搐，肌肉痉挛性收缩，癫痫发作，角弓反张，仰头歪颈(图7-2)，一般持续4～10分钟，症状缓解后病猪又站起来，盲目行走或转圈。有的则呆立不动，头触地或头抵墙，持续几分钟至10分钟左右，才缓解。间歇10～30分钟后，上述症状可重复出现。病程最短4～6小时，最长为5日，大多数为2～3日，发病24小时以后表现为耳朵发紫，出现神经症状的乳猪几乎100%死亡，发病的仔猪耐过后往往发育不良或成为僵猪。

20日龄以上的仔猪到断奶前后的小猪，症状轻微，体温41℃以上，呼吸短促，被毛粗乱，不食或食欲减少，耳尖发

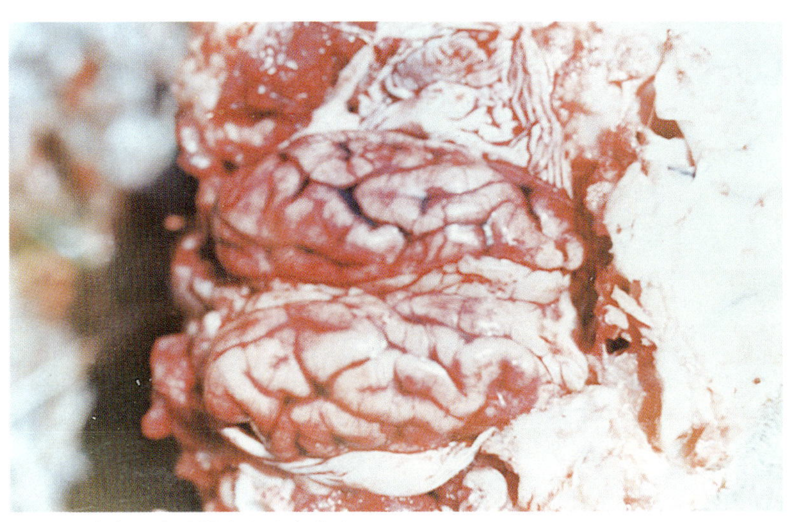

图7-9 脑实质出现针尖大小出血点

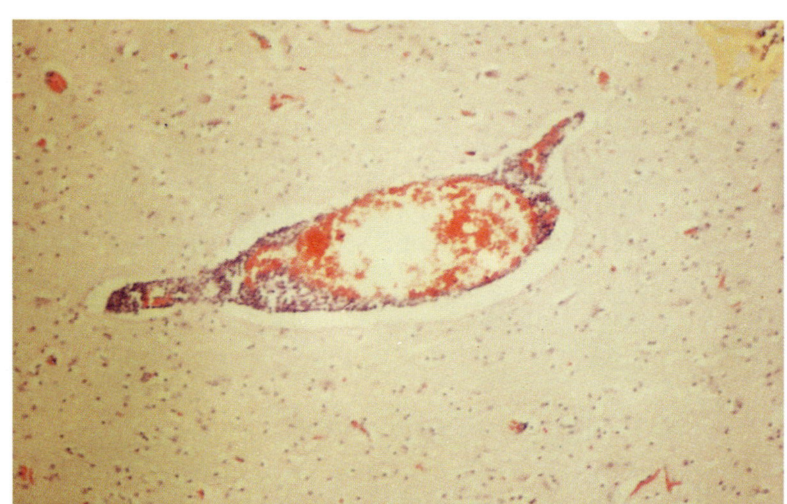

图7-10 非化脓性脑炎血管周围 细胞浸润 HE. × 40

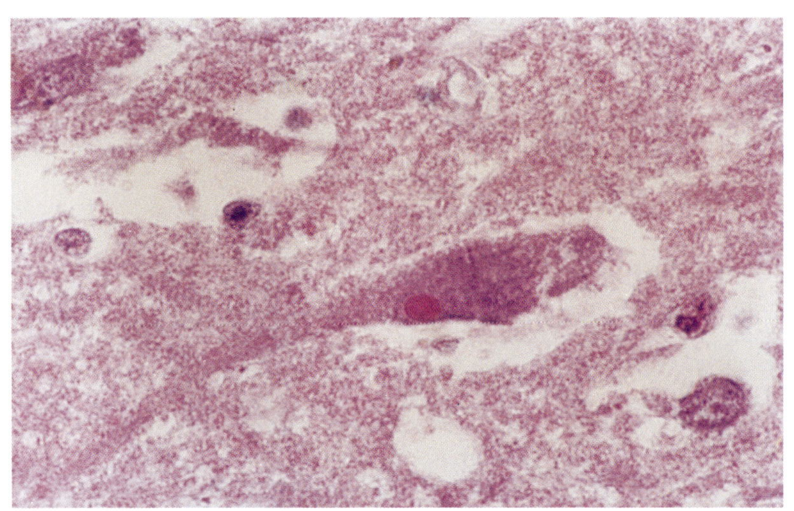

图7-11 脑神经细胞包涵体 HE. × 100

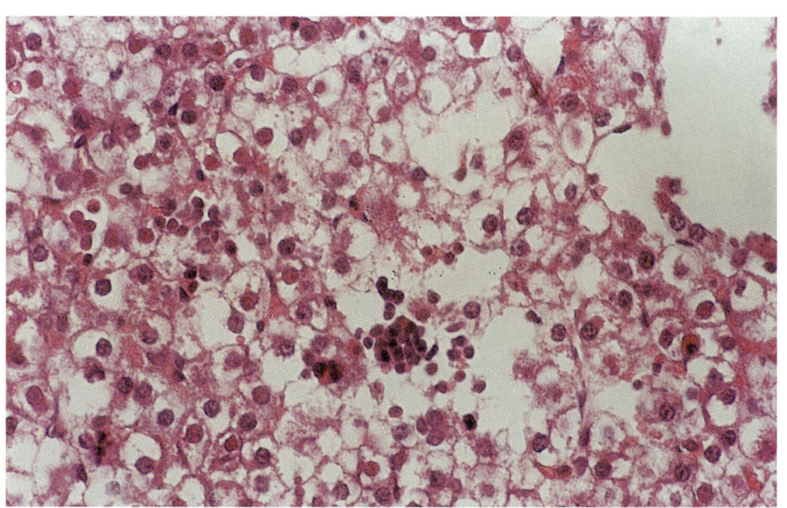

图7-12 肝细胞坏死有淋巴样细胞浸润灶 HE. × 20

紫，发病率和死亡率都低于15日龄以内的奶猪。但断奶前后的仔猪若拉黄色水样粪便，这样的仔猪100%死亡。

3～4月龄左右的猪，发病后只有轻微症状，有数天的低烧，呼吸困难，流鼻汁，咳嗽，精神沉郁，食欲不振，有的呈“犬坐姿势”，有时呕吐和腹泻，几天内可完全恢复，严重者可延至半个月以上，这样的猪表现为四肢僵直（尤其是后肢）震颤，惊厥等，行走相当困难，也有部分猪出现神经症状而往往预后不良。

成年猪多为隐性感染，有时出现厌食、便秘、震颤、惊厥、视觉消失(图7-3)或眼结膜炎，多呈一过性或亚临床感染，很少死亡。有的母猪分娩延迟或提前，有的产下死胎、木乃伊胎或流产，产下的仔猪生命力低下，2～3日死亡。流产发生率约50%。

四、病理变化

扁桃体可出现化脓坏死灶（图7-4）。肺常见卡他性、卡他化脓性及出血性炎症或肺散在小叶性肺炎和小的出血灶（图7-5）。肝（图7-6）、肾等实质器官可见灰白色或黄白色坏死以及肾上腺坏死灶(图7-7)、肾出血（图7-8）、脑出血（图7-9）。注意不同年龄段猪的病理变化。

组组学：非化脓性脑炎（图7-10、11）、肝（图7-12、13、14）、脾（图7-15、16）的出血坏死以及炎性细胞浸润和吞噬

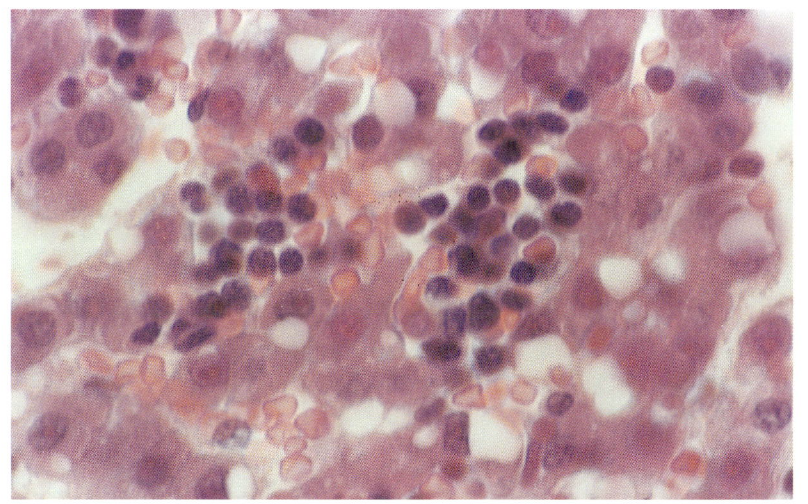

图7-13 肝坏死灶有两个淋巴细胞样浸润灶 HE. × 40

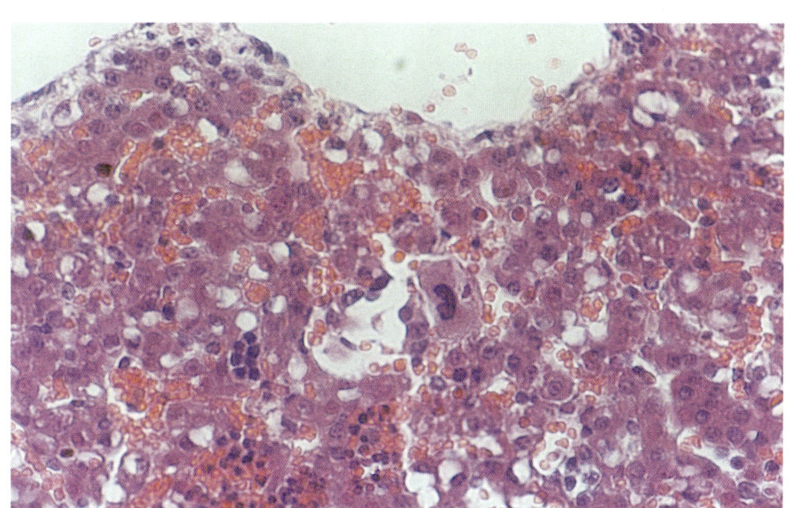

图7-14 肝局灶性出血坏死和炎性细胞浸润与巨核样巨噬细胞 HE × 20

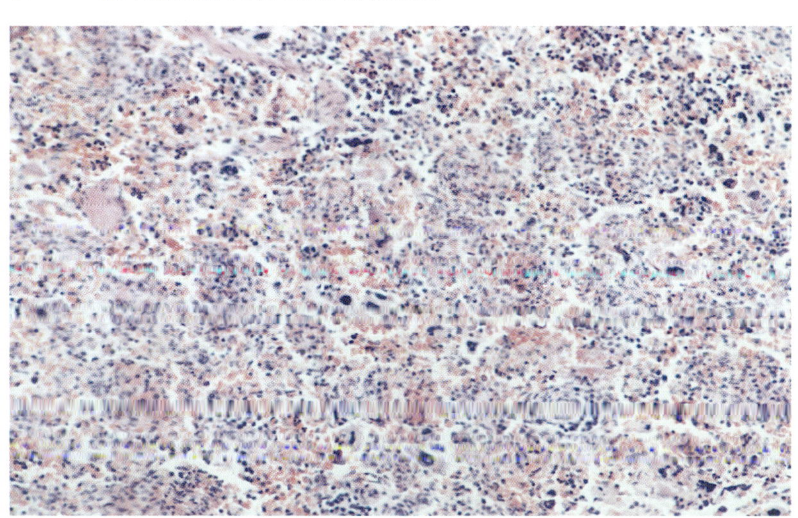

图7-15 脾局灶性充出血坏死和炎性细胞浸润和巨核样巨噬细胞 HE × 10

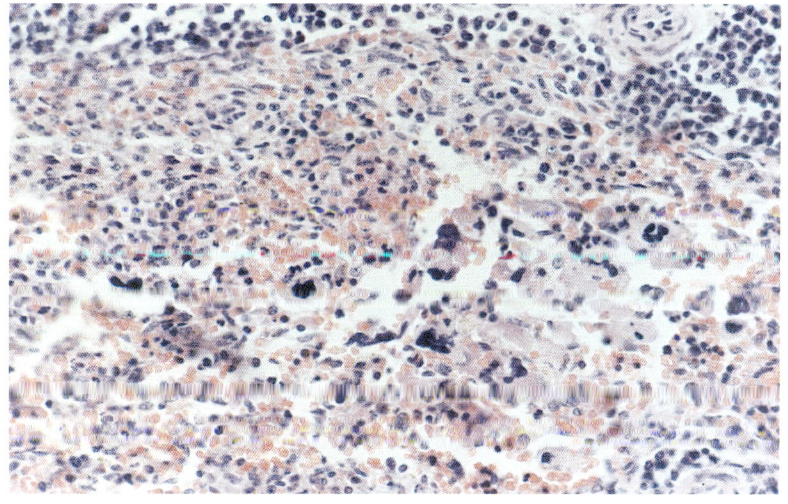

图7-16 脾局灶性充出血坏死和炎性细胞浸润和巨核样巨噬细胞 HE × 20

细胞增生。

五、诊断

根据临床症状以及流行病学资料分析，可作出初步的诊断，要确诊本病则必须结合病理组织学变化或其他实验室诊断。

1.动物接种实验：家兔开始先舔接种部位，以后逐渐变成用力撕咬接种点，严重者可出现角弓反张，在地上翻滚，仔细观察患部可发现有出血性皮炎、局部脱毛、皮肤破损出血，家兔表现局部奇痒症状，4～6小时后病兔衰竭，倒卧于一侧，痉挛，呼吸困难而亡。

2.血清学诊断：可直接用免疫荧光法检查、间接血凝抑制试验，琼脂扩散试验，补体结合试验，酶联免疫吸附试验。

六、防治

（一）、预防：

1.疫苗种类：弱毒苗，我国利用引进的K61弱毒株试制的伪狂犬病弱毒冻干苗，已开始使用。灭活苗有氢氧化铝灭活苗和油佐剂灭活苗，此外尚有伪狂犬病亚单位疫苗，基因缺失苗。

2.免疫程序：哺乳仔猪15日龄第1次注射0.5毫升，断奶后再注1毫升同时注油苗。3个月以上架子猪注射1毫升，成年猪每6个月注射1次为2毫升，妊娠母猪分娩前1个月再注2毫升，同时可注射油苗1～2毫升。免疫期为6个月。在未发生本病的地区，不主张使用弱毒苗。

（二）、流行时的防治措施：

1.被动免疫：对疫点，用有保护作用的免疫血清，可减轻疫情，降低死亡率，据高跃（1998）报道利用淘汰母猪制备抗血清，3日龄仔猪每头注射5毫升有较好的预防效果。

2.感染猪场净化措施：最彻底的方法是将感染猪群淘汰更新。本病最适用的方法是注射伪狂犬病油乳剂灭活苗，首次暴发点要增加免疫剂量，4～6周后再加免1次。据赵建山（1999）报道，用中国农业科学院哈尔滨兽医研究所生产的伪狂犬病弱毒冻干苗，种猪每头4毫升，仔猪每头2毫升，4周后再注1次，疫情控制后，种公猪每年免疫2次，母猪临产前20～30日加免1次，所产仔猪在2周后再免1次。其次培育健康仔猪，将阴性母猪产仔断奶后，隔离饲养，用血清学方法检查，淘汰阳性，间隔1个月后再复检，将阴性猪混群，即可得到无本病的猪群。

8 猪繁殖与呼吸综合征

Porcine Reproductive and Respiratory Syndrome,PRRS

猪繁殖与呼吸综合征是1987年新发现的一种接触性传染病。此病主要危害繁殖母猪和仔猪，而育肥猪的呼吸道症状较为缓和。美国称此病为“猪神秘病”，西欧国家都有此病发生，英国称此病为蓝耳病，此外，该病还被称为猪流行性流产及呼吸道综合征，神秘繁殖综合征等。

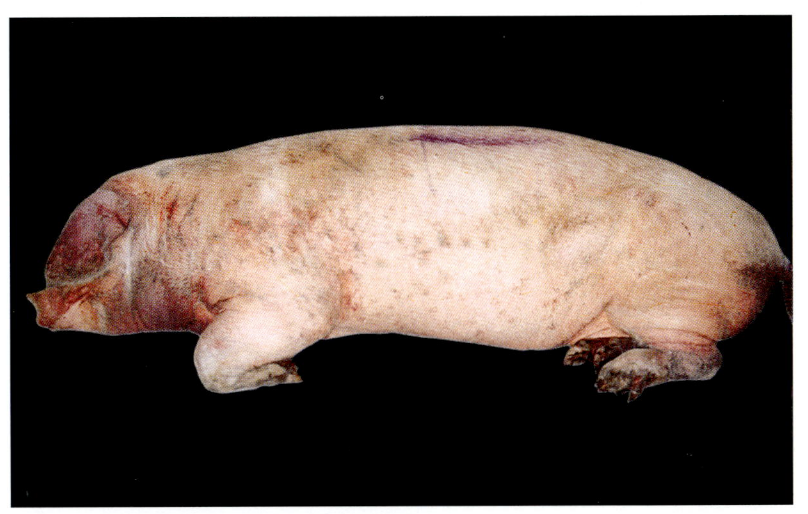

图 8-1 发病母猪双耳、腹部、尾部蓝紫色

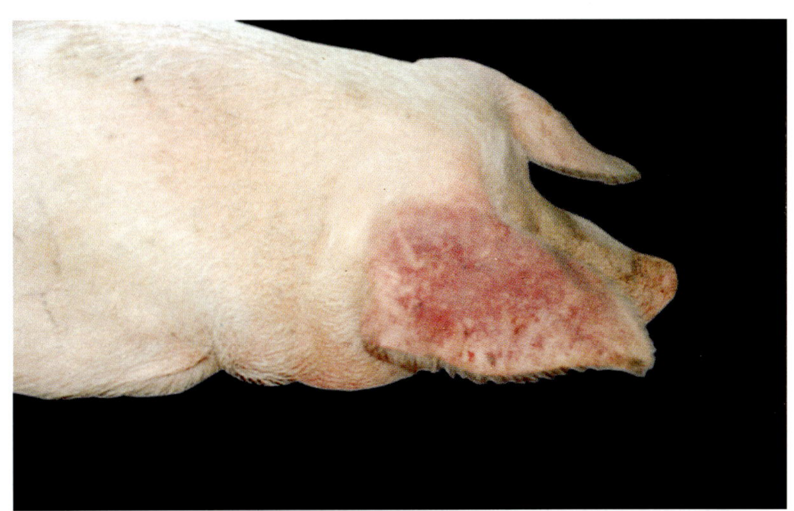

图 8-2 展示发病猪双耳蓝紫色

图 8-3 病母猪产死胎

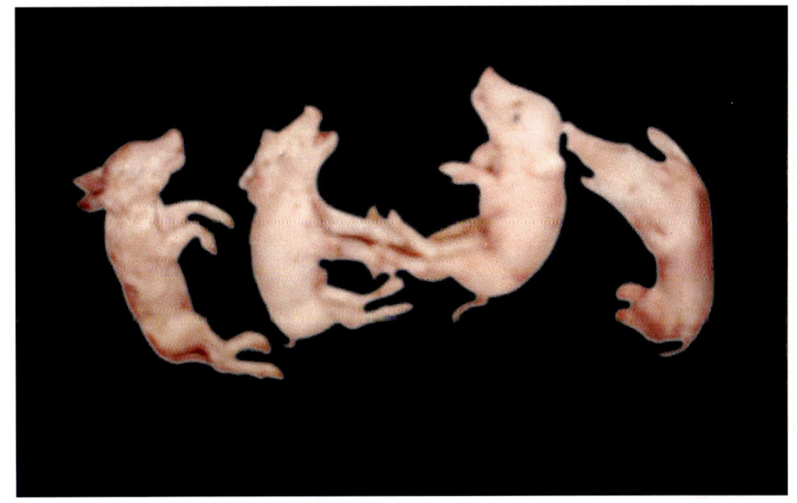

图 8-4 病母猪早产弱仔，张口呼吸，仔猪奄奄一息

一、病原

该病毒属于动脉炎病毒科，动脉炎病毒属中猪繁殖与呼吸综合征病毒(PRRSV)，是一种有囊膜RNA病毒，目前发现该病毒只能在猪肺泡巨噬细胞培养物上生长繁殖，并产生有规律的细胞病变，通过免疫组化染色技术可以发现在病猪的细气支管上皮、肺泡上皮、肺泡巨噬细胞、脾脏红髓及边缘区巨噬细胞内部都有该病毒抗原存在，从死胎、腹水和肺与脾可分离到该病毒。有两个血清型，美洲型和欧洲型。同时，发现该病毒有很强的免疫抑制作用。从而使感染猪可继发感染，亦

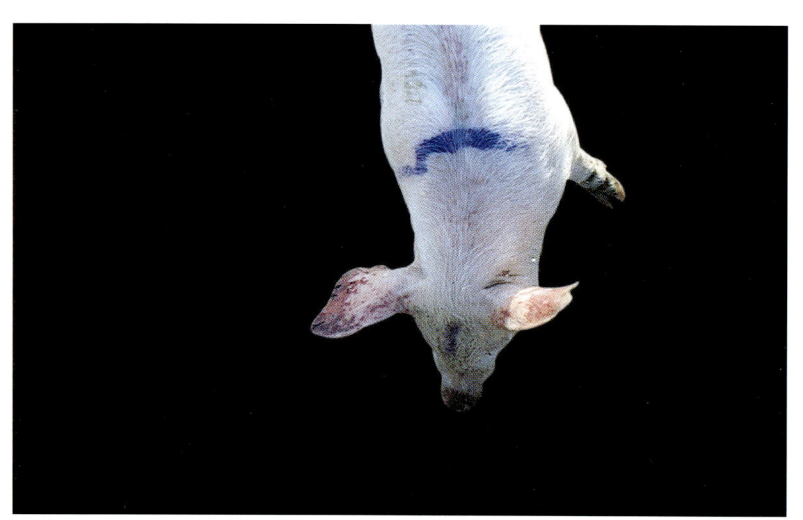
图 8-5 断奶仔猪 耳部蓝紫色

图 8-6 青年猪 耳部、腹部、臀部蓝紫色

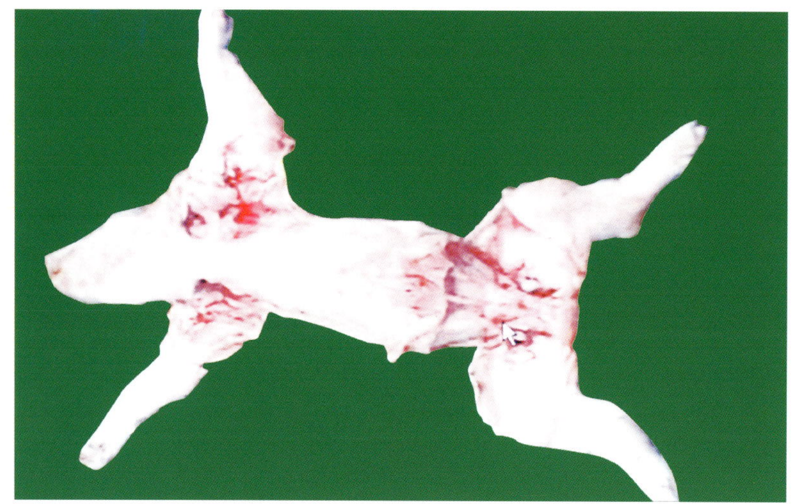
图 8-7 新生仔猪 鼠蹊淋巴结肿大灰白色

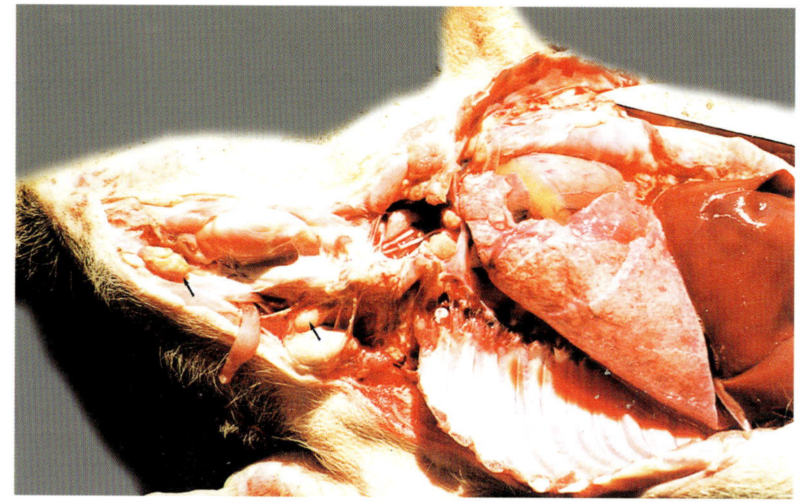
图 8-8 断奶仔猪 淋巴结肿大灰白色

可恶化为慢性传染性病。病毒和循环性抗体在血液中同时存在。吸吮免疫母猪初乳的仔猪可免受感染，但当母源抗体消失后，仔猪仍易受感染并出现严重的临床症状。

二、流行病学

1.易感动物：猪是唯一的易感动物，各种年龄和种类的猪均可感染，但以妊娠母猪和仔猪最易感，并表现该综合征典

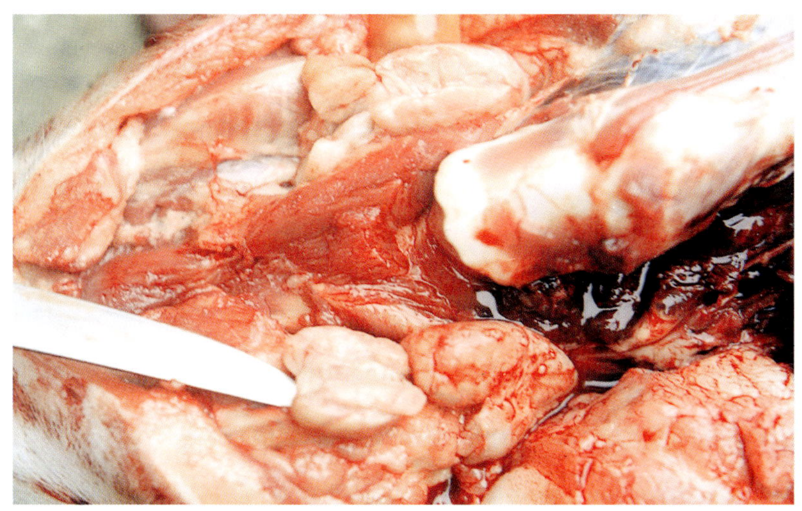

图 8-9 青年猪 颌下淋巴结肿大灰白色

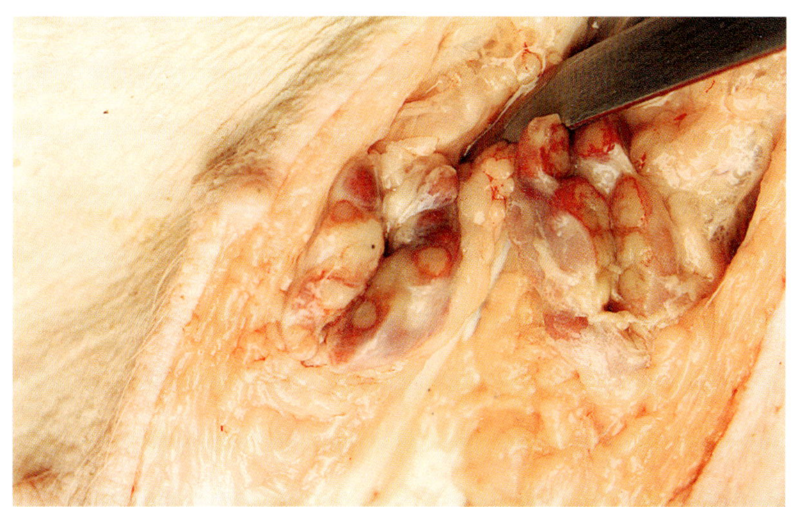

图 8-10 青年猪 鼠蹊淋巴结肿大灰白色周边炎性充血

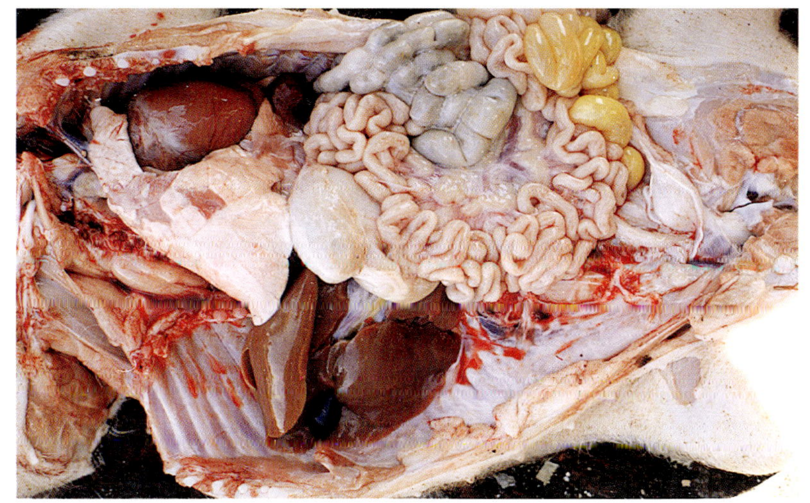

图 8-11 断奶仔猪 肠系膜淋巴结肿大灰白色，局灶性间质性肺炎灶

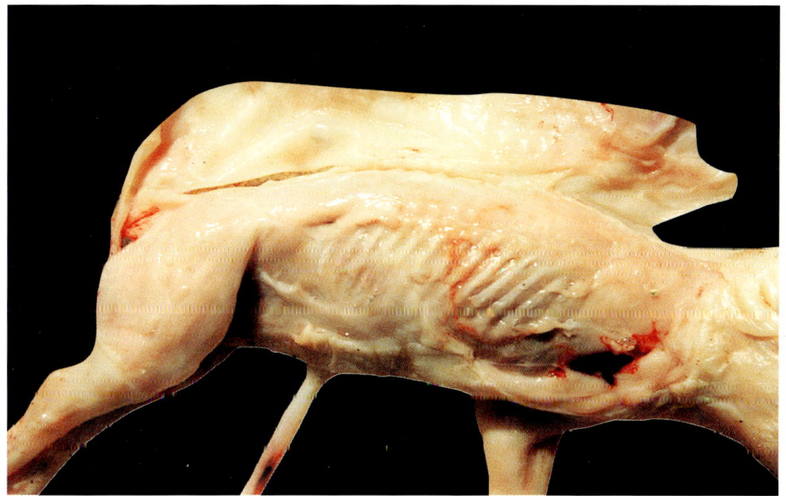

图 8-12 新生仔猪 肌肉灰白色水肿，脐带出血

型的临床症状。

2.传染源：病猪和带毒猪，感染母猪的各种分泌物、鼻汁、尿液、粪便及呼出的气体均含有病毒,耐过猪可长期带毒,并不断向外排毒。

3.传染途径：是一种经呼吸道传播迅速的高度接触性传染病，通过空气有时能传播20公里之远，也可垂直传播与精液传播。

4.流行特征：本病传播迅速,污染严重一旦发生很难净

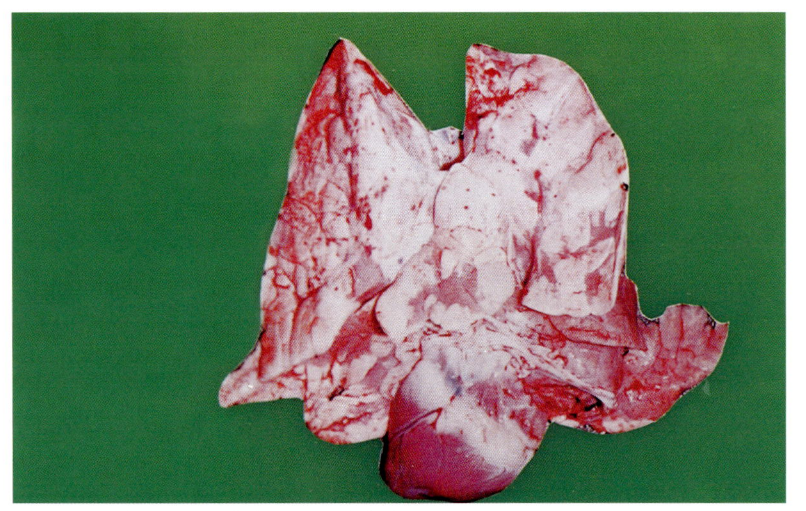

图8-13 断奶仔猪 局灶性间质性肺炎灶

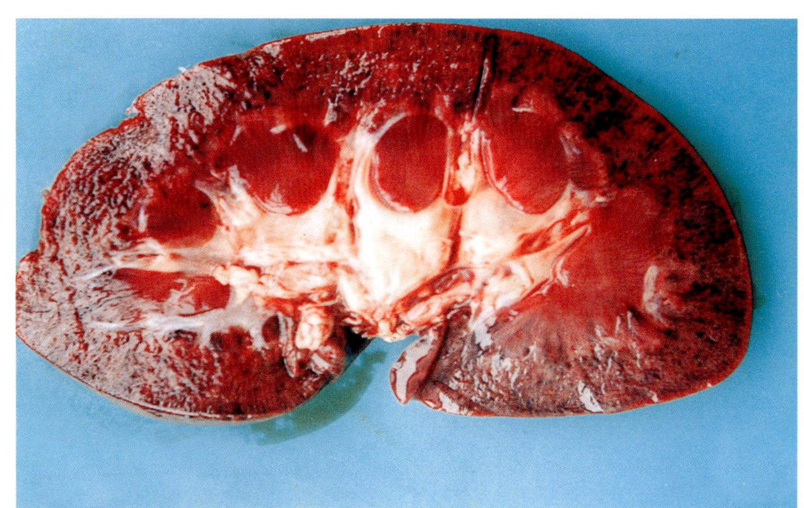

图8-14 青年猪 肾切面弥漫性出血斑点

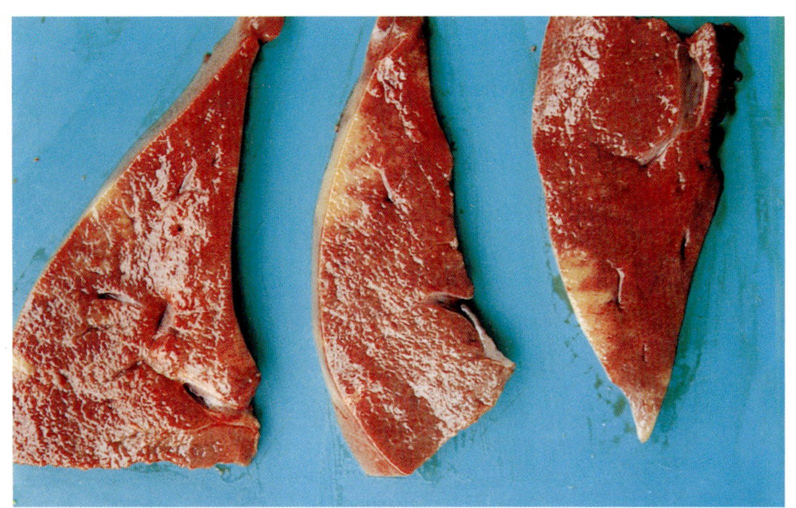

图8-15 青年猪 肝切面灰白色坏死灶

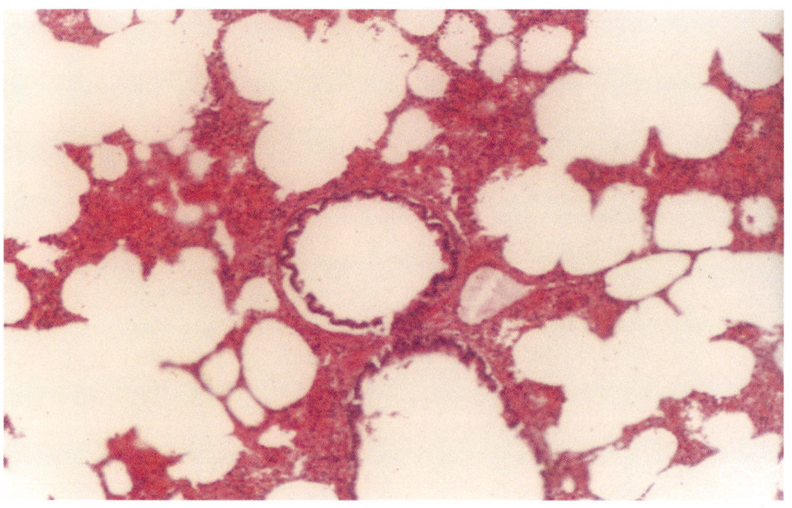

图8-16 肺小支气管粘膜纤毛上皮呈环状分离与即将脱落 HE × 5

化。发病后经过几个月或数年可能出现重复暴发。

三、临床症状

感染母猪表现一时性的体温升高(39.6～40℃),猪的双耳、腹部、尾部及外阴皮肤呈现青紫色或蓝紫色斑块（图8-1、2),妊娠母猪发生早产、后期流产、死产（图8-3)、胎儿木乃伊化、产弱仔（图8-4）等。新生仔猪部分表现呼吸困难、运动失调及轻瘫等症状，产后1周内死亡率40%～80%。以1月龄

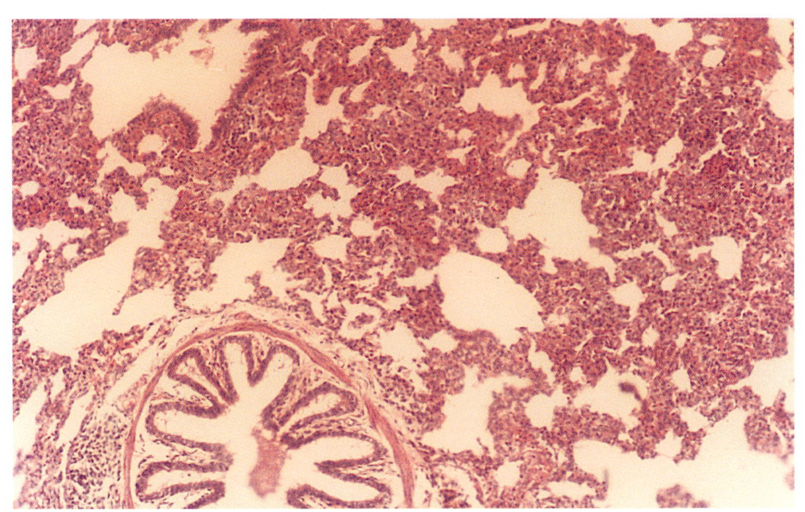

图8-17 肺细支气管腔内分泌物,肺间膈淋巴细胞和巨噬细胞增生 HE × 10

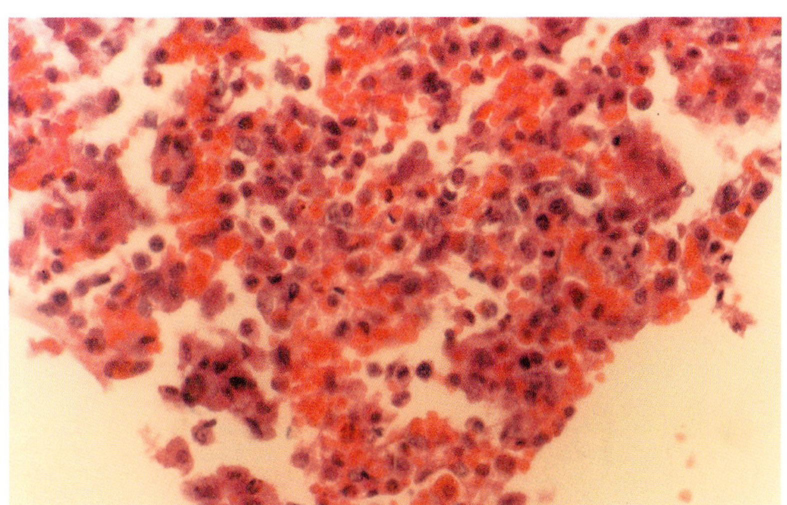

图8-18 青年猪 肺间膈血管充血与大量淋巴细胞和巨噬细胞增生 HE × 40

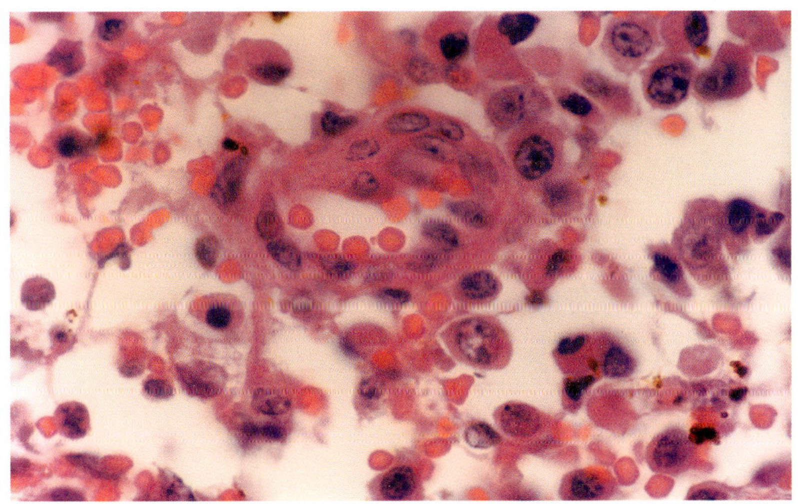

图8-19 青年猪 肺泡壁上皮巨噬细胞增生 HE × 100

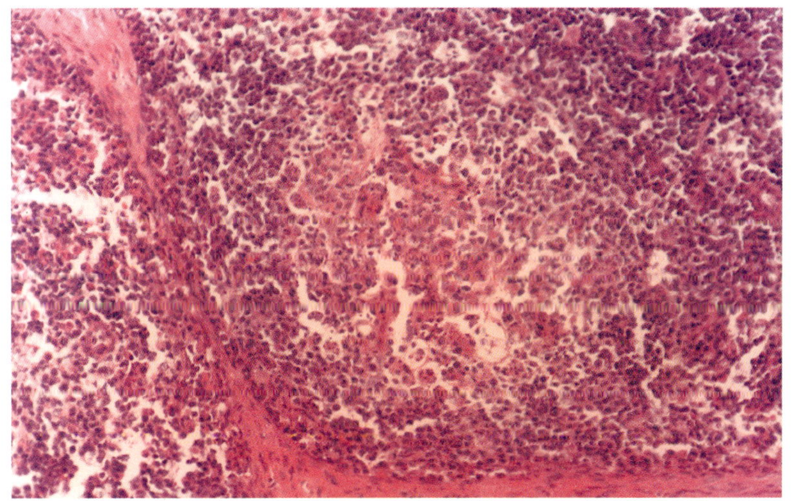

图8-20 青年猪 淋巴结淋巴中心细胞坏死 HE × 20

内和断奶仔猪最易感，体温升高达40℃以上，双耳背面、边缘皮肤青紫色（图8-5），腹式呼吸，食欲减退或废绝，腹泻，被毛粗乱，后腿及肌肉震颤，共济失调，渐进消瘦，眼睑水肿。耐过仔猪长期消瘦，生长缓慢。育肥猪临床表现轻度的类流感症状，呈现暂时性的厌食及轻度呼吸困难。有的病例表现咳嗽及双耳背面、边缘及尾部皮肤出现深青紫色斑块（图8-6）。公猪发病率低。精液质量明显下降，一般无发热现象，极少公猪出现双耳皮肤变色。

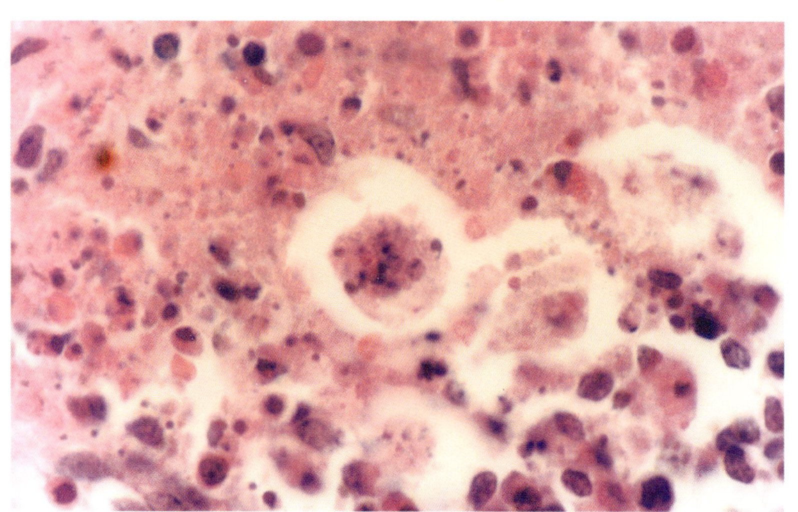

图8-21 青年猪 图8-20放大展示淋巴结弥漫淋巴细胞坏死 HE × 40

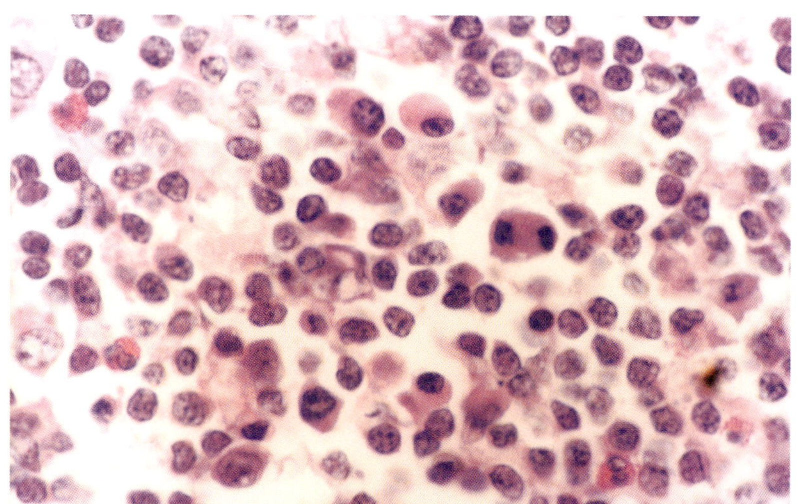

图8-22 展示细胞免疫应答反应，淋巴细胞分裂象 HE × 100

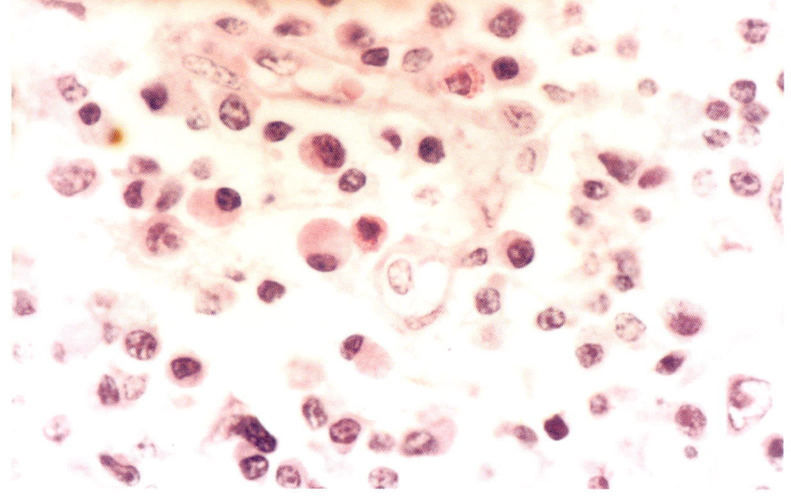

图8-23 展示免疫应答反应，浆细胞增生 HE × 100

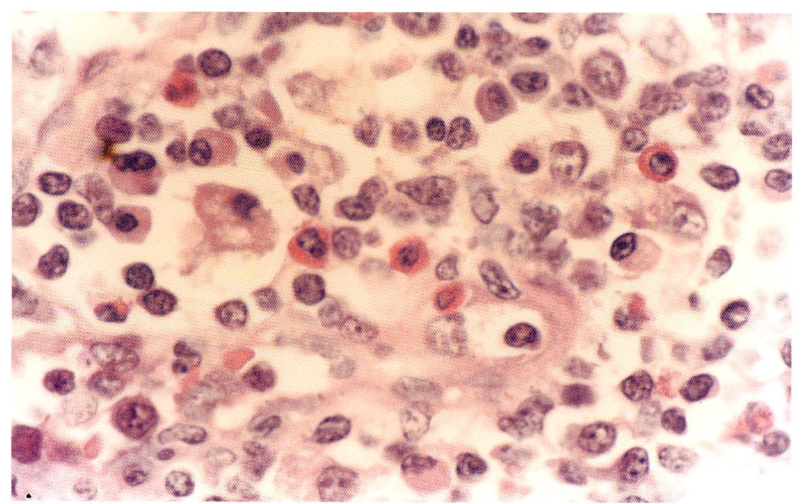

图8-24 展示细胞免疫应答反应，嗜酸性粒巴细胞增生 HE × 100

四、病理变化

剖检病变主要为各种年龄的猪淋巴结肿大灰白色（图8-7、8、9、10、11）与肌肉灰白水肿(图8-12),出血性肺炎和间质性肺炎(图8-13),仔猪多因免疫功能降低而伴发支原体性肺炎和继发传染性胸膜肺炎 ,肾出血(图8-14)和肝坏死(图8-15)。组织学变化,支气管上皮细胞纤毛的套管样脱落(图8-16、17),肺间质性肺炎(图8-18)，肺巨噬细胞的活化增生(图8-19),淋巴结的淋巴小结变性坏死和细胞免疫应答的出现(图8-20、图

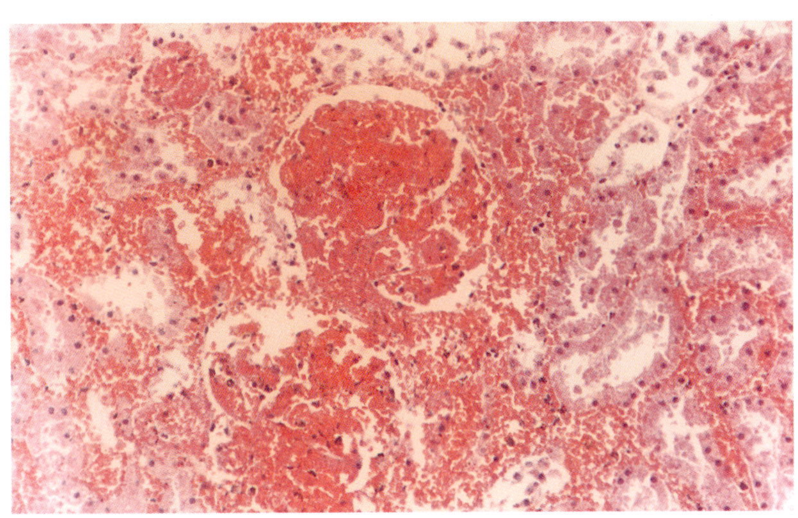

图8-25 肾 弥漫性出血 HE × 10

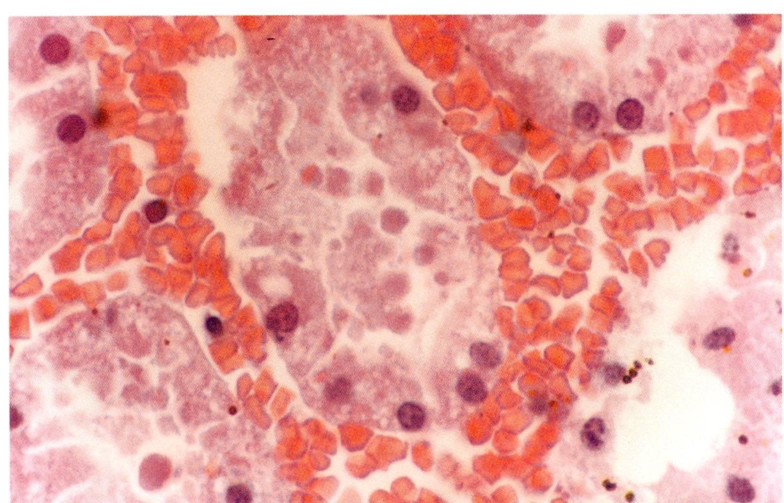

图8-26 肾小管弥漫性出血、变性、坏死，肾小管腔内滴状物 HE × 40

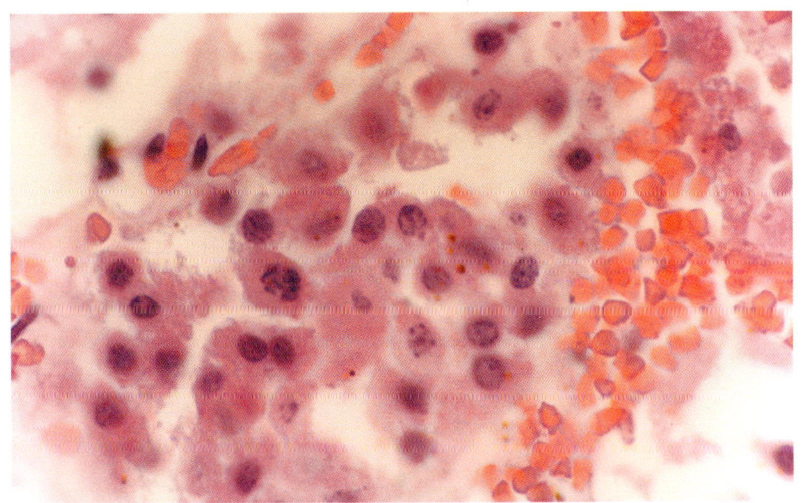

图8-27 肾小管上皮细胞浆溶解与核淡染和核崩解 HE × 100

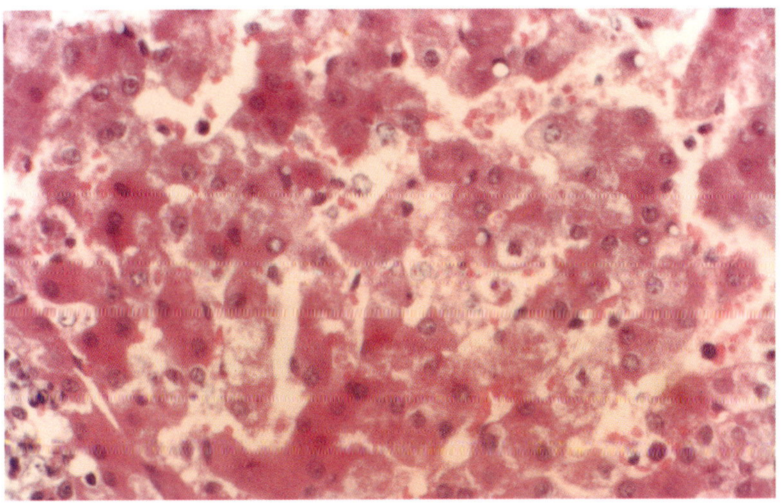

图8-28 肝细胞颗粒变性与坏死 HE × 40

8-21、图8-22、图8-23、图8-24)。肾出血性肾小球肾炎(图8-25、图8-26、图8-27)。肝细胞变性坏死(图8-28)，心肌变性。

五、诊断

诊断PRRS通常采用下列3个步骤。

1.用配对血清学检查法进行鉴别诊断，排除与该病类似的呼吸及生殖疾病，如伪狂犬病，非洲猪瘟、猪流感、脑心肌炎等。

2.根据妊娠母猪及断奶前仔猪的临床症状鉴定；荷兰规定的标准是符合下列3个诊断标准中的2个即判为发病：死产20%以上；母猪流产至少为8%；断奶前仔猪死亡率26%以上。

3.检测感染猪抗PRRSV病毒的抗体水平的上升。这些抗体产生较慢，配对血清至少应间隔3周采集。这种检查法无假阳性，但有25%的明显感染猪血清学试验为阴性。

该病的确诊需借肋实验室诊断技术。病毒分离是该病诊断最为确切的一种方法。将感染猪及流、死产胎儿的肺及其它组织匀浆接种新培养的原代PAM(LV)或CL2621细胞，经传代后出现特征性CPE者，表明病毒分离阳性。分离该病毒最好用死胎或活产仔猪的心、脑、肝、脾和肺的组织匀浆混合物，接种适当的细胞培养物。对哺乳仔猪、断奶仔猪和育肥猪，分离病毒最好采集肺脏。母猪则可用血清、血浆和白细胞。用木乃伊胎儿难以分离出该病毒。目前有ELISA抗体检测试剂盒，操作简便、快速、准确的特点。

六、防治

（一）免疫防治

国内有美洲株弱毒苗，免疫期6个月，疫苗毒血症少于7天，肌肉注射。

（二）控制措施

目前该病尚无直接有效的治疗方法。在该病流行时除采取传染病发生后的常规措施外，还要注意及时用抗生素治疗，以预防继发感染的发生，减少疾病造成的损失。控制该病首先是要控制其传播，采取的控制手段有：1.猪场有申报疑似病例的义务；2.隔离被污染的猪场；3.限制繁殖及育肥猪移动；4.清洗并消毒受污染的猪场；5.在申报最后一批发病猪后8周内，不许输出猪只。因此，采取严格的控制看来是目前控制该病的主要措施。

9 猪圆环病毒感染
Porcine Circovirus Infection

本病是由猪圆环病毒引起猪的一种新的传染病。主要感染8～13周龄猪，其特征为体质下降、消瘦、腹泻、呼吸困难。

猪圆环病毒（Porcine Circovirus，PCV）是由德国科学家Tischer等于1974年发现，为一种新的单链环状DNA病毒，命名为PCV-1。早期研究认为PCV-1对猪无致病性，但近来从死产的仔猪分离到该病毒。Hines和Lukert（1994）报道，认为PCV是新生仔猪先天性震颤的病原，1997年加拿大和新西兰学者认为猪断奶后多系统衰竭综合征（Post-weaning

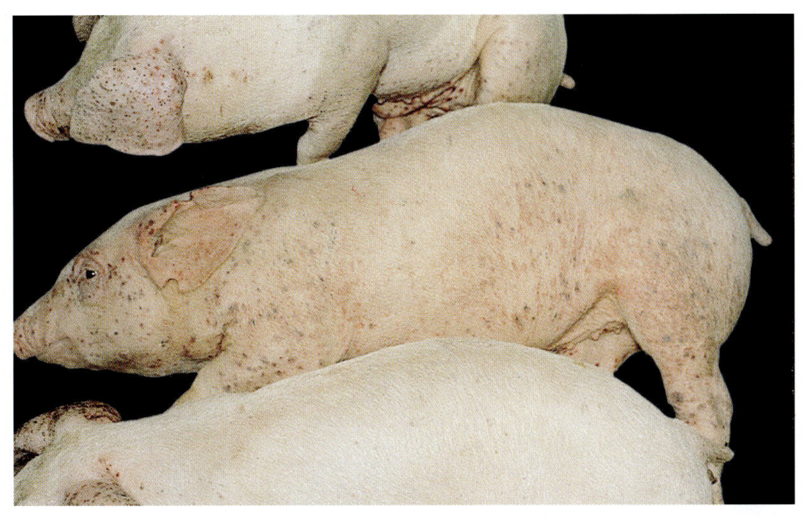
图9-1 猪圆环病毒感染 临床症状 病猪感染初期耳与腹部皮肤出现的较 鲜艳的红紫色丘状斑点

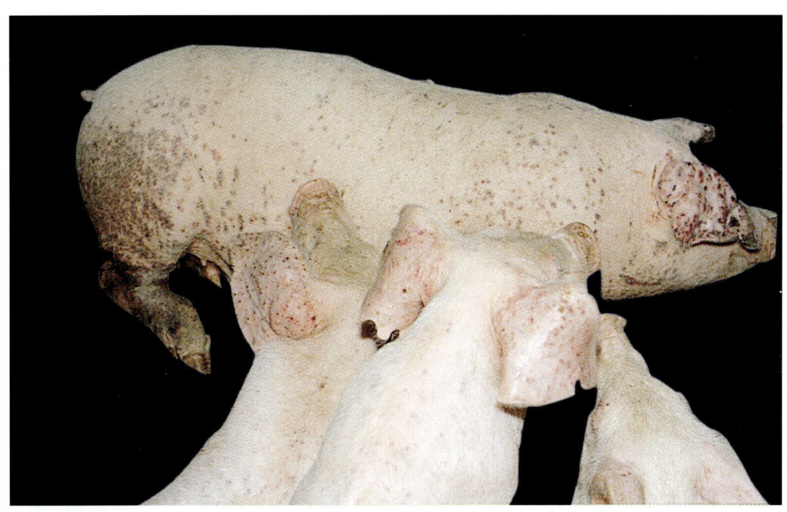
图9-2 病猪耳、胸腹、臀部皮肤出现的红紫色丘状斑点

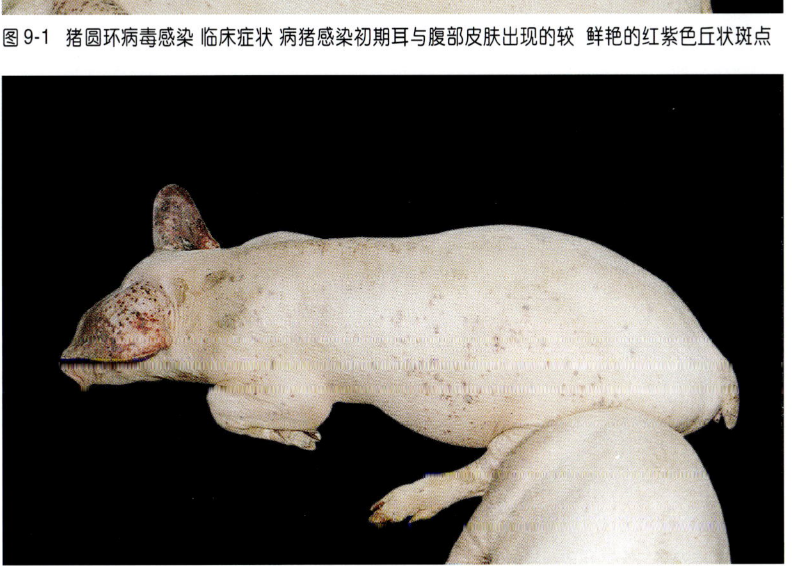
图9-3 病猪全身皮肤出现散在的红紫色丘状斑点

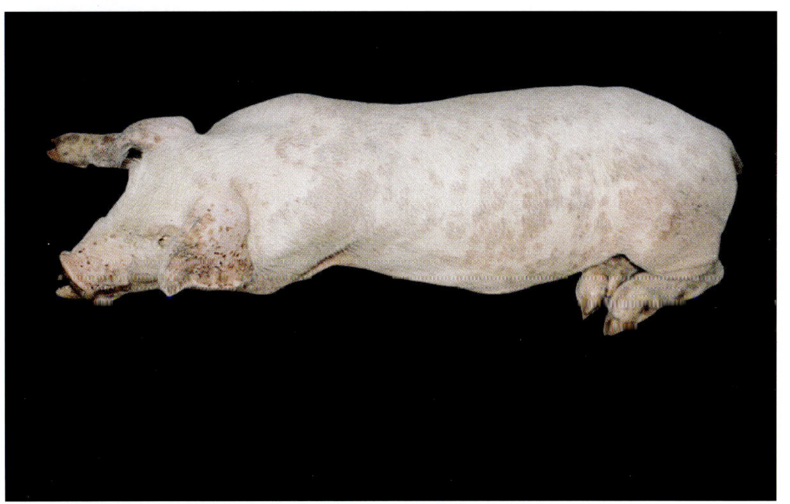
图9-4 病猪皮肤红紫色丘状斑点病灶扩散吸收

muhisystemic wasting syn d rome，PMWS）与 PCV 有关。同年在法国首次从僵猪综合症的仔猪中分离到 PCV-2 型。

猪断奶后多系统衰竭综合征(Postweaning multisysternic wasting syndrome，PMWS)，是由猪 2 型圆环病毒（PCV-2）引起一种新的猪传染病。近年美国、加拿大、荷兰、日本、西班牙、丹麦及中国等国家先后报道猪群中有本病发生和流行。

一、病原

猪圆环病毒（Porcinecimovims，PCV）属于圆环病毒科圆环病毒属。这个属的病毒还有鸡贫血病毒、鹦鹉喙羽病毒。

图 9-5 病猪皮肤红紫色丘状斑点病灶扩散吸收，腹腔内多量腹水使腹围增大

图 9-6 病猪后期消瘦,皮肤红紫色丘状斑点病灶扩散吸收,继发多系统衰竭综合征

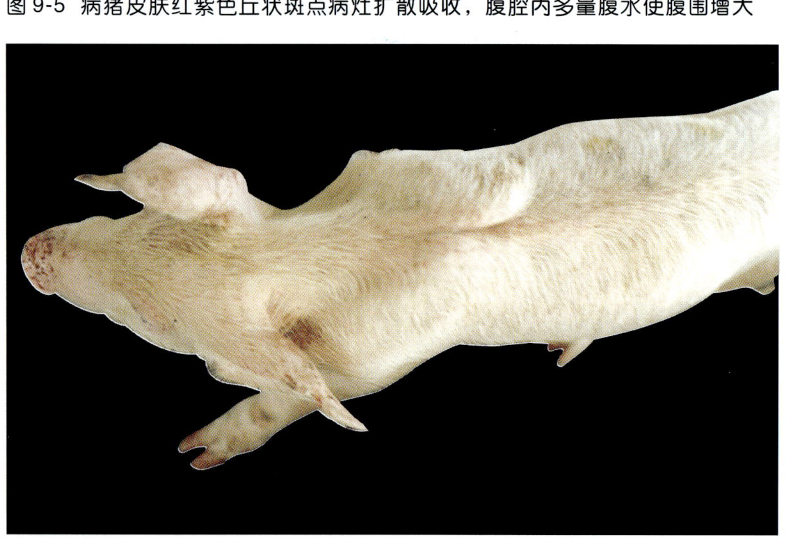

图 9-7 病猪后期极度消瘦,病变消散皮肤苍白,继发多系统衰竭综合征

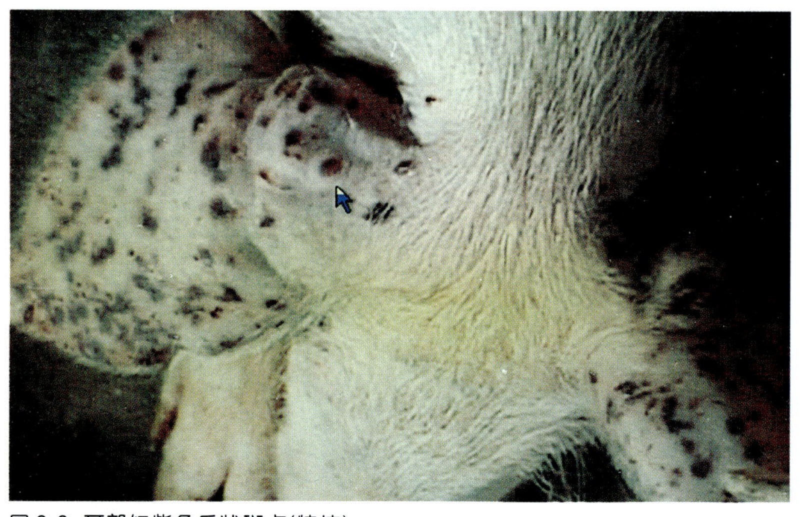

图 9-8 耳部红紫色丘状斑点(特技)

它是动物病毒中最小的一员。病毒粒子直径为14～25nm，对酸性环境（pH3）、氯仿或者高温（56℃和70℃）有抵抗作用。二十面体对称，无囊膜，单股DNA。

PCV能在PK_{15}和ST细胞增殖。该病毒可长期持续污染PK_{15}细胞，不出现CPE。通过病毒的分子生物学技术研究，如细胞克隆技术、交叉免疫荧光、核酸探针、PCR扩增技术、基因序列比较等，证明PCV在猪体内长时间演变过程中，产生变异株，对猪有致病性的PCV-2型；没有致病性的持续污染PK_{15}，细胞的毒株为PCV-1型。

猪断奶后多系统衰竭综合征可能是PCV-2与细小病毒

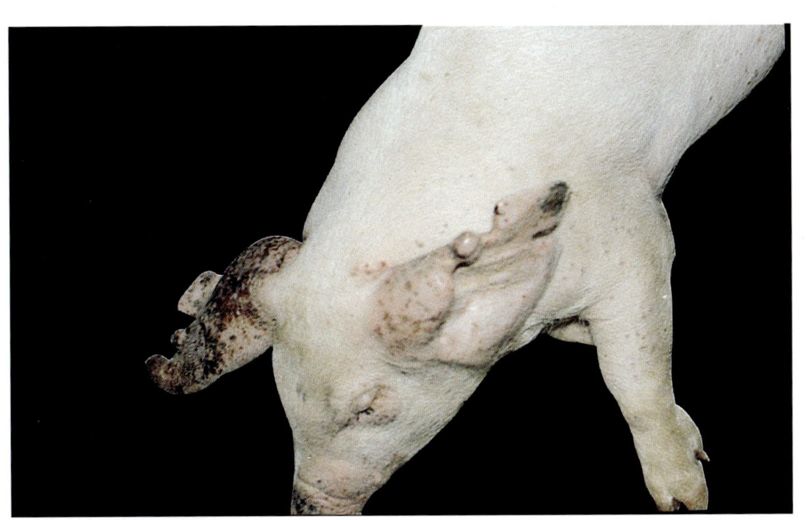

图9-9 眼睑周围水肿

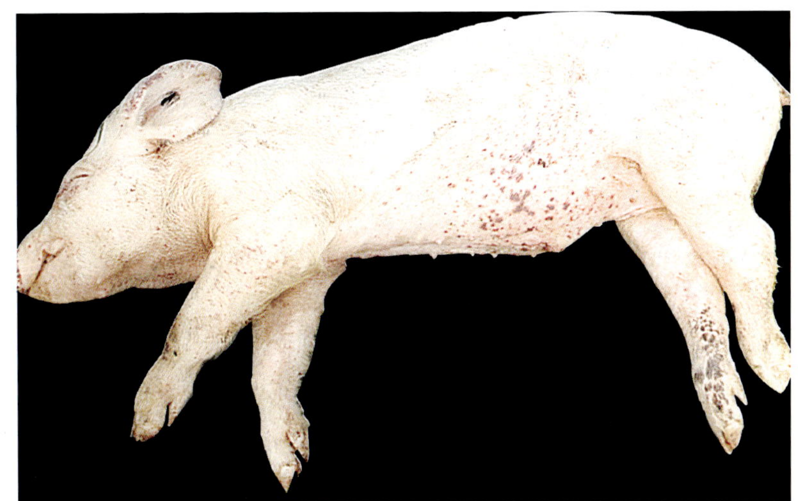

图9-10 病死猪耳部、腹部、四肢内侧皮肤出现不同程度的炎症和大小不一的紫色丘状斑点

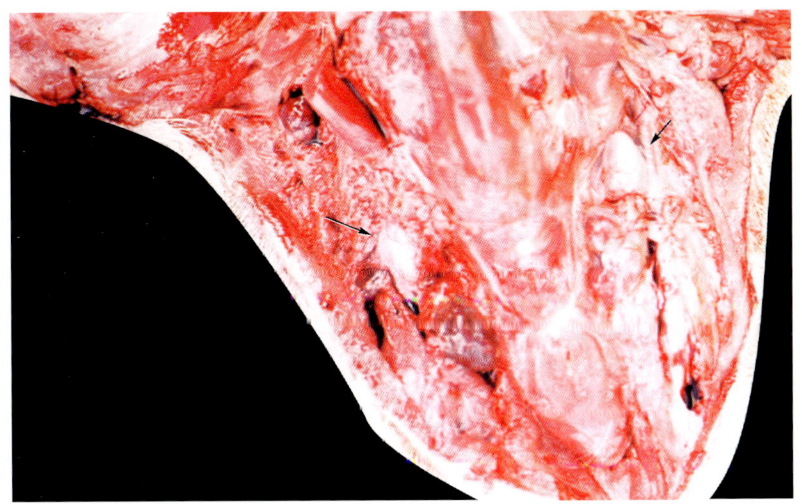

图9-11 淋巴结肿大灰白色

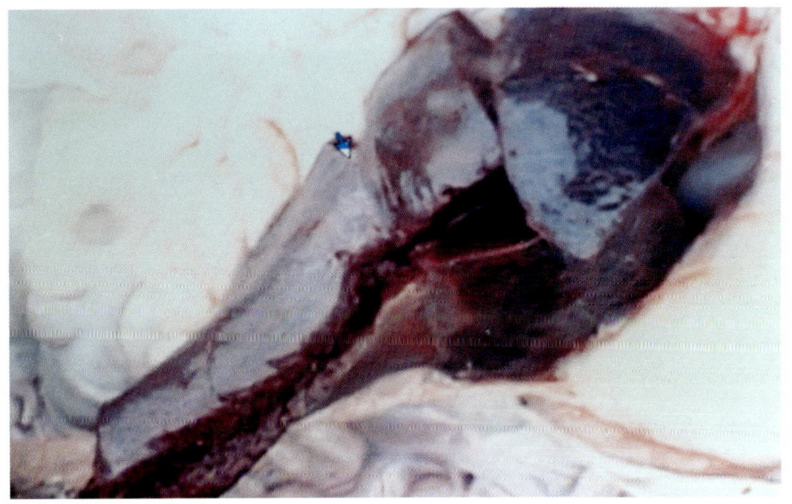

图9-12 脾头高度肿大弥漫性出血（特技）

（PPV）或猪繁殖与呼吸综合征病毒（PRRSV）共同感染的结果。文献资料报道，单用PCV-2感染仔猪仅复制出轻微PMWS病变，而症状不明显。而如与PCV或PRRSV混合感染，则可复制出本病的典型症状和病变，而PCV-2不能增强PPV感染的严重性。Allan和Ellis确认PCV-2是引起本病的原发性病原。

二、流行病学

1.易感性：本病主要感染断奶后仔猪，哺乳猪很少发病。如果采取早期断奶的猪场，10～14日龄断奶猪也可发病。一般本病集中于断奶后2～3周和5～8周龄的仔猪。

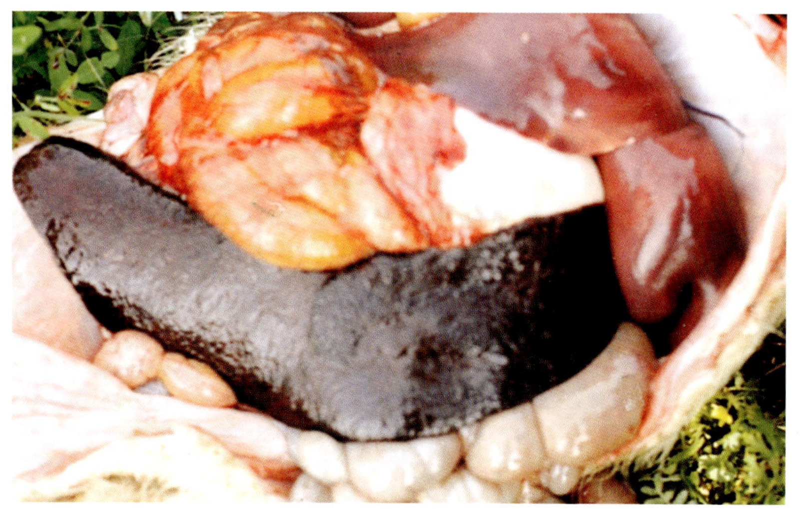

图9-13 脾约二分之一部分肿大弥漫性出血

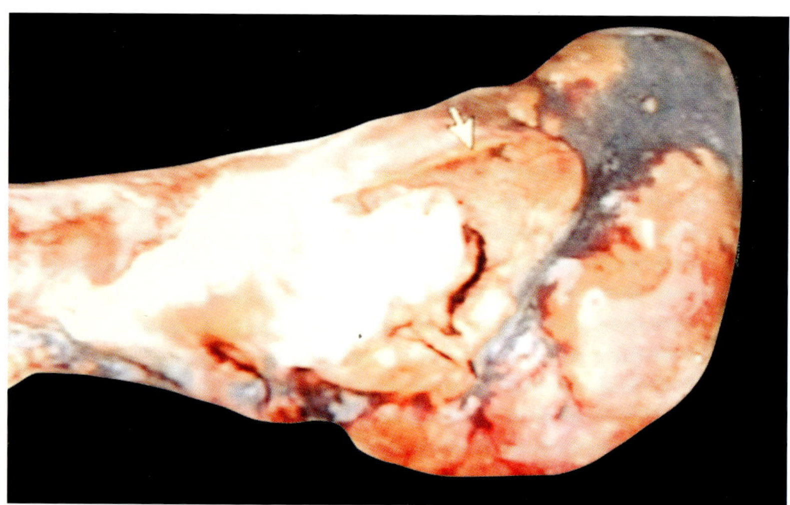

图9-14 脾坏死灶被吸收后呈淡红砖样，仅脾头残存少部分正常组织颜色(特技)

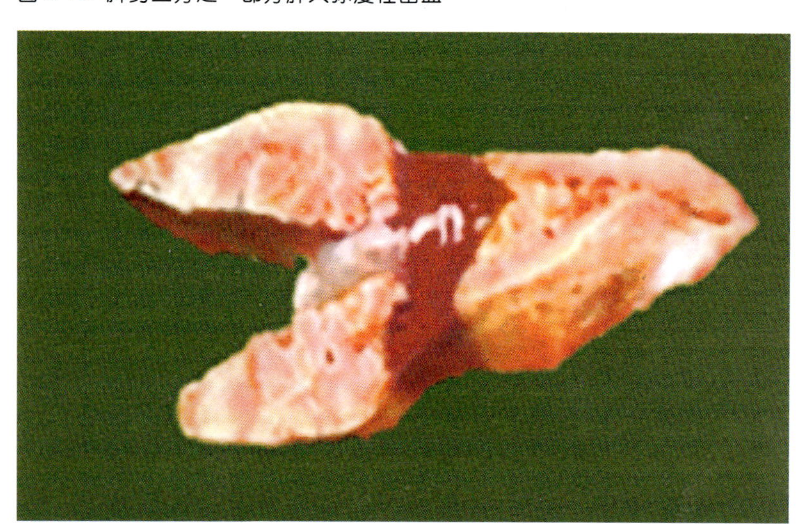

图9-15 脾切面出血坏死灶被机化吸收(特技)

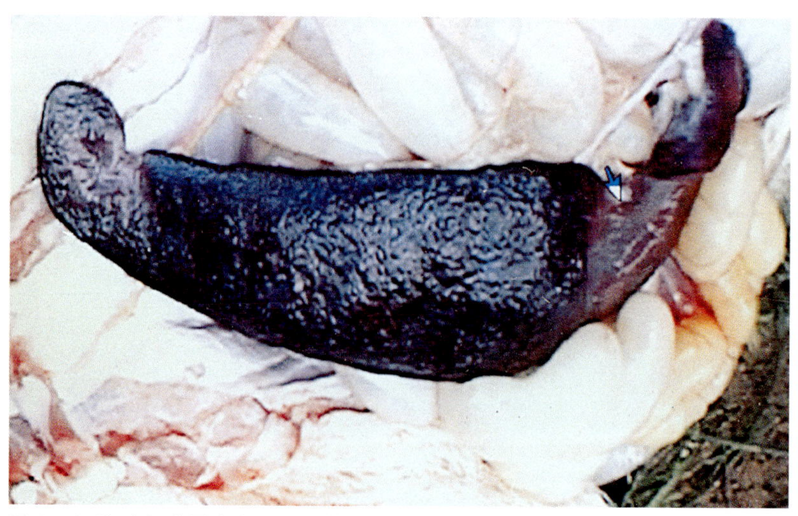

图9-16 脾头和脾尾出血坏死灶被机化吸收 (特技)

2.传染源：PCV分布很广，猪群中血清阳性率常高达20%～80%。因此本病传染来源广泛，在猪群中存在。病毒可随粪便，鼻腔分泌物排出体外。

3.传播途径：通过消化道感染；胎盘垂直感染可能性存在。

4.流行特征：PCV-2病毒在猪群中存在的长期性，给本病的控制带来了极大的困难，特别PRRSV、PPV、HCV、PRV等混合感染，促进了本病的发生流行。

根据法国报道，在肥育猪场出现典型病例，发病期间平均死亡率为18%，高达35%，有的国家报道死亡率可高达50%。猪群中未见其他异常症状，母猪生殖能力正常。饲养条件差、

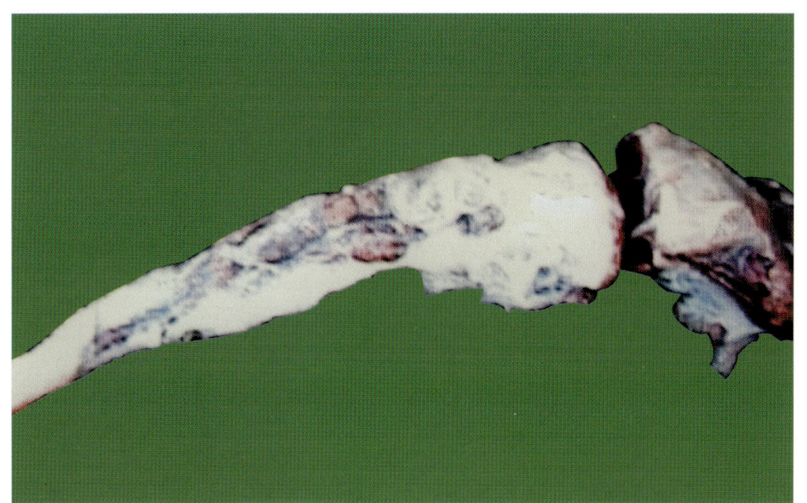
图9-17 整个脾出血坏死灶被机化而萎缩，附有结缔组织包膜(特技)

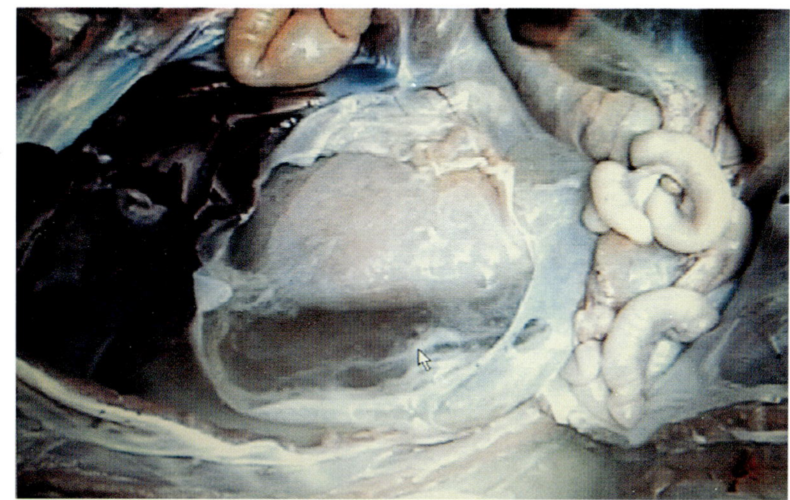
图9-18 肾包膜腔隙内积有大量淡黄色液体，肾肿大（特技）

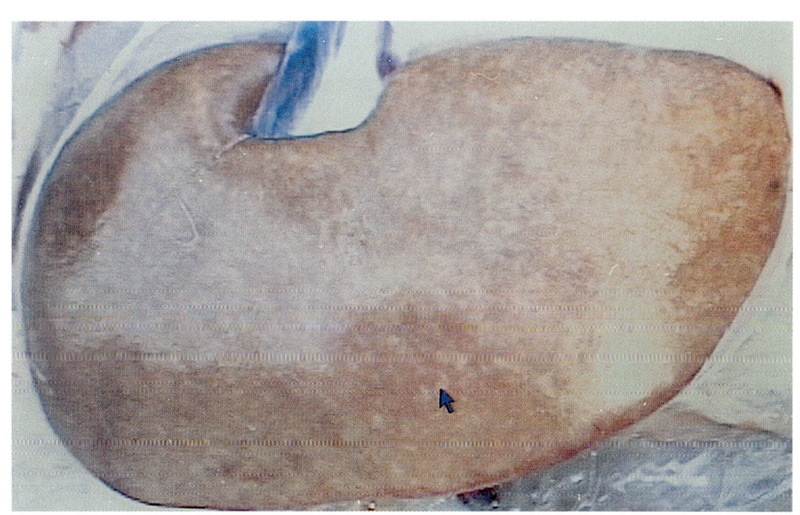
图9-19 肾外观暗灰红色、肿大，表面有弥漫性灰白色斑点，花斑状外观（特技）

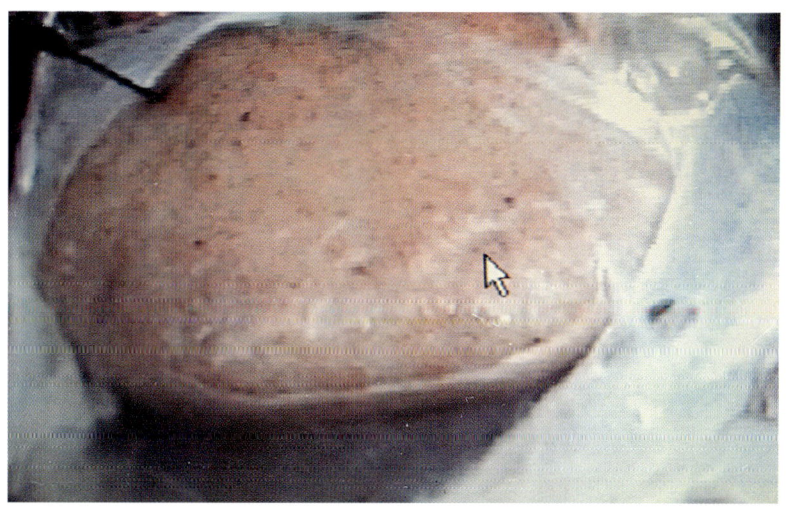
图9-20 肾外观暗灰红色、肿大，表面有弥漫性小出血点，花斑状外观（特技）

通风不良、饲养密度高、不同日龄猪混养等应激因素，均可加重病情的发展。在我国据朗洪武等(2002年)报道,自北京、河北、山东、天津、江西、吉林、河南等7省(市)22个猪群的559份血清用ELISA方法检测,结果20日龄未断奶猪阳性率为零，1～2月断奶仔猪阳性率为16.5%,后备母猪阳性率为43.3%,经产母猪阳性率为85.6%,总阳性率为42.9%。王文军等(2003年)报道,黑龙江省血清学流行病调查结果,总阳性率42.9%。

三、临床症状与病理变化

临床症状，目前与PCV感染所致的疫病有两种：即传染

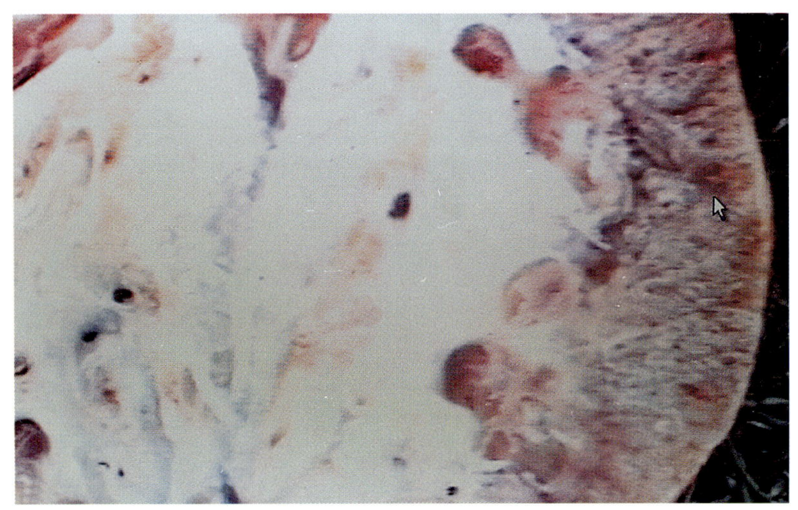

图 9-21 肾切面有散在出班血点(特技)

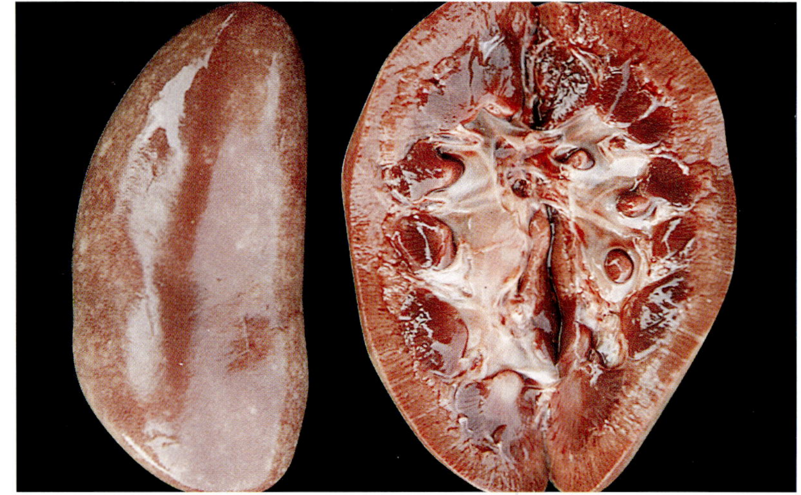

图 9-22 肾外观暗红色、表面有弥漫性灰白色斑点

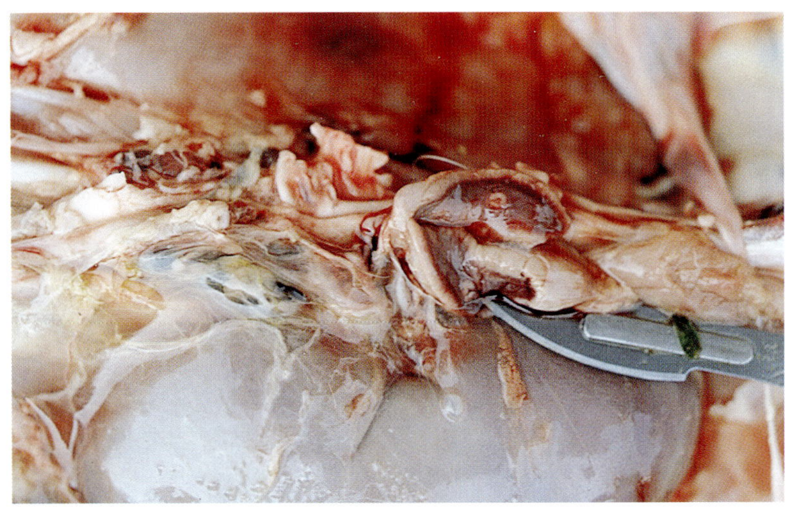

图 9-23 肾包膜腔隙内积有大量淡黄色液体，肾上腺肿大

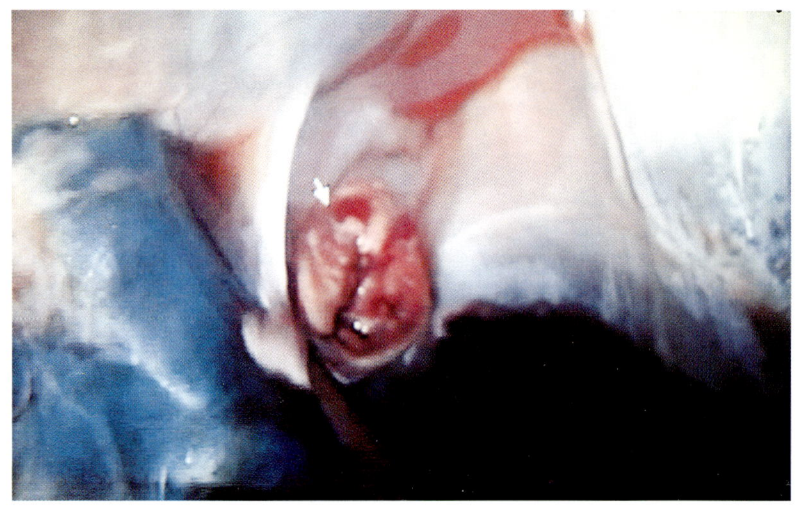

图 9-24 肾上腺切面可见皮质部坏死(特技)

性先天性震颤和猪断奶后多系统衰竭综合征（PMWS）。

暴发型：发病为6～16周龄，多发于8～12周龄仔猪，其病程由初期消化功能降低而出现食欲不振到被毛无光泽，皮肤苍白或黄染，同时出现呼吸系统症状，持续性或间歇性腹泻。由于病程的进程而发生进行性消瘦，发病率和死亡率相差很大，在15%～60%之间，暴发时死亡率高达30%～50%。其临床症状错综复杂各种各样，给诊断和防治带来极大困难。

皮炎肾衰型：12～14龄为易感猪群。皮肤：病猪皮肤背部、胸部、前后肢内侧腹部等处都可出现皮肤炎症，突然广泛出现各种形状的大小不一的稍微突起的红紫色丘状斑点（图9-1～图9-8），四肢和眼睑周围水肿（图9-9）。

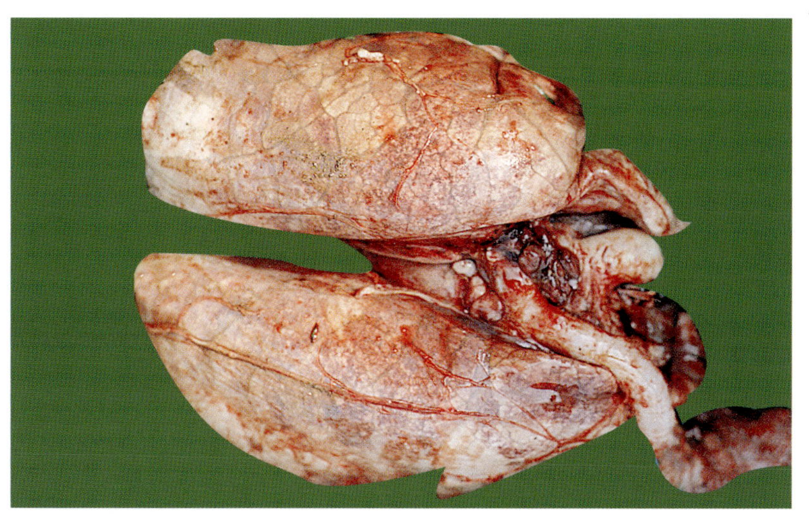

图9-25 肺门淋巴结肿大暗红色，弥漫性间质性肺炎

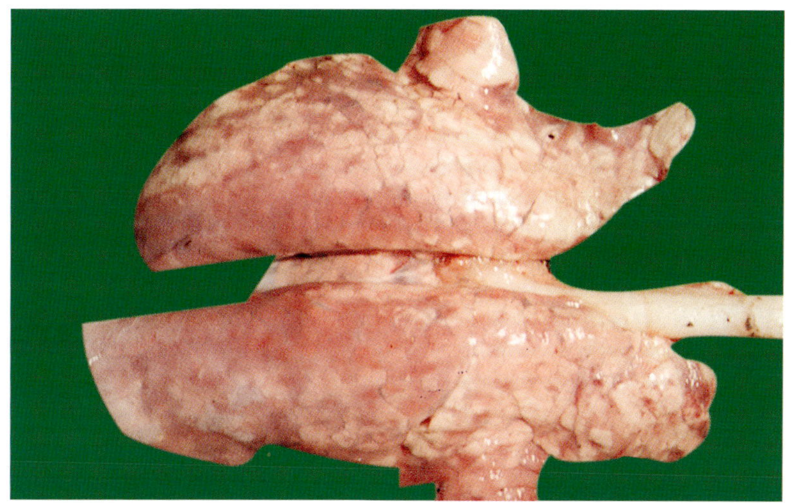

图9-26 肺肿大暗红色，小叶间增宽，各叶均可见红色肝变期

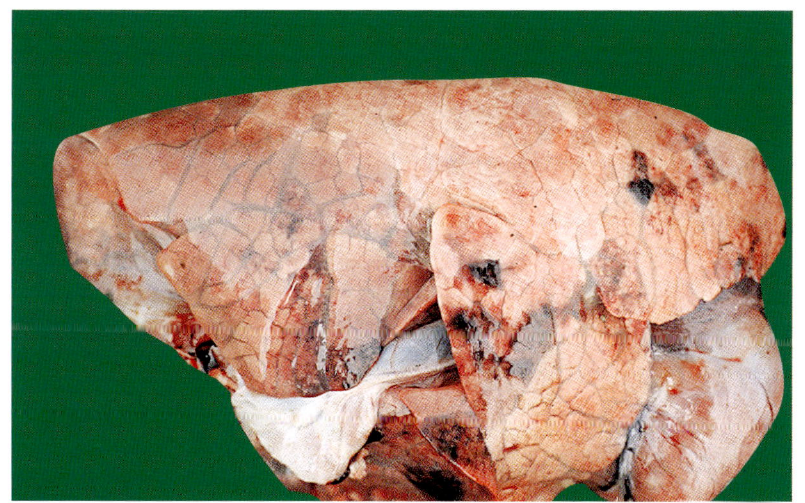

图9-27 肺肿大暗红色，小叶间增宽，明显可见，有散在出血灶

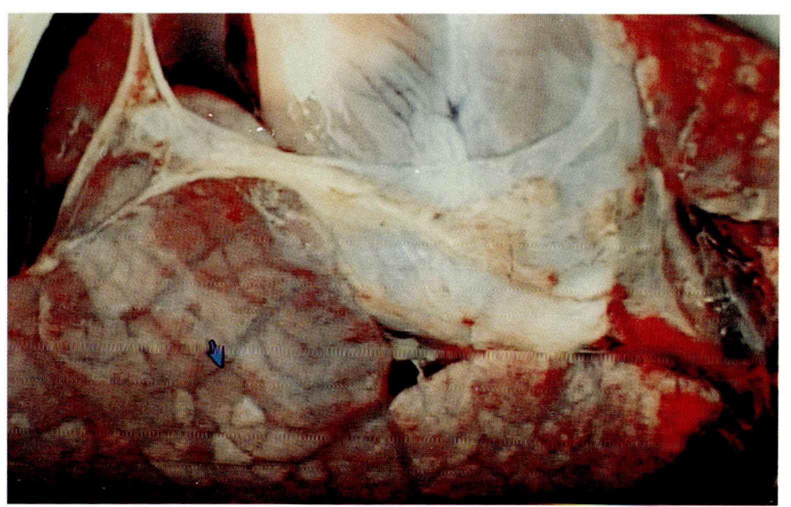

图9-28 示小叶间增宽，肺小叶实变、肉变、气肿

病理变化：病死猪皮肤可出现不同程度皮炎变化（图9-10）。

免疫器官：全身淋巴结不同程度肿大（图9-11），外观灰白色或深线不一的暗红色，切面外翻多汁，灰白色脑髓样。脾肿大、边缘有丘状突起以及出血性梗死灶（图9-12～图9-17），也有高度肿大弥漫性出血的，约有20%～30%的脾大面积出血坏死灶被机化吸收，仅残存二分之一或三分之一，脾切面出血坏死灶被机化吸收，脾头和脾尾出血坏死灶被机化吸收，有的病程较久的病例整个脾出血坏死灶被机化而萎缩，被结缔组织包膜。

泌尿器官：肾不同程度的肿大，表面有弥漫性细小出血点不一大小不等的灰白色的病灶，色彩多样，构成花斑状外观

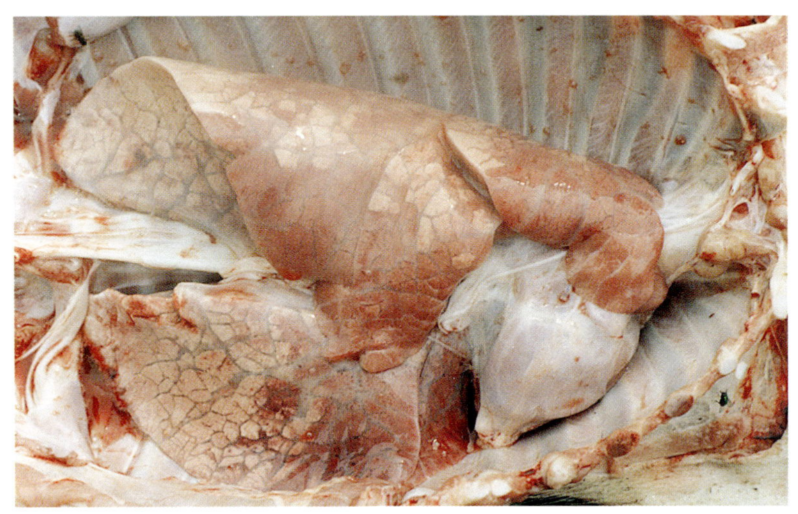
图9-29 示心包积液与肺小叶间增宽以及肺小叶实变、气肿

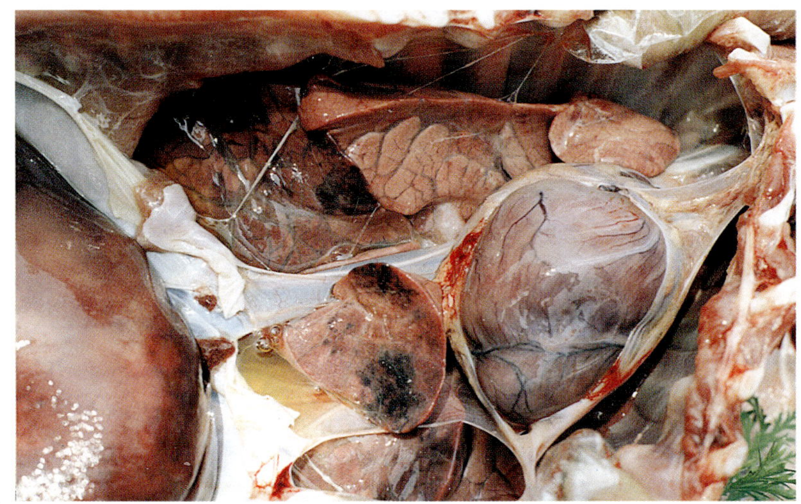
图9-30 心肌发育不良，缺乏弹性柔软，右心扩张与纤维素性胸膜肺炎的病变

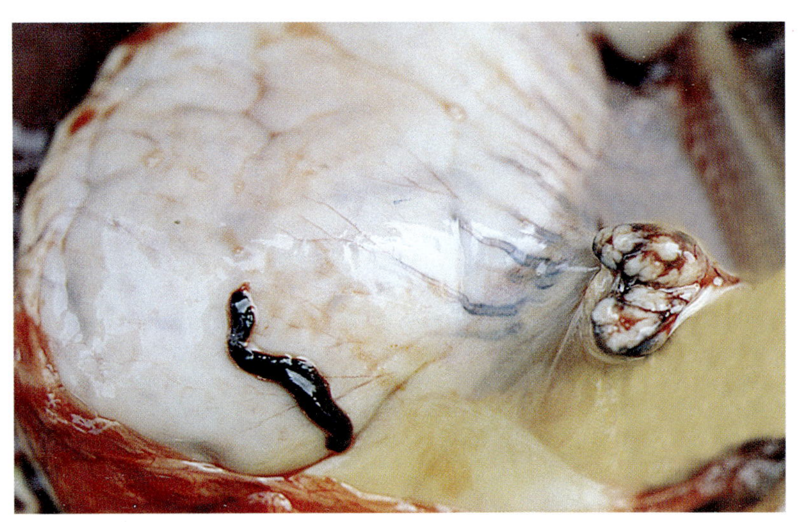
图9-31 胃发育不良，表现胃壁缺乏弹性非薄，胃门淋巴结肿大

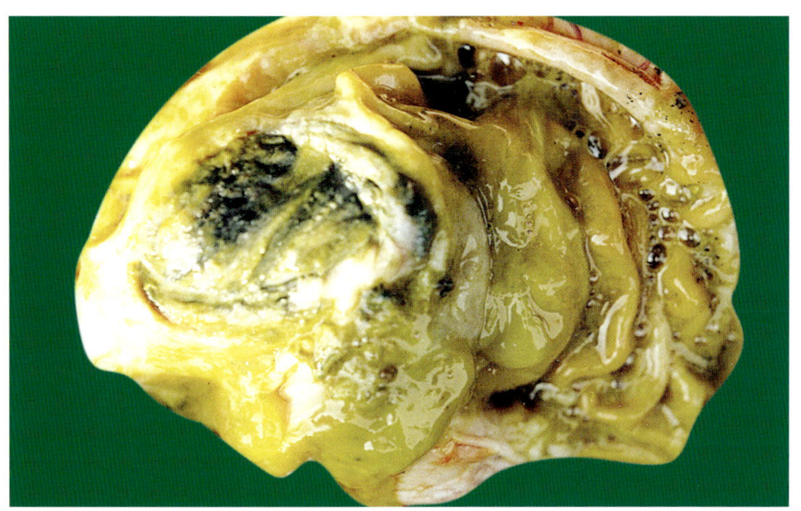
图9-32 胃粘膜污浊缺乏粘膜固有的光泽脆弱

(图9-18、图9-19、图9-20、图9-21、图9-22)，肾切面外翻三界无明显可见条纹状变性出血灶,肾盂有时出现出血点。肾上腺肿大，切面可见皮质部坏死（图9-23、图9-24）。

呼吸器官：肺多弥漫性间性肺炎(图9-25、图9-26、图9-27、图9-28)或纤维素性胸膜肺炎的病变，多伴有气喘病、副嗜血杆菌病、巴氏杆菌等疾病的病变。肺的病理变化多种多样,往往不易判定病变的性质。

心血管器官：心肌发育不良,缺乏弹性柔软,右心扩张色淡(图9-29、图9-30)，有的有条纹状变性灶,心包液增量淡黄色，有的病例心包液内有纤维蛋白索状物,心腔内血液凝固性不一。

胃肠器官：不同程度的卡他性炎症,胃发育不良,表现胃壁缺乏弹性非薄（图9-31、32、33、34）。各肠段都可出现不同

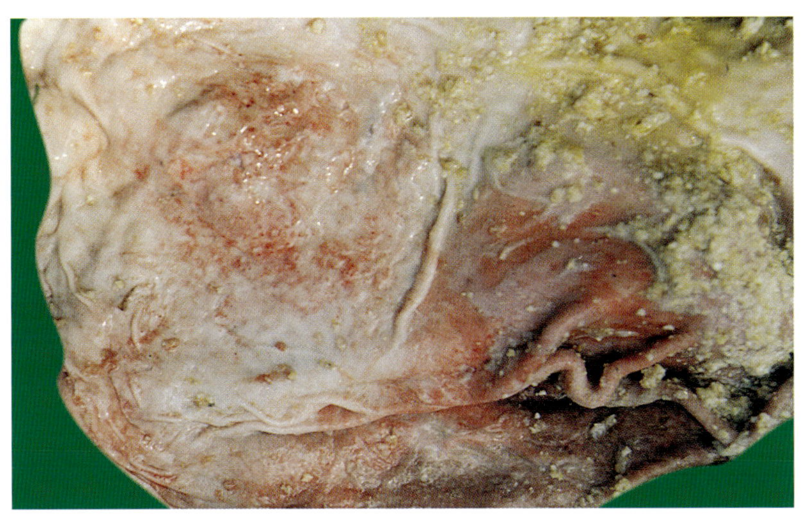
图9-33 胃壁缺乏弹性非薄胃粘膜弥漫性瘀血

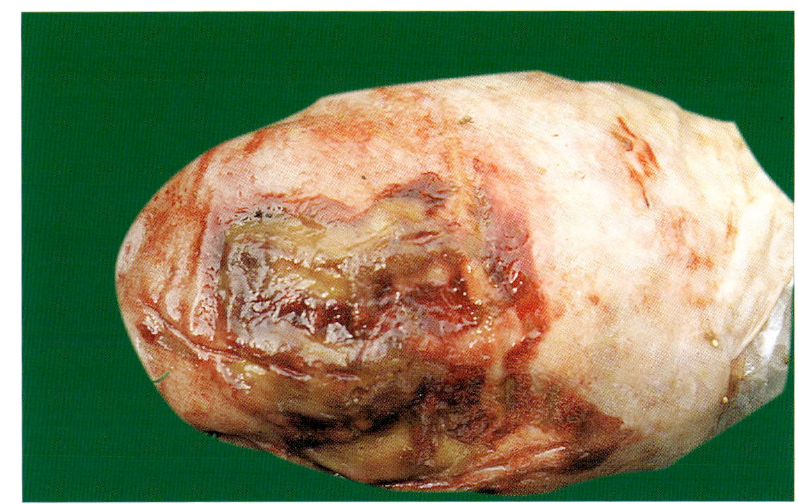
图9-34 胃发育不良，胃粘膜弥漫性出血糜烂

图9-35 各肠段有较明显邹褶，即为不同程度的衰竭现象

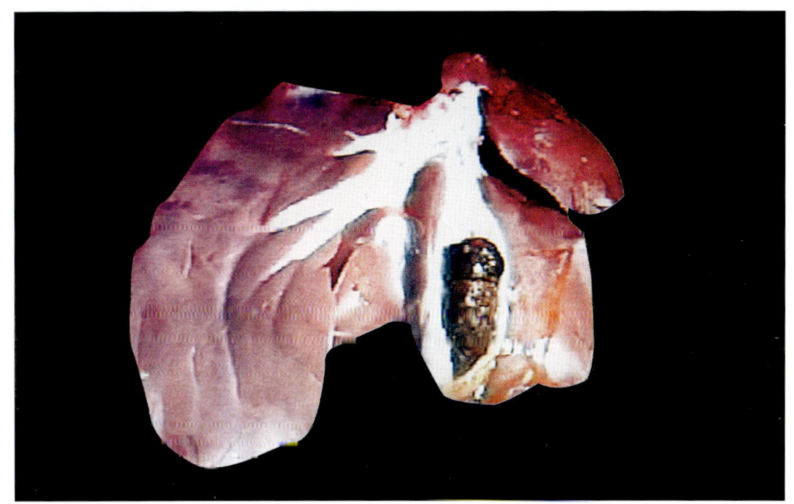
图9-36 胆囊内胆汁浓稠脓成杆状

程度的衰竭现象（图9-35）。

肝胆器官:肝不同程度变性，质度脆弱，表面时有灰白色散在病灶，胆汁较浓稠豆油状不同程度的浓绿色，内有尘埃样残渣（图9-36、37）。

组织学：扁桃体生发中心有大量包涵体（图9-38），淋巴结有多核巨噬细胞（溶酶体粉红色）。

四、诊断

根据临床症状和淋巴组织、肺、肝、肾特征性病变和组织学变化，可以作出初步诊断。确诊依赖病毒分离和鉴定。应用免疫荧光或原位核酸杂交进行诊断。

（一）**病毒分离鉴定:**从暴发猪场的急性死亡猪，采脾淋巴结制成悬液接种PK-15等细胞，PCV-2在细胞培养物中不产生细胞病变，需用病毒特异性抗体才能证实病毒复制。可检测病毒的特异性抗体或特异性D NA。

（二）**免疫学方法:**间接荧光抗体技术、ELISA方法检测。

（三）**电镜检查:**用脾和淋巴结样品，2%戊二醛固定，制成超薄切片，可观察到细胞核内堆积大量的无囊膜病毒粒子。

五、防治

目前尚无疫苗，又无有效疗法，主要加强饲养管理和兽医防疫卫生措施。全进全出，严格执行生物安全措施，实行封闭性管理，谢绝参观，外进货物和车辆要消毒，防止疫病传入，控制并发和继发感染。

猪场一旦感染本病，控制和净化消灭本病是很困难的，发现可疑病猪应及时隔离，并加强消毒，切断传播途径，杜绝疫情传播。

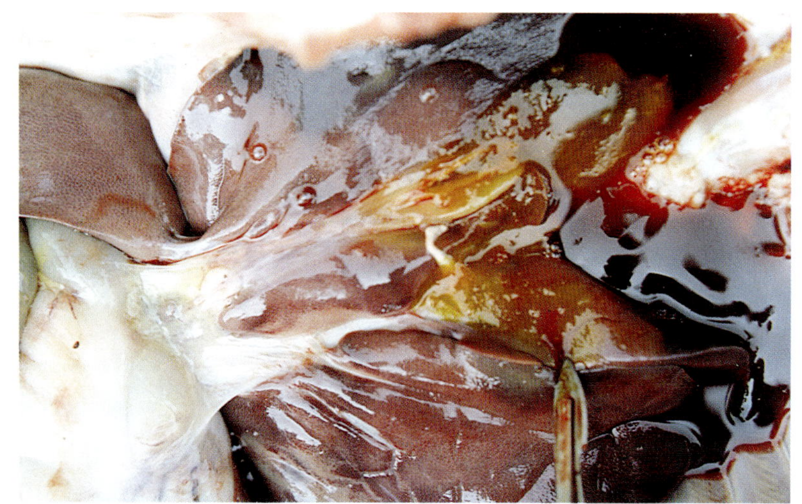

图9-37 胆囊内胆汁浓稠脓绿色，内有尘埃样残渣

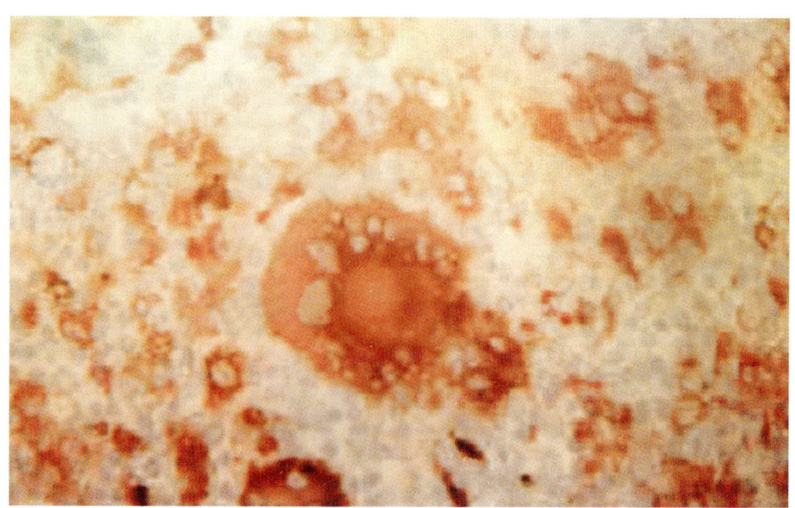

图9-38 组织学扁桃体生发中心有大量包涵体

10 猪水疱病（附痘病）

Swine Vesicular Disease SVD

猪水疱病是由猪水疱病病毒引起的一种急性传染病。它的主要临床特征是在蹄部、口腔、鼻部、母猪的乳头周围产生水疱。此病在临床上很难与口蹄疫、水疱性口炎、水疱疹相区别，但牛、羊等家畜不发生本病。本病于1966年首先发现于意大利，随后在欧洲和亚洲的许多国家也相继报道了此病，日本、台湾、香港也有本病发生的报道。

一、病原

猪水疱病病毒（(Swine vesicular disease virus，SVDV）属小RNA病毒科(Picornaviridae)肠道病毒属(Enterovirus)。病毒粒子呈球形，无类脂质囊膜，病毒粒子在细胞质内呈晶格排列，在病变细胞质的空泡内凹陷处呈环形串珠状排列，衣壳二十面体对称，核心为单股RNA。

二、流行病学

1.易感性：各种年龄品种的猪均可感染发病，而其它动物不发病，人类有一定的感受性。

2.传染源：发病猪是主要传染源，病猪与健猪同居24～45小时，即可在鼻粘膜、咽、直肠检出病毒，经3天可在血清中出现病毒。在病毒血症阶段，各脏器均含有病毒，带毒的时间，鼻7～10天，口腔7～8天，咽8～12天，淋巴结和脊髓15天以上。

3.传播途径：病毒主要经破损的皮肤、消化道、呼吸道侵入猪体，感染主要是通过接触，饲喂含病毒而未经消毒的泔水和屠宰下脚料、牲畜交易、运输工具（被污染的车辆）。被病毒污染的饲料、垫草、运动场、用具及饲养员等往往造成本病的传播，据报道本病可通过深部呼吸道传播，气管注射发病率高，经鼻需大量才能感染。所以认为通过空气传播的可能性不大。

4.流行特点：本病一年四季均可发生。在猪群高度密集调运频繁的猪场，传播较快，发病率亦高，可达70～80%，但死亡率很低，在密度小、地面干燥、阳光充足、分散饲养的情况下，很少引起流行。

三、临床症状与病理变化

潜伏期，自然感染一般为2～5天，有的延至7～8天或更长，人工感染最早为36小时。

典型水疱病：其特征性的水疱常见于主趾和附趾的蹄冠上(图10-1)。有一部分猪体温升高至40～42℃，上皮苍白肿胀，在蹄冠和蹄踵的角质与皮肤结合处首先见到。在36～48

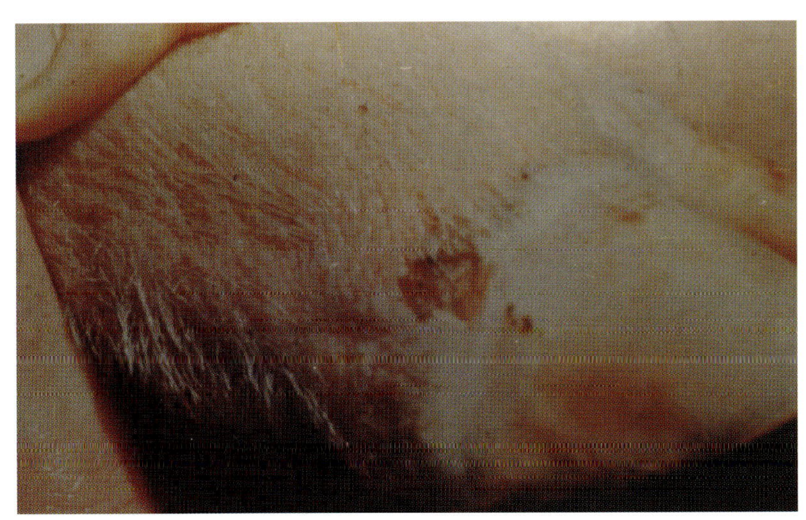

图10-1 猪水疱病蹄冠部和副蹄溃疡(自德田)

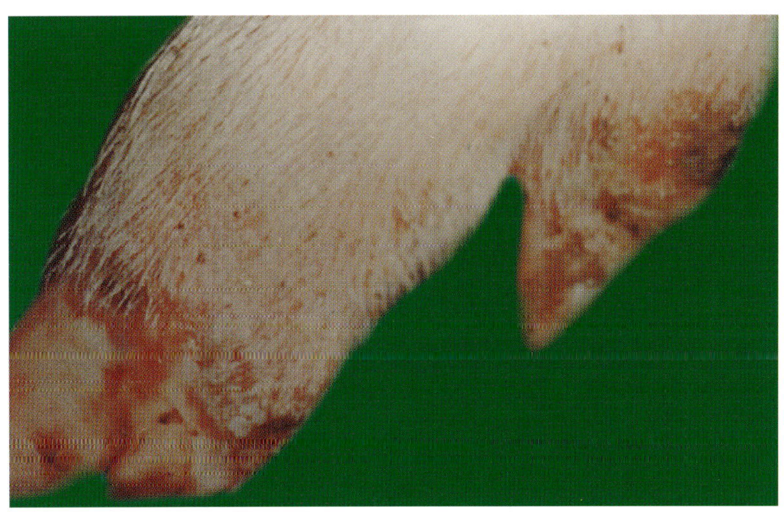

图10-2 猪水疱病蹄冠部的水泡破溃后形成溃疡(自德田)

小时。小疱明显凸出，大小和黄豆至蚕豆大不等，里面充满水疱液，继而水疱融合，很快发生破裂，形成溃疡(图10-2)，真皮暴露形成鲜红颜色，病变常环绕蹄冠皮肤的蹄壳，导致蹄壳裂开，严重时蹄壳可脱落。病猪疼痛剧烈，跛行明显，严重病例，由于继发细菌感染，局部化脓，导致病猪卧地不起或呈犬坐姿势。严重者用膝部爬行，食欲减退，精神沉郁。水疱有时也见于鼻盘(图10-3)、舌、唇(图10-4)和母猪的乳头上。仔猪多数病例在鼻盘上发生水疱。一般情况下，如无并发其他疾病不易引起死亡，病猪康复较快，病愈后两周，创面可完全痊愈，如蹄壳脱落，则相当长的时间才能恢复。初生仔猪发生本病可引起死亡。有的病猪偶而可出现中枢神经系统紊乱症状，表现为前冲、转圈、用鼻磨擦或用牙齿咬用具，眼球转动，个别出现强直性痉挛。

轻型：只有少数猪只在蹄部发生一、二个水疱，全身症状轻微，传播缓慢，并且恢复很快，一般不引起察觉。

隐性型：不表现任何临床症状，但血清学检查，有滴度相当高的中和抗体，能产生坚强的免疫力，这种猪可能排出病毒，对易感猪有很大的危险性，所以应引起重视。

本病的肉眼病变主要在蹄部，约有10%的病猪口腔、鼻端亦有病变，口部水疱通常比蹄部出现晚。病理剖检通常内脏器官无明显病变，仅见局部淋巴结出血和偶见心内膜有条纹状出血。

四、诊断

本病一般与猪口蹄疫、猪水疱性口炎、猪水疱性疹、猪痘等病在临床症状极为相似，从水疱形态上很难鉴别，诊断上一定要紧密结合流行病学、临床症状和实验室检验，才能很好的把握本病，以免造成大的危害。此外，本病还有下列诊断方法：

1.动物接种：将病料在pH3～5缓冲液中处理半小时后，接种1～2日龄小鼠，小鼠死者为猪水疱病，反之则为口蹄疫。

2.补体结合试验：以豚鼠制备诊断血清与待检病料水疱皮或水疱液进行补体结合试验，这可用于水疱病与口蹄疫的鉴别。一般几小时可得出结果。

3.反向间接血凝试验：以口蹄疫和猪水疱病的高免血清抗体球蛋白（IgG）致敏1%醛化的绵羊红细胞，与肉检材料（水疱皮或水疱液进行反向间接血球凝集试验)，本法快速、简便、特异性强，但不够稳定，可在2～7小时内快速诊断水疱病和口蹄疫。

4.免疫荧光试验：将病猪的淋巴结（淋巴最好）制成冰冻切片，以荧光抗体染色、镜检，也可以很快得出结果。此外，本方法也能检出水疱皮和肌肉中的病毒。

五、防治

1.控制：本病的重要措施是防止将病带到非疫区。不从疫区调入猪只和猪肉产品。运猪和饲料的交通工具应彻底消毒。屠宰的下脚料和泔水等要经煮沸后方可喂猪，猪舍内应保持清洁、干燥，平时加强饲养管理，减少应激，加强猪只的抗病力。

加强检疫、隔离、封锁制度：检疫时应做到两看（看食欲和跛行），三查（查蹄、口、体温），隔离应至少7天未发现本

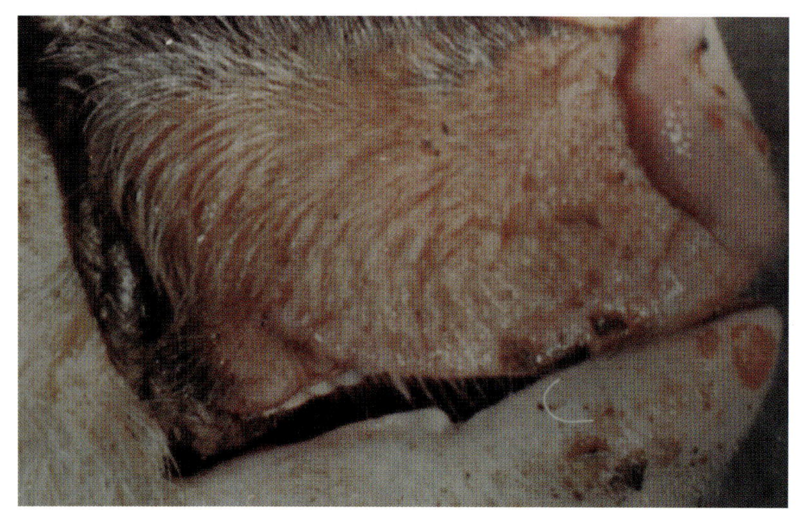

图10-3　猪水疱病上下唇水泡和溃疡(自德田)

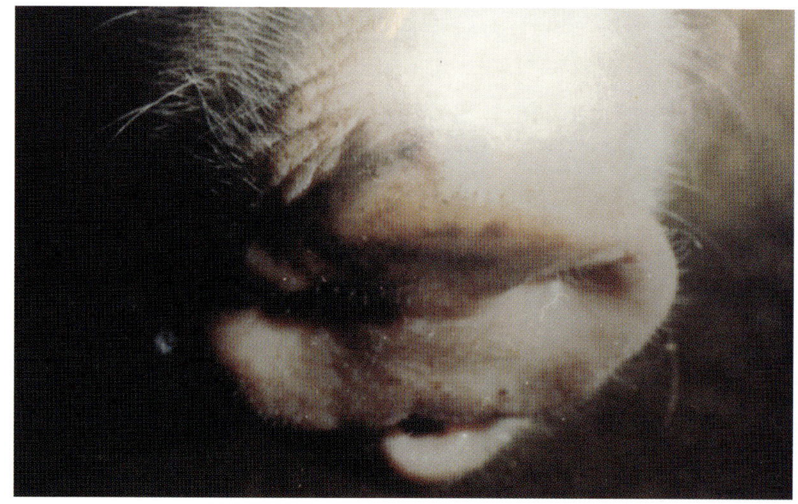

图10-4　水疱病发病初期鼻镜上端的水泡(自德田)

病，方可并入或调出，发现病猪就地处理，对其同群猪同时注射高免血清，并上报、封锁疫区。封锁期限一般以最后一头病猪恢复后20天才能解除，解除前应彻底消毒一次。

2.免疫预防：我国目前制成的猪水疱病BEI灭活疫苗，平均保护率达96.15%。免疫期5个月以上。对受威胁区和疫区定期预防能产生良好效果，对发病猪，可采用猪水疱病高免血清预防接种，剂量为每公斤体重0.1～0.3ml保护率达90%以上。免疫期一个月。在商品猪中应用，可控制疫情，减少发病，避免大的损失。

常用消毒药：0.5%农福、0.5%菌毒敌、5%氨水、0.5%的次氯酸钠等均有良好消毒效果。国外有人认为氧化剂、酸、去垢剂混合应用，碘化物、酸、去垢剂适当混和消毒也有效。对于畜舍消毒还可用高锰酸钾、去垢剂的混合液。

附：猪痘

Swine Pox

猪痘是由病毒引起的一种急性热性接触性传染病，其特征是皮肤和粘膜上发生特殊的红斑，丘疹和结痂。

一、病原

本病病原体有两种：一种是猪痘病毒，另一种是痘苗病毒，两者抗原性不同，但可引起类似的痘病变，猪痘病毒是目前猪痘的主要病原。它们均属痘病毒科，脊椎动物痘病毒亚科，猪痘病毒属成员。DNA型，是最大型病毒。

二、流行病学

1.易感性：猪痘病毒只能使猪感染发病，其它动物不发病。以4～6周龄的哺乳仔猪多发，断乳仔猪亦敏感，成年猪有抵抗力。还可引起乳牛、兔、豚鼠、猴等动物感染。

2.传染源：病猪与带毒猪。

3.传播途径：本病的传播方式一般认为不能由猪直接传染给猪，而主要由猪血虱、蚊、蝇等体外寄生虫传播。

4.流行特征：呈地方流行性。本病可发生于任何季节，尤在春秋天气阴雨寒冷、猪舍潮湿污秽以及卫生差、营养不良等情况下，流行比较严重，发病率很高，但致死率不高。

三、临床症状与病理变化

潜伏期平均4～7天，病猪体温升高到41.3～41.8℃，精

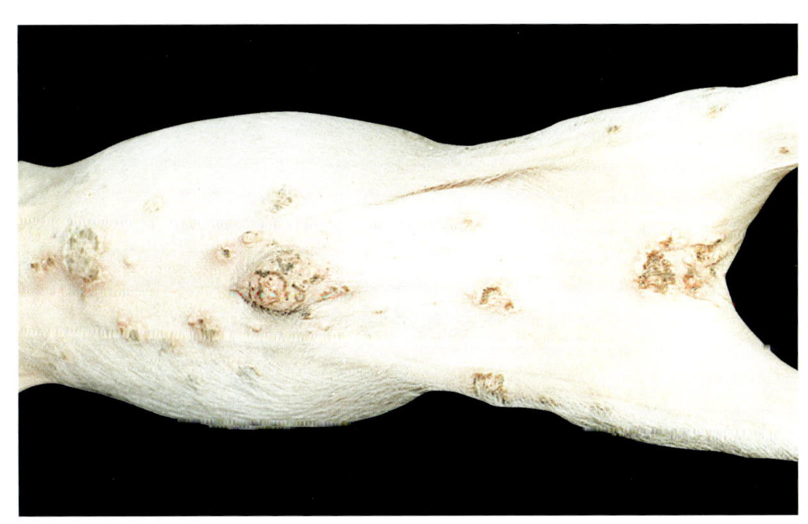

图附1-1 猪痘 突出于腹部皮肤的表面脓疱

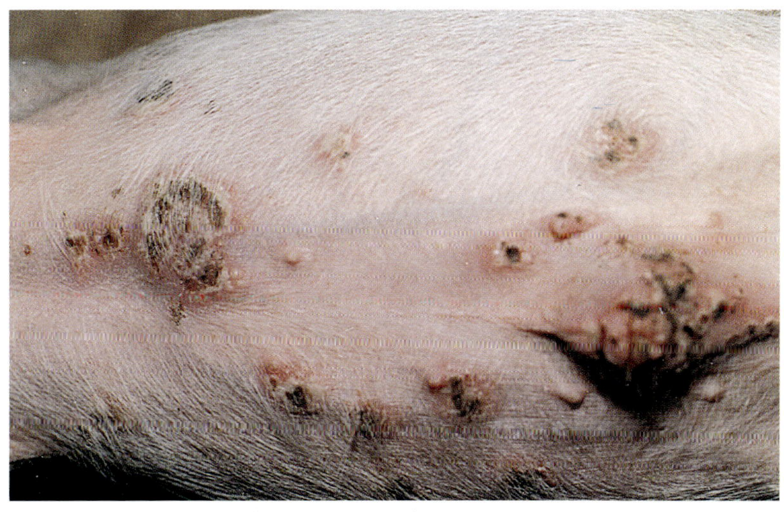

图附1-2 猪痘 突出于胸部皮肤的表面脓疱

神食欲不振、喜卧、寒战。痘疹主要发生于躯干的下腹部和四肢内侧、鼻镜、眼皮、耳部无毛或少毛部位，也有发生于身体两侧和背部的，典型的猪痘病灶，开始为深红色的硬结节，突出于皮肤的表面，略呈半球状，表面平整，直径达 8 毫长左右，临床观察中见不到水疱阶段即转为脓疱(图附-1、图附-2)，病变变成中间凹陷，局部贫血呈黄色，病变中心高度下降，而周围组织膨胀，脓疱很快结痂，呈棕黄色痂块，痂块脱落后变成无色的小白斑并痊愈。在口咽、气管、支气管等处若发生痘疹时，特别是仔猪常引起败血症而最终引起死亡。

四、诊断

根据流行病学，临床症状一般不难诊断，本病可见皮肤痘疹，病情严重的或有并发病的可在气管、肺、肠管处发现痘疹。确定本病是由猪痘病毒还是由痘苗病毒引起的，则必须进行病毒的分离和鉴定。临床上注意本病与口蹄疫、水疱疹、水疱性口炎，水疱病等皮肤病变区别。

五、防治

目前本病尚无有效疫苗，而且发病后一般治疗也并不能改变本病的病程，患本病时只要加强饲养管理，改善畜舍环境，增强猪本身抵抗力，一般不会引起损失。发病动物康复后可获得坚强的免疫力，对个别重病例可试用康复猪血清或全血治疗，同时结合进行局部治疗和对症治疗。

11 猪流感

Swine influenza

猪流行性感冒，是由猪流行性感冒病毒引起的一种猪的急性、高度接触性传染病，以传播迅速，发热和伴有不同程度的呼吸道症状为特征。经常有猪嗜血杆菌或巴氏杆菌混合或继发感染,使病情加重。猪的流行性感冒病毒株随时都有可能出现某一特定毒株，它具有在人之间传播和对人有毒力的异常性能，并引起人的流行性感冒的大流行。

一、病原

猪流行性感冒病毒属于正粘病毒科，流感病毒属。典型的病毒粒子呈球状，单股RNA，有囊膜，具有血凝素。

二、流行病学

1.易感动物：各个年龄、性别和品种的猪对猪流行性感

图 11-1 猪流感 病猪精神沉郁、行动无力、常堆挤一处

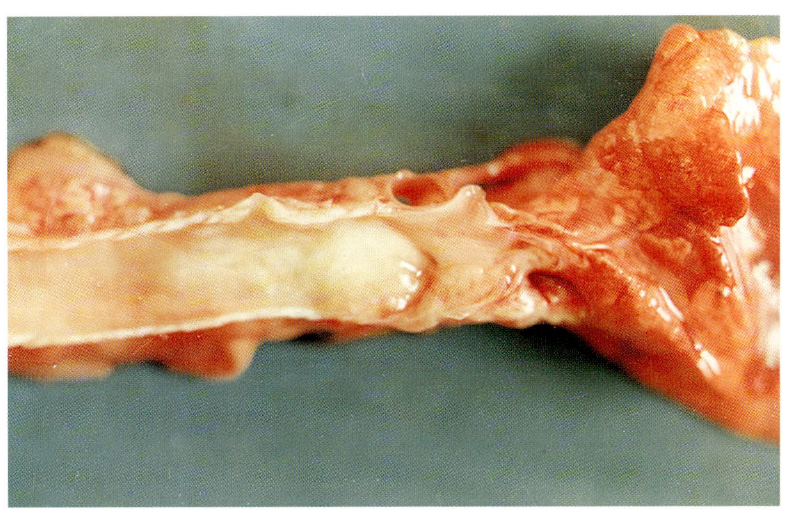

图 11-2 猪流感 气管内有多量分泌物

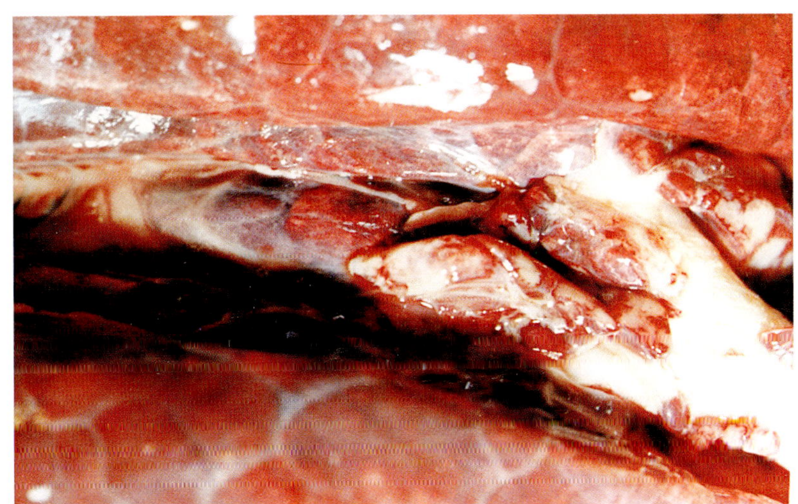

图 11-3 猪流感 肺门淋巴结肿大 切面炎性充血

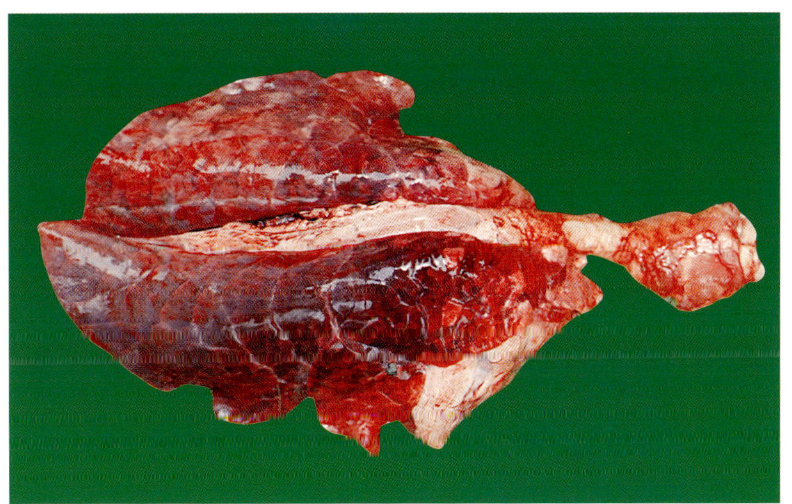

图 11-4 猪流感 肺弥漫性炎性水肿 间质增宽

冒病毒都有易感性。

2.传染源及传播途径：病猪和带毒猪。患病痊愈后猪带毒6～8周。病毒存在于病猪或带毒猪的呼吸道,猪或人经由呼吸道感染。

3.流行特点：本病的流行有明显的季节性，天气多变的秋末，早春和寒冷的冬季易发生。猪群中常突然发生，全群猪几乎同时发病出现临床症状。本病传播迅速，常呈地方性流行或大流行。虽然本病具有极高的发病率，但死亡率低于4%。

三、临床症状与病理变化

潜伏期很短，全群猪几乎同时突然发病。体温突然升高达,40～42℃，精神极度萎顿，常卧地于一处（图11-1），腹式呼吸、阵发性咳嗽。从眼和鼻流出粘液性分泌物。如病猪体况良好，多数6～7天后康复。有继发感染时，发生肺炎或肠炎而死亡。病理变化主要在呼吸器官。鼻、咽、喉、气管和支气管的粘膜充血、肿胀，覆有粘稠的液体（图11-2），胸腔蓄积大量浆液，纵膈淋巴结、支气管淋巴结肿大（图11-3）。肺病变常发生于尖叶，心叶、中间叶、膈叶的背部与基底部，与周围组织有明显的界限，肺的间质增宽并出现炎症变化（图11-4、5、6）。胃肠发生卡他性炎.胃粘膜充血严重。

四、诊断

根据流行病学、临床症状和病理变化可以作出初步诊断。本病的特点为各种年龄、性别品种的猪都可感染，气候骤变时暴发流行，几天内全群感染，病程短，发病率高而死亡率低，临床可见支气管肺炎症状和病变。

暴发性地出现上呼吸道综合征，包括结膜炎、喷嚏和咳嗽以及低死亡率，可以将猪流行性感冒与猪的其他上呼吸道疾病区别开，在鉴别诊断时，应注意猪气喘病和本病的区别,前者的发作比较隐蔽，病程缓慢。

五、防治

无有效疫苗,无特效疗法。为了控制继发性感染，可以给予全群猪抗生素和磺胺类药物。可肌注30%安乃近3～5毫升或复方奎宁，复方安基比林5～10毫升。

重要的是良好的护理。猪舍保持清洁、干燥、温暖、无贼风袭击。应供给充分的清洁的饮水，水中放一些祛痰剂，可减轻症状，缩短病程。

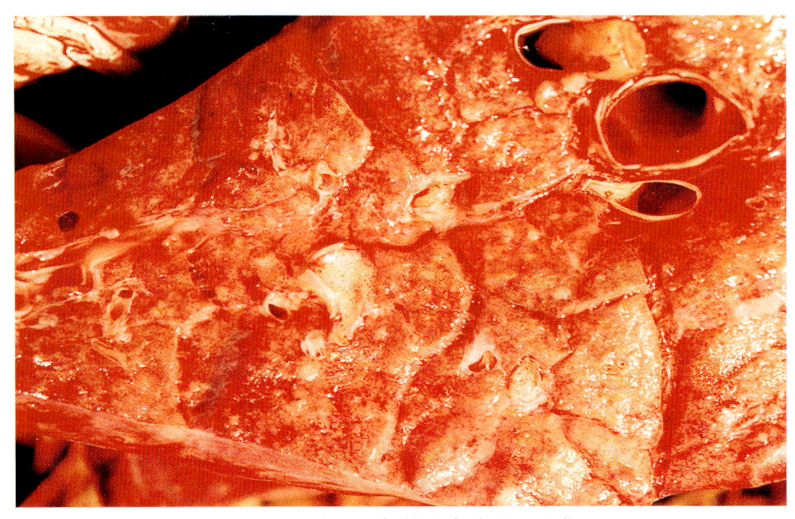

图11-5 猪流感 肺切面间质增宽、支气管内有炎性分泌物

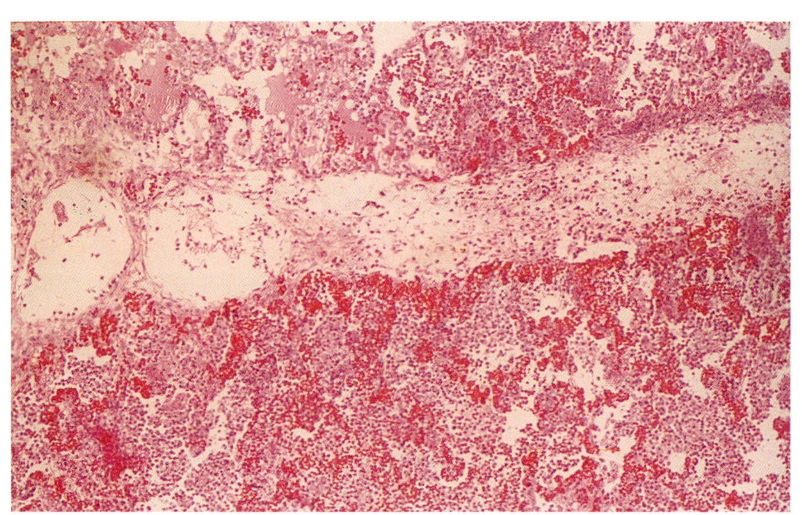

图11-6 猪流感 肺泡壁毛细血管扩张 肺泡腔内有炎性细胞 HE.×10

12 猪丹毒
Swine Erysipelas

猪丹毒是猪丹毒杆菌引起的一种急性热性传染病。其临床与剖检特征为高热、急性败血症、皮肤疹块（亚急性）慢性疣状心内膜炎。皮肤坏死与多发性非化脓性关节炎（慢性）。

一、病原

猪丹毒杆菌是一种革兰氏阳性菌,为丹毒菌丝。本菌为平直或微弯杆菌(图12-1),在病料内的细菌,单个(图12 -2)、成

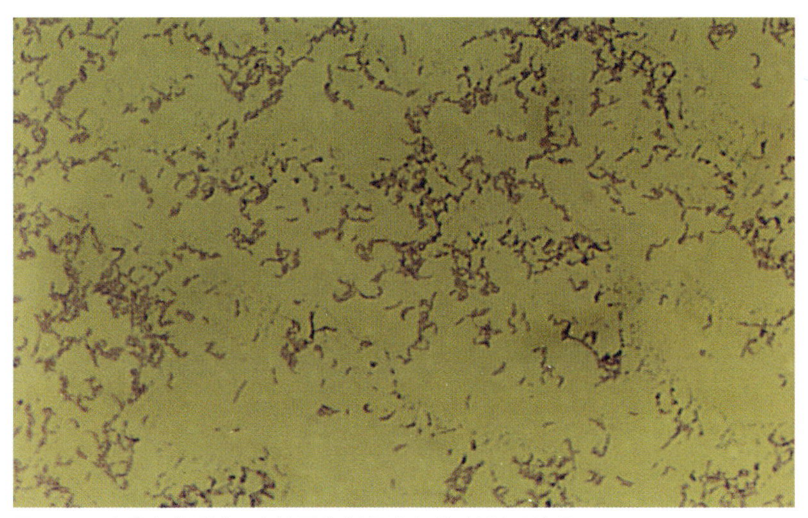

图 12-1 猪丹毒菌形态 光镜下为纤细小杆菌 革兰氏染色 × 100

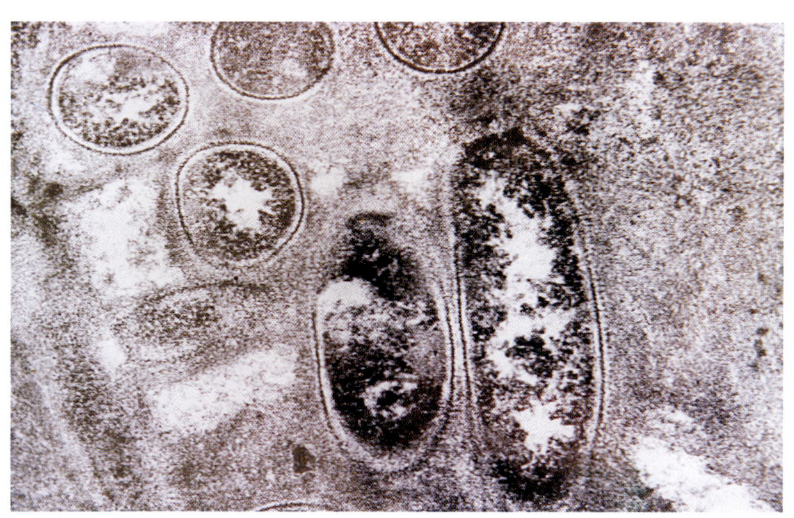

图 12-2 猪丹毒菌形态 电镜下丹毒菌的超微结构 × 150000

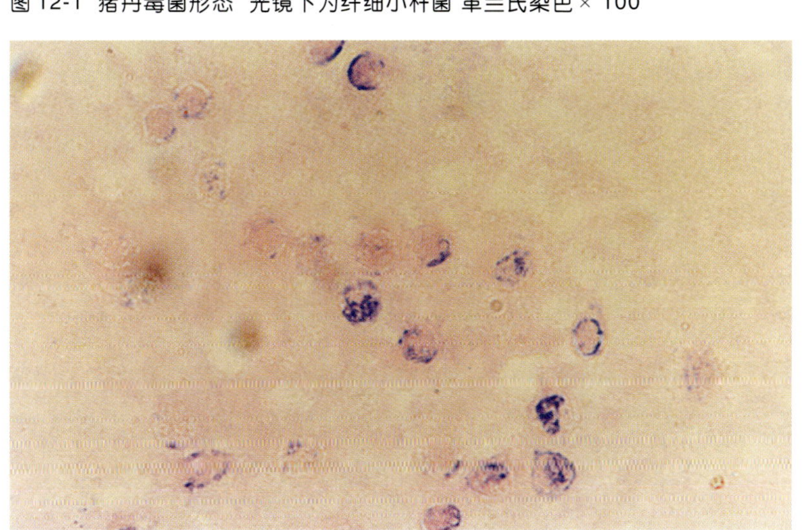

图 12-3 猪丹毒菌在白血球内一般成丛存在 革兰氏染色 × 100

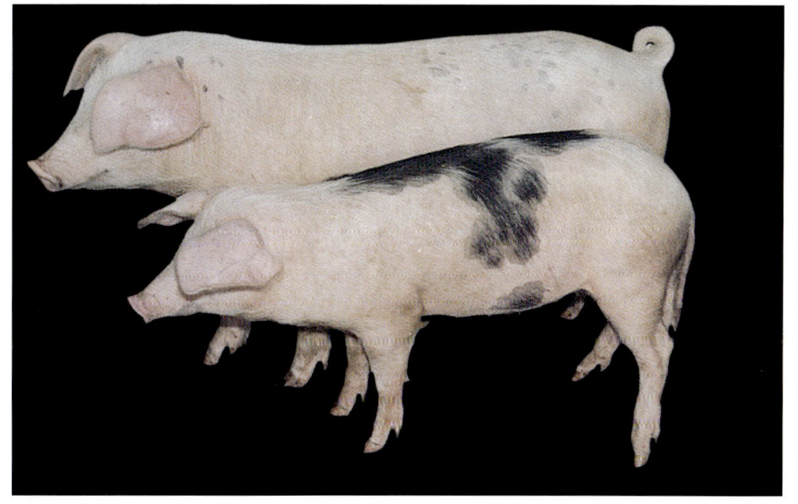

图 12-4 人工接种 33 小时后体温升至 41.5℃，病猪精神沉郁

对或成丛排列,在白血球内一般成丛存在(图12-3),本菌无运动性，不形成荚膜和芽孢。

猪丹毒杆菌抵抗力很强,在干燥状态下可活3周,尸体内细菌可活7个月以上，阳光下10日还存活，腌肉和熏制之后能存活3～4个月。

本菌对热较敏感，55℃经15分钟、70℃ 经5～10分钟死亡，但在大块肉中，必须煮沸2.5小时,才能致死。一般化学消毒药对丹毒杆菌有较强的杀伤力，3%来苏儿，1%～2%苛性钠，5%石灰乳，1%漂白粉，5～15分钟可把本菌杀死。

猪丹毒杆菌在体外对磺胺类药无敏感性，抗生素中对青霉素极为敏感。迄今分为1、1a，有29个血清型。

二、流行病学

1.易感性：本病主要发生于猪,3～12个月龄最为敏感,哺

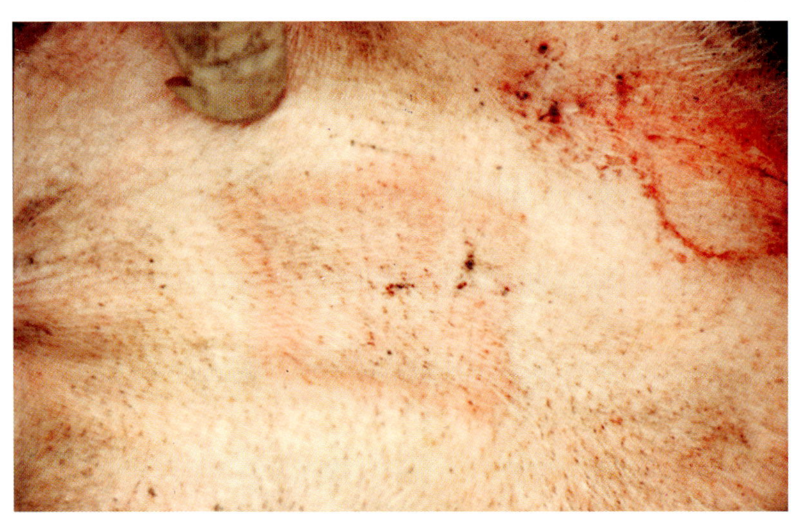

图 12-5 猪丹毒临床症状 人工接种 33 小时后皮肤出现的疹块

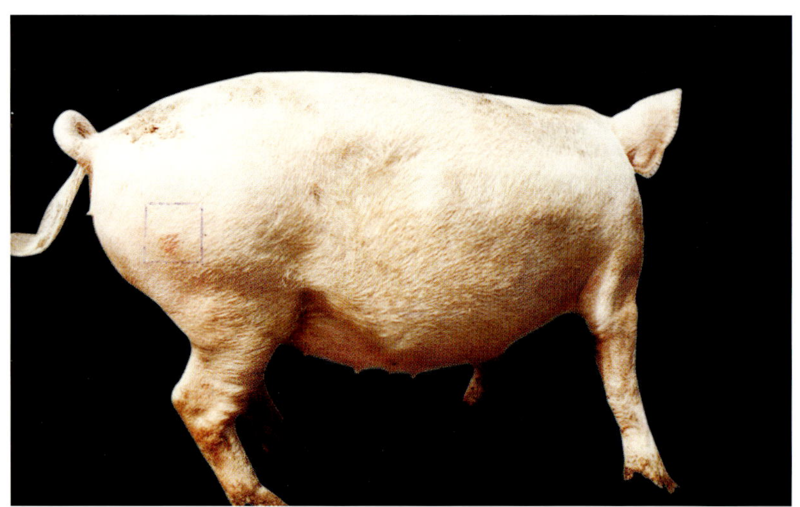

图 12-6 猪丹毒临床症状亚急性型皮肤出现的疹块

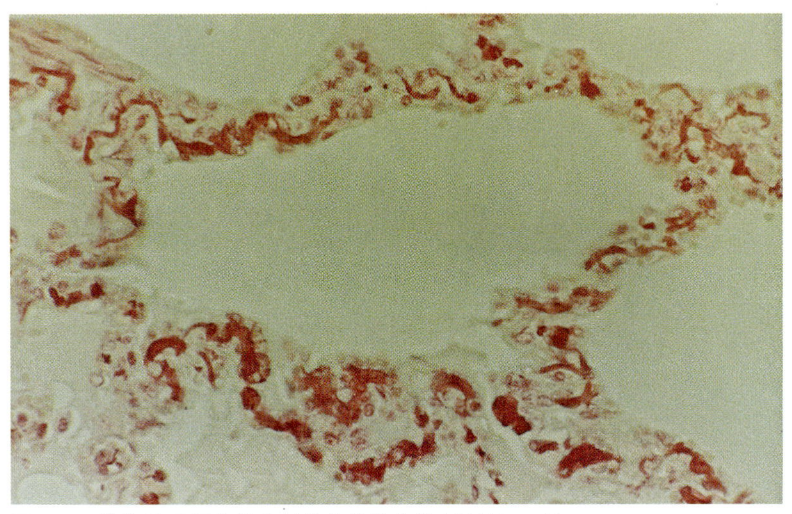

图 12-7 肺泡壁毛细血管内纤维素性微血栓 PTAH. × 40

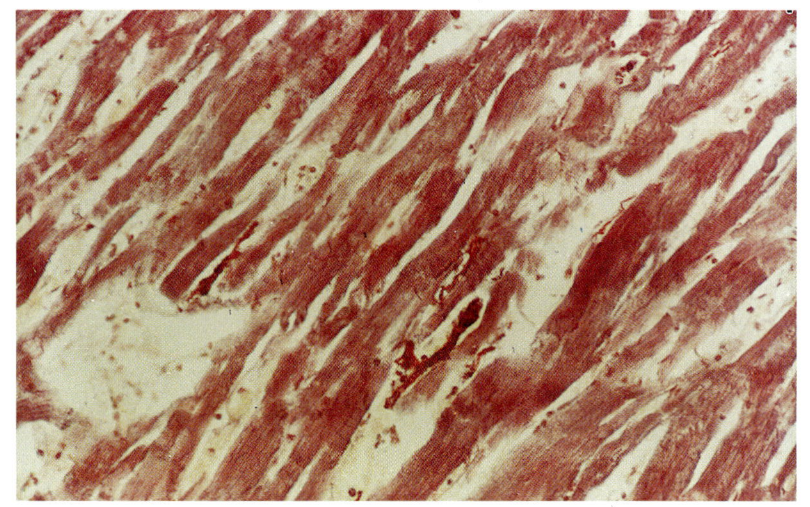

图 12-8 心肌毛细血管内纤维素性微血栓 PTAH. × 40

乳猪亦可发生。除猪外至少有50种野生哺乳动物和30种野禽中分离出丹毒杆菌。

2.传染源：病猪和带菌猪是本病的主要传染源，无论病猪场和没发生过猪丹毒的猪场，都有一定比例的带菌猪(30%～50%)。

3.传播途径：通过饮食经消化道传染给易感猪。此外本病亦可通过损伤皮肤及蚊、蝇、虱等吸血昆虫传播。

4.流行特点：一年四季均发生，北方地区以炎热、多雨季节流行最盛，而在南方地区，往往冬、春季节也可形成流行高潮，本病常为散发性或地方流行传染，有时也发生暴发流行。

据陶钧等(2003年)报道湖南省某猪场于2002年1月初发生猪丹毒,大小猪都发病。

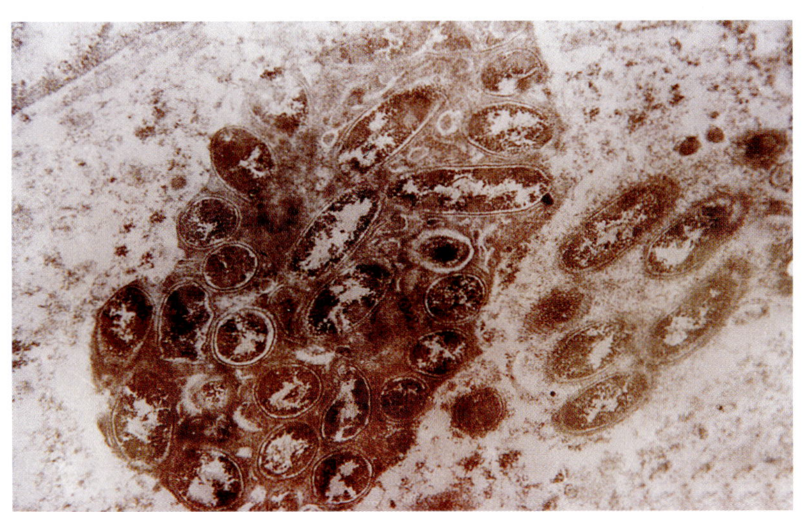

图12-9 心肌毛细血管内的丹毒菌丝周围有多量纤维素×80000

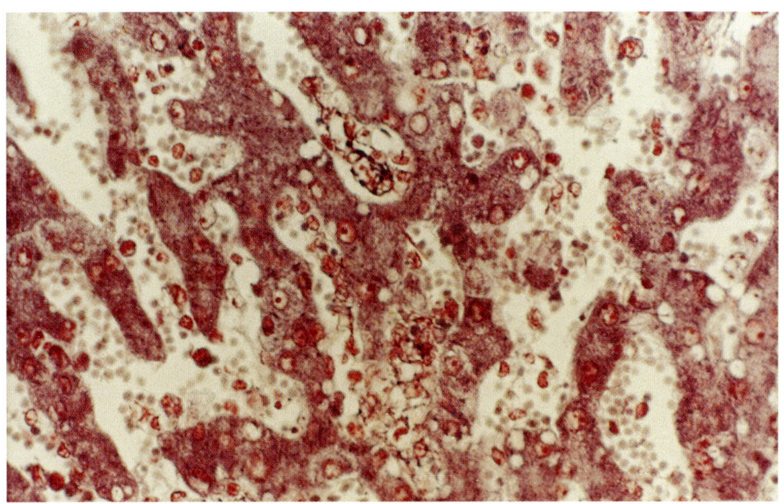

图12-10 肝窦状隙辨瘀血与肝细胞脂肪变性以及窦内纤维素性微血栓 PTAH.×40

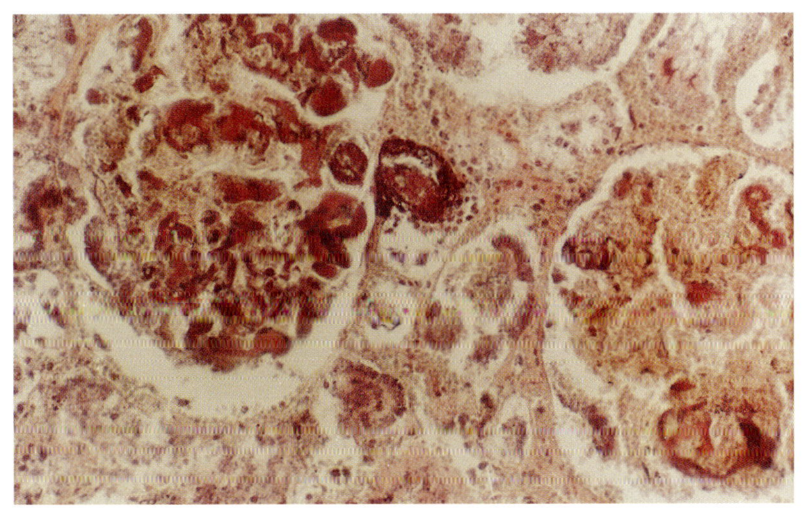

图12-11 肾小球毛细血管内纤维素性微血栓 PTAH.×40

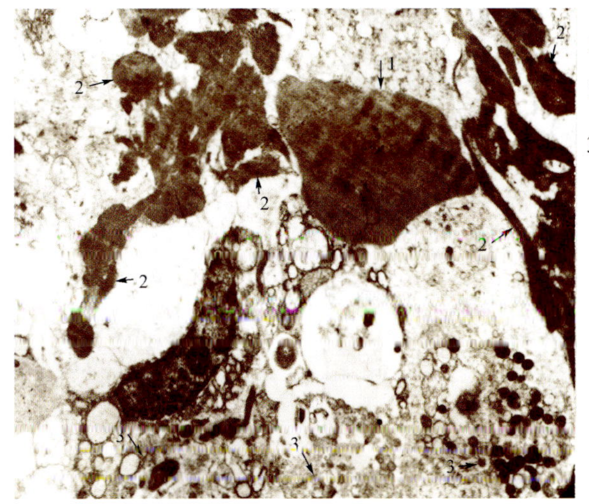

图12-12 脾小体边缘区出血与DIC 1.红细胞 2.纤维素索块 3.巨噬细胞×20000

三、临床症状

潜伏期，人工感染实验，最短24小时，长的可达9天，一般3～5天。特急性型：发病12小时后精神沉郁(图12-4)，颈下、胸腹、背侧出现丹毒性红斑，体温升高时急性败血型：体温升高42℃以上，72小时后在耳后颈下，胸前腹侧，四肢内侧等处皮肤发生疹块(图12-5)，亚急性型（疹块型）在颈部胸侧、背部、腹侧、四肢等处出现，方块型、菱形或圆形疹块，稍凸起于皮肤表面(图12-6)，急性猪丹毒发病环节中有DIC病理过程，组织学检查，肺、心、肝、肾、脾等器官有微血栓(图12-7、图12-8、图12-9、图12-10、图12-11、图12-12)。

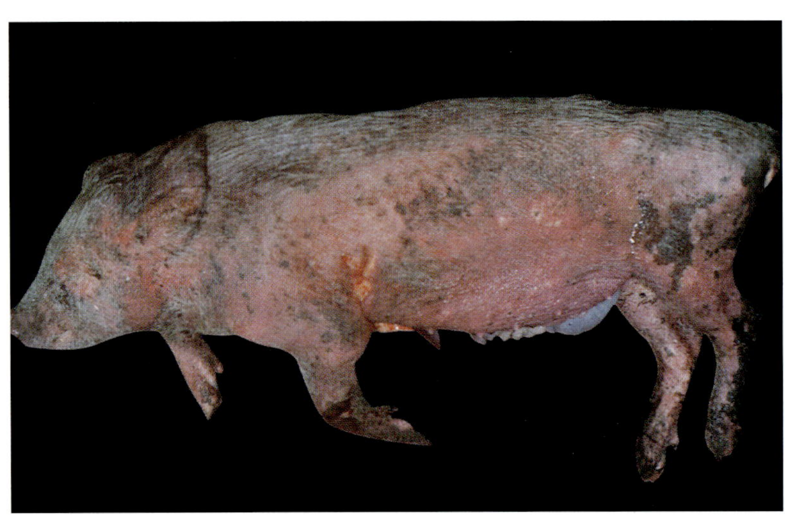

图12-13 特急性型 病死猪全身皮肤呈紫红色

图12-14 特急性型 病理变化 脾脏白髓周围“红晕”

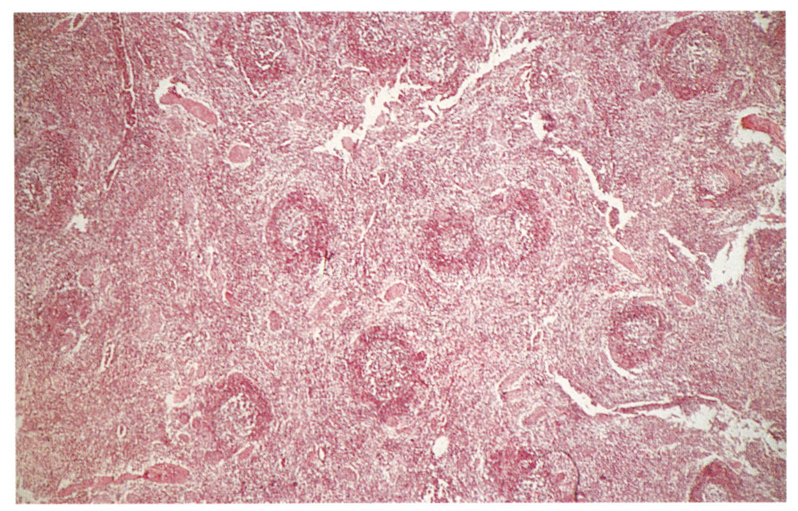

图12-15 特急性型 组织学 脾脏白髓周围“红晕”HE×10

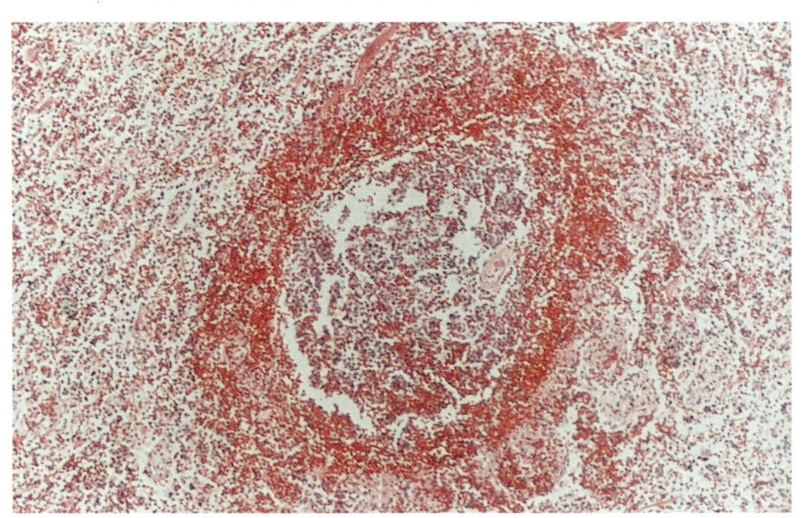

图12-16 特急性型 组织学 脾脏白髓周围“红晕”HE ×20

四、病理变化

特急性型：流行初期第一批发病突然死亡的猪，全身皮肤发绀（图12-13）。脾切面出现白髓周围“红晕”（图12-14、15、16、17）。

急性败血型：病程4～7日，败血症变化明显，全身皮肤各处均可出现丹毒性红斑（图12-18）。肾肿大，被膜易剥离，有出血点，呈花斑样(图12-19、20、21)。心肌出血（图12-22、23）肺脏外观肿大，肺水肿，小叶间增宽，肺表面斑点状出血，局灶性气肿，颜色为暗红、粉红、蓝紫色构成花斑样外观（图12-24、25）。胃肠：所有病例胃内蓄有中等量食物，

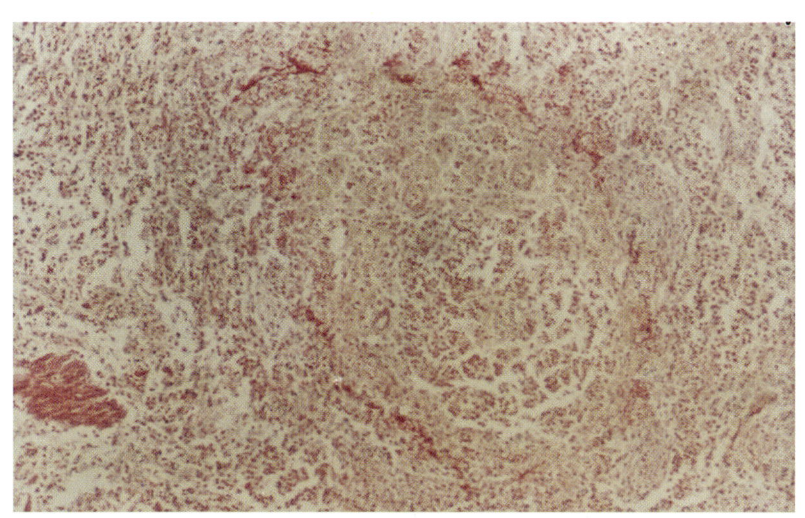

图12-17 脾脏白髓边缘区出血与纤维素性微血栓 PTAH ×20

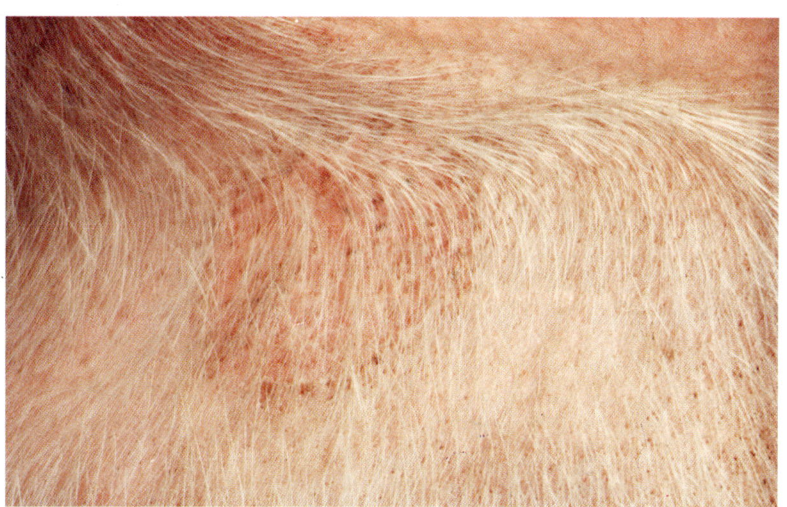

图12-18 急性型皮肤丹毒性红斑

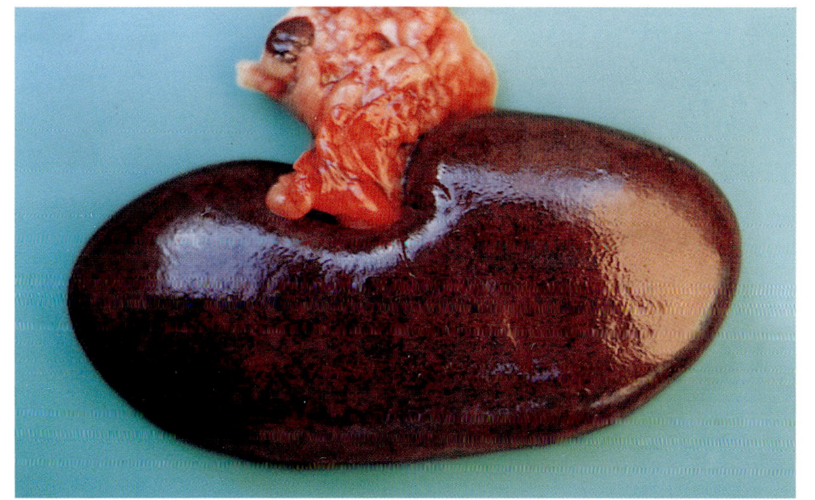

图12-19 急性型肾肿大紫红色有暗灰色斑

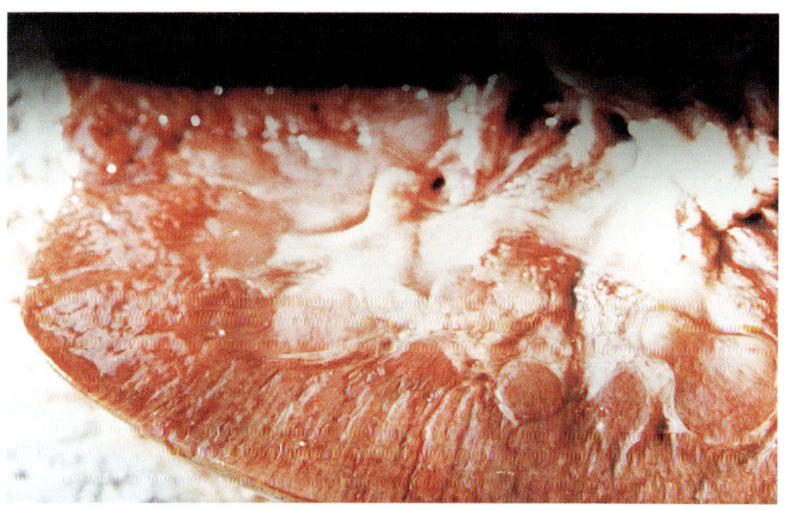

图12-20 急性型肾切面可见肿大肾小球呈串珠样

胃底粘膜脱落，呈弥散性潮红(图12-26)。脾肿大，樱桃红色，被膜紧张，边缘钝圆，切面外翻，凹凸不平，质地柔软，白髓暗红而易刮下(图12-27)。

亚急性型：特征是皮肤上发生疹块，形状呈方形、菱形或不规则形（图12-28）。

慢性型：猪丹毒心内膜炎，主要发生在二尖瓣（图12-29、30）。肾贫血性梗死（图12-31）。关节炎，主要侵害四肢关节，因肉芽组织增生，渗出的纤维素被机化，致滑液膜呈绒毛状（图12-32）；皮肤坏死，坏死部逐渐干燥变为干性坏疽，黑褐色而坚硬，其后随分界性化脓而脱落，损伤部可由肉芽组织增

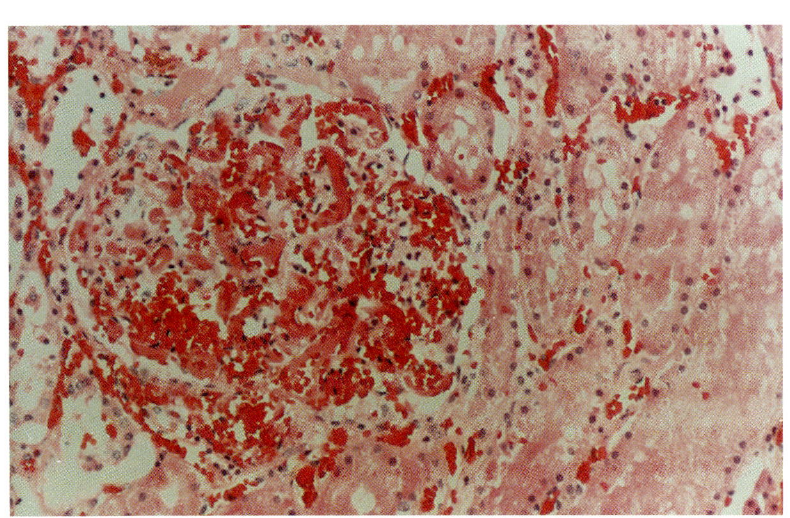
图12-21 肾出血性肾小球肾炎 HE × 20

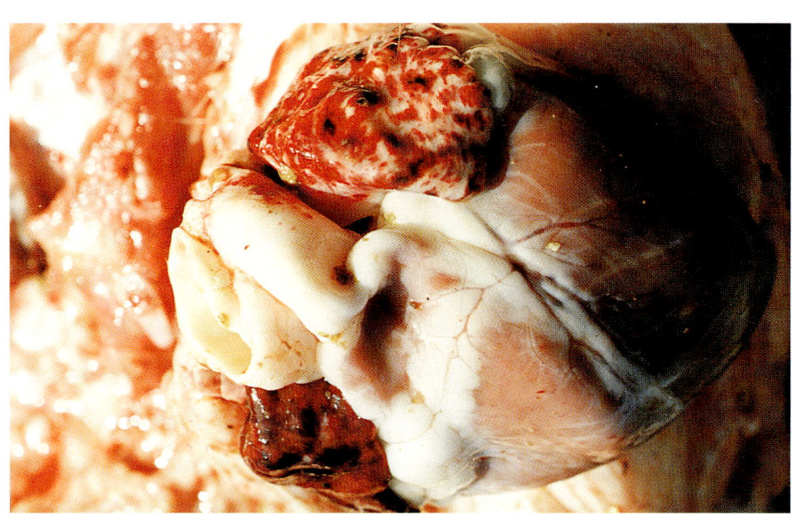
图12-22 心房出血斑与心冠周围脂肪小出血点

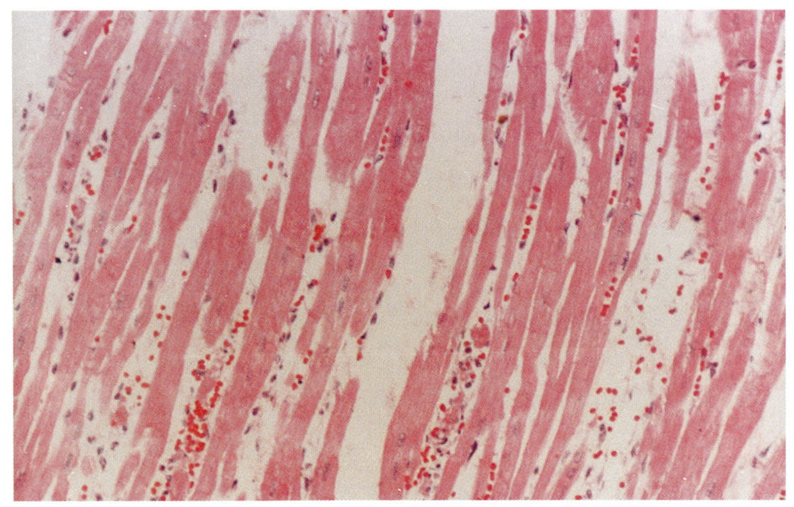
图12-23 心肌纤维变性，肌间毛细血管出血 HE × 20

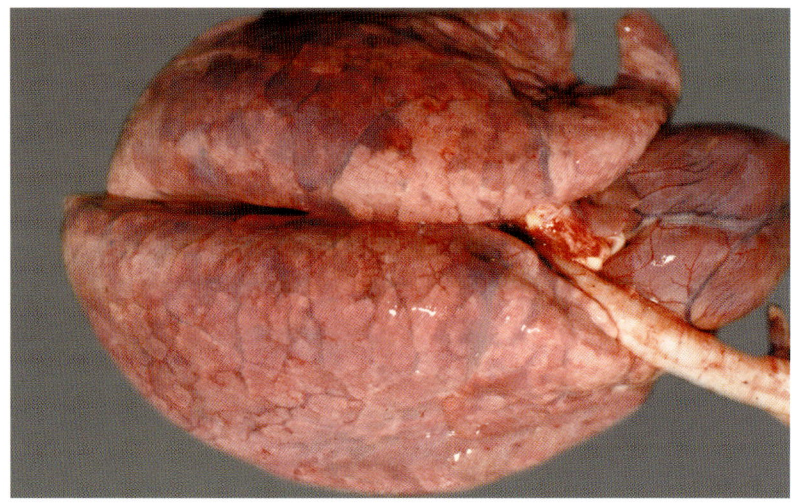
图12-24 病理变化 休克肺呈花斑样

生瘢痕而自愈。

五、诊断

猪丹毒的诊断，根据流行病学，临床症状，病理解剖变化一般可作出诊断，进一步确诊，可做细菌学检查，动物接种实验，以及血清学试验。

六、防治

（一）预防

没有发病的猪场或地区，平时应坚持做好防疫工作，定期消毒，杀灭病原体。

（二）免疫程序

仔猪在45～60日龄第1次注苗，常发地区3月龄进行第2

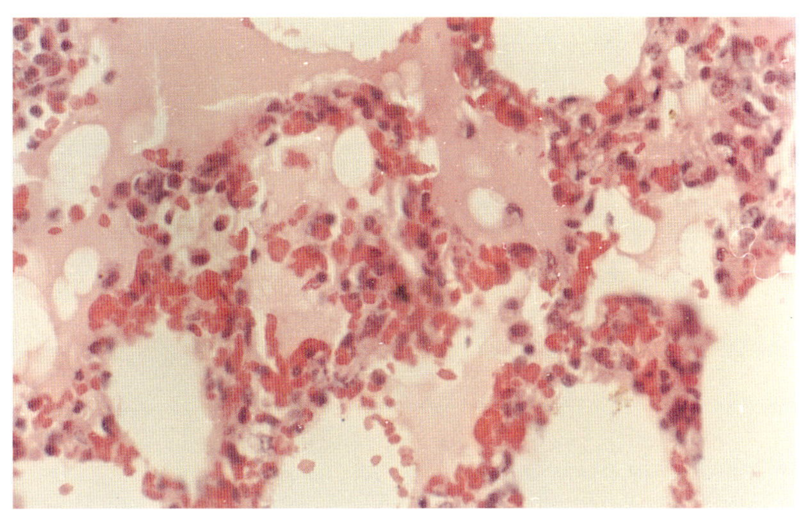

图12-25 肺泡毛细血管有纤维素与红细胞透明膜形成 HE × 20

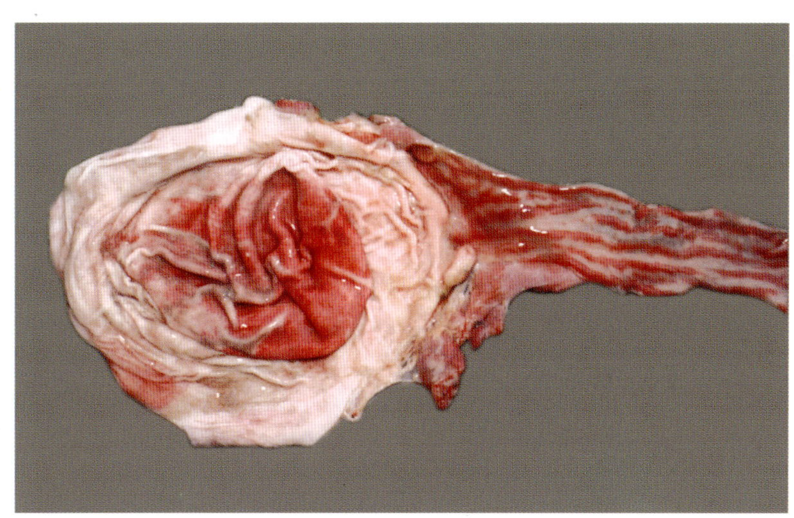

图12-26 胃底部和十二指肠初段充出血

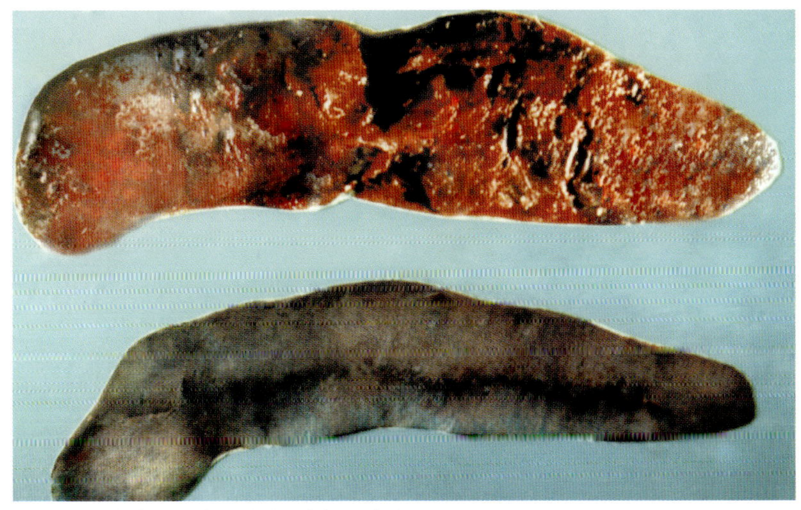

图12-27 急性型 病理变化 脾充血肿大

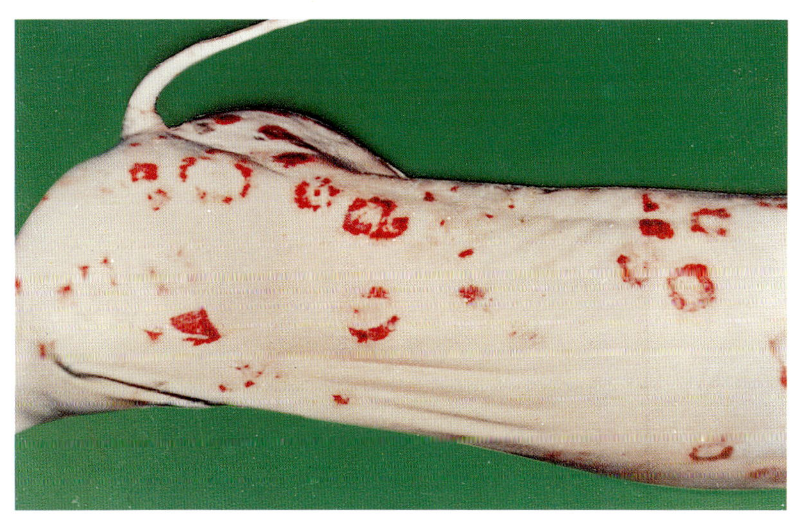

图12-28 亚急性型 病理变化 皮肤疹块

次注苗。种猪每间隔6个月注苗1次，通常于春秋两季定期免疫注射。在接种前7天和接种后十天内，应避免使用抗菌素。

（三）治疗

1. 青霉素疗法：青霉素治疗有特效，其次是土霉素和四环素；急性型每千克体重10000单位青霉素静脉注射，同时肌注常规剂量的青霉素，以后每天2次肌注，以防复发或转慢性，不宜过早停药，待食欲、体温恢复正常后，再持续2～3日。近年有报道磺胺嘧啶钠治疗效果更好。

2. 血清疗法：剂量为仔猪5～10毫升，3～10个月龄猪30～50毫升，成年猪50～70毫升，皮下或静脉注射，经24小时再注射1次，如青霉素与抗血清同时应用效果更佳。对病情较重的病例可用5%糖溶液加维生素C或右旋糖酐以及增加氢化可地松和地塞咪松等静脉注射，疗效更佳。

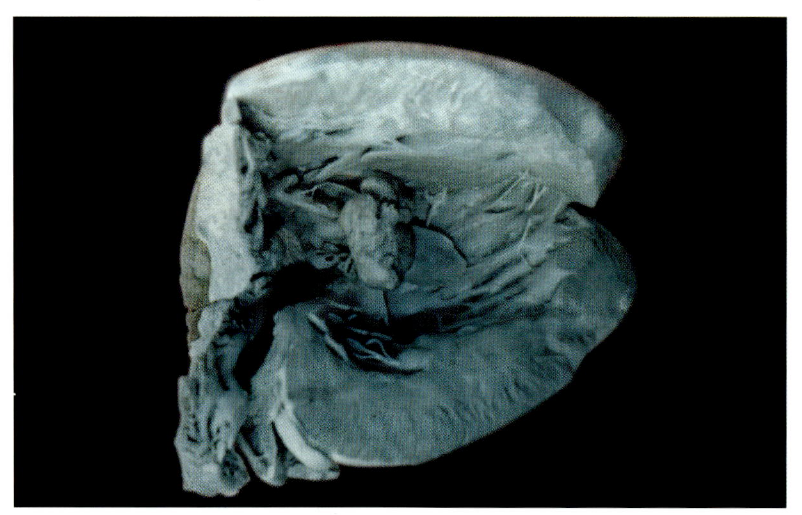

图12-29 慢性型 病理变化 二尖瓣疣状内膜炎

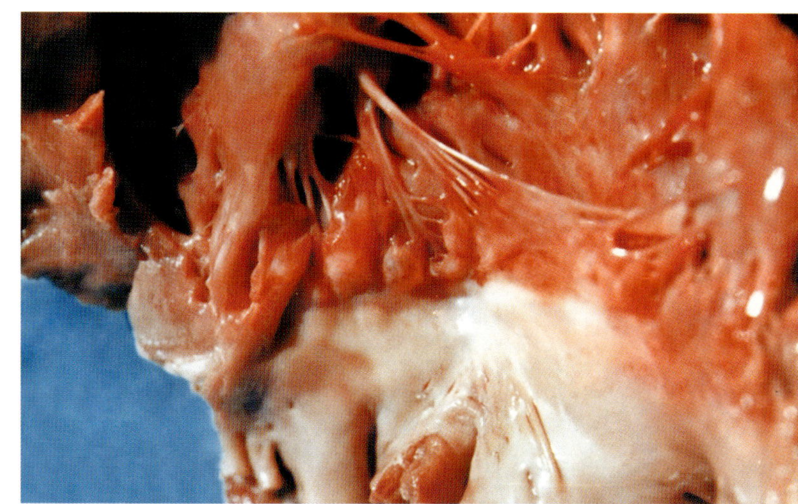

图12-30 慢性型 病理变化 二尖瓣疣状内膜炎早期病变

图12-31 慢性型 病理变化 肾贫血性梗死

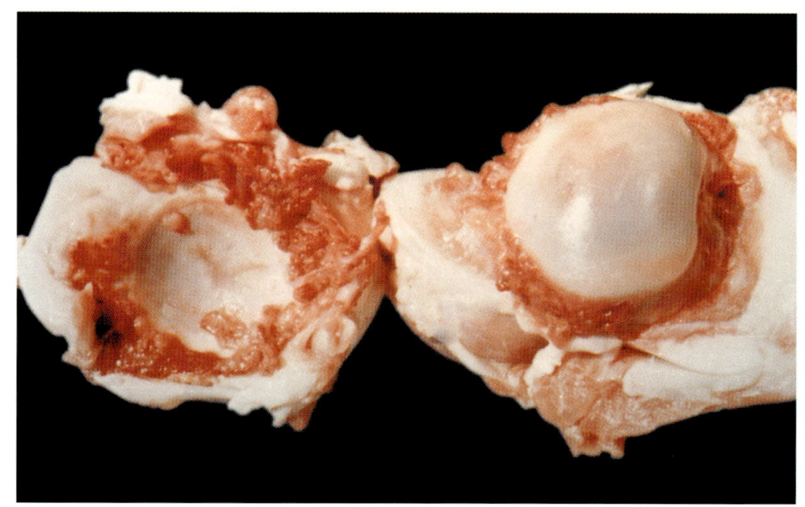

图12-32 慢性型 病理变化 关节炎时骨膜血管花边病灶

13 猪布鲁氏菌病

Swine Brucellosis

布鲁菌病是由布鲁菌属细菌引起的急性或慢性的人兽共患传染病。特征：妊娠子宫和胎膜发生化脓性炎、睾丸炎、巨噬细胞系统增生与肉芽肿形成。

一、病原

布鲁菌（Brucella）。初次分离培养时，多呈球杆状。次代培养牛、猪布鲁菌逐渐转变成小杆状，革兰氏阴性。1970年FAO/WHO将布氏杆菌分6个生物种,19个生物型。

各生物种及生物型的毒力有所差异，其致病力也不相同。本菌对外界因素的抵抗力较强，在污染的土壤、水、粪尿及饲料等中可生存一至数月，对热和消毒药的抵抗力不强，常用消毒药能迅速将其杀死。

图 13-1 猪布氏杆菌病 皮下脓肿

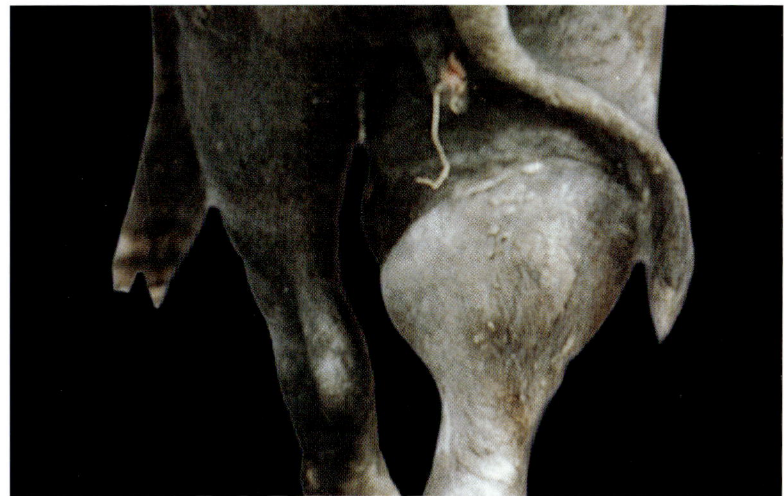

图 13-2 猪布氏杆菌病膝关节因感染布氏杆菌而肿胀

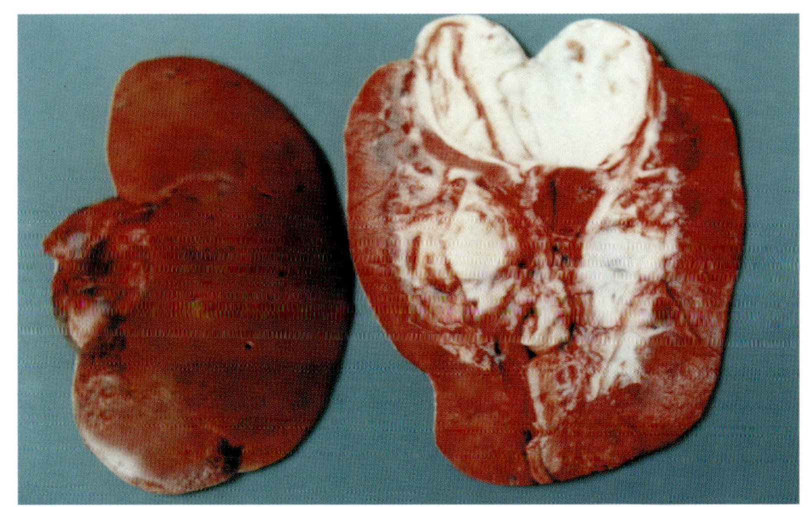

图 13-3 猪布氏杆菌病肾脓肿

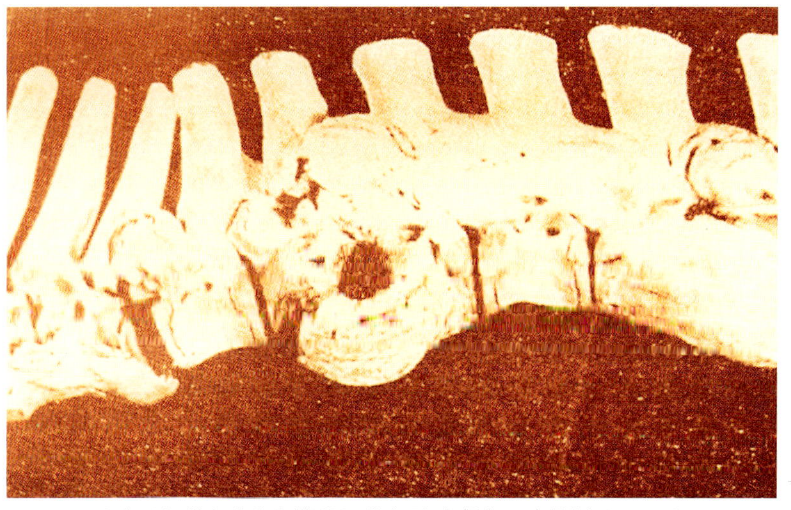

图 13-4 猪布氏杆菌病病猪胸椎和腰椎变形,中部有一瘘管(自 Hutyra)

二、流行病学

1.易感性：可感染多种动物，家畜中以羊、牛、猪、绵羊易感性较高，其他动物如水牛、牦牛、羚羊、鹿、骆驼、猫、狼、犬、马、野兔、鸡、鸭及一些啮齿类等都可以自然感染。

2.传染源：主要是病畜和带菌动物。尤其是受感染的妊娠母畜。病原菌可随感染动物的精液、乳汁、脓液，特别是流产胎儿、胎衣、羊水以及子宫渗出物等排出体外，通过污染饮水、饲料、用具和草场的媒介而造成动物感染。

3.传播途径：主要是通过消化道感染，也可通过结膜、阴道、损伤或未损伤的皮肤感染。

4.流行特点：一般为散发，接近性成熟年龄的动物较易感。母畜感染后一般只发生一次流产，流产两次的少见。

三、临床症状与病理变化

母猪流产，多发生在初次妊娠后第四至十二周。一般产后8～10日可以自愈。少数情况因胎衣滞留，引起子宫炎和不育。可见有皮下脓肿（图 13-1）、关节炎（图 13-2）、肾脓肿（图 13-3）等，如椎骨中有病变时（图 13-4），还可能发生后肢跛行（图 13-5）和麻痹。子宫粘膜上散在分布着很多呈淡黄色的小结节，结节质地硬实，切开有少量干酪样物质，通常称其

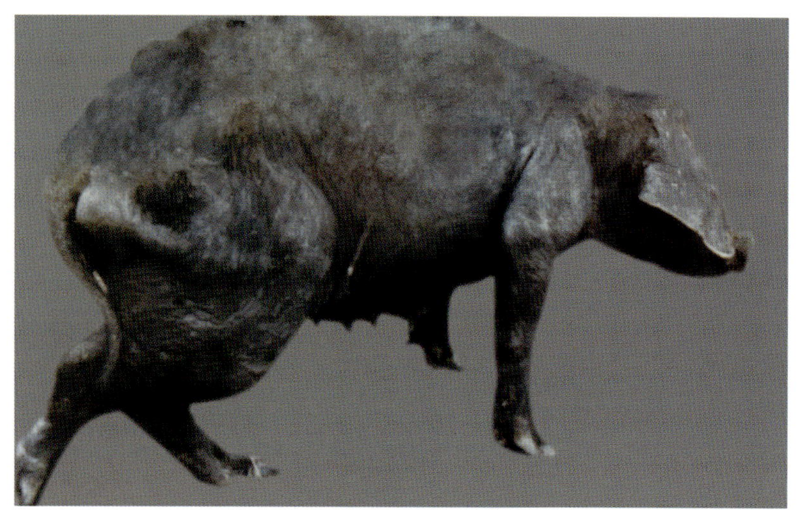

图 13-5　猪布氏杆菌病　因椎骨部有瘘管，发生后肢跛行

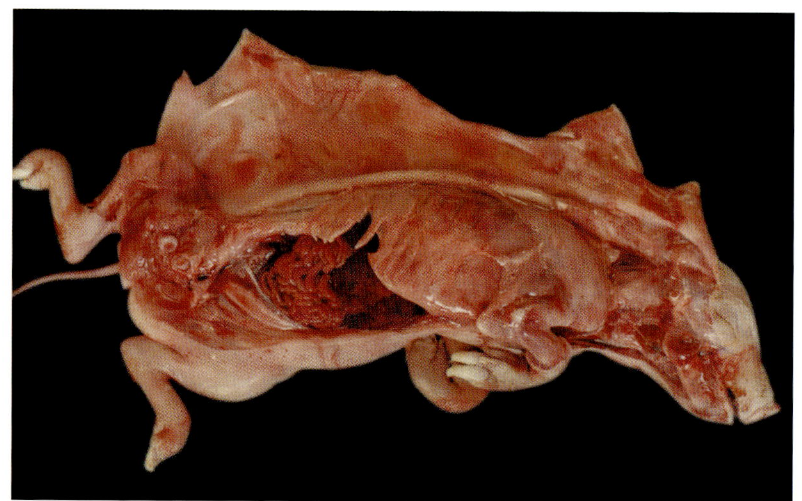

图 13-6　猪布氏杆菌病　胎儿皮下水肿

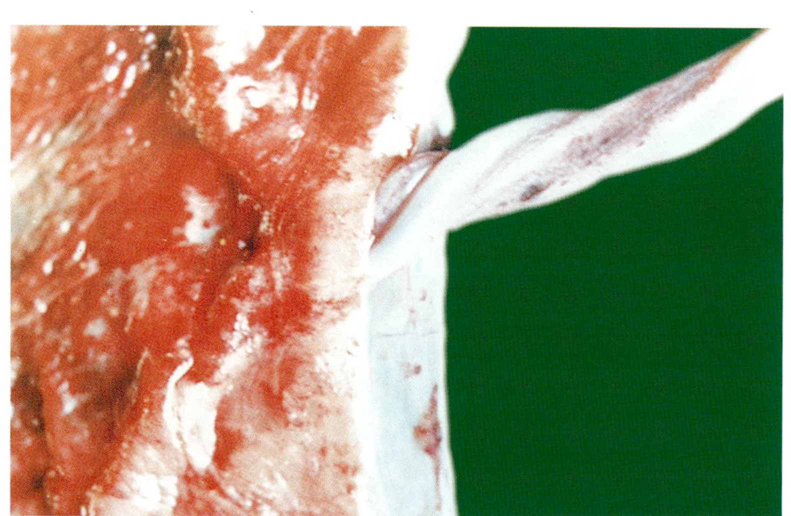

图 13-7　猪布氏杆菌病　脐带水肿出血

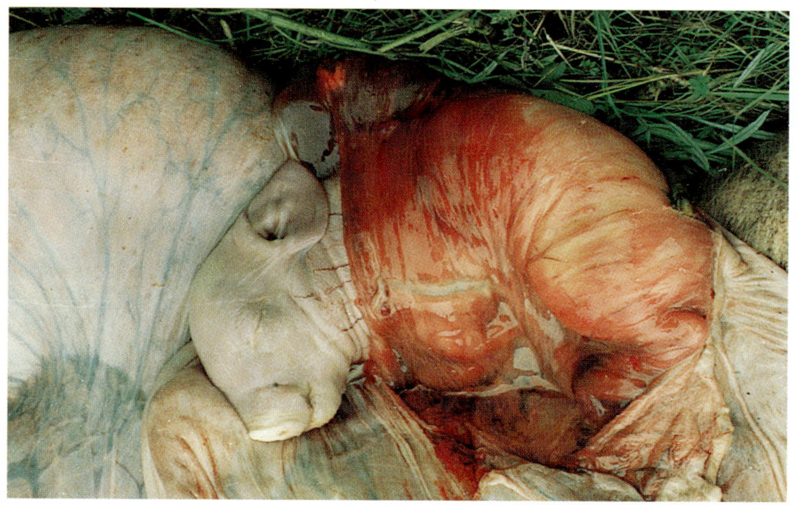

图 13-8　猪布氏杆菌病　胎衣水肿出血

为粟粒性子宫布氏杆菌病。流产或正产胎儿皮下水肿出血(图13-6)，在脐带周围尤为明显（图13-7)。胎衣有充血出血和水肿（图13-8)。

四、诊断

结合临床症状、流行病学、病理变化、以及细菌分离、鉴定，和血请学试验等方法可以做出诊断。

五、防治

患本病的动物一般不予治疗,采用定期检疫,阳性动物淘汰处理，深埋和火化,按时消毒,防止疫病传入和免疫接种等综合性防疫措施。猪主要应用猪二号弱毒菌苗(S_2菌苗)，断奶后任何年龄的猪，怀孕与非怀孕的均可应用(怀孕动物不要用注射法)。可口服。

14 坏死杆菌病

Necroba Cillosis

坏死杆菌病是由坏死梭杆菌引起的多种哺乳动物和禽类的一种慢性传染病。其特征为组织坏死。多见于皮肤、皮下组织和消化道粘膜，甚至在内脏形成转移性坏死灶。

一、病原

坏死梭杆菌为拟杆菌科梭杆菌属，宽约1微米，本菌广泛存在于自然界，畜舍地面、运动场、土壤以及猪和各种动物的消化道、扁桃体、唾液等均可出现，革兰氏染色阴性。本菌严格厌氧，能产生两种毒素，内毒素、外毒素。常用的消毒药如3%～5%来苏儿、1%的高锰酸钾、2%氢氧化钠、1%福尔马林、2.5%克辽林等可在15分钟内杀死本菌。日光照射8～10小时、60℃加热30分钟、煮沸1小时可死亡。土壤中存活力

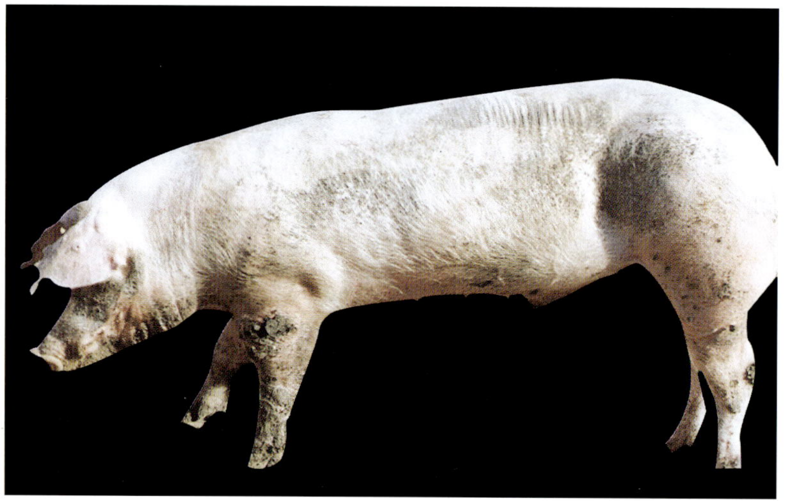

图 14-1 坏死杆菌病 临床症状 坏死性皮炎 左侧臀部的皮肤坏死后形成的痂皮

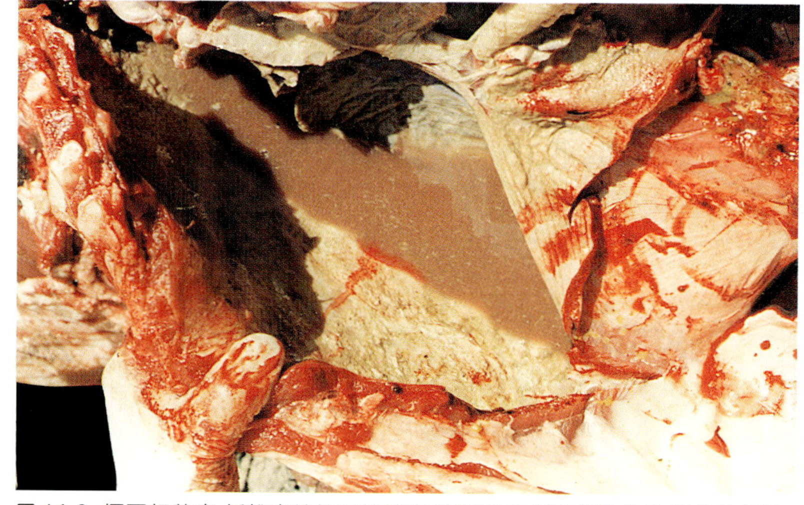

图 14-2 坏死杆菌病 纤维素性坏死性肺炎 病理变化 肺胸膜与肋胸膜发生纤维素性炎，并形成黄白色的伪膜，胸腔中有大量混浊的液体

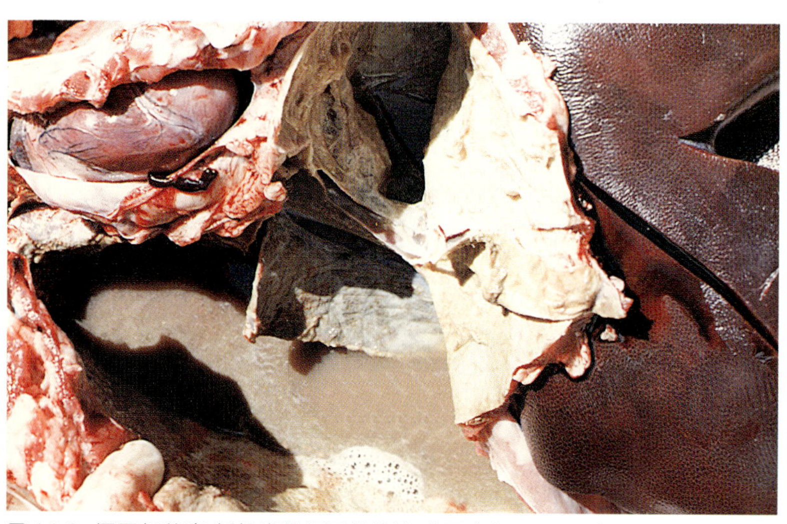

图 14-3 坏死杆菌病 纤维素性坏死性肺炎 病理变化 可见右肺灰白色的伪膜，胸腔中有大量混浊的液体并有气泡，而心肌外观无明显所见

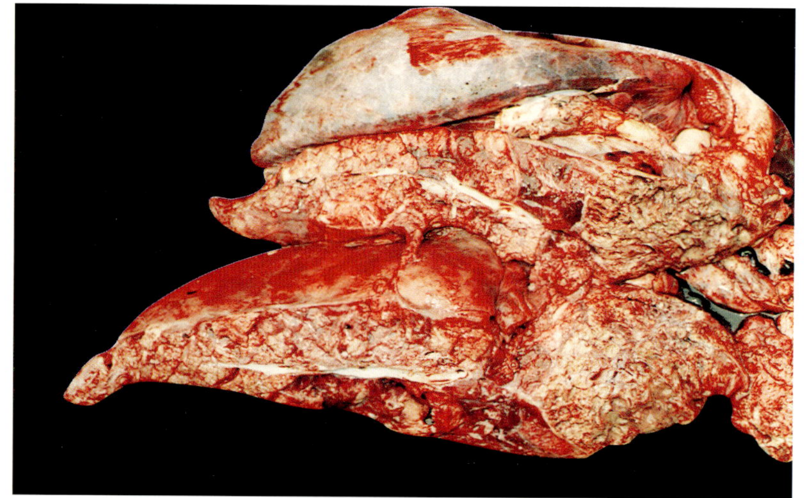

图 14-4 坏死杆菌病 纤维素性坏死性肺炎 病理变化 图 14-2 肺切面示肺坏死组织结构消失

10～30日，粪中存活50日。本菌对青霉素、四环素和磺胺类药敏感。

二、流行病学

1.易感性：猪同绵羊、牛、马、鹿一样最易感，幼畜比成年畜易感。

2.传染源：本菌是多种动物消化道的一种共生菌。家畜的粪便，被粪便污染的饲料、饮水、牧场、草地等，都有本菌存在。

3.传播途径：当皮肤和粘膜由于外伤、病毒感染、或长时间浸泡、或被其他细菌感染而受到损伤时，则很容易被感染。局部病灶中的坏死梭杆菌易随血流而散布至全身其他组织或器官中，形成继发性坏死病变。

4.流行特点：散发性或地方流行性。多雨、潮湿及炎热的季节多发。本病常与猪瘟、副伤寒、口蹄疫、痘病等并发或继发。

三、临床症状与病理变化

潜伏期从数小时至1～2周，一般1～3日。

坏死性皮炎：仔猪和架子猪常见。多发生于颈部、体侧和臀部的皮肤(图14-1),也有在耳根、尾、乳房和四肢等处发生坏死。以体表皮肤及皮下发生坏死和溃疡为特征。

坏死性口炎：口腔粘膜红肿，在齿龈、舌、上腭、唇粘膜、颊及咽等处，可见有灰白色或灰褐色粗糙、污秽的伪膜，伪膜下为溃疡面。

坏死性肺炎：病猪表现呼吸困难、咳嗽、流脓性鼻涕，肺组织发生液化坏死,在肺胸膜与肋胸膜发生纤维素性炎,并形成黄白色的伪膜(图14-2、3、4)。

坏死性肠炎：常与猪瘟、副伤寒等病并发或继发。表现消瘦、严重的腹泻、粪便中带有血液(图14-5)或脓汁、肠粘膜坏死碎片(图14-6)并伴恶臭。

四、诊断

根据流行特点、临床症状、坏死组织的病理变化，可作出初步诊断。本病的发生与诱因有密切关系，各种病型的外部病理变化和临床症状可作为诊断的依据,确诊需进行实验室诊断。

五、防治

（一）预防原则：加强饲养管理，经常保持猪舍、运动场及用具的清洁与干燥。避免咬伤和其他外伤,发生外伤应及时处理。并隔离和治疗病畜，对污染场地、用具等进行消毒。

（二）治疗：以局部治疗为主，配合全身疗法。坏死性皮炎应先彻底清除坏死组织，用1%高锰酸钾液或3%过氧化氢液冲洗，然后用1:4的福尔马林松榴油合剂、抗生素软膏、高锰酸钾、木炭粉（等量）、5%碘酊、磺胺、大黄、石灰粉（大黄1份煮沸10分钟，掺入2份陈石灰，搅匀炒干，除去大黄），研成细末进行涂布。

坏死性口炎应先去除伪膜，用1%高锰酸钾液冲洗，再涂以碘甘油或氯霉素，每天2次至痊愈。或用硫酸铜轻擦患处至出血为止。隔日1次，连用3次。

我们曾用苛性钠棒腐蚀病灶周围组织，其中坏死组织在苛性钠棒的作用下很快出现溶解，用棉球清除坏死组织后，再次用苛性钠棒刺激周围组织，一般一次即可治愈。

全身治疗可防止继发感染和控制病情，可注射土霉素、四环素、磺胺类药物等。必要时，施以强心、解毒、补液等措施。

图14-5 坏死杆菌病 临床症状 与副伤寒等病并发纤维素性坏死性肠炎 病猪消瘦、腹泻、粪便中带有血液

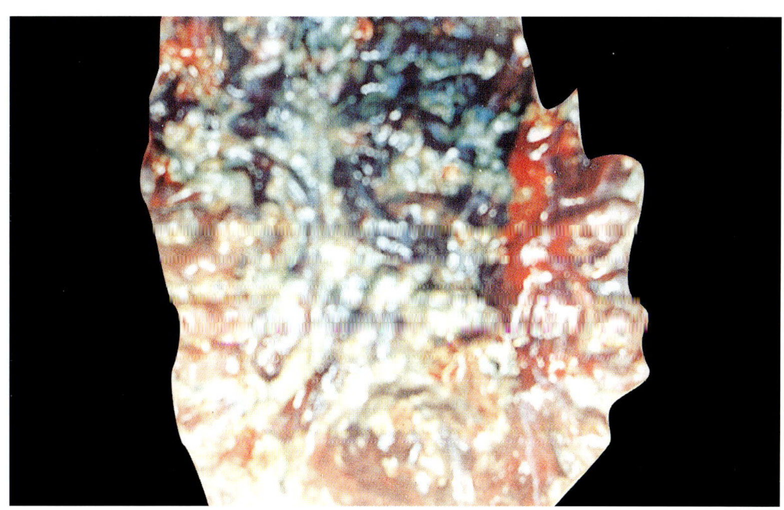

图14-6 坏死杆菌病 病理变化 与副伤寒等病并发纤维素性坏死性肠炎 病猪肠粘膜坏死碎片

15 猪梭菌性胃肠炎
Piglets Erythro-Dysentery

是由C型魏氏梭菌所引起的肠毒血症。特征是出血性下痢、肠坏死，病程短，病死率高。本菌在自然界中分布较广。主要侵害1周龄以内的仔猪。

一、病原

主要是C型魏氏梭菌亦称C型产气荚膜梭菌,A型、B型魏氏梭菌也可引起相类似的疾病。C型魏氏梭菌为革兰氏阳性、有荚膜、不运动的厌氧大杆菌。菌体两端稍钝圆,大小为1.5微米×4～8微米，芽孢卵圆形，可产生α和β毒素，其毒素引起仔猪肠毒血症,坏死性肠炎。一般消毒药均易杀死本菌繁殖体，芽孢抵抗力较强，在95℃下需2.5小时方可杀死。

二、流行病学

1.易感性：本病主要侵害1～3日龄初生仔猪。1周龄以

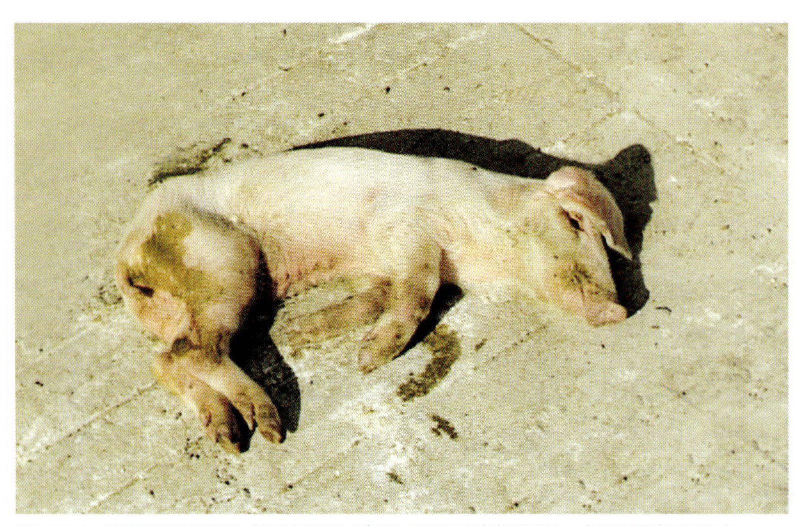

图15-1 梭菌性胃肠炎 临床症状 病猪呈现持续的腹泻，极度消瘦和脱水

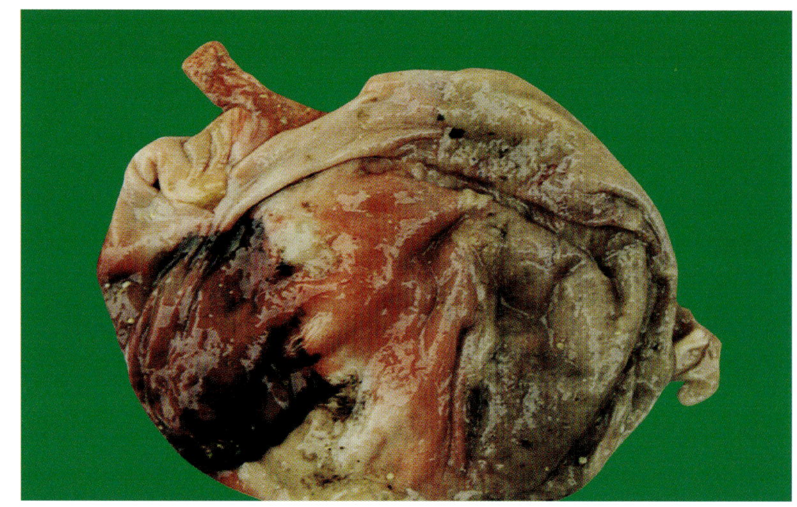

图15-2 梭菌性胃肠炎 病理变化 胃肠明显的出血,心肺变化不显著

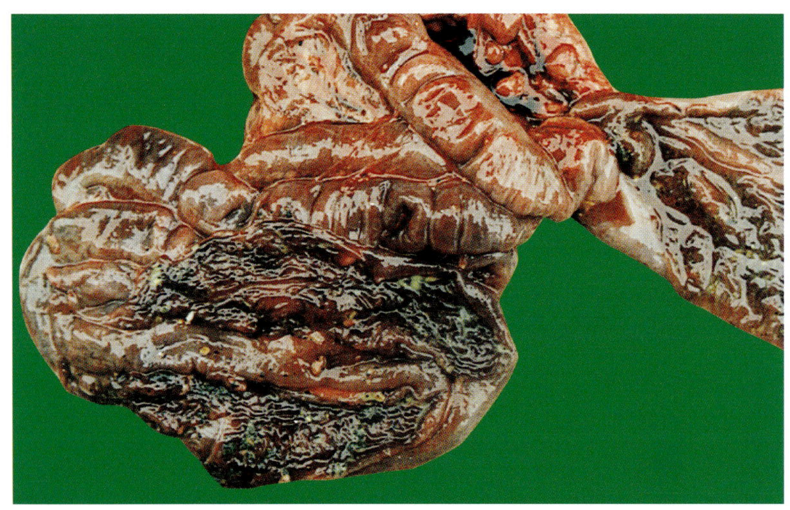

图15-3 梭菌性胃肠炎 病理变化 胃粘膜弥漫性出血

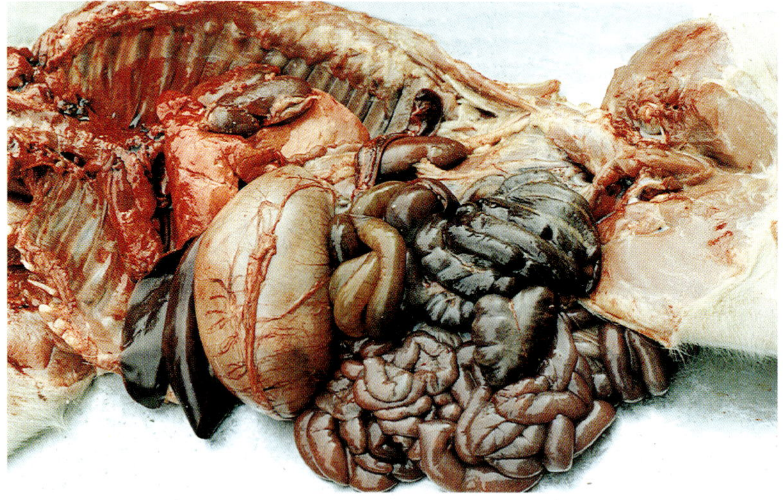

图15-4 梭菌性胃肠炎 病理变化 肠管全部出血性病变

上的仔猪很少发病。

2.传染途径： 经消化道传染。

3.流行特点： 在同一猪群内各窝仔猪的发病率往往相差很大，病死率一般为20%～70%，最高可达100%。本菌在自然界中分布较广，土壤、人畜肠道、下水道、尘埃等都有存在。病猪群的母猪肠道更为多见,并可随粪便排出体外,污染猪圈。本菌的芽孢对外界抵抗力很强，猪场一旦有此病发生，常持久地在猪场存在。

三、临床症状与病理变化

最急性型： 仔猪出生后第1日发病，初生仔猪突然排血便，后躯沾满血样稀粪，病猪衰弱无力，1～2日死亡。

急性型： 病猪排出含有灰色坏死组织碎片的红褐色液体粪便。表现日益消瘦，衰弱无力，于第3日死亡。

亚急性型： 病猪呈现持续的腹泻，病初排黄色软粪，其后变成液状，内含灰色坏死组织碎片，极度消瘦和脱水，5～7日死亡。

慢性型： 病猪在一周以上时间呈现间歇性或持续性腹泻，粪便是黄灰色，带粘液，会阴部和尾部附有粪痂，病猪逐渐消瘦，生长停滞(图15-1)，几周后死亡。

病变主要在消化道，可见胃肠粘膜及粘膜下层有广泛性出血(图15-2)，肠粘膜弥漫性出血(图15-3)肠内容物暗红色液状，肠系膜淋巴结深红色(图15-4)。稍长病例，以坏死性肠炎变化为主要特征，可见粘膜表面附着灰黄色坏死性假膜，易剥离，肠内容物暗红色(图15-5、6)，坏死肠段浆膜下可见小米粒大数量不等的小气泡。心肌苍白、心外膜点状出血。肾灰白色，皮质部有小点状出血，膀胱粘膜也见有小点状出血。

四、诊断

根据本病主要发生在3日龄以内仔猪，下痢为红色液体，病程短，死亡率高，病变肠段为深红色或土黄色；界限分明，肠粘膜坏死,肠系膜和肠系膜淋巴结有小气泡形成等特点，一般可以做出诊断。如有必要送检做细菌学检查和毒素试验以进一步确诊。

五、防治

（一）免疫防治

可用C型魏氏梭菌培养物制成的仔猪红痢菌苗，对第一和第二胎的怀孕母猪，各肌肉注射本菌苗两次，第1次在分娩前1个月，第2次在分娩前半个月左右，剂量均为5～10毫升。前两胎已注射过菌苗的母猪，第三胎可在分娩前半个月左右注射1次菌苗，剂量为3～5毫升，即可产生足够的免疫力，使仔猪通过哺乳获得被动免疫。

（二）治疗

常发生本病的猪场，在仔猪未吃初乳前及其以后的3日内，投服阿莫西林，或与链霉素并用，起到一定的防治作用。用量：预防8万单位／千克体重，治疗：10万单位／千克体重。每天2次，连服3日。

图15-5 梭菌性胃肠炎 病理变化 肠系膜淋巴结出血性病变

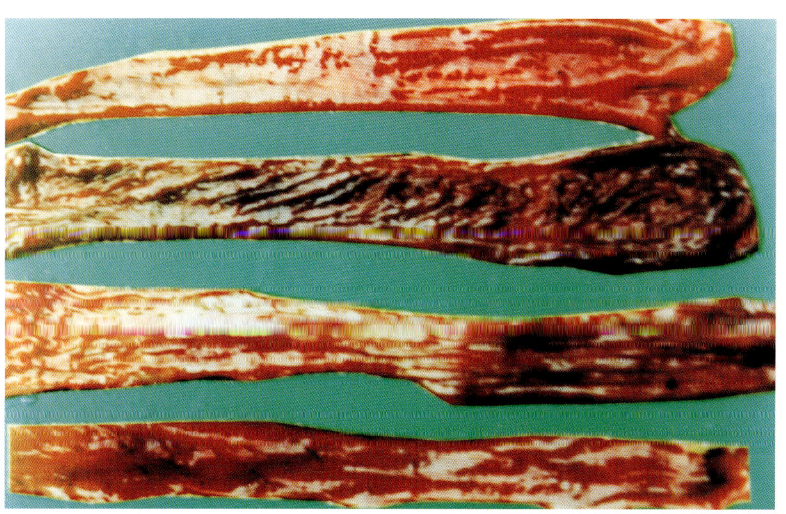

图15-6 梭菌性胃肠炎 病理变化 示小肠各段的出血性炎的病变

16 猪传染性胸膜肺炎

Porcine Contagious Pleuropneccmonia

猪传染性胸膜肺炎又称猪胸膜肺炎，是由胸膜肺炎放线杆菌引起的猪呼吸系统的一种严重的接触性传染病。本病以急性出血性纤维素性胸膜肺炎和慢性纤维素性坏死性胸膜肺炎为特征。本病是我国近几年才确诊的一种新的细菌性传染病。

一、病原

本病病原为革兰氏染色阴性小球杆菌，并具有多形性，菌体表面被覆荚膜，无运动性，不形成芽孢。根据荚膜多糖分类，迄今已发现有12个血清型，我国主要以血清7型为主，2、4、5、10型也存在。本菌抵抗力不强，易被一般消毒药杀灭，

图 16-1 猪传染性胸膜肺炎 临床症状 精神沉郁，不食，呼吸高度困难，心衰、耳、鼻、四肢皮肤呈蓝紫色

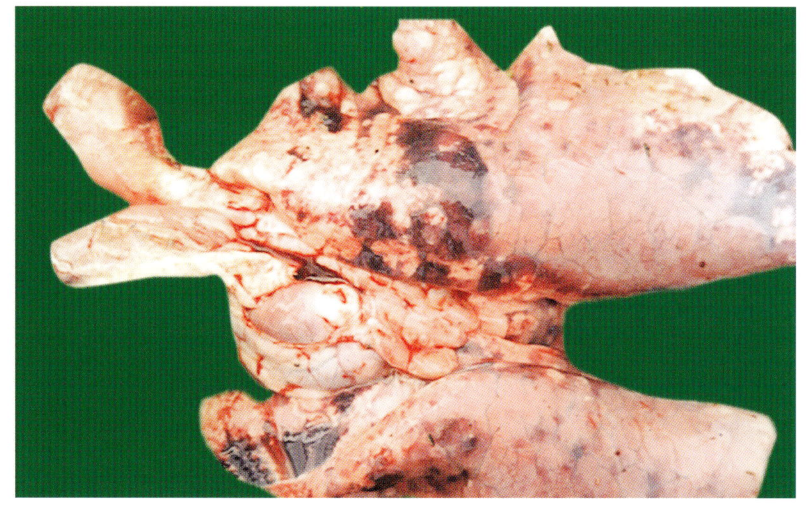

图 16-2 猪传染性胸膜肺炎病理变化 肺门的主支气管周围的清晰的出血性实变区或坏死区

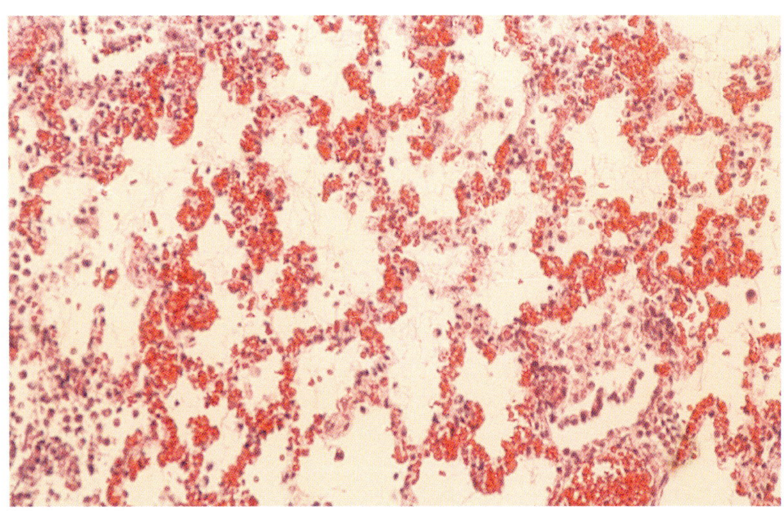

图 16-3 猪传染性胸膜肺炎 组织学 肺泡毛细血管充血、血管内有纤维素性血栓形成，肺泡腔有维纤素网罗少量炎性细胞 HE × 20

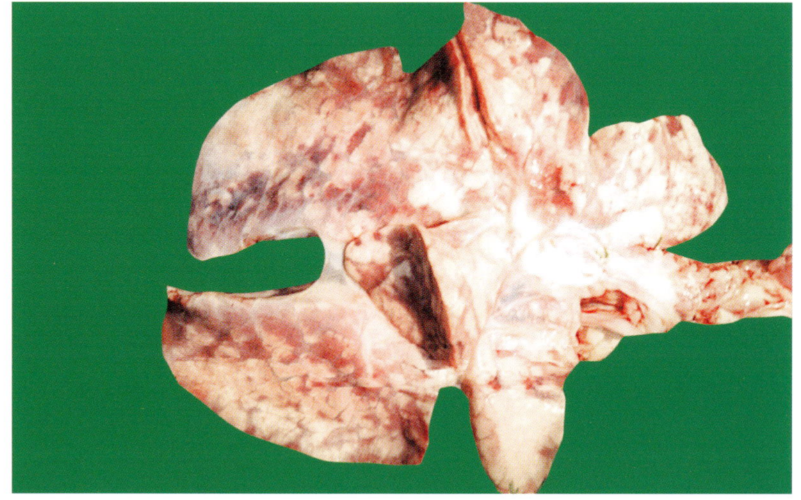

图 16-4 猪传染性胸膜肺炎 病理变化 肺脏面 病灶局灶性分布，纤维素性胸膜炎明显

但对结晶紫、杆菌肽、林肯霉素、壮观霉素有一定抵抗力。

二、流行病学

1.易感性：各种年龄的猪均易感。以断奶后的6周～6月龄猪多发。重症病例多发生于育肥晚期，死亡率约20%～100%不等，这可能与饲养管理和气候条件有关。

2.传染源：病猪和带菌猪是本病的传染源。猪场或猪群之间的传播，多数由于引进或混入带菌猪、慢性感染猪所致。

3.传播途径：病菌主要存在于患猪的支气管、肺脏和鼻汁中，病菌从鼻腔排出后形成飞沫，通过直接接触而经呼吸道传播。

4.流行特点：具有明显的季节性，多在4～5月和9～11月发生。饲养环境突然改变、密集饲养、通风不良、气候突变及长途运输等诱因可引起本病发生。因此又称为“运输病”。

三、临床症状

人工接种的潜伏期约为1～7日。

最急性型：猪突然发病，开始体温41.5℃以上，精神沉郁，不食，短时的轻度腹泻和呕吐，无明显的呼吸系统症状。后期呼吸高度困难，常呈犬坐姿势，张口伸舌，从口鼻流出泡沫样淡血色的分泌物，脉搏增速，心衰，耳、鼻、四肢皮肤呈蓝紫色（图16-1），在24～36小时死亡，个别幼猪死前见不到症状。病死率高达80%～100%。

急性型：同舍或不同舍的许多猪患病，体温40.5～41℃，

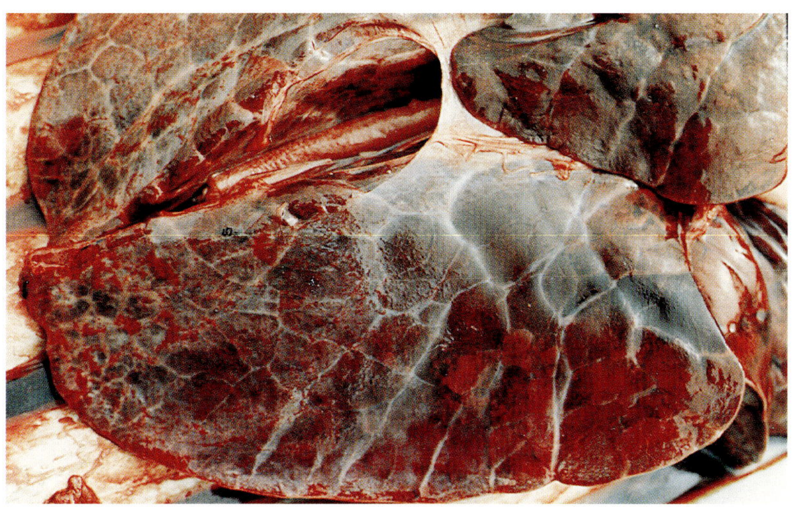

图16-5 猪传染性胸膜肺炎 病理变化 病灶区呈紫红色，坚实，胸膜表面附有绒毛样纤维素

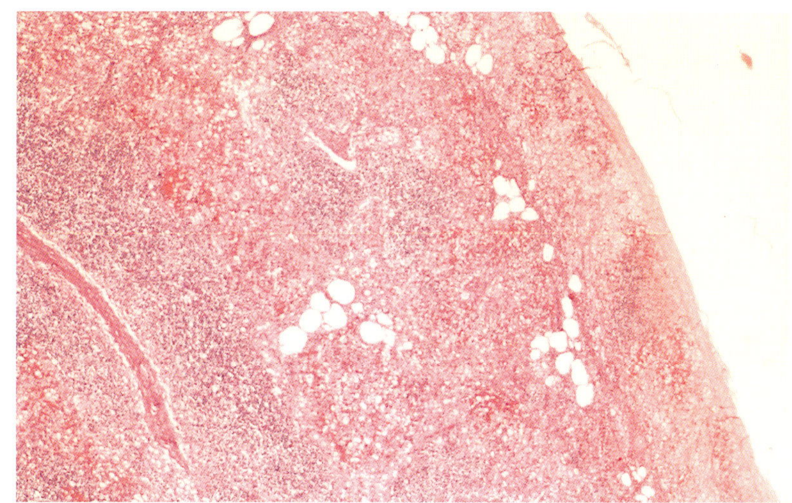

图16-6 猪传染性胸膜肺炎 组织学 肺胸膜纤维结缔组织大量增生 HE ×10

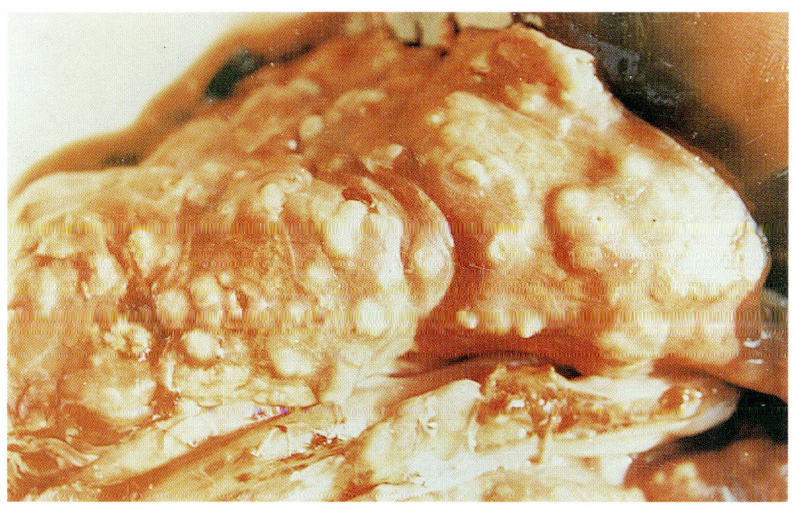

图16-7 猪传染性胸膜肺炎 病理变化：肺炎病灶转变为脓肿

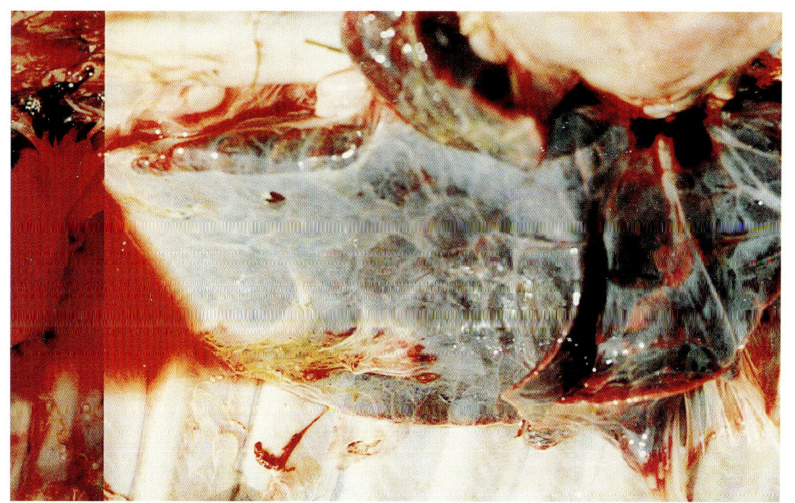

图16-8 猪传染性胸膜肺炎 病理变化 肺常与肋胸膜发生纤维性粘连

拒食,呼吸困难,咳嗽,心衰,由于饲养管理及气候条件的影响,病程长短不定,可能转为亚急性或慢性。

亚急性和慢性型：多由前者转来，不自觉的咳嗽或间歇性咳嗽，生长迟缓，异常呼吸，经过几日乃至1周，或治愈或症状进一步恶化。在慢性猪群中常存在隐性感染的猪,一旦有其他病原体经呼吸道感染，可使症状加重。

最初暴发本病时,可见到流产,个别猪可发生关节炎、心内膜炎和不同部位的脓肿。

四、病理变化

最急性型：主要变化是纤维素性肺炎和胸膜炎，可见患猪流血色鼻液,气管和支气管充满泡沫样血色粘液性分泌物。肺炎病变多发于肺的前下部,而在肺的后上部,特别是靠近肺门的主支气管周围，常出现周界清晰的出血性实变区或坏死区（图16-2）。其早期病变颇似内毒素休克病变，表现为肺泡与间质水肿，淋巴管扩张，肺充血、出血和血管内有纤维素性血栓形成（图16-3）。

急性型：肺炎多为两侧性,常发生于尖叶、心叶和膈叶的一部分，病灶区呈紫红色，坚实，轮廓清晰，间质积留血色胶样液体，纤维素性胸膜炎明显（图16-4、5、6）。

亚急性型：肺脏可能发现大的干酪样病灶或含有坏死碎屑的空洞。由于继发其他细菌感染,致使肺炎病灶转变为脓肿（图16-7），后者常与肋胸膜发生纤维性粘连（图16-8）。

慢性型：常于膈叶见到大小不等的结节,其周围有较厚的结缔组织环绕。

五、诊断

本病发生突然与传播迅速,伴发高热和严重呼吸困难,死亡率高。死后剖检见肺脏和胸膜有特征性的纤维素性坏死性和出血性肺炎、纤维素性胸膜炎，以此可作出初步诊断。确诊需进行细菌学检查和血清学检查。

六、防治

（一）预防原则

搞好猪舍的日常环境卫生,加强饲养管理,减少各种应激因素，创造良好的环境。无病场引猪时要进行检疫，感染猪场可用血清学方法检测淘汰阳性猪,或结合药物防治控制本病。使用土霉素制剂混饲料0.6克／千克，连用3日，可预防继发新病感染。

（二）免疫防治

目前已研制出猪传染性胸膜肺炎油佐剂灭活疫苗，应用同血清型菌株制备的疫苗免疫2～3日龄仔猪，可获得良好效果。

（三）治疗

泰乐菌素、氨苄青霉素、和增效磺胺甲基异恶唑可作首选药物。治疗剂量宜大一些。首次治疗必须采用注射方法，应用特效米先治疗病猪,效果较好。每头0.1毫升／千克体重,深部肌肉注射。

17 猪传染性萎缩性鼻炎
Porcine Transmissible Atrophic Rrhinitis

猪传染性萎缩性鼻炎是一种由支气管败血波氏杆菌（简称Bb）和产毒素多杀性巴氏杆菌（简称Pm）引起的猪的一种慢性呼吸道传染病。该病是以猪鼻炎、鼻甲骨萎缩，鼻部变形及生长迟滞为主要特征。

一、病原

产毒素多杀性巴氏杆菌是本病的主要病原，可诱发典型的猪萎缩性鼻炎，本菌有三个菌相。病原体主要是I相支气管败血波氏杆菌，支气管败血波氏杆菌为球杆菌或小杆菌，呈两极染色，革兰氏染色阴性，有的有荚膜，有鞭毛，无芽孢，大小为0.2～0.3微米×1.0微米，散在或成对排列，偶呈短链。鲜血琼脂上产生β溶血。本菌的抵抗力不强，一般消毒药物可将其杀死。

根据特异性荚膜抗原，可将多杀巴氏杆菌分为A、B、D、

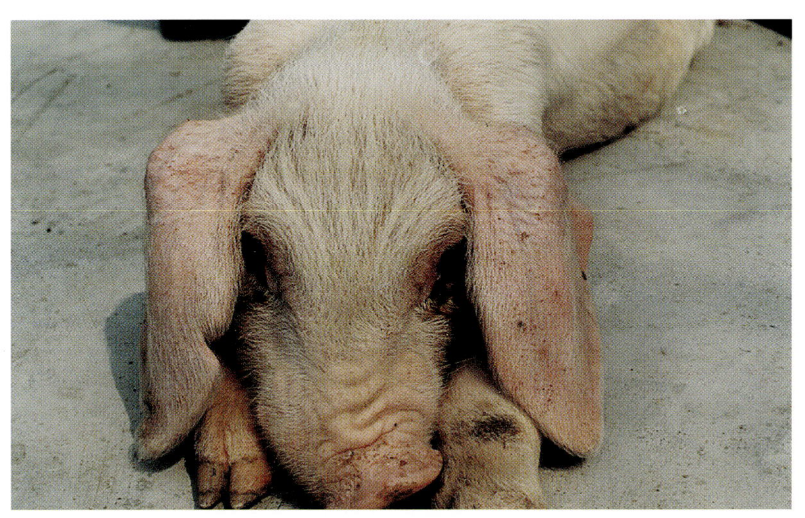

图17-1 猪传染性萎缩性鼻炎 病猪鼻梁弯曲

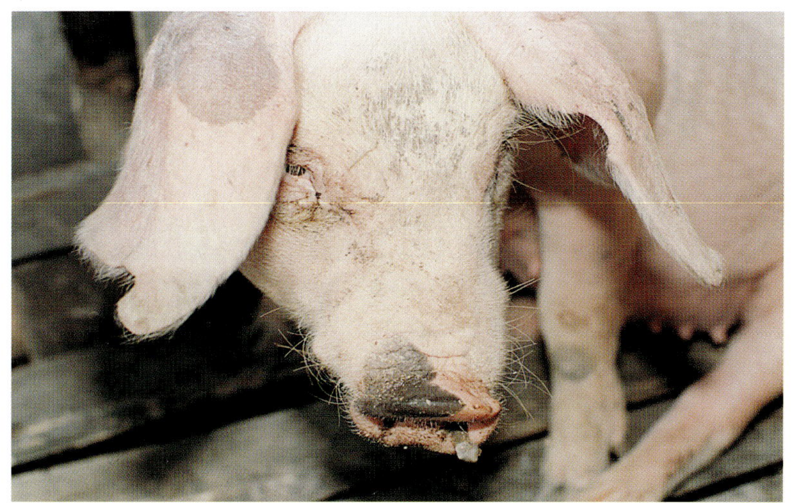

图17-2 猪传染性萎缩性鼻炎 病猪鼻梁弯曲，流出鼻涕

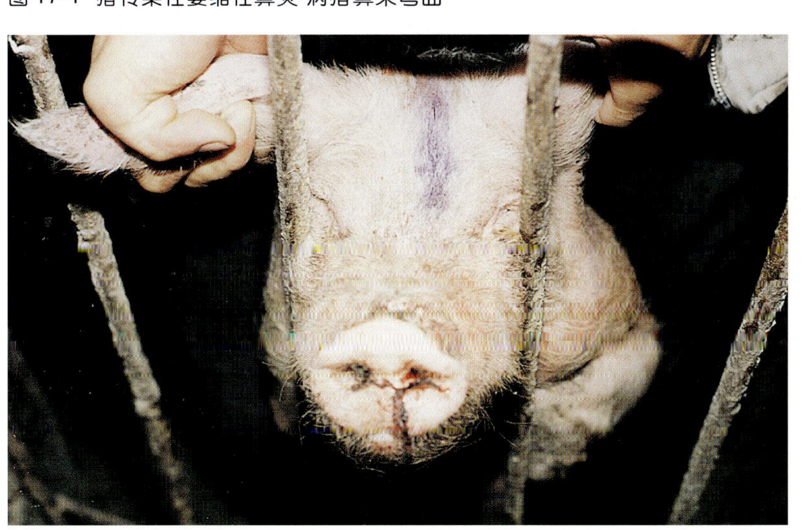

图17-3 猪传染性萎缩性鼻炎 病猪鼻梁弯曲，流出鼻血

图17-4 猪传染性萎缩性鼻炎 病猪鼻梁弯曲形脸部“上撅”

E四个血清群，诱发猪传染性萎缩性鼻炎的多杀性巴氏杆菌，绝大多数属于D型，而且毒力较强；少数属于A型。

二、流行病学

1.易感性：任何年龄的猪都有易感性，但以幼猪易感性最大。

2.传染源：病猪和带菌猪是本病的传染源，鼠类可能成为本病的自然宿主。

3.传播途径：主要经飞沫传播，病猪、带菌猪通过接触经呼吸道将病传给仔猪。

4.流行特点：本病在猪群内传播比较缓慢，多为散发或地方流行性。不同年龄的猪都有易感性，但只有生后几天至几周的仔猪感染后才能发生鼻甲骨萎缩。较大的猪可能只发生卡他性鼻炎，咽炎和轻度的鼻甲骨萎缩。成猪感染后看不到症状而成为带菌者。

三、临床症状与病理变化

该病是以鼻炎猪鼻甲骨萎缩，鼻部变形（图17-1）为主要特征。感染猪打喷嚏、流鼻涕，同时有浆液性、脓性分泌物流出（图17-2）。打喷嚏可损伤鼻粘膜的血管，流出鼻血（图17-3），鼻甲骨在发病后3～4周后开始萎缩，鼻腔阻塞，呼吸困难、急促，可能有明显的脸变形。上腭、上颌骨变短以致出现脸部“上撅”（图17-4）。鼻背上皮肤和皮下组织形成皱褶。有时可见嘴向一侧偏斜的症状。由于鼻泪管阻塞，流出的眼泪与灰尘粘在一起，在猪内眼角下皮肤上形成月芽形放射状条纹，称为泪斑（图17-5）。但只有生后几天至几周的仔猪感染后才能发生鼻甲骨萎缩（图17-6）。

四、诊断

由临床症状、病理变化和微生物学，方法检查，可作出正确的诊断。有条件者，可用X射线作早期诊断。用鼻腔镜检也是一种辅助性诊断方法。应注意与传染性坏死性鼻炎、骨软病、猪传染性鼻炎、猪细胞巨化病毒感染等相鉴别。

五、防治

（一）预防原则

以含药添加剂饲喂，同时改善环境卫生，消除应激因素，猪舍每周消毒2次。引进猪时作好检疫、隔离，淘汰阳性猪。

（二）免疫防治

常发区，可应用猪萎鼻油佐剂二联灭活菌苗，妊娠母猪应产前25～49日1次颈部皮下注射2毫升，仔猪于4及8周龄各注射0.5毫升，在注苗前7天投预防量，泰浓40每吨饲料1千克，磺胺二甲嘧啶110～150克/吨饲料。

（三）治疗

可选用青霉素、链霉素、氨苄青霉素、磺胺嘧啶钠等药物。

阳性母猪在产前2周开始给含有0.02%泰灭净的饲料，至仔猪28日龄离乳为止。仔猪出生后连续两天肌注20%泰灭净注射液，剂量为0.5毫升／千克，每日1次，18日龄起连续肌注3日，剂量为0.4毫升／千克。从28日龄离乳之日起，仔猪连续8周（56日）喂饲含0.02%泰灭净的饲料。

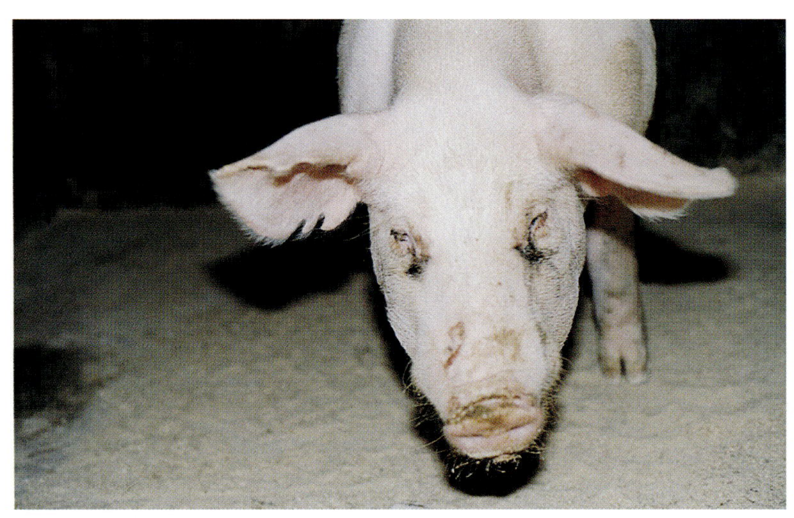

图17-5 猪传染性萎缩性鼻炎 临床症状鼻梁弯曲，眼角的泪斑

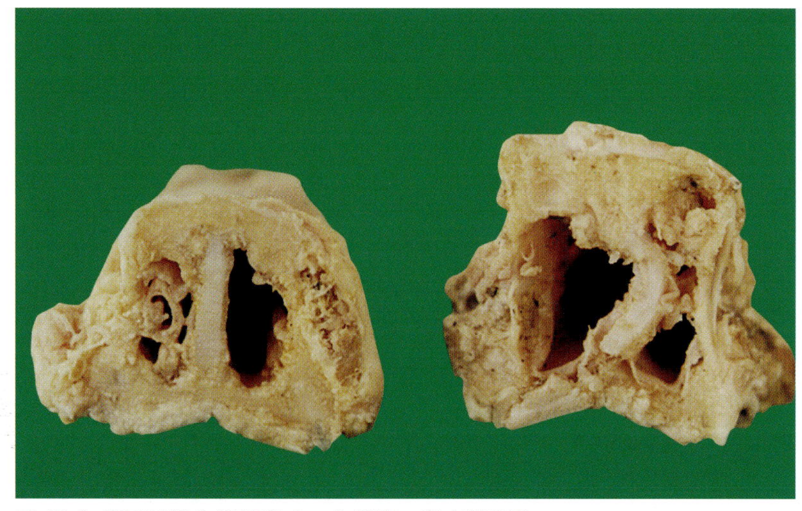

图17-6 鼻甲骨消失鼻腔变成一个鼻道，鼻中隔弯曲

18 猪肺疫

Swine Pasteurellosis

猪肺疫（猪巴氏杆菌病）是由多杀性巴氏杆菌引起。病的特征是最急性型呈败血症变化，咽喉部急性肿胀，高度呼吸困难。急性型呈纤维素性胸膜肺炎症状,均由Fg（相当于A型）引起；慢性型症状不明显，逐渐消瘦，有时伴发关节炎，多由Fo型（相当于D型）引起。

一、病原

多杀性巴氏杆菌（Pasteurella multocida）为两端钝圆，中央微凸的短杆菌，单个存在，无鞭毛，无芽孢，产毒株则有明显的荚膜。革兰氏阴性菌用美兰或瑞氏染色呈明显的两极着色性，但陈旧的培养物或多次继代的培养物两极着色不明显。

图 18-1 猪肺疫 临床症状 病猪呼吸极度困难，呈犬坐姿势

图 18-2 肺膈叶不同阶段的纤维素性炎症，呈大理石样外观

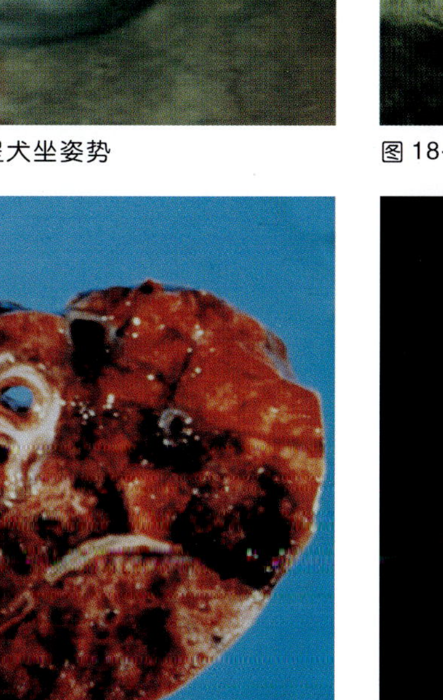

图 18-3 猪肺疫 肺疫切面示肺充血水肿期和红色肝变期

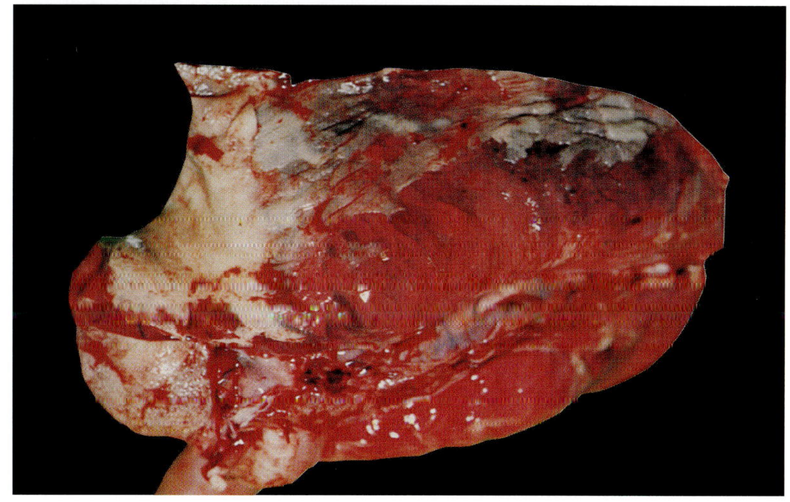

图 18-4 猪肺疫 病理变化 肺的纤维素性炎表层附有纤维素伪膜

多杀性巴氏杆菌分为16个血清型。各型之间不能交互保护。

本菌的抵抗力很低，在自然界中生长的时间不长，浅层的土壤中可存活7～8日，粪便中可存活14日。一般消毒药在数分钟内均可将其杀死。

二、流行病学

1.易感性：多种动物和人均有致病性，以猪、牛、兔、鸡、鸭、火鸡最为易感；绵羊、山羊、鹿和鹅次之；马偶可发生。

2.传染源：病禽（畜）和带菌畜禽是主要传染源。健康畜禽的带菌现象非常普遍

3.传播途径：经消化道和呼吸道传染。

4.流行特点：本病一般为散发，有时可呈地方流行性。一般无明显的季节性，但以冷热交替、气候剧变、闷热、潮湿、多雨时期发生较多；一些诱发因素如营养不良、寄生虫、长途运输、饲养管理条件不良等可促进本病发生。

三、临床症状与病理变化

潜伏期1～3日，有时5～12日。

最急性型：常突然发病，迅速死亡。颈下咽喉红肿，呼吸极度困难，伸长头颈呼吸，口鼻流出泡沫，可视粘膜发绀，腹侧、耳根和四肢内侧皮肤出现红斑，很快窒息死亡。

急性型：其特征表现为呼吸系统症状。呼吸极度困难，呈犬坐姿势(图18-1)病情严重后，皮肤有紫斑或小出血点。肌体消瘦无力，卧地不起，多窒息而死。剖检呈急性咽峡炎。咽喉

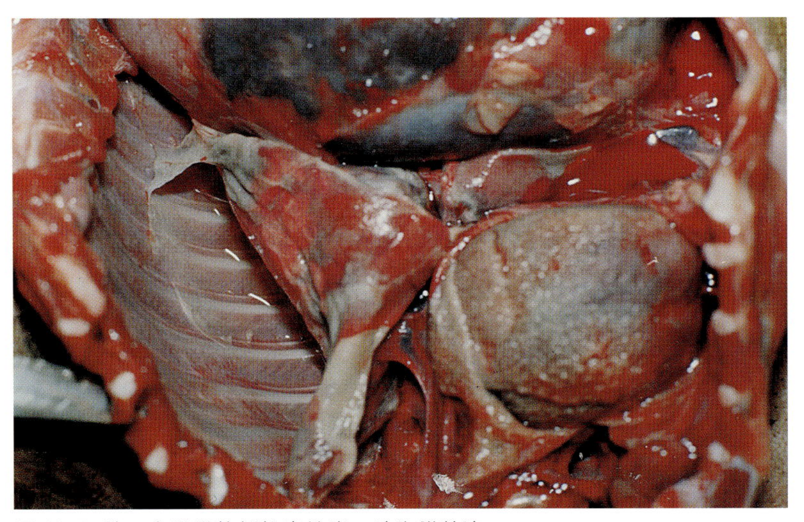

图18-5 肺、心外膜的纤维素性炎，肋胸膜粘连

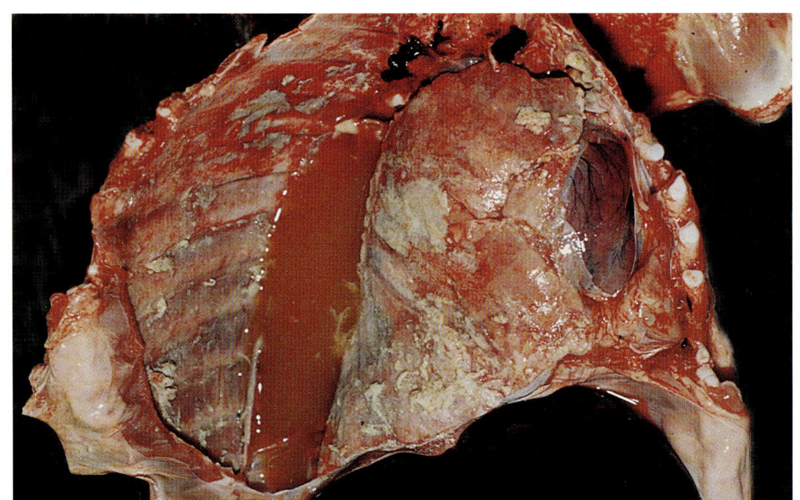

图18-6 肺的纤维素性坏死性炎，胸腔内的黄红色浑浊液体

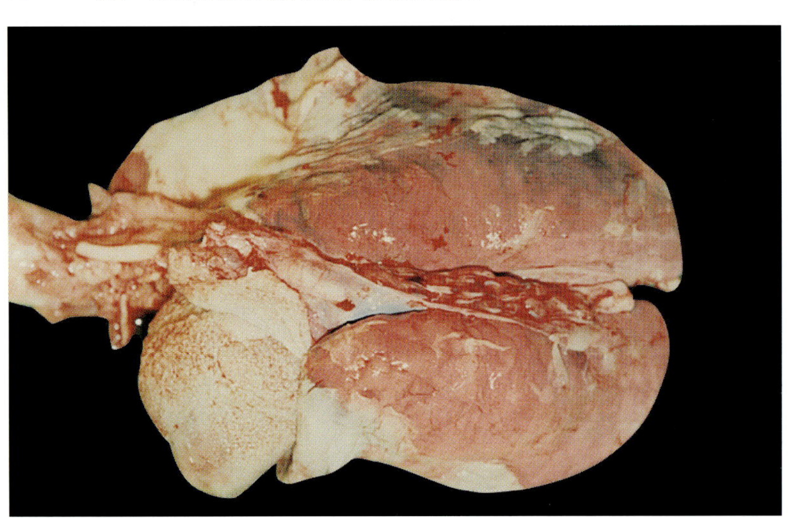

图18-7 猪肺疫 病理变化 心包的纤维素性炎与肺的纤维素性炎

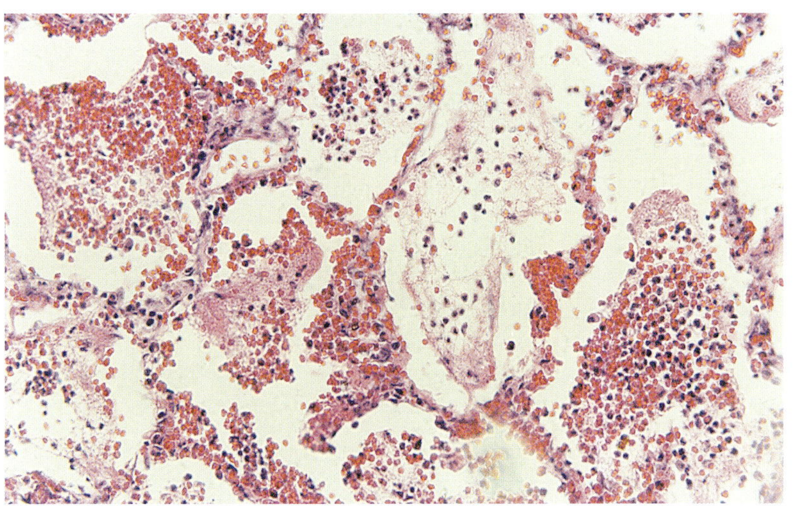

图18-8 猪肺疫 组织学 肺炎充血水期和红色肝变期 肺泡毛细血管扩张充血，肺泡腔内多量红细胞与少量中性粒细胞以及纤维素和渗出液 HE×20

粘膜下组织呈急性出血性炎 性水肿，颌下、咽后及颈部淋巴结呈急性淋巴结炎变化；全身浆膜和粘膜往往见有点状出血。胸、腹腔和心包腔内液体量增多，见有纤维蛋白渗出。肺多数表现瘀血、水肿,肺组织内存有散在局灶性红色肝变病灶。

散发性猪肺疫：胸腔病变特别显著，表现不同发展阶段的纤维素性胸膜肺炎变化（图18-2)，病灶部周围组织一般均表现炎性充血、水肿或气肿（图18-3),呈大理石样外观。胸膜和心外膜也往往同时发生纤维素性炎（图18-4)。表现胸膜粗糙，附有数量不等的纤维蛋白，常发生肺、肋胸膜粘连（图18-5)。胸腔内常积有多量黄色浑浊的液体（图18-6)。心包多发纤维素性炎俗称绒毛心（图18-7)。组织学为纤维素性肺炎（图18-8)。

四、诊断

据本病的多发季节，发病以中、小猪较多，高热，咽喉部红肿，呼吸困难，剖检见败血症变化或纤维素性肺炎变化，可诊断为猪肺疫；确诊时要作细菌学检查：无菌采取水肿液、胸(腹)腔液、心血、肝、脾、淋巴结等组织，病料涂片，以碱性美蓝染色法或瑞氏法染色，也可用革兰氏染色法。镜检如见有卵圆形短杆菌、两极呈明显浓染、革兰阴性小球杆菌时，即可初步判定为巴氏杆菌病。

五、防治

加强饲养管理，定期消毒，消除应激因素。新引进猪要隔离观察1个月后再合群并圈。选择与当地常见血清型相同的菌株制成的疫苗进行免疫。按疫苗使用说明书注射。

一般春秋两季，定期接种疫苗。仔猪在45～60日龄首免，90日龄左右再免1次。接种疫苗前几天和后7天内，禁用抗生药物。

临床发病时，早期用高免血清治疗，效果较好。青霉素、阿莫西林、氨苄青霉素、链霉素、四环素等药物有一定的疗效。高免血清抗生素联用，疗效更佳。

19 猪大肠杆菌病
Swine Colibacllosis

猪大肠杆菌病由于猪的生长期和病原菌血清型的差异,引起的疾病可分为以下三种。

一、仔猪黄痢

仔猪黄痢是出生后几小时到1周龄仔猪的一种急性 高度致死性肠道传染病,以剧烈腹泻、排出黄色或黄白色水样粪便

图 19-1 仔猪黄痢 临床症状 发病仔猪全身衰弱脱水

图 19-2 仔猪黄痢 临床症状 粪便呈黄色粥状

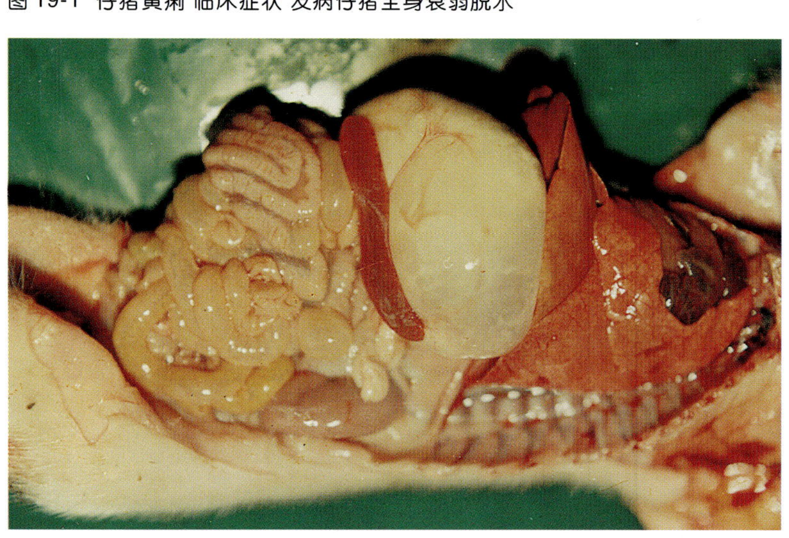

图 19-3 仔猪黄痢 病理变化 胃内积有凝固不良的乳块,肠管内充有多量黄色液体

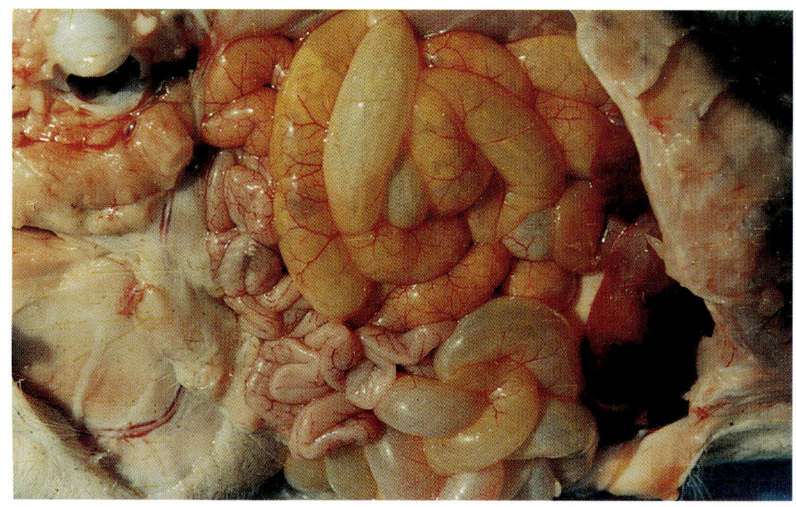

图 19-4 仔猪黄痢 病理变化 肠管扩张血管充血，内有黄色液体

以及迅速脱水死亡为特征 。传染源是带菌母猪。经消化道感染,带菌母猪由粪便排出病原菌，污染母猪的乳头和皮肤。仔猪吮乳或舐母猪皮肤时感染。仔猪出生时体况正常，于12小时后，一窝仔猪中突然有一二头表现全身衰弱（图19-1），以后其他仔猪相继发生腹泻，粪便呈黄色浆状（图19-2），含有凝乳小片。根据5日龄以内的初生仔猪大批发病，泄泻黄色稀粪，就可作出初步诊断。剖检为急性卡他性出血性胃肠炎的变化（图19-3、图19-4、图19-5）。

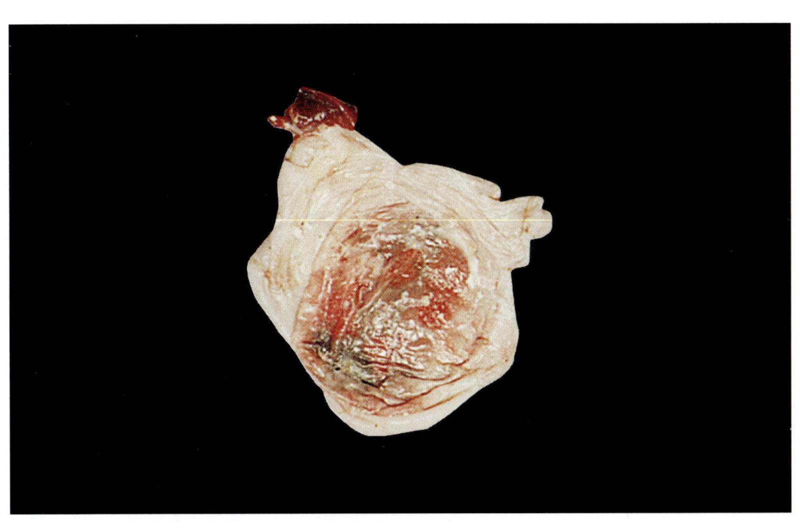

图19-5 仔猪黄痢 病理变化 胃底部潮红充血

图19- 6 仔猪白痢 临床症状 病猪的白色稀粪

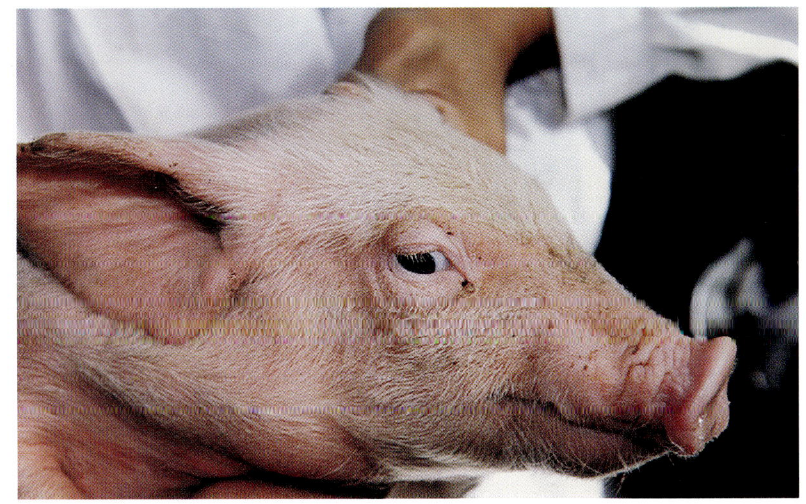

图19-7 猪水肿病 临床症状 眼睑水肿

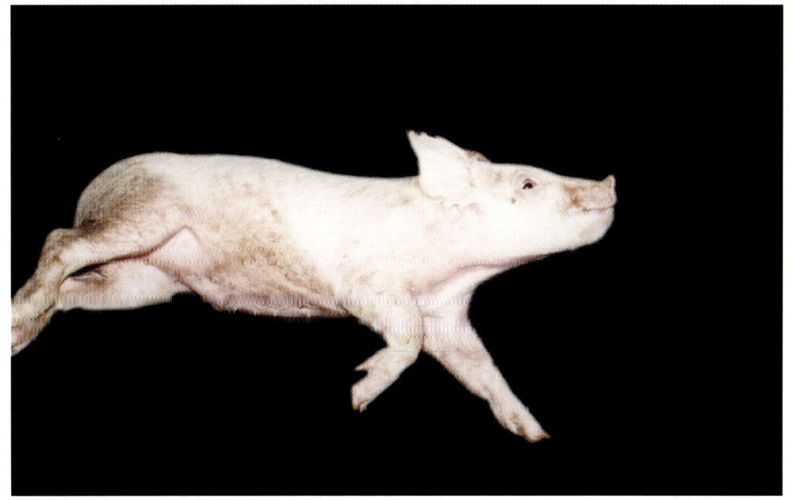

图19-8 猪水肿病 临床症状 病猪神精症状惊厥和麻痹

二、仔猪白痢

仔猪白痢是10～30日龄仔猪多发的一种急性肠道传染病，病猪突然发生腹泻，排出浆状、糊状的粪便，灰白或黄白色(图19-6)，具腥臭，体温和食欲无明显改变。病猪逐渐消瘦，发育迟缓，拱背，行动迟缓，皮毛粗糙无光、不洁，病程3～7日多数能自行康复。

图19-9 猪水肿病 病理变化尸体营养良好

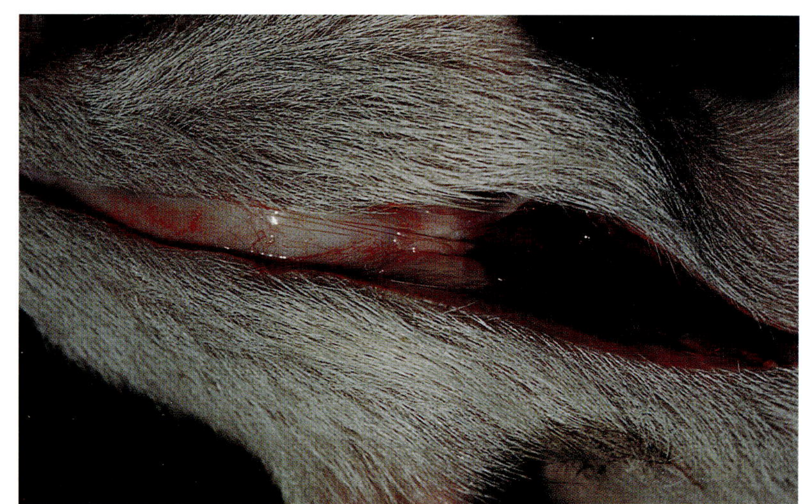

图19-10 猪水肿病 病理变化头顶部皮下炎性水肿

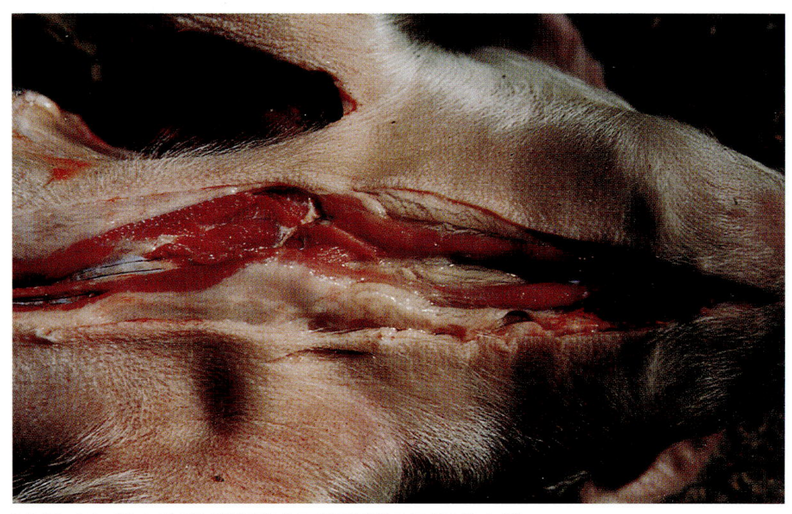

图19-11 猪水肿病 病理变化下颌间部皮下炎性水肿

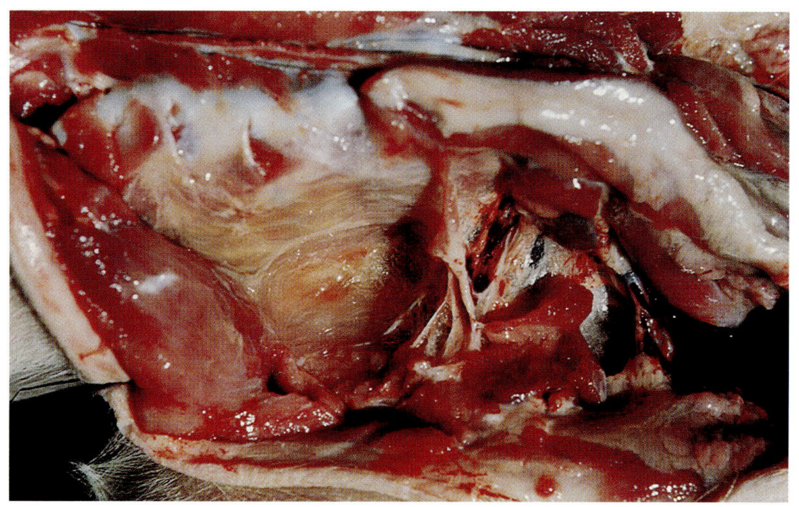

图19-12 猪水肿病 病理变化颈部与前肢皮下炎性水肿，呈黄色胶冻样侵润皮下组织

三、猪水肿病

猪水肿病是断奶后不久仔猪多发的一种急性肠毒血症。体格健壮、生长快的仔猪最为常见。本病的特殊症状是脸部、眼睑水肿(图19-7)，以突然发病，头部水肿，共济失调，惊厥和麻痹（图19-8），剖检为溶血性大肠杆菌急性肠内毒性中毒性休克病变，尸体营养良好（图19-9），头颈部皮下炎性水肿（图19-10、图19-11、图19-12）淋巴结急性浆液性出血性炎性肿胀（图19-13），腹腔（图19-14）有腹膜炎，肠所属淋巴结肿胀（图19-15），急性卡他性出血性胃肠炎（图19-16、图19-17）胃壁（图19-18）和结肠系膜显著炎性水肿（图19-19）

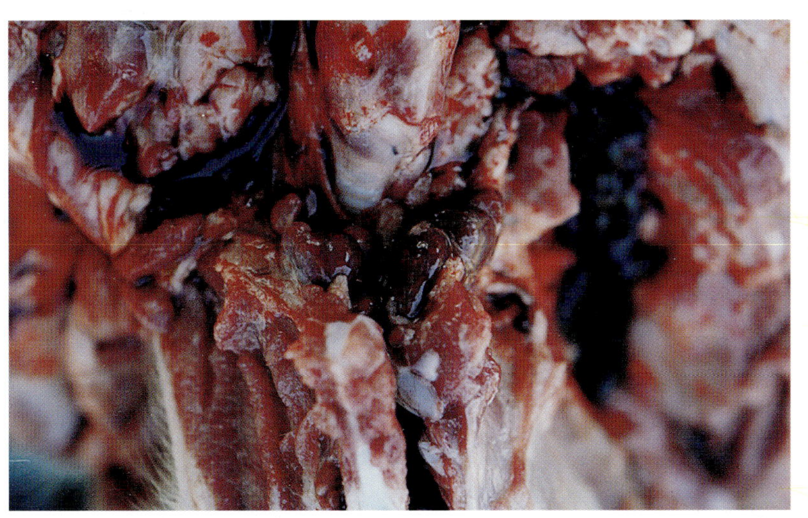
图19-13 猪水肿病 病理变化纵膈前淋巴结急性浆液性出血性炎性肿胀

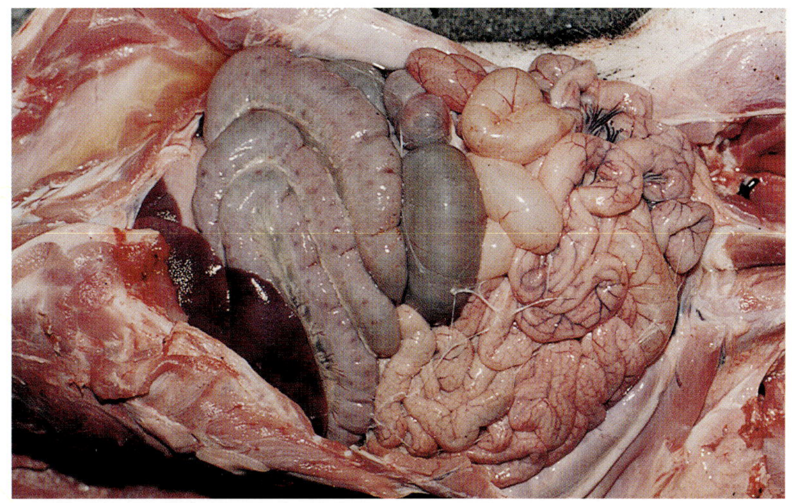
图19-14 猪水肿病 病理变化腹腔剖开后，见有几束纤维蛋白，结肠散在多量红色斑点，小肠血管充血

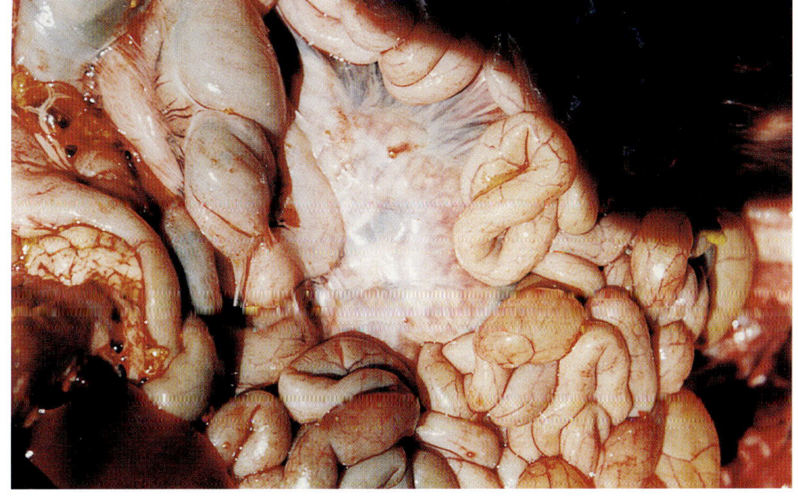
图19-15 猪水肿病 病理变化小肠系膜淋巴结急性肿胀，被膜血管充血，小肠卡他急性炎性，浆膜血管充血，肠内容物淡黄色米汤样

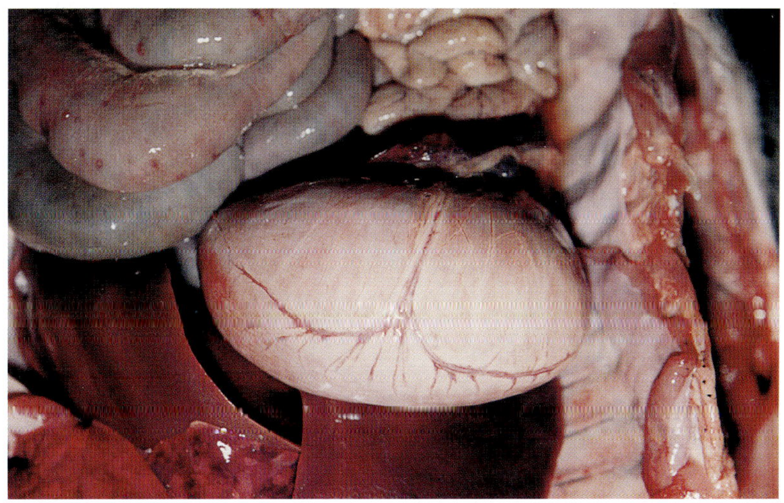
图19-16 猪水肿病 病理变化胃外观肿胀，浆膜血管炎性充血

为特征。肺呈休克肺病变（图 19-20、图 19-21），心肌变性与出血（图 19-22），肝与肾瘀血和营养不良（图 19-23、图 19-24）本病发病率不高，病死率很高（90%以上）。组织学肾有DIC（图 19-25），出现神经症状的有非化脓性脑炎变化（图 19-26、图 19-27、图 19-28）。

图 19-17 猪水肿病 病理变化 胃粘膜弥漫性炎性充血，胃急性卡他性炎

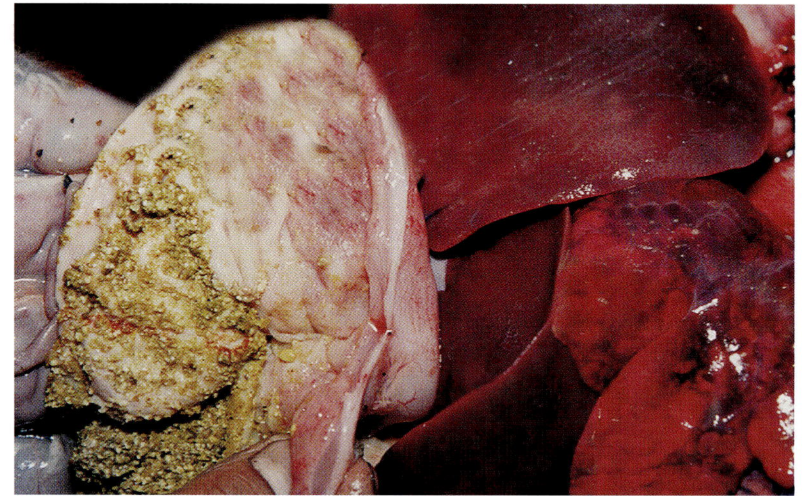
图 19-18 猪水肿病 病理变化 胃壁水肿

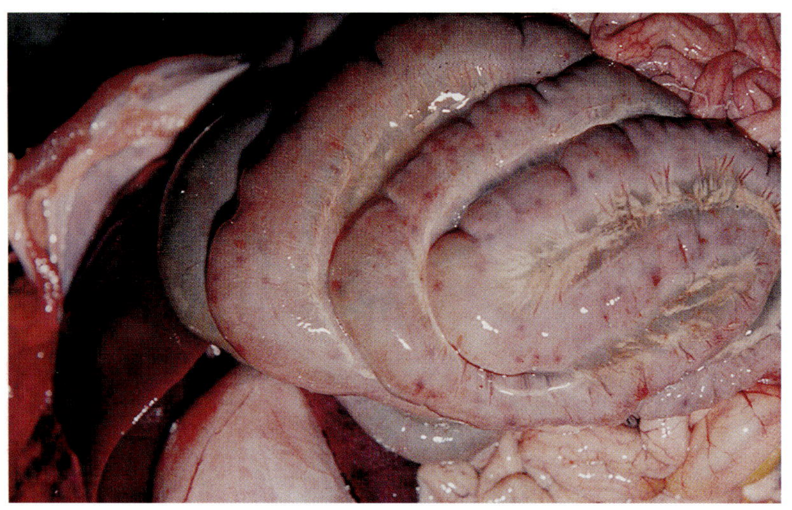
图 19-19 猪水肿病 病理变化 结肠系膜显著水肿大肠，急性卡他性出血性炎

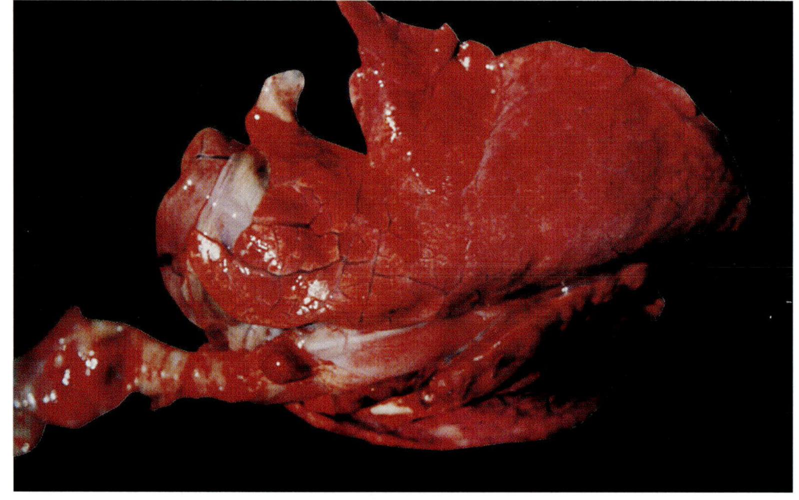
图 19-20 猪水肿病 病理变化 肺呈休克肺病变肺瘀血水肿，小叶间增宽

四、诊断与防治

根据发病猪的日龄，特征的临床症状及病理变化，一般可作出诊断。确诊须由小肠内容物分离病原性大肠杆菌，鉴定其血清型。改善母畜的饲料质量和搭配，临产母畜进产房时淋浴消毒。接产时用0.1%高锰酸钾擦拭 乳头和乳房，并挤掉每个乳头中的乳汁少许。应使新生动物尽早吃上初乳。应用疫苗进

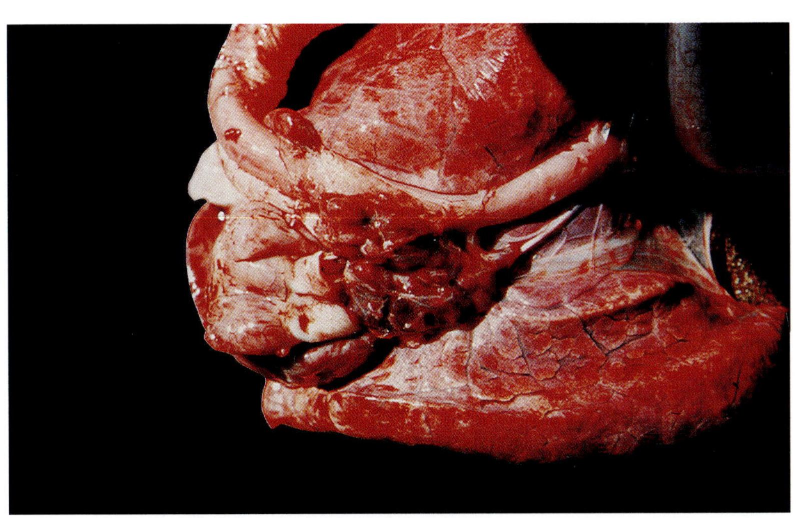

图19-21 猪水肿病 病理变化 肺门淋巴肿大充血

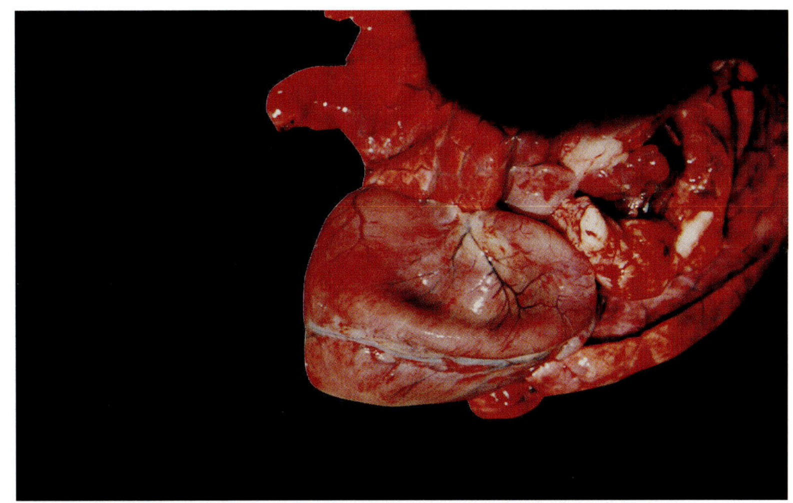

图19-22 猪水肿病 病理变化 心肌变性与条纹状出血，右心室扩张

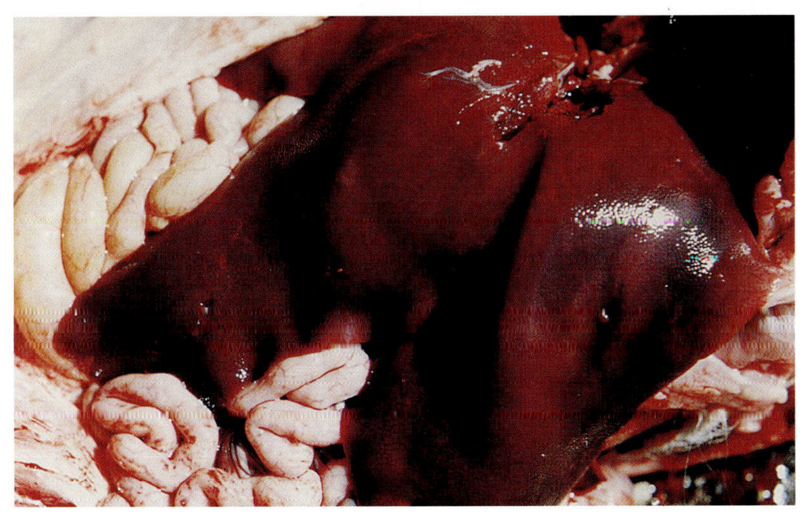

图19-23 猪水肿病 病理变化 肝瘀血与小肠浆膜散在出血点

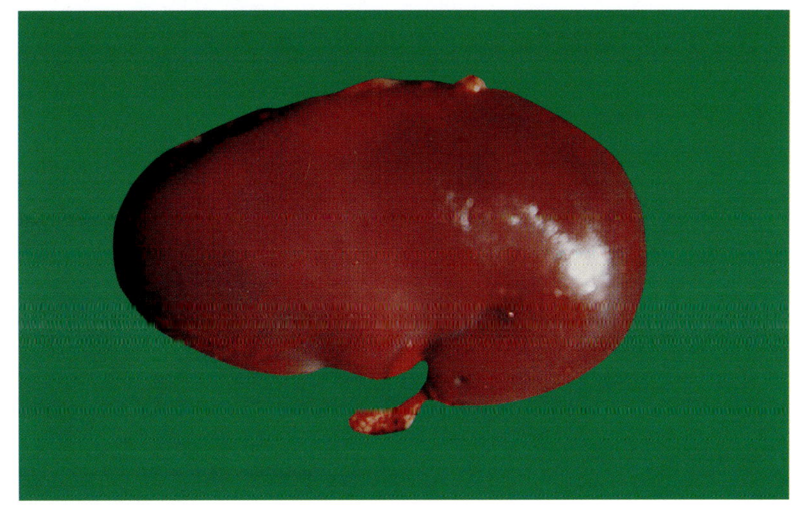

图19-24 猪水肿病 病理变化 肾瘀血营养不良

行预防。大肠杆菌双价基因工程等菌苗，动物微生态制剂如止痢宁、调痢生、抗痢宝及非致病性大肠杆菌（如NY-10菌株、SY-30菌株等）制剂等在吃奶前投服，都有较好的预防效果。治疗时，应全窝给药，最好两种药物同时应用。有条件的作药敏实验，选用敏感药物。常用药有阿莫西林、氟派酸、恩诺沙星、土霉素、新霉素、磺胺类药物等。

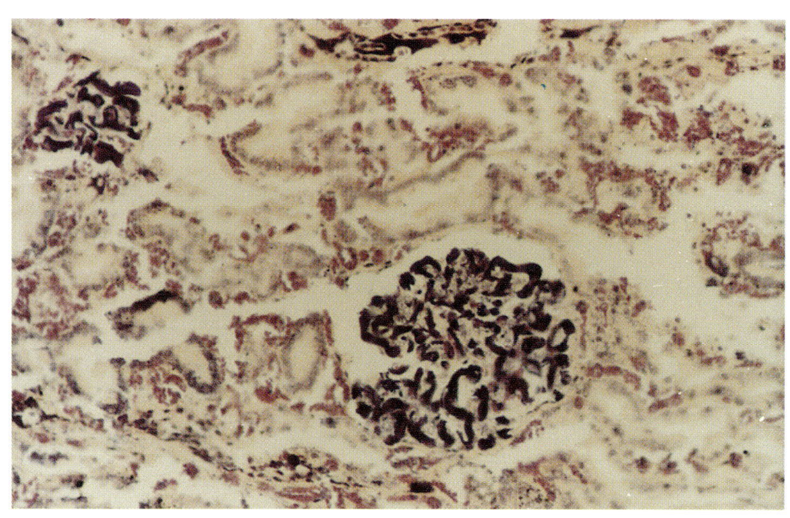

图19-25 猪水肿病 组织学 肾DIC PTAH × 40

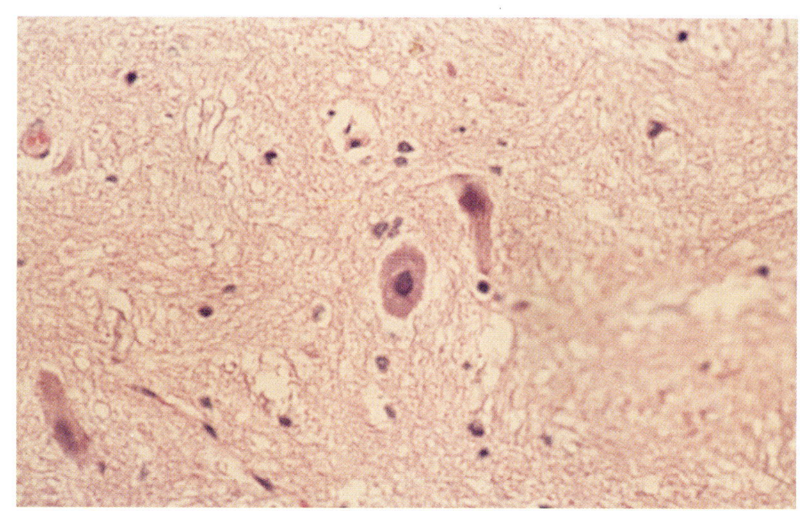

图19-26 猪水肿病 组织学 脑水肿，脑神经细胞固缩 HE × 40

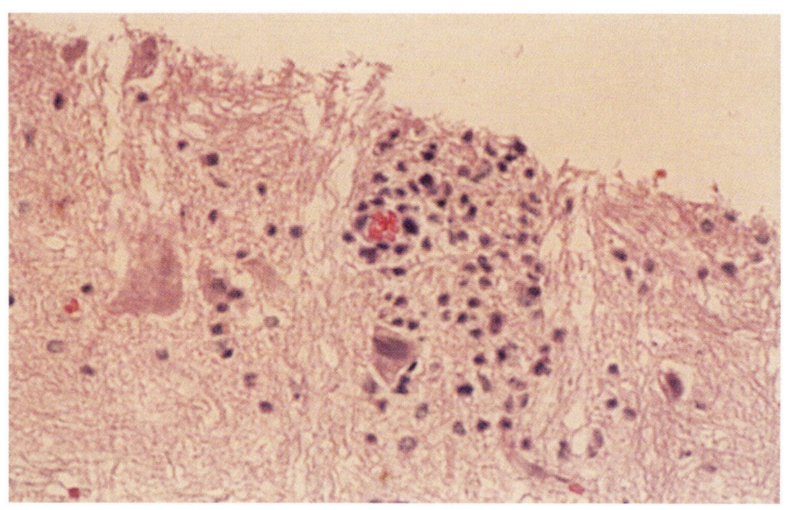

图19-27 猪水肿病 组织学 脑膜血管充血，周围有炎性细胞浸润，神经细胞固缩 HE × 40

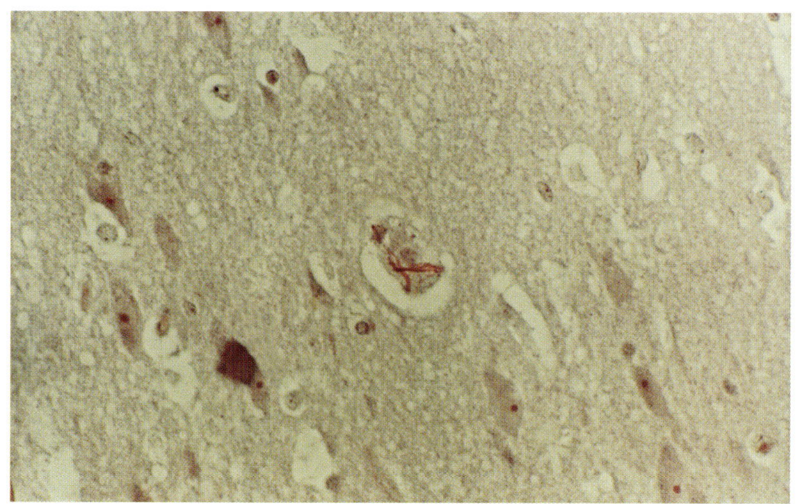

图19-28 猪水肿病 组织学 脑 DIC PTAH × 40

20 猪副伤寒
Paratyphus Swine

猪副伤寒即猪沙门氏菌病，是由沙门氏菌属细菌引起仔猪的一种传染病。急性型表现为败血症，亚急性和慢性型以顽固性腹泻和回肠及大肠发生固膜性肠炎为特征。

一、病原

本菌对干燥、腐败、日光等因素具有一定的抵抗力，在外界环境中可生存数周或数月。在60℃经1小时，70℃经20分

图20-1 猪副伤寒 急性型 临床症状病猪消瘦、耳部皮肤发绀

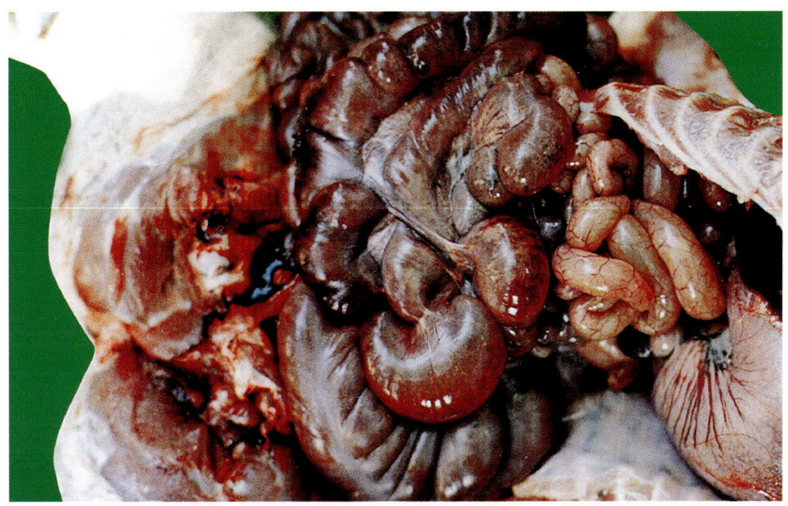

图20-2 猪副伤寒 急性型 病理变化结肠盲结肠内有多量暗红色液体，急性卡他性出血性肠炎

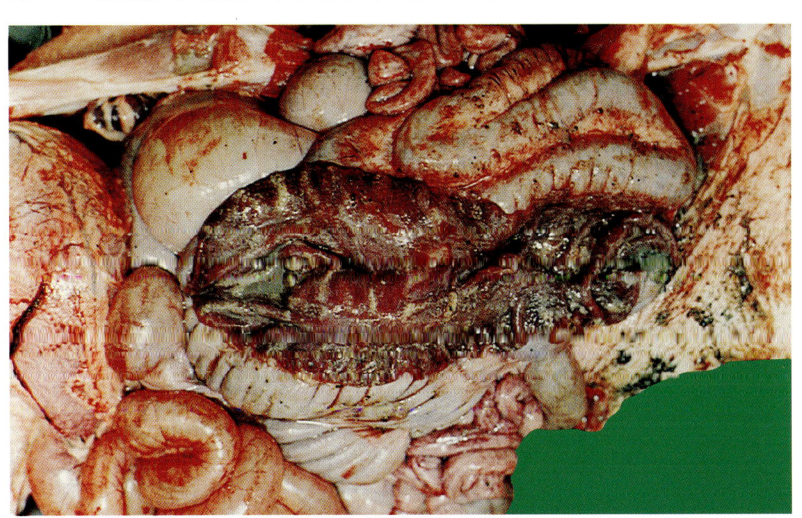

图20-3 猪副伤寒 急性型 病理变化结肠全段急性卡他性出血性肠炎，粘膜附着多量纤维蛋白

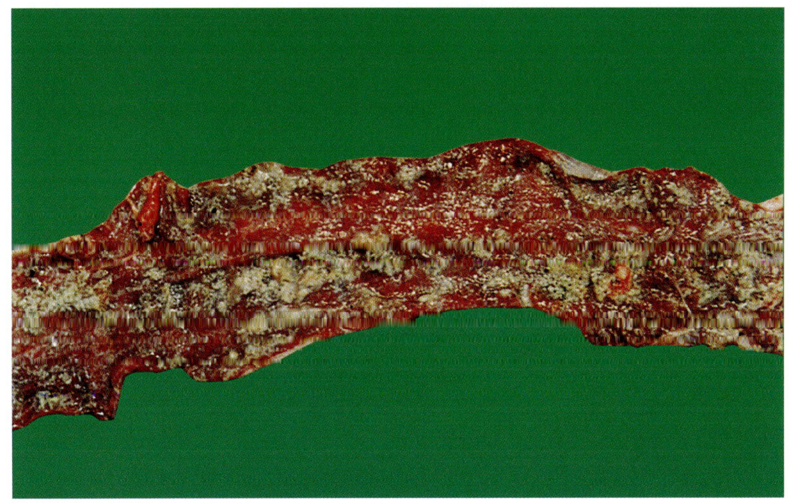

图20-4 猪副伤寒 急性型病理变化结肠急性出血性纤维素性肠炎

钟，75℃经5分钟死亡。对化学消毒剂的抵抗力不强，常用消毒药均能将其杀死。

二、流行病学

1. 易感性： 人、各种畜禽及其他动物对沙门氏菌属中的许多血清型都有易感性，猪多发生于断奶后1-4月龄的仔猪。

2. 传染源： 主要是病畜和带菌者，健康畜禽的带菌现象非常普遍，病菌可潜藏于消化道、淋巴组织和胆囊内。

3. 传播途径： 病菌污染饲料和饮水，经消化道感染健畜。

4. 流行特点： 一年四季均可发生。猪在多雨潮湿季节发病较多。一般呈散发性或地方流行性。

5. 应激因素： 当外界不良因素，使动物抵抗力降低时，病菌可变为活动化而发生内源感染。如环境污染、潮湿、猪舍拥紧、饲料和饮水供应不良、长途运输中气候恶劣、疲劳和饥饿、断奶过早等，均可促进本病的发生。

三、临床症状与病理变化

潜伏期由两天至数周不等。临诊上较多见体温升高（40.5～41.5℃），精神不振，食欲减退，寒战，常堆叠一起，病初便秘后下痢，粪便淡黄色或灰绿色，恶臭。混有血液、坏死组

图 20-5 猪副伤寒 急性型 病理变化回肠后段急性出血性炎

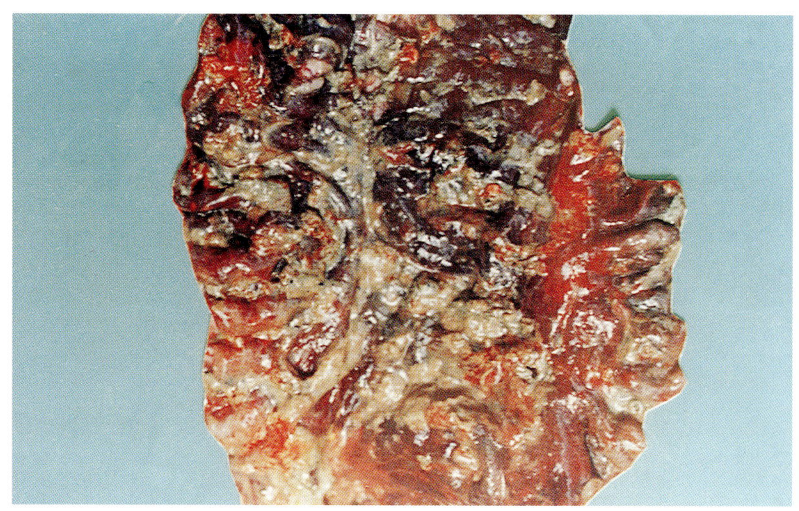

图 20-6 猪副伤寒 亚急性型 病理变化大肠粘膜炎性充血，渗出的纤维蛋白与脱落上皮细胞凝结为糠麸样伪膜

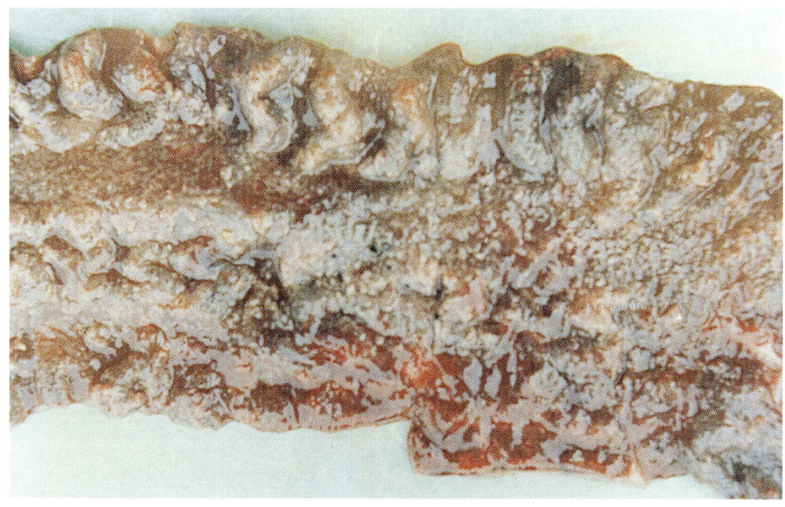

图 20-7 猪副伤寒 亚急性型病理变化大肠粘膜充血已消退，坏死肠粘膜凝结为糠麸样伪膜

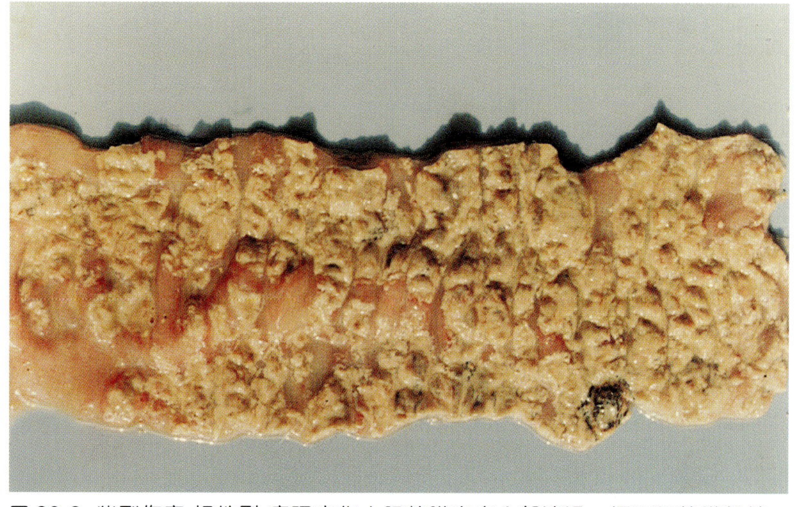

图 20-8 猪副伤寒 慢性型 病理变化大肠粘膜充血全部消退，坏死肠粘膜凝结为糠麸样伪膜

织或纤维絮片，有时排几天干粪后又下痢，可以反复多次。由于下痢、失水、很快消瘦(图20-1)，最后衰竭死亡，病死率25%～50%。

急性型（败血型）：多见于断奶前后的仔猪,临诊表现为体温升高(41～42℃)，精神 不振，食欲废绝。后期间有下痢，呼吸困难，耳根、后躯及腹下部皮肤有紫红色斑点，有时出现症状后24小时内死亡，但多数病程2～4日，病死率很高。

病死猪的头部、耳朵和腹部等处皮肤出现大面积蓝紫斑，各内脏器官具有一般败血症的共同变化，主要变化在消化道，胃粘膜严重瘀血和梗死而呈黑红色和浅表性糜烂。肠道通常有卡他性出血性纤维素性肠炎（图20-2、图20-3、图20-4）。

慢性型（结肠炎型）较多见。病变在后段回肠（图20-5）和各段大肠发生固膜性炎症,病变是坏死肠粘膜凝结为糠麸样的假膜（图20-6、图20-7、图20-8），肠系膜淋巴结，明显增大（图20-9），有时增大几倍；切面呈灰白色脑髓样（图20-10）。扁桃体隐窝内充满黄灰色坏死物（图20-11）。胆囊肿大壁增厚，其粘膜溃疡与坏死（图20-12）。肝肿大有结节性小坏死灶（图20-13）组织学肝出现细胞结节（图20-14）。

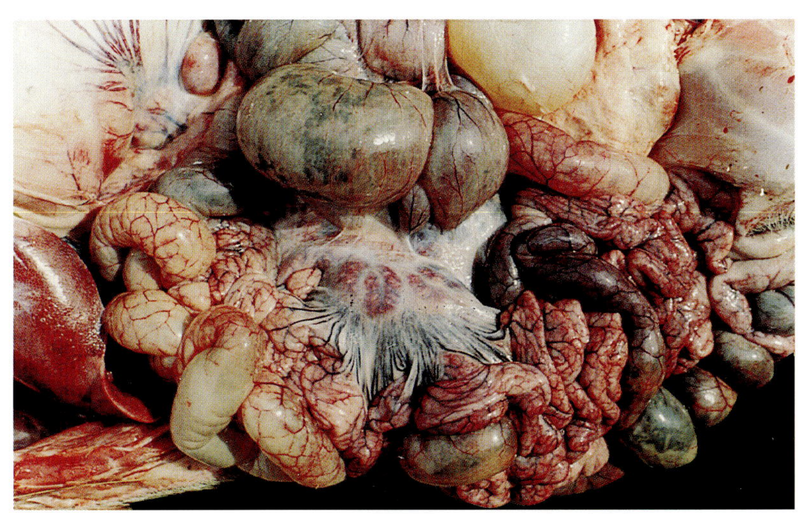

图20-9 猪副伤寒 急性型 图20-5 病理变化 肠系膜淋巴结肿大

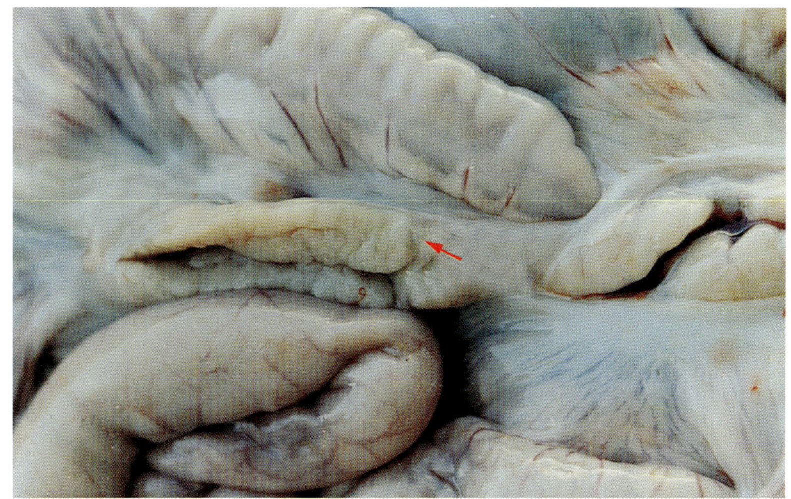

图20-10 猪副伤寒 慢性型 病理变化 肠系膜淋巴结呈索样肿切面灰白色

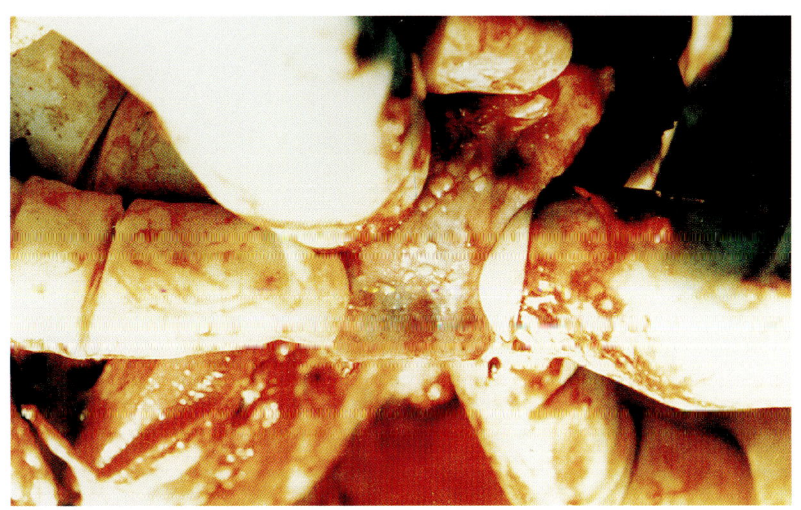

图20-11 猪副伤寒 慢性型 病理变化扁桃体隐窝内充满黄灰色坏死物

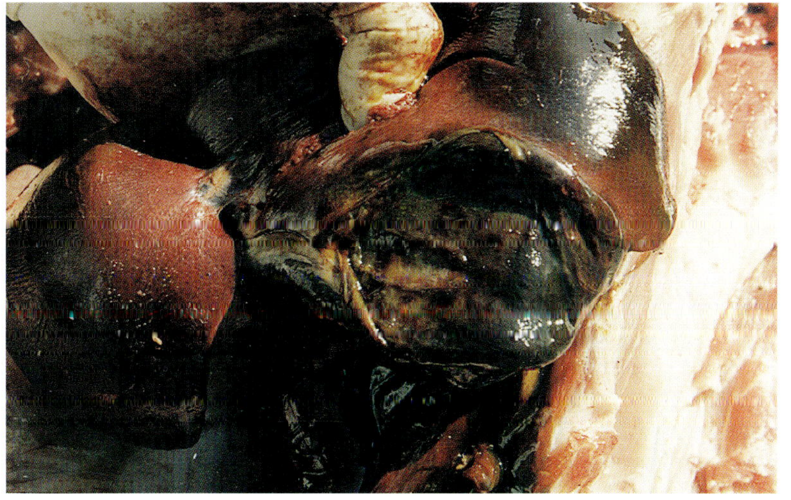

图20-12 猪副伤寒 慢性型 病理变化胆囊肿大壁增厚，其粘膜溃疡与坏死

四、诊断

依据流行病学，临诊症状，病理变化，可作出初步诊断。1～4月龄的仔猪多发，病猪表现慢性下痢，生长发育不良；剖检可见大肠发生弥漫性纤维素性坏死性肠炎变化，肝、脾及淋巴结有小坏死灶或灰白色结节。

五、防治

（一）预防原则

加强饲养管理，消除发病诱因。常发生本病的猪群可考虑注射猪副伤寒菌苗，断奶前15日进行免疫。采用添加抗生素饲料，如土霉素添加剂，有防病和促进仔猪生长发育作用。但要注意抗药菌株的出现。当发现本病时，立即进行隔离、消毒；死病畜应严格执行无害化处理，以防止病菌散播和人的食物中毒。

（二）治疗

治疗应与改善饲养管理同时进行，用药时剂量要足，维持时间宜长。常用抗生素药物有土霉素、氟派酸、卡那霉素、新霉素等。剂量为土霉素每日50～100毫克／千克体重，新霉素每日5～15毫克／千克体重，分2～3次口服，连用3～5日后，剂量减半，继续用药4～7日。

磺胺类疗法：磺胺甲基异恶唑(SMZ)或磺胺嘧啶(SD) 20～40毫克／千克体重，加甲氧苄氨嘧啶（TMP）2～4毫克／千克体重，混合后分2次口服，连用1周。或用复方新诺明(SMZ TMP）70毫克／千克体重，首次加倍，连用3～7日。

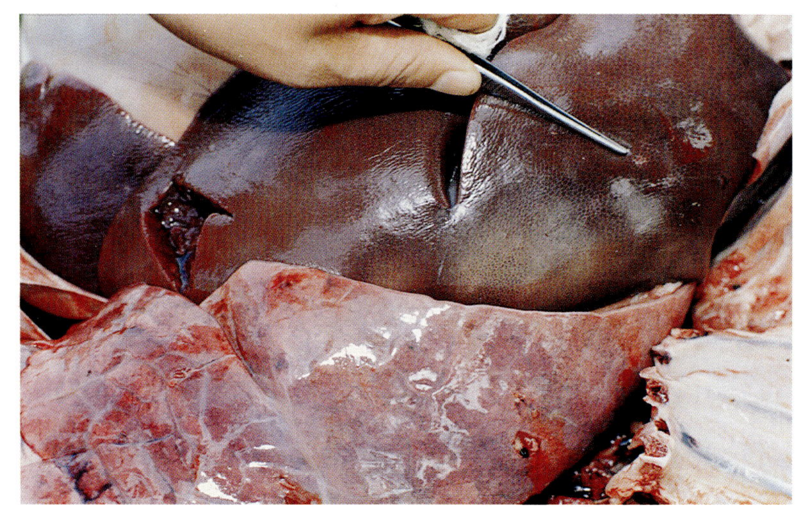

图20-13 猪副伤寒 慢性型 病理变化 肝肿大有几个小坏死灶

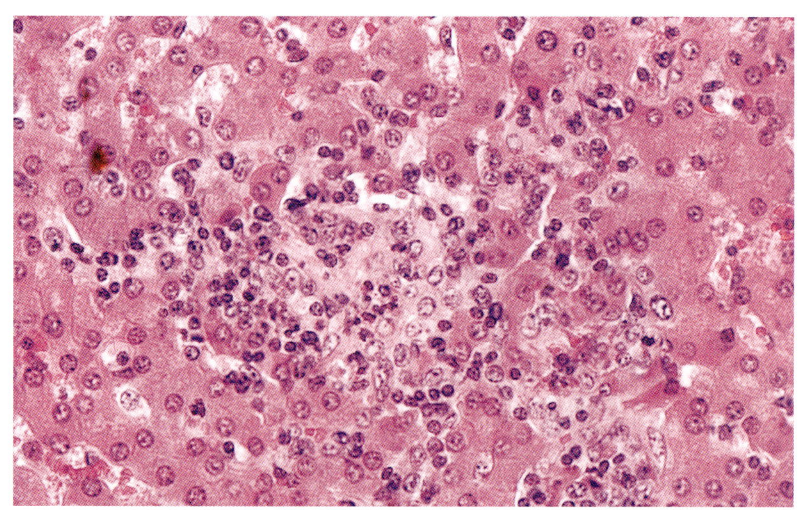

图20-14 猪副伤寒 组织学 肝结节 HE × 20

21 炭疽
Anthrax

炭疽是由炭疽杆菌引起的人和多种动物共患的急性、热性、败血性传染病。病变特点是败血症变化，脾脏显著增大，皮下和浆膜下有出血性胶样浸润，血液凝固不良。

一、病原

炭疽杆菌为芽孢杆菌科，芽孢杆菌属细菌，呈革兰阳性。竹节状无鞭毛(图21-1)，在病体内呈单个或3～5个菌体相连存在，并可形成荚膜(图21-2)，在机体外遇空气时可形成芽孢。炭疽杆菌繁殖体的抵抗力不强，60℃经30～60分钟或75℃5～15分钟即可死亡。一般浓度的常用消毒剂，均可在短时间内将其杀死。但此菌芽孢的抵抗力特别强大，干燥状态下可长期存活。160℃干热灭菌60分钟，121.3℃高压灭菌20分钟可杀死芽孢。土壤被芽孢污染后，可保持传染性二十至三十年。常用的消毒剂有：新配的20%石灰乳或漂白粉,0.1%升汞，0.04%碘液等。本菌繁殖体对青霉素、先锋霉素、四环素、卡那霉素及磺胺类药物敏感。其中青霉素为首选抗生素。

二、流行病学

1.易感性：猪抵抗力较强，但猪感染炭疽可能成为某地区的重要传染源。

2.传染源：主要是病畜。当病畜尸体处理不当，形成芽孢污染土壤、水源、牧地等，可成为长久的疫源地。

3.传播途径：主要经消化道感染，猪由于食入含大量炭疽杆菌或芽孢的饲料、饮水而感染。其次，由于吸血昆虫叮咬通过皮肤感染，也可通过呼吸道感染。

4.流行特点：多发生于炎热的夏季，在吸血昆虫多、雨水多、江河泛滥时容易发生传播。以往多呈地方流行性,现多为散发。

三、临床症状

猪炭疽有下列病型：咽型、肠型、败血型和隐性型。

咽型限于咽和颈部淋巴结。常见的临床症状为颈部水肿(图21-3)和呼吸困难。体温可升达41.7℃，但不稽留。多数猪在水肿出现后24小时内死亡。肠型的可见急性消化紊乱。表

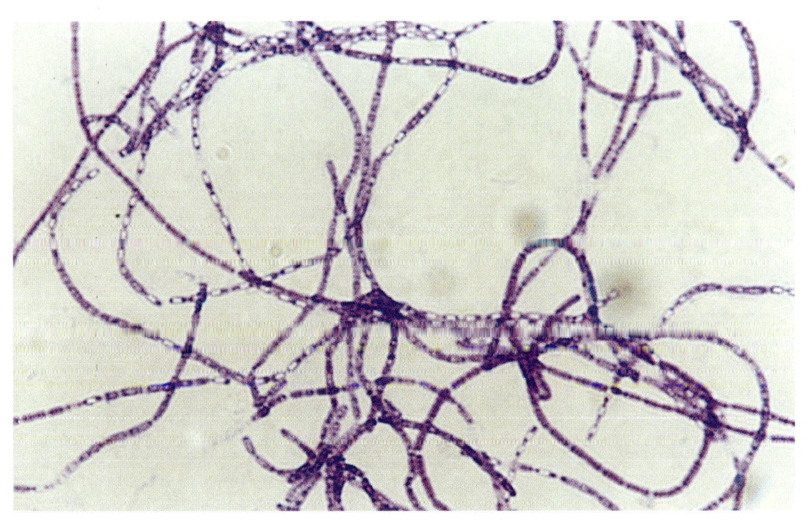

图21-1 炭疽 炭疽杆菌形态 革兰氏染色 阳性竹节状×40

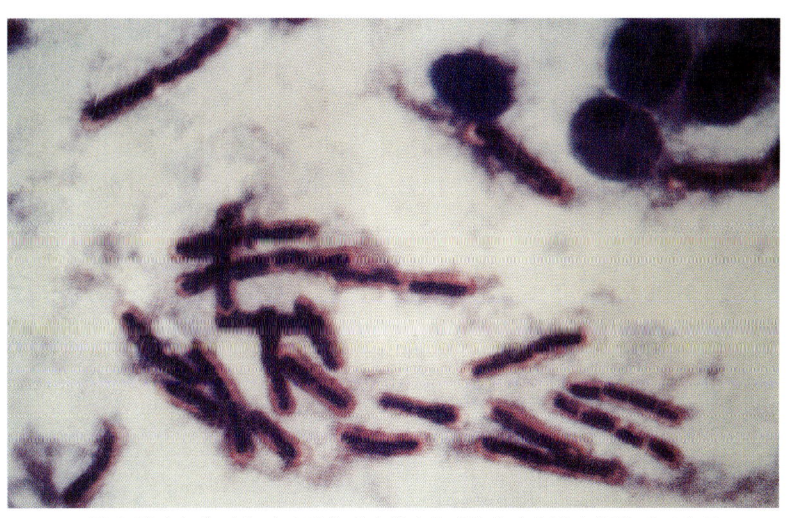

图21-2 炭疽 炭疽杆菌形态 血液涂片感染炭疽的动物体内的炭疽荚膜 瑞氏染色×100

现呕吐、停食及血痢。随之可能死亡。症状较轻者常自愈。

猪败血型极少见。表现精神沉郁，食欲废绝，体温升高到42℃，可视粘膜和皮肤出现蓝紫色斑，严重的遍布全身，1～2天死亡。最急性猪可能不出现任何症状就死亡。隐性型生前无症状，主要发现于宰后检查。

四、病理变化

慢性型咽炭疽通常在宰后检验中发现。病变见于咽喉部个别淋巴结，特别多见于颌下淋巴结。表现淋巴结肿大，被膜增厚，质地变硬，切面干燥，有砖红色或灰黄色坏死灶(图21-4)；病程较长者在坏死灶周围常有包囊形成，或继发化脓菌感染而形成脓肿，脓汁吸收后形成干酪样或变成碎屑状颗粒。有时在同一淋巴结切面可见有新旧不同的病灶。

肠型炭疽：主要发生于小肠，多以肿大、出血和坏死的淋巴小结为中心，形成局灶性出血性坏死性肠炎病变。病灶为纤维素样坏死的黑色痂膜，邻接的肠粘膜呈出血性胶样浸润。肠系膜淋巴结肿大。

五、诊断

猪群出现原因不明而突然死亡的病例，病猪表现体温升高，咽喉出现痛性肿胀，死后天然孔流血，应首先怀疑为炭疽，但确诊需进行实验室检查，病料涂片或抹片染色镜检，也可进行炭疽环状沉淀试验、荧光抗体染色法、琼扩试验、间接血凝试验及炭疽凝集试验等。

临床注意咽型炭疽与急性猪肺疫、猪恶性水肿等疫病相鉴别，肠型炭疽与猪副伤寒等相鉴别。

六、防治

（一）免疫防治

疫区及受威胁地区可进行炭疽Ⅱ号苗和无毒炭疽芽孢苗注射，分别于猪耳根或后腿内侧皮下注射0.5毫升或0.2毫升，接种后2周产生免疫力，免疫期1年。

（二）发生炭疽时的扑灭措施

1.当病畜确诊为炭疽后，应立即查明疫情，及时上报，并通知邻近单位，划定疫区，尽快实施封锁、检疫、隔离、紧急预防接种、治疗及消毒等综合性防制措施。

2.病畜隔离治疗，可疑者可用防治药物，假定健康畜群紧急免疫接种。疫区周围地区的家畜也要注射炭疽芽孢苗。

3.住过病畜的畜舍、畜栏、用具及地区应彻底消毒，病畜躺过的地面，应把表土除去10～20厘米，取下的土应与20%漂白粉溶液混合后再行深埋。污染的饲料、垫草、粪便及尸体应焚烧，尸体接触的车及用具用完后要消毒。病畜尸体不能解剖，以免体内炭疽杆菌繁殖体接触游离氧后，形成抵抗力强大的芽孢，成为永久性传染源。

4.禁止动物出入和输出畜产品及饲料等，禁止食用病畜乳、肉。在最后一头病畜死亡或痊愈半个月后，到疫苗接种反应结束时解除封锁，解除前再进行一次终末消毒。

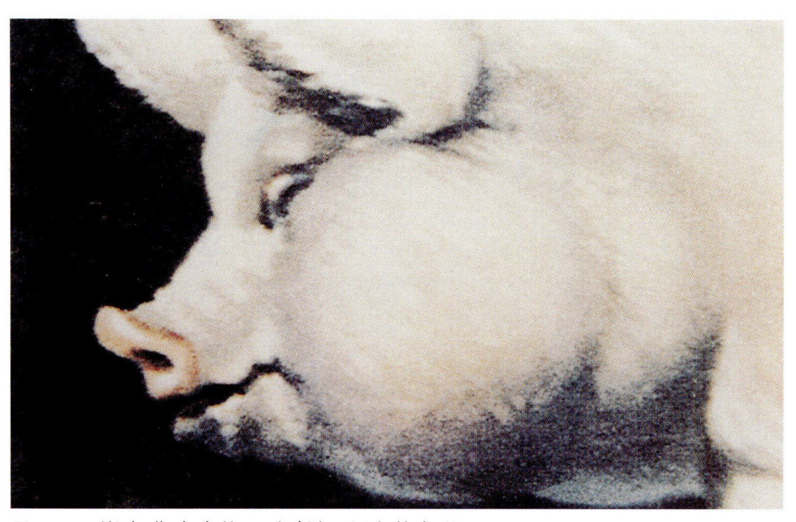

图21-3 炭疽 临床症状 咽喉部红肿(自蔡宝祥)

图21-4 炭疽 临床症状 病理变化 颌下淋巴结切面，肿大被膜增厚、干燥、质地变硬、砖红色或灰黄色坏死灶 (自蔡宝祥)

22 猪痢疾
Swine Dysentery

猪痢疾又称血痢、黑痢、粘液出血性下痢等，是由猪痢疾密螺旋体引起的以消瘦、腹泻、粘液性或粘液出血性下痢为特征的一种肠道传染病。

一、病原

本病的病原体为猪痢疾蛇形螺旋体。蛇形螺旋体属成员。革兰氏染色呈阴性。该菌为厌氧菌，培养时比一般细菌的要求严格。常用胰酶消化酪蛋白豆胨血液琼脂(TSA)培养基。

该菌对一般的消毒药敏感，如克辽林、来苏儿，1%苛性钠溶液在2～30分钟内均死亡。对热、氧、干燥也敏感。在密闭猪舍粪尿沟中可存活30日，在粪中5℃时存活61日，25℃时7日，37℃时很快死亡。在土壤中4℃时存活18日，粪堆中3日，在潮湿污秽环境和堆肥中可生存7个月或更长。在沼泽或污水池中，可以生长繁殖而长期存在。

二、流行病学

1.易感性：不同年龄、品种的猪均有易感性，以1.5～4个月龄最为常见，哺乳仔猪发病较少。仅猪感染，其它动物未见发生。

2.传染源：主要是病猪和带菌猪。康复猪的带菌率很高，带菌时间可达数月。病猪和康复猪经常随粪便排出大量病菌，污染饲料、饮水、猪圈、饲槽、用具、周围环境及母猪躯体。

3.传播途径：主要为消化道，其它传染途径尚未证实。

4.流行特点：发病季节不明显，四季均有发生，但4～5月和9～10月份发病较多。流行缓慢，持续期长，最初在一部分猪中发病，继则同群猪陆续发病。断奶后的发病率常为90%，死亡率在50%左右。

三、临床症状与病理变化

急性病猪以血性下痢为主要症状，粪便中含有血液和血凝块（图22-1）、咖啡色或黑红色的脱落粘膜组织碎片。迅速消瘦，有的死亡，有的转为亚急性和慢性型。病变主要是大肠的卡他性或出血性肠炎，结肠及盲肠粘膜肿胀，皱褶明显（图22-2），上附粘液，粘膜有出血（图22-3），混有粘液及血液而呈酱色或巧克力色。组织学结肠为出血性坏死性炎症（图22-4），用直肠粘膜涂片瑞氏染色可检出猪痢疾密螺旋体。

图22-1 猪痢疾 临床症状 病猪消瘦、下痢便血

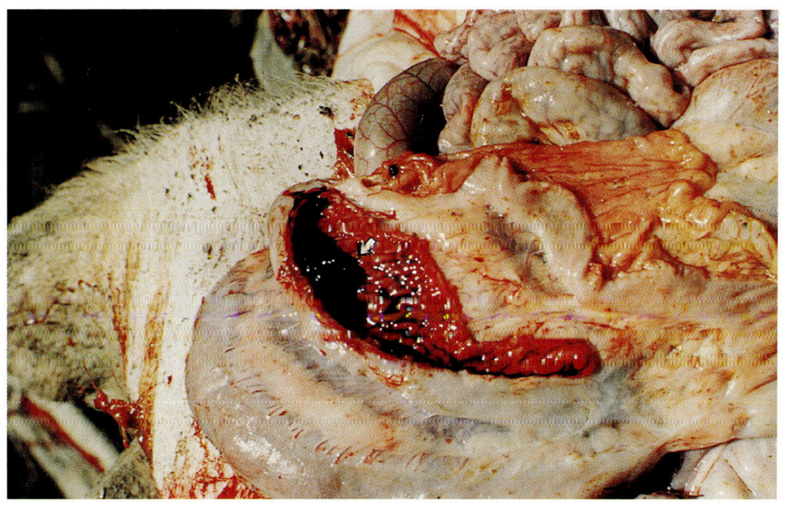

图22-2 猪痢疾 病理变化 结肠粘膜暗红色肠管中有血凝块

四、诊断

本病发生无季节性，流行比较缓慢，初以急性病例为主，3周后以慢性为主；各种年龄的猪都可发病，但以2～3月龄仔猪发病多，死亡率高。临诊上体温基本正常，以血性下痢为主要症状；剖检时，急性病例为大肠粘膜性和出血性炎症，慢性病例为坏死性大肠炎。其它脏器常无明显变化，据上可做出初步诊断，确诊尚需进行细菌学检查。

鉴别诊断：应与仔猪副伤寒、仔猪白痢、黄痢、红痢及猪传染性胃肠炎等进行鉴别。还应注意和肠炭疽、鞭虫病、沙门氏菌病、猪肠腺瘤、肠道溃疡、霉菌性中毒等疾病区别。

五、防治

(一)预防原则

禁止从疫区引进种猪，外地引进的带菌猪必须隔离观察1个月以上。在无本病的地区或猪场，一旦发现本病，最好全群淘汰，对猪场彻底清扫和消毒，并空圈2～3个月，粪便用1%的火碱消毒，堆集处理，猪舍用1%来苏儿消毒。1:800稀释臭药水可有效的消除环境中的病原。

(二)治疗

预防投药：应用0.5%痢菌净肌肉注射,每千克体重2～5毫克。一般仔猪注射5毫升，克郎猪注射10毫升，育肥猪注射20毫升，每天注两次，连注2～3日。许力干等(2003)报道，应用痢菌净粉每千克干饲料内药物150毫克，每日一次，连服20日；此外奶猪灌服0.5%痢菌净溶液，每千克体重0.25毫升，每天1次，可有效消除猪体内的蛇形螺旋体。

发病猪群治疗：可用庆大霉素按2000单位/千克/日,肌注,一日二次;连用5日后应用预防药物。对发病群同栏无症状可疑病猪可用预防药物:①硫酸新霉素按0.1克/千克/日口服，②三甲氧苄氨嘧啶(TMP)按0.02克/千克/日口服。将上述两种药物压碎混于饲料内喂给，5日为一个疗程，共用两个疗程。对假定健康群可用：痢菌净按5毫克／千克／日混于饲料内喂服。其疗程为5日；用2个疗程可交替使用。

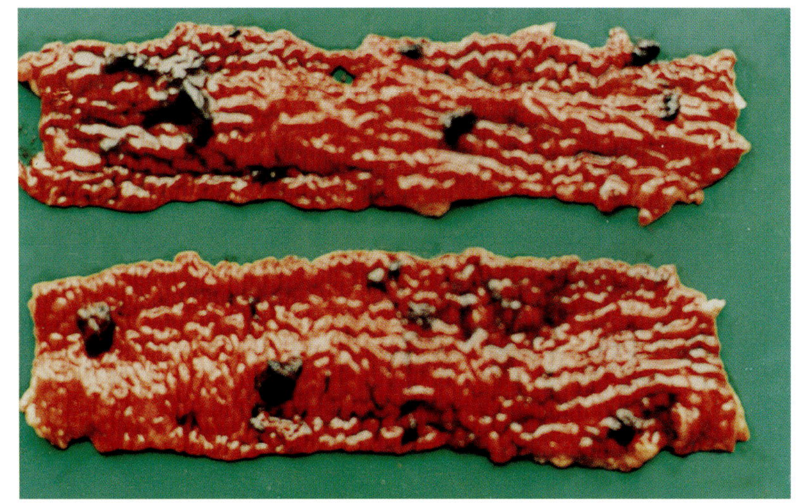

图22-3 猪痢疾 病理变化 结肠粘膜肿胀呈脑回样弥散性暗红色附有散在的出血凝块

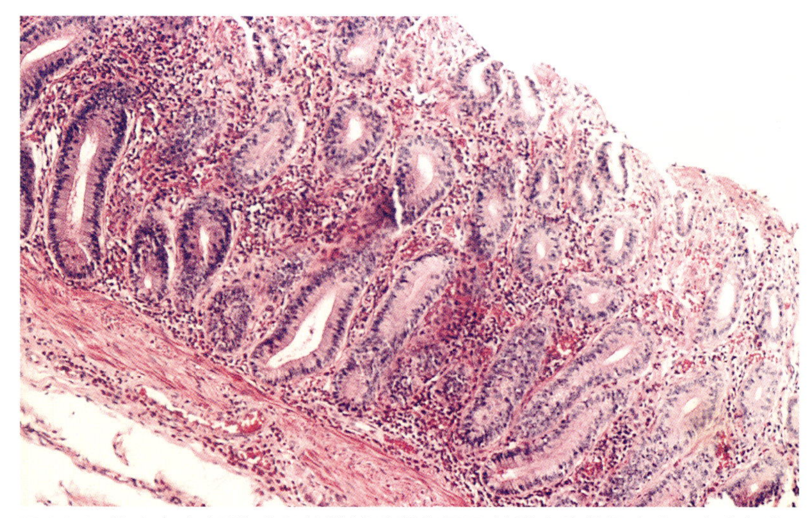

图22-4 猪痢疾 组织学 大肠粘膜绒毛脱落坏死,粘膜中腺管间充血、出血与炎性细胞浸润 HE ×20

23 猪链球菌病
Swine Streptococcosis

猪链球菌病是由多种链球菌感染所引起的疫病。包括猪败血性链球菌病和猪淋巴结脓肿。特征：败血症，化脓性淋巴结炎，脑膜炎及关节炎。

一、病原

病原多为C群的兽疫链球菌(S.zooepidemicus)和似马链球菌(S.equisimilis)，D群的猪链球菌（S.suis)，以及E、L、S、R等群的链球菌。本菌不形成芽孢，一般无运动性（D群某些菌株除外)，呈长链状。有些链球菌在组织内或在含血清的培养基内发育时能形成荚膜。多数链球菌为革兰氏阳性,(图23-1)老龄培养物有时出现阴性。目前，按血清学分类，有20个血清群。

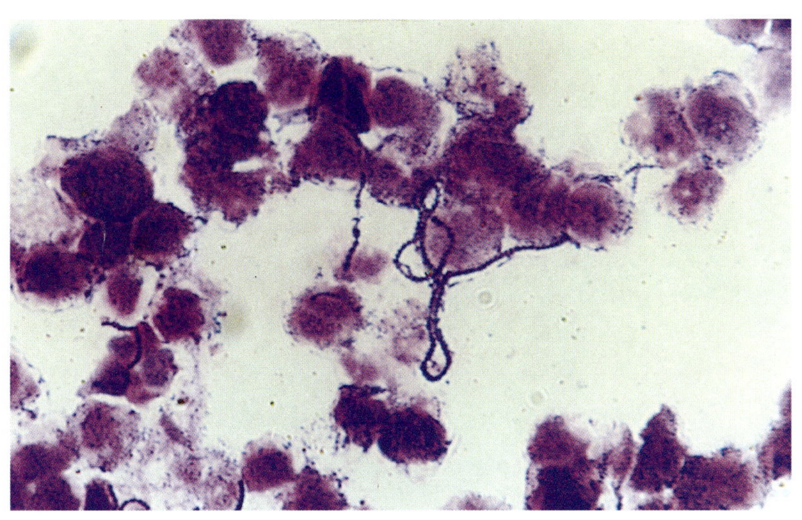

图23-1 猪链球菌病 细菌形态 心血涂片 革兰氏染色×100

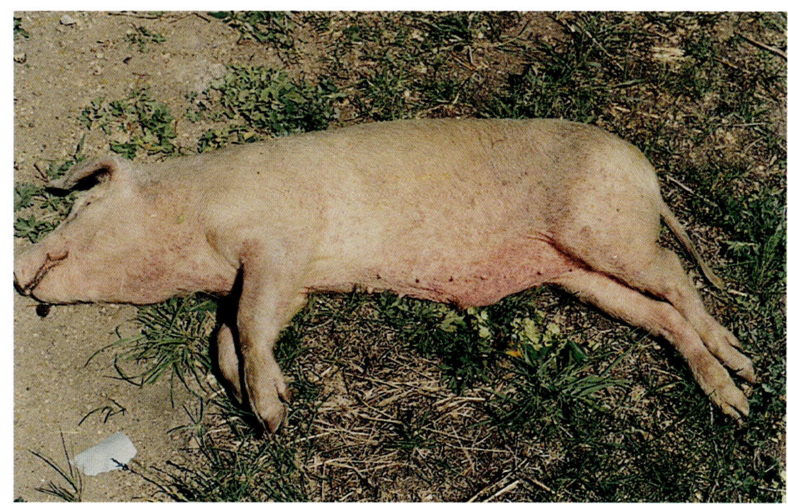

图23-2 猪链球菌病 败血型病理变化体表弥漫性发绀、出血

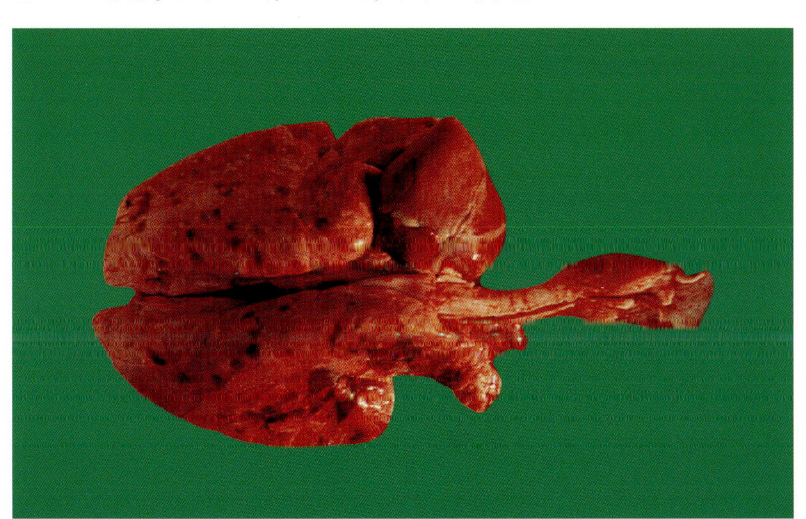

图23-3 猪链球菌病 败血型病理变化 肺出血性炎

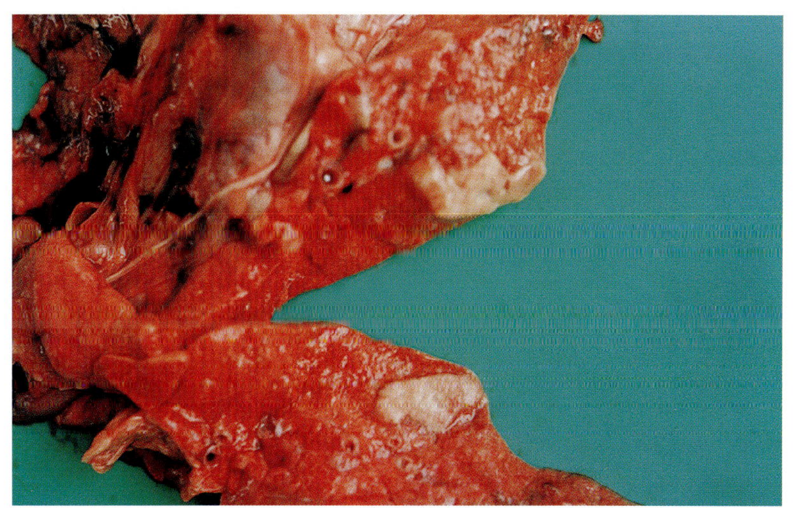

图23-4 猪链球菌病 败血型病理变化 肺脓肿切面，脓肿灶内可见乳黄色脓汁

二、流行病学

1.易感性：各种年龄的猪都有易感性。架子猪多发，但败血症型和脑膜脑炎型多见于仔猪，化脓性淋巴结炎型多发于中猪。

2.传染源：病猪和病愈带菌猪是本病自然流行的主要传染源。病猪的鼻液、尿、粪、唾液、血液、肌肉、内脏、肿胀的关节内均可检出病原体。

3.传播途径：本病多经呼吸道和消化道感染。病猪与健康猪接触，或由病猪排泄物污染的饲料、饮水以及物体可引起猪只大批发病而造成流行。

4.流行特点：一年四季均可发生，春、秋多发，呈地方流行性。

三、临床症状与病理变化

潜伏期多为1～5天或稍长。

败血症型：多不见任何症状而突然死亡；体温升高41.5～42℃以上，精神萎顿，结膜发绀，腹下有紫红斑，不久死亡（图23-2）。剖检以出血性败血症病变和浆膜炎为主。肺肿大、水肿、出血与脓肿形成(图23-3、4)，胸腔与主动脉浆膜弥散性出血(图23-5)，全身淋巴结肿大出血，其中肺门(图23-6)、肝门，肠淋巴结肿大(图23-7)，脾肿大1～3倍(图23-8)，呈暗红色或兰紫色，胃和小肠粘膜有不同程度的充血和出血。心外膜有弥

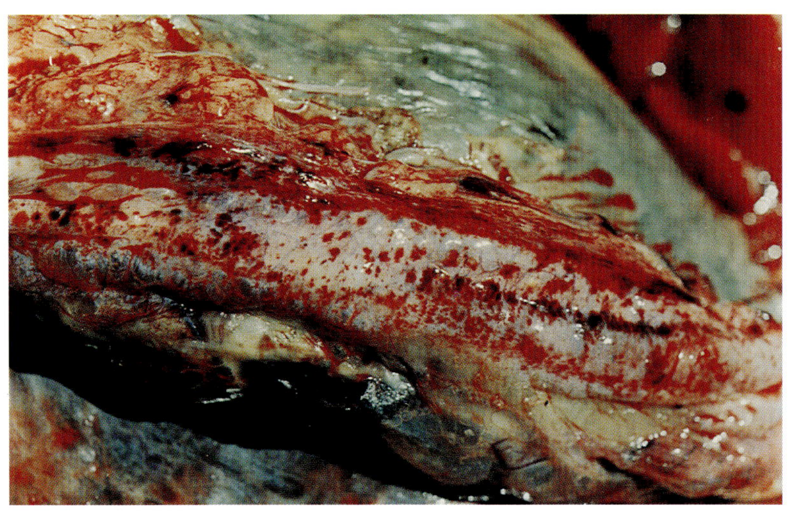

图23-5 猪链球菌病 败血型病理变化胸主动脉浆膜弥散性出血点斑

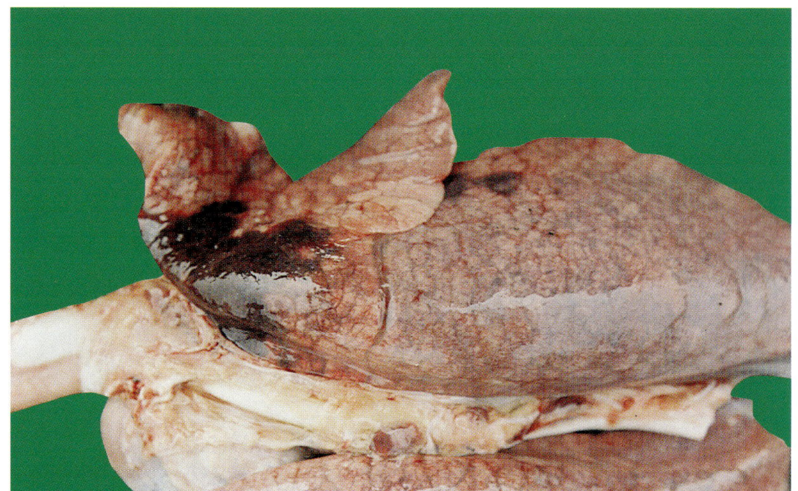

图23-6 猪链球菌病 败血型病理变化肺门淋巴结出血

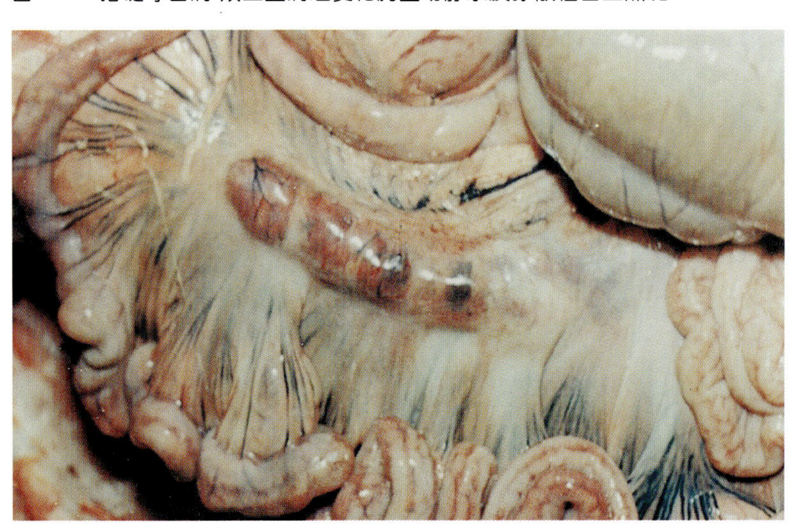

图23-7 猪链球菌病 败血型病理变化肠淋巴结出血

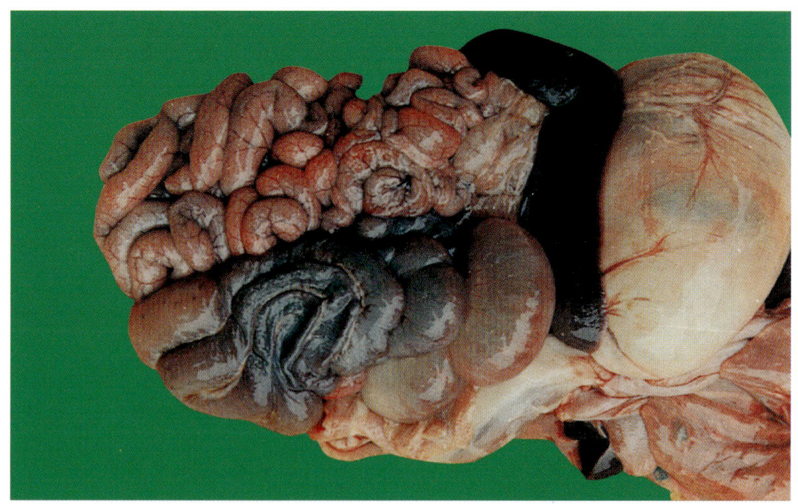

图23-8 猪链球菌病 败血型病理变化脾肿大呈暗红色或兰紫色

漫性出血点（图 23-9），心内膜发生内膜炎形成的赘生物（图 23-10）。

脑膜脑炎型：病初体温升高，40.5～42.5℃，不食，继而出现神经症状，运动失调，转圈、空嚼、磨牙、仰卧、直至后躯麻痹，侧卧于地（图 23-11）。

化脓性淋巴结炎（淋巴节脓肿）型：多见于颌下淋巴结，其次是咽部、耳下和颈部淋巴结（图 23-12）。

关节炎型：关节肿胀化脓（图 23-13）。当出现脓毒败血症时，肺可见转移性脓肿组织学许多病变器官有化脓性炎症变化（图 23-14）。

四、诊断

本病的症状和剖检变化比较复杂，容易与多种疾病混淆，必须进行实验室检查才能确诊。细菌学检查：病料制成涂片，用碱性美蓝染色或革兰氏染色法染色后镜检，如见有多数散在的或成双排列的短链圆形或椭圆形球菌，无芽孢，有时可见到带荚膜的革兰氏阳性球菌。可作初步诊断。

鉴别诊断：败血症型注意与猪丹毒、李氏杆菌病、猪瘟等

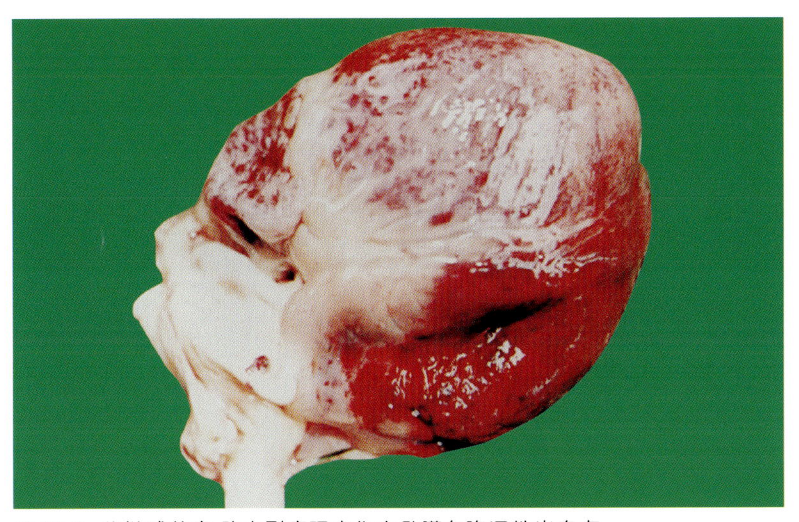
图 23-9 猪链球菌病 败血型病理变化心外膜有弥漫性出血点

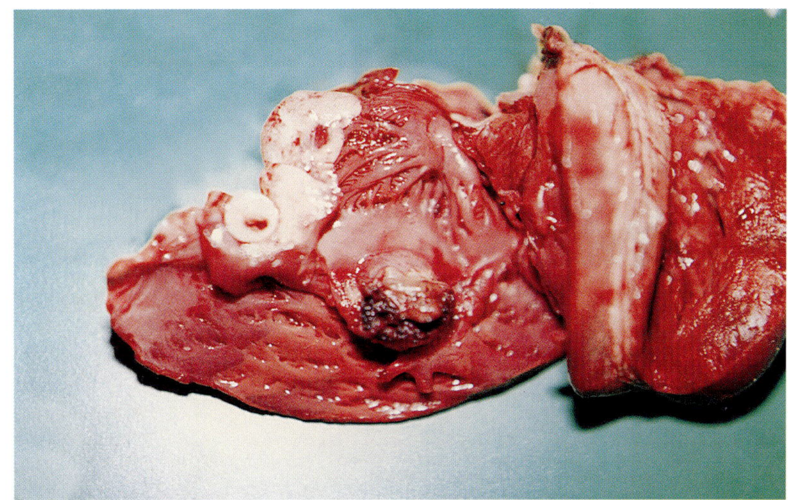
图 23-10 猪链球菌病 败血型病理变化心内膜形成的赘生物

图 23-11 猪链球菌病 脑炎型临床症状 运动失调

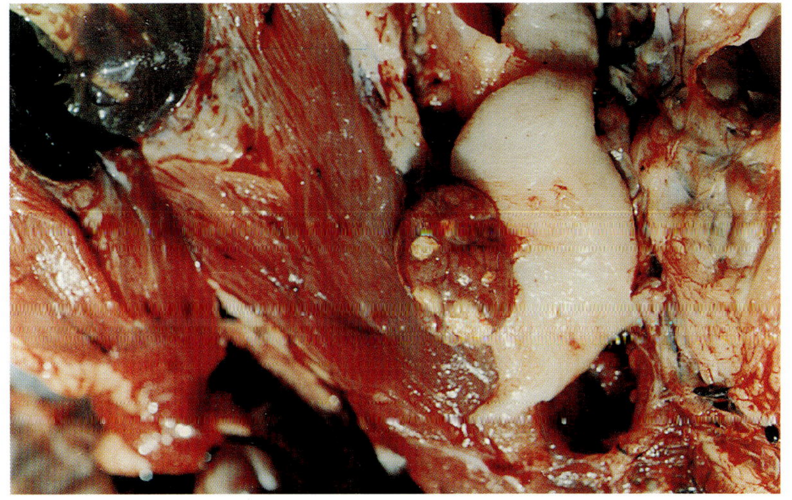
图 23-12 猪链球菌病 化脓淋巴结型病理变化 下颌淋巴结化脓灶

鉴别。

五、防治

(一)预防原则: 加强管理,注意平时的卫生消毒工作,病猪尸体及其排泄物等作无害化处理。发病猪群立即将病猪隔离,严格消毒,病猪及可疑病猪立即隔离治疗。

(二)免疫防治: 病原分离后可作灭活菌苗,用福尔马林灭活后加氢氧化铝振荡,制成油乳剂灭活菌,另外链球菌明矾结晶紫菌苗和猪链球菌ST171弱毒冻干苗也可试用。

(三)治疗: 初发病猪每头每次用青霉素80万~180万单位,链霉素1克混合肌注,连用3~5日。氨苄青霉素可按10~30毫克/千克体重,每日2次,肌注。庆大霉素1~2毫克/千克体重,每日2次,肌注。对淋巴结脓肿,可将肿胀部位切开,排除脓汁,用3%双氧水或0.1%高锰酸钾。

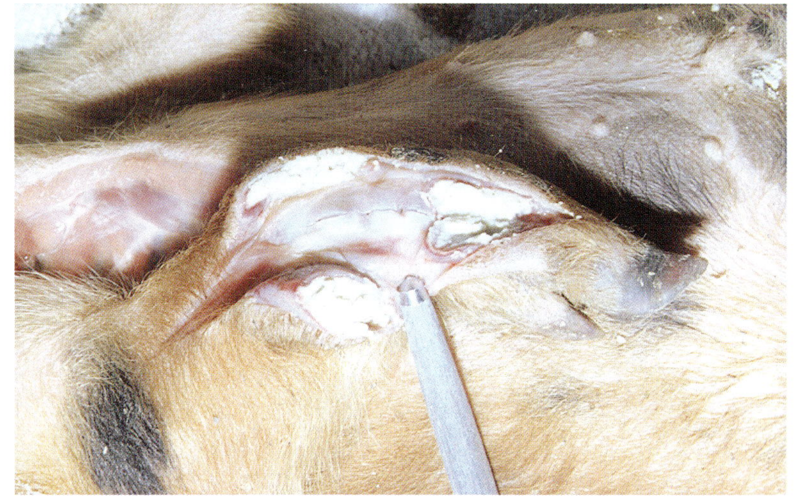

图23-13 猪链球菌病 关节炎型 临床症状 左前肢关节肿胀,切开可见有干固脓汁

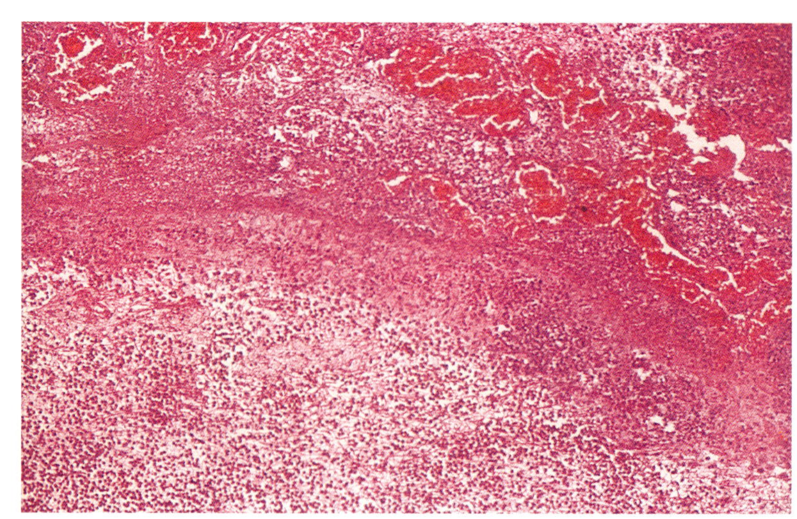

图23-14 猪链球菌病 病理变化 组织学 肺的化脓性炎内层为变性坏死的中性粒细胞中间层纤维结缔组织,外周为新生成毛细血管构成的肉芽组织 HE × 10

24 李氏杆菌病
Listeriosis

李氏杆菌病是由单核细胞增生李氏杆菌引起畜、禽、啮齿动物和人的一种散发性传染病。家畜和人患后主要表现为脑膜炎、败血症和妊畜流产；家禽和啮齿动物则表现为坏死性肝炎和心肌炎。此外，还能引起单核细胞的增多。

一、病原

单核细胞增生李氏杆菌是李氏杆菌病的病原菌。为革兰氏阳性菌，本菌的菌体抗原及鞭毛抗原的不同，将其分为7个血清型和12个亚型，抗原结构与毒力无关。

本菌的生存力较强，可在低温下生长，一般消毒药可使之灭活，2.5%石炭酸，70%的酒精5分钟，2.5%氢氧化钠、2.5%福尔马林20分钟可杀死此菌。对链霉素、四环素和磺胺类药物敏感。

二、流行病学

1.易感性：本菌可使多种畜、禽致病，引起神经症状，人也可以感染发病。

2.传染源：患病动物和带菌动物是本病的传染源。

3.传播途径：主要经消化道感染，也可能通过呼吸道、眼结膜及受损伤的皮肤感染。污染的饲料和饮水可能是主要的传播媒介，吸血昆虫也起着媒介的作用。

4.流行特点：散发性，偶尔呈暴发流行，病死率很高。各种年龄猪都可感染发病，以幼龄较易感染，发病较急，妊娠母猪也较易感染。主要发生于冬季或早春。天气骤变，有内寄生虫或沙门菌感染时均可为本病发生的诱因。

三、临床症状与病理变化

败血型：多发生于仔猪，表现体温升高，精神沉郁，食欲减少或废绝，口渴；有的表现全身衰弱、僵硬、咳嗽、腹泻、皮疹、呼吸困难、耳部和腹部皮肤发绀，病程约1～3日，病死率高，妊娠母猪常发生流产。

脑膜脑炎型：多发生于断奶后的猪，表现初期兴奋，共济失调，步态不稳，肌肉震颤，无目的的乱跑，在圈舍内转圈跳动，有的头颈后仰，两前肢或四肢张开呈典型的观星姿势(图24-1)，病程1～3日，长的可达4～9日。剖检可见脑膜和脑实质充血、发炎和水肿，脑髓液增量，稍显浑浊，脑干,特别是脑桥、延髓和脊髓变软,有小的化脓灶。镜检见脑软膜、脑干后部，特别是脑桥、延髓和脊髓的血管充血，血管周围有以单核细胞为主的细胞浸润(图24-2)。

混合型：多发生于哺乳仔猪，常突然发病，病初体温高达

图24-1 李氏杆菌病 临床症状 四肢张开呈 观星姿势

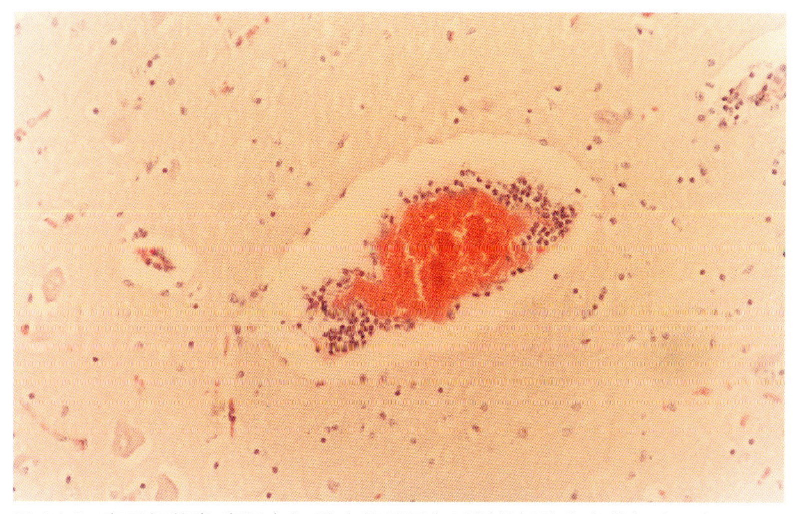

图24-2 李氏杆菌病 病理变化 脑血管周围有以单核细胞为主的细胞浸润

41～42℃，吮乳减少或不吃，粪干尿少，中、后期体温降到常温或常温以下。多数病猪表现脑膜脑炎症状。

四、诊断

根据临床症状、病理变化和细菌学检查即可作出初步诊断。有脑膜脑炎的神经症状，血液中单核细胞增多，母猪流产；剖检见脑及脑膜充血、水肿，肝有小坏死灶，脑组织切片可见有以单核细胞浸润为主的血管套和微细的化脓灶等病变，可作初步诊断。确诊需作菌体分离培养和动物接种试验。

鉴别诊断时，应注意与猪伪狂犬病、猪传染性脑脊髓炎等进行鉴别。

五、防治

治疗以链霉素较好，但易引起抗药性。大剂量的抗生素或磺胺类药物，可取得一定疗效，氨苄青霉素加庆大霉素效果较好。

25 结核病

Tuberculosis

结核病是由结核分枝杆菌引起的一种人畜共患的慢性传染病。病理特征是在多种组织器官形成肉芽肿（结核结节），病程较长的结节中心有干酪样坏死或豆腐渣样钙化。

一、病原

结核杆菌(Mycobacterium tuberculosis)为分枝杆菌科、分枝杆菌属革兰氏染色阳性的细长、正直或微弯的杆菌。结核杆菌主要有三型：即牛型、人型和禽型结核杆菌。抗酸染色法，结核菌染成红色(图25-1)，与其他细菌、组织细胞和组织碎屑着色不同。结核杆菌对外界的抵抗力强，在潮湿的土壤、粪堆和草秆中可存活极长时间。对干燥和湿冷抵抗力甚强。对湿热抵抗力弱，60℃ 30分钟可杀灭。对绝大多数消毒剂的抵抗力比其他非芽孢菌稍强，在70%酒精或10%漂白粉中很快死亡。本菌对链霉素、环丝氨酸、异烟肼及其衍生物、对氨基水杨酸、利福平等敏感，易产生耐药性。

二、流行病学

1.传染源：结核病患畜禽和人。肺结核乳牛的痰、乳腺结核分泌的乳汁、肠结核病畜排泄的粪便等污染空气、厩舍、饲料和饮水而成为重要的传染源。饲喂结核病畜的内脏或未煮熟的下脚料、来自结核病人的泔水、结核病牛未经消毒的牛奶和它的副产品等均可使猪发病。患结核病的牛、鸡粪便中含有活的结核杆菌，用粪便及鸡、牛剩料喂猪同样是危险的。

2.易感性：结核杆菌可侵害多种动物，目前约50种哺乳动物，25种禽类可患本病。三型菌均可感染猪。

3.传播途径：猪主要通过消化道感染，也可通过呼吸道感染。

4.流行特点：本病多为散发，发病率和病死率不高。无明显的季节性和地区性。其发生和患结核病的牛、人和禽的直接或间接接触的机会有关。

三、临床症状与病理变化

猪对三型的结核菌都易受感染，猪结核病主要经消化道感染，多表现为淋巴结核，在扁桃体和颌下淋巴结发生病灶，很少出现临诊症状。当肠道有病灶时常发生下痢。

淋巴结结核病变可表现为结节性和弥漫性增生两种形式。切面呈灰黄色干酪样坏死或钙化的病灶；猪全身性结核病有时也可见到，主要由牛型结核菌引起。还可在肝脏、肺脏、脾脏、肾脏等器官及其相应淋巴结形成数量不等、大小不一的结节性病变，尤其在肺和脾较为多见。组织学增生性结核结节，内有多核巨噬细胞(图25-2)。

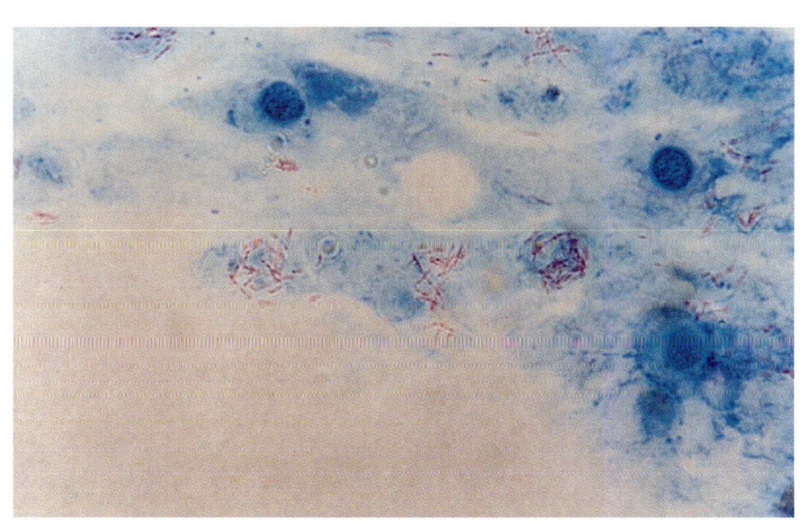

图25-1 结核病 细菌形态 结核菌染成红色 抗酸染色法×100

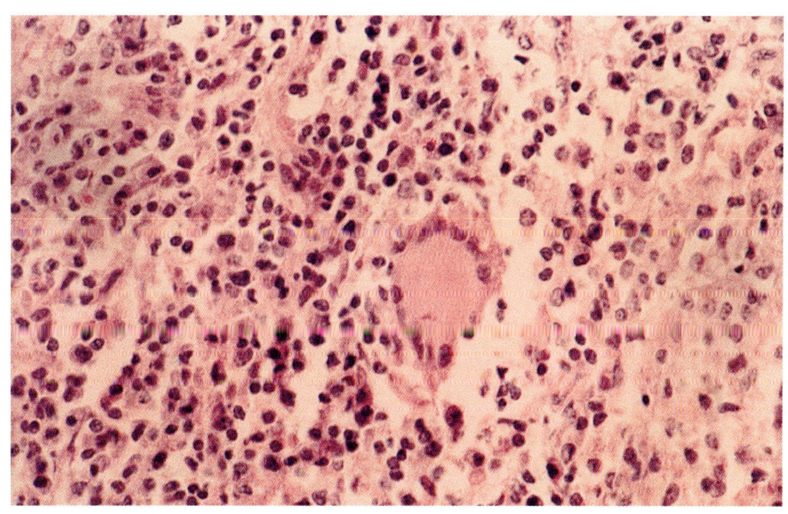

图25-2 结核病 组织学 淋巴结 增生性结核结节，内有多核巨噬细胞 HE×40

四、诊断

猪结核病的临床诊断和病理变化不能作为诊断的依据。只有在病原分离、鉴定和结核杆菌分型等细菌学方法的基础上才有可能确诊。

临床诊断可应用变态反应试验和血清学的酶联免疫吸附试验、凝集反应、琼脂扩散反应、沉淀反应、补体结合反应。

五、防治

结核病是人和动物共患的常见多发病，人结核分枝杆菌、牛结核分枝菌和禽结核分枝杆菌又都可引起猪发病，搞好人结核病的早期治疗和畜禽结核的检疫、隔离等综合防治措施，对消灭和减少猪结核病的发生是关键的。患结核病的人禁止饲养、接触家畜家禽。猪场一旦发生猪结核，病群应做淘汰处理。被污染的厩舍、场地等可用20%石灰乳，10%来苏儿或5%漂白粉进行2～3次彻底消毒，3～6个月后猪舍再利用。

26 钩端螺旋体病
Teplospirosis

钩端螺旋体病是由螺旋体引起的一种人、畜共患病和自然疫源性传染病。临诊表现形式多样，大多数呈隐性感染，少数急性病例表现发热、血红蛋白尿、贫血、水肿、流产、黄疸、出血性素质、皮肤和粘膜坏死等特征。

一、病原

钩端螺旋体（简称钩体），长6～30微米，宽0.1微米。革兰氏阴性，在暗视野或相差显微镜下，钩体呈细长的丝状、圆柱形，螺纹细密而规则，菌体两端弯曲成钩状，通常呈“C”或“S”形弯曲，运动活泼并沿其长轴旋转。目前全世界已发现26种血清群和至少200种不同的血清型，它们的宿主、地理分布、致病力各有差异。

钩体对干燥、冰冻、加热（50℃10分钟）、胆盐、消毒剂、腐败或酸性环境敏感，能在潮湿、温暖的中性或稍偏碱性的环境中生存。

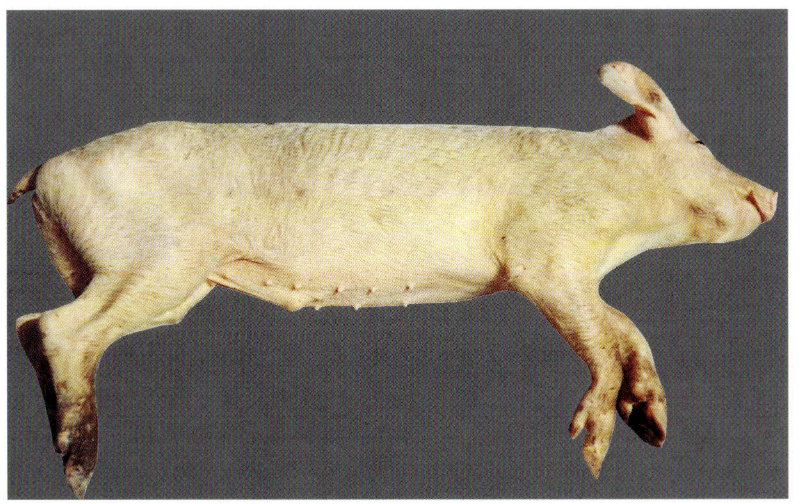
图26-1 钩端螺旋体病 病理变化 黄疸型 全身皮肤黄染

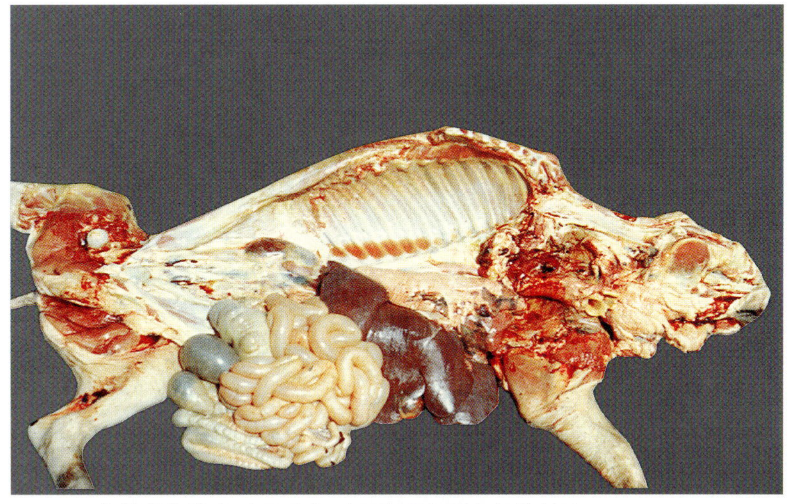
图26-2 钩端螺旋体病 病理变化 皮下与各浆膜组织等黄染

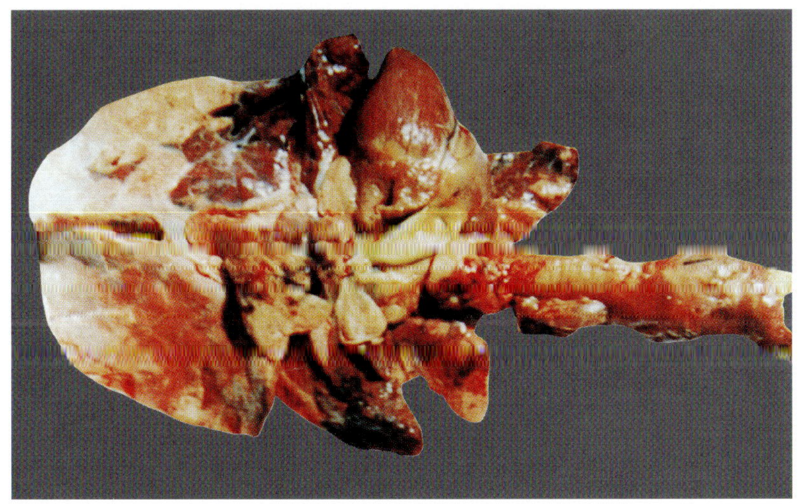
图26-3 钩端螺旋体病 病理变化 肺黄染

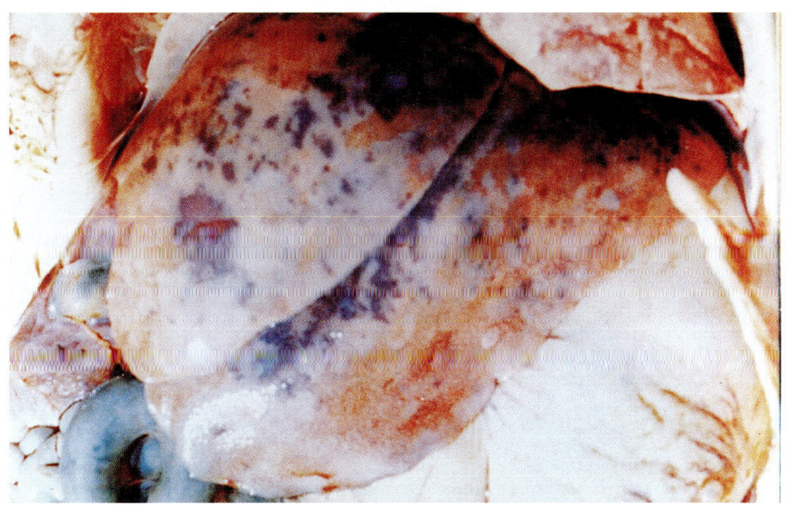
图26-4 钩端螺旋体病 病理变化 肝黄色及出血灶

二、流行病学

1.易感性：以猪、水牛、牛和鸭的感染率较高。

2.传染源：病畜和带菌动物是本病的传染源。猪感染钩体非常普遍，鼠类繁殖快，带菌率高，排菌时间长，可能终身带菌，冷血动物蛙不但带菌，而且还能排菌，可作为一种储存宿主和传染源。

3.传播途径：各种带菌动物主要通过尿液排菌，污染水、土壤、植物、食物及用具等，接触这些污染物就可感染，特别是水的污染更为重要。主要通过皮肤、粘膜感染，特别是破损皮肤的感染率高，也可经消化道食入或交配而感染。

4.流行特点：我国南方各地区多发，呈散发性或地方流行性。一年四季均可发生，其中以夏秋为流行高峰季节。

三、临床症状与病理变化

急性型：败血症、全身性黄疸(图26-1)与可视粘膜、皮肤、皮下 组织(图26-2)、肺脏(图26-3)、肝(图26-4)、以及膀胱等组织黄染和肾脏(图26-5)具有不同程度的出血。胸腔、心包腔积有少量黄色液体。组织学为各器官、组织广泛性出血以及肝细胞、肾小管弥漫性坏死 为突出的特征。

亚急性与慢性型：以损害生殖系统为特征。母猪发热、流产、无乳，怀孕后期母猪感染则产出弱仔猪，这些仔猪不能站立，移动时呈游泳状，不会吸乳，经1～2日即死亡。成年猪的慢性钩体病，以肾脏的眼观病变最为显著，肾皮质出现大小为1～3毫米的散在性灰白色病灶(图26-6)。

四、诊断

母猪怀孕后期流产，产下弱仔、死胎，仔猪黄疸、发热以及有较多仔猪与断奶仔猪死亡可提示为猪钩体病。尸体剖检与组织学检查，尤其是肾脏的病变具有诊断意义。要确诊可进一步做病原学检查和免疫学诊断，进行综合分析。

鉴别诊断应注意与黄脂病、猪附红细胞体病、猪蛔虫病相区别。黄脂病除脂肪黄染外，其它器官与组织不黄染，易与猪钩体病相区别。猪附红细胞体病血液压片检出猪附红细胞体；猪蛔虫病的肝脏病变严重，胆道被蛔虫阻塞而引起全身性黄疸，但尸体剖检与组织学检查具有特征性，也易与猪钩体病相鉴别。

五、防治

(一)预防原则：采取综合性防治措施，及时隔离病畜和可疑病畜。开展群众性的捕鼠、灭鼠工作，防止草、饲料、水源被鼠类粪尿污染。消毒和清理被污染的水源、污水、淤泥、饲料、场舍、用具等防止传染和散播。

(二)免疫防治：应用灭活普通菌苗和浓缩菌苗进行预防接种，获得了良好效果，但灭活菌苗存在接种量大，接种次数多，感染后不能阻止肾脏排菌等缺点。1978年以来研制了外膜菌苗。猪应用波摩那型弱毒的L18株制成的活菌苗，能产生很强的保护力，尿中不排菌。

(三)治疗：一般认为链霉素和土霉素等四环素族抗生素有一定疗效。每千克饲料加入土霉素0.75～1.5克，连喂7日，可以减轻症状和解除带菌状态。怀孕母猪在产前1个月连续饲喂上述土霉素饲料可以防止流产。治疗时应全群治疗。

在病因疗法的同时结合对症疗法是非常必要的，其中葡萄糖维生素C静脉注射及强心利尿剂的应用对提高治愈率有重要作用。

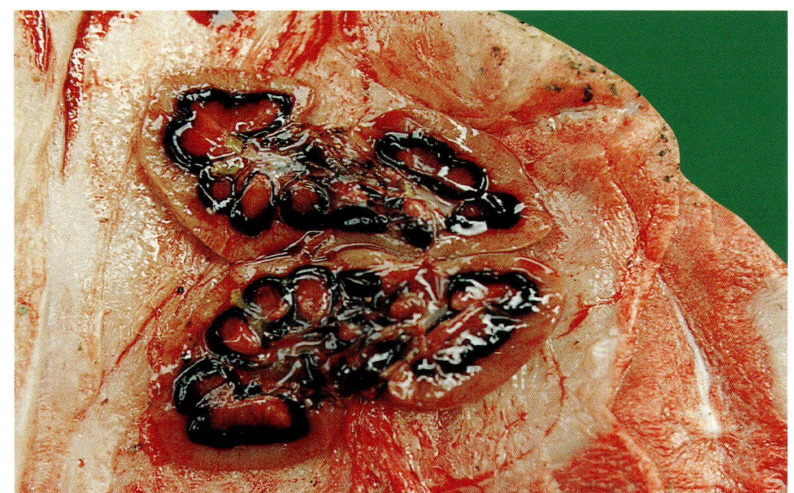
图26-5 钩端螺旋体病 病理变化 肾皮质与肾盂周围出血

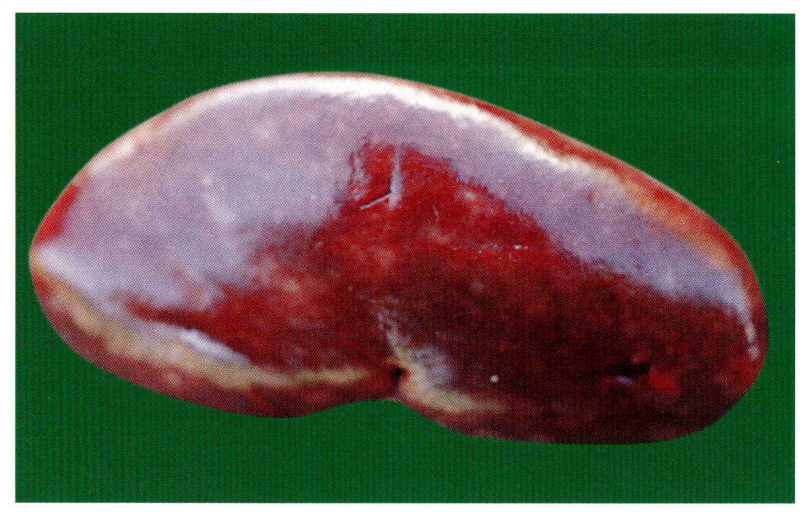
图26-6 钩端螺旋体病 病理变化 肾皮质部表面散在灰白色病灶

27 衣原体病
Chlamydiosis

猪衣原体病又称鹦鹉热（Psittacosis）或鸟疫（Ornithosis），是由鹦鹉热衣原体引起的一种接触性传染病。可引起肺炎、肠炎、胸膜炎、心包炎、关节炎、睾丸炎和子宫感染等多种病型，后两种感染常导致流产。常因菌株毒力、猪性别、年龄、生理状况和环境因素的变化而出现不同的征候群。

一、病原

衣原体是一种介于细菌和病毒之间，类似于立克次体的一类微生物，呈球状，大小可为0.2～1.5微米。革兰氏染色阴性。鹦鹉热衣原体是衣原体科衣原体属成员。目前认为衣原体属有3个种，即沙眼衣原体、鹦鹉热衣原体和肺炎衣原体。衣

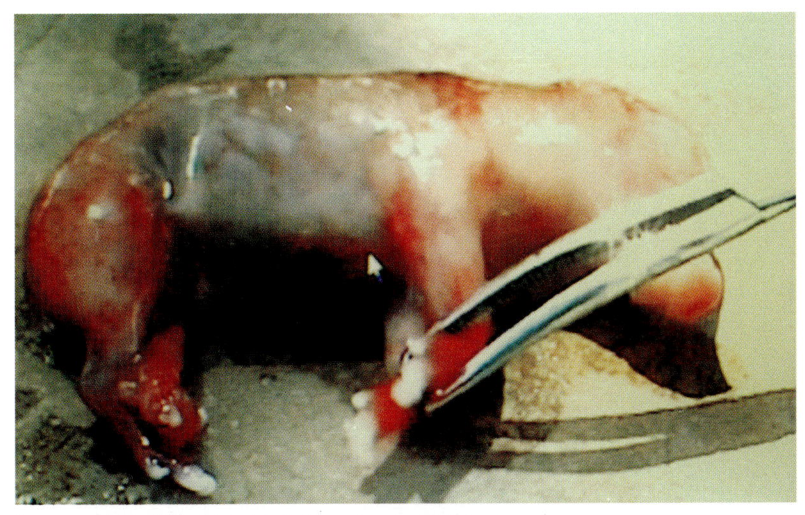

27-1 衣原体 病理变化 流产胎儿 皮肤的出血斑点

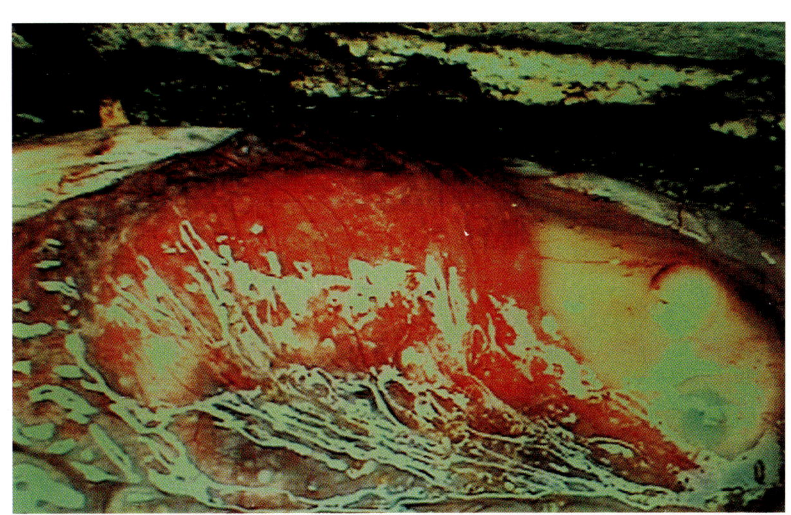

27-2 衣原体 病理变化 流产胎儿 胎衣的弥漫性出血斑点

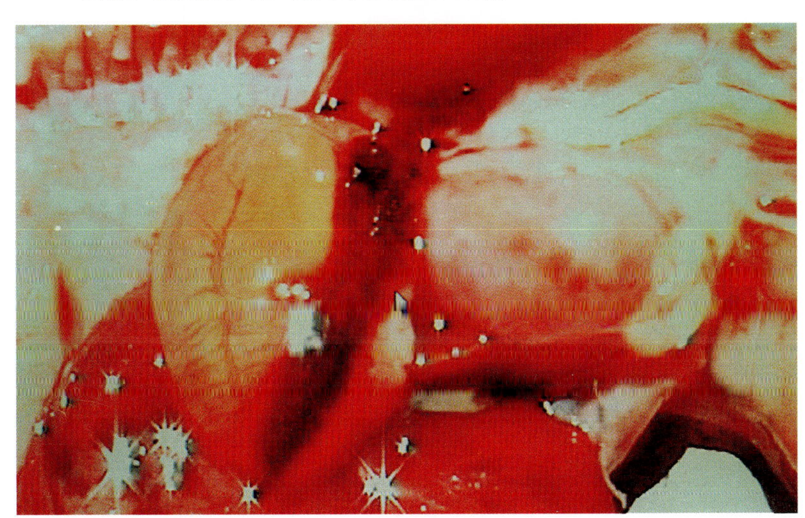

27-3 衣原体 病理变化 流产胎儿 心脾出血

27-4 衣原体 临床症状 发病母猪产出的弱仔

原体系专性细胞内寄生物，能在鸡胚和易感的脊椎动物细胞内生长繁殖，有特殊的繁殖周期，分为原体和始体二种形态。衣原体对高温的抵抗力不强，而在低温下则存活较长时间。2%的来苏儿、2%的苛性钠或苛性钾、1%盐酸及75%酒精溶液可用于衣原体消毒。猪衣原体对四环素族抗生素、红霉素、夹竹桃霉素、氯霉素及螺旋霉素敏感。

二、流行病学

1.易感性：不同品种及年龄结构的猪群都可感染，但以妊娠母猪和幼龄仔猪最易感。其他动物也有易感性。

2.传染源：主要是病猪及隐性带菌猪，几乎所有的鸟粪都可能携带该菌。有些哺乳动物，如绵羊、牛和啮齿类动物都可受到感染，这些动物都可能成为猪感染衣原体的疫源。

3.传播途径：病原体可由粪便、尿、乳汁、流产胎儿、胎衣和羊水排出，污染水源和饲料等，经消化道感染猪；亦可由飞沫或污染的尘埃经呼吸道感染。交配也能传播感染，母猪感染后引起流产、死胎或产下弱仔猪。厩蝇、蜱可起传播媒介作用。

4.流行特点：常呈地方流行性，不安全场引入健康敏感猪或安全场输入病猪后常暴发本病，康复猪长期带菌。在饲养密

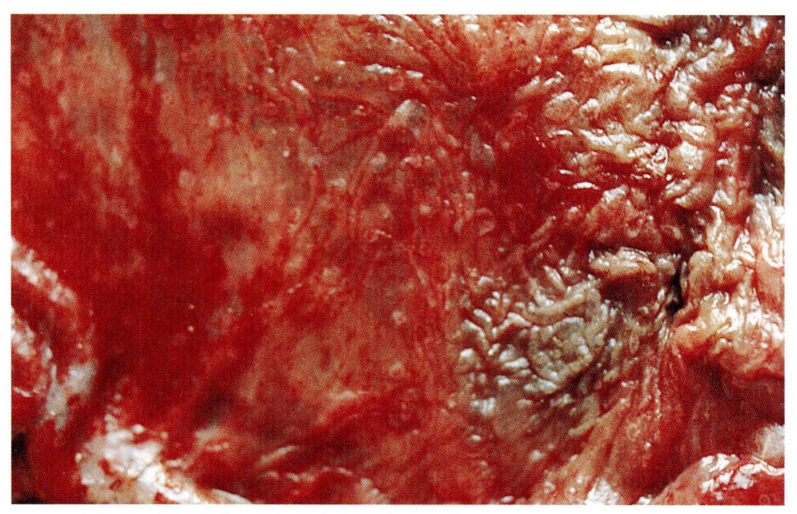
27-5 衣原体 病理变化 母猪子宫内膜出血、水肿

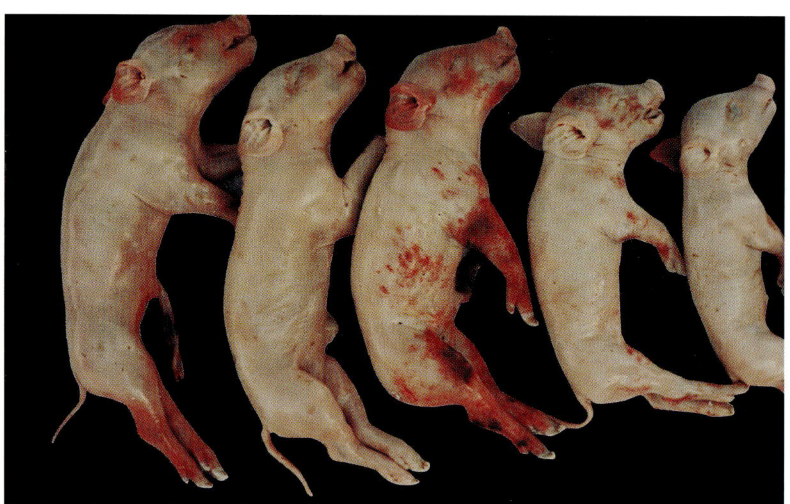
27-6 衣原体 病理变化 早产死胎儿展示

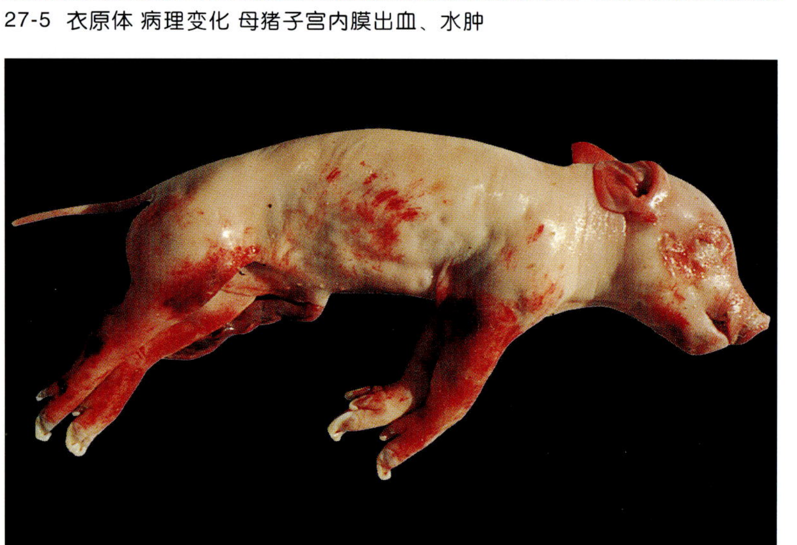
27-7 衣原体 病理变化 早产死胎皮肤出血

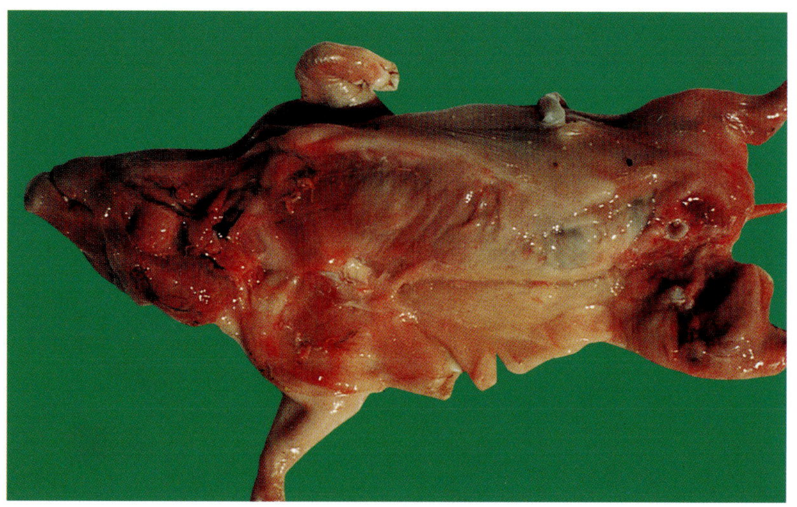
27-8 衣原体 病理变化 早产死胎 皮下结缔组织水肿

度高的集约化猪场感染率更高,本病多表现持续的潜伏性感染。

三、临床症状与病理变化

自然感染的潜伏期为3～15日，有的长达1年。试验感染为6日～6个月。鹦鹉热衣原体引起的怀孕母猪的早产、死胎、流产胎儿皮肤的出血斑点（图27-1、图27-2、图27-3）、胎衣不下、不孕症及产下弱仔（图27-4）或木乃伊胎儿。初产母猪发病率可高达40%～90%，流产多在临产前几星期发生。流产前无任何表现，体温正常，很少拒食或产后有不良病症。产出仔猪有部分或全部死亡。活仔体弱，初生重量小（450～700克），拱奶无力，多数在生后数小时至1～2日死亡，死亡率有时高达70%。公猪生殖系统感染后，出现睾丸炎、附睾炎、尿道炎、龟头包皮炎及附属腺体的炎症。

流产型：母猪子宫内膜出血、水肿，并伴有坏死灶(图27-5)。流产或早产胎儿(图27-6)和死亡的新生仔猪的头、胸及肩胛等部皮肤出血(图27-7)与皮下结缔组织水肿(图27-8)，有的有凝胶样浸润。心脏(图27-9)和脾脏常有出血，肺常有瘀血水肿(图27-10)与卡他性炎症。肾充血及点状出血、肝充血。

支气管炎肺炎型：肺水肿，表面有大量的小出血点和出血斑，肺门周围有分散的小黑红色斑，尖叶和心叶呈灰色，变得坚实和僵硬，肺泡膨胀不全，并含有大量渗出液，纵膈淋巴结水肿和膨胀，细支气管有大量出血点，有时出现坏死区，坏死区有化脓样物质。

肠炎型：多出现于流产胎儿和死亡的新生仔猪，胃肠道有急性局灶性卡他及回肠的出血性变化。肠粘膜发炎而潮红，小肠和结肠浆膜面有灰白色浆液性纤维素性覆盖物，小肠淋巴结肿胀，脾脏有出血点，轻度肿大，肝质脆，表面有灰白色斑点。

四、诊断

可根据该病的流行病学、临床特点和病理变化等作出初步诊断，确诊需作实验室检查。可进行病原体分离培养、血清学试验等进行确诊，血清学方法最常用的是补体结合反应。也可进行血清中和试验、毒素中和试验和空斑减数试验。另外间接血凝试验、免疫荧光试验、ELISA等近年来已用于本病的诊断。

五、防治

（一）预防原则

1.引进种猪时须严格检疫（包括临床及血清学检查）。

2.将病猪隔离治疗，对猪舍、产房严格消毒。及时清除流产胎猪、死胎、胎膜及其他病料，深埋或火化。

3.猪群进行定期观察，随时淘汰疑似病猪及血清学阳性猪，培育健康猪群。

4.实行人工授精，或公猪在配种、采精前一个月，母猪在配种前及怀孕后期投给四环素。

（二）免疫防治

应用疫苗进行预防。中国农业科学院兰州兽医研究所研制成功了猪衣原体性流产灭活苗。

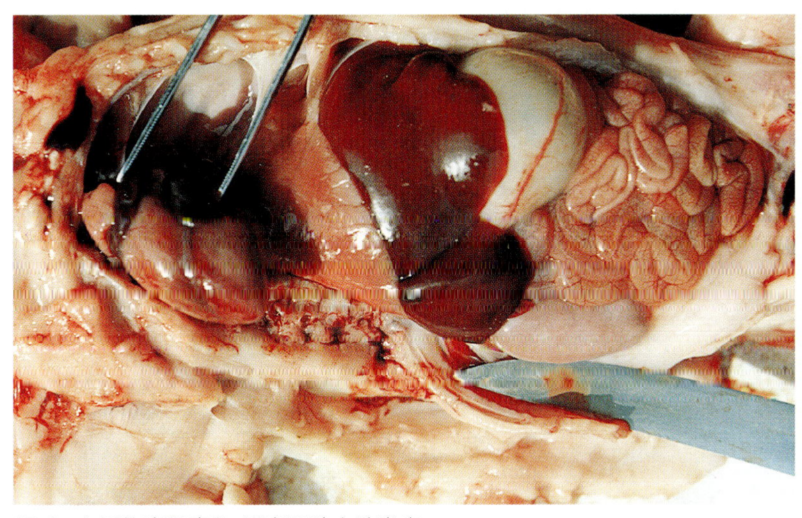

27-9 衣原体病理变化 早产死胎心脏出血

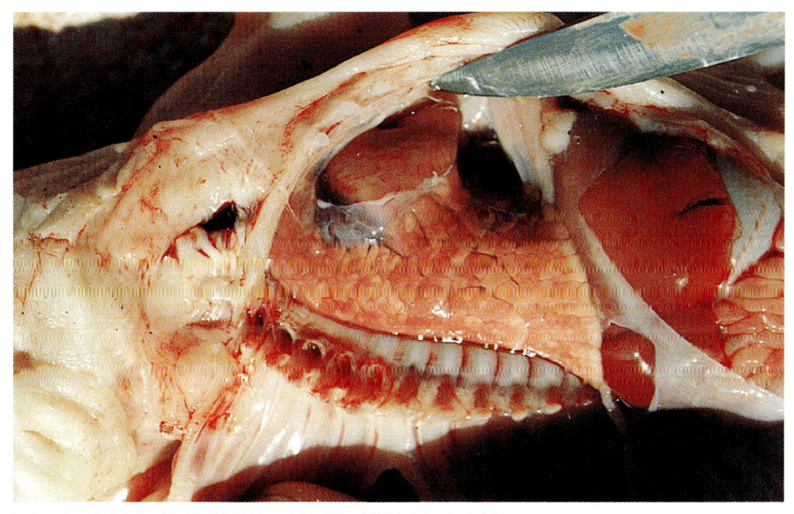

27-10 衣原体 病理变化 早产死胎肺常有瘀血水肿

（三）治疗

四环素为治疗首选药物，也可用金霉素、土霉素、阿莫西林、红霉素、螺旋霉素等。公、母猪配种前1～2周及产前2～3周随饲料给予四环素类制剂，按0.02%～0.04%的比例混于饲料中,连用1～2周。也可注射缓释型制剂，可提高受胎率，增加活仔数及降低新生仔猪的病死率。

给新生仔猪肌肉注射1%土霉素，1毫升／体重千克，连用5日，每日1次。从10日龄开始随饲料投予四环素类药物，1克／10体重仟克,直到体重达到25千克为止。仔猪断奶或患病时，注射含5%葡萄糖的5%土霉素溶液，1毫升／5体重千克，连续5日。

28 猪气喘病

Swine Aasthma Disease

气喘病(猪地方性肺炎)是由猪肺炎霉形体(支原体)引起的呼吸道接触性传染病，也称猪地方流行性肺炎或猪支原体性肺炎。特征为咳嗽和气喘。病变一般只限于肺，而以心叶及尖叶最为常见。

一、病原

病原体为猪肺炎支原体。是多形态微生物，呈球状、环状、两极形等，大小为110～225纳米。可通过300纳米的滤器。猪肺炎霉形体能在细胞培养基上生长。

图 28-1 猪气喘病 临床症状 病猪明显的腹式呼吸困难，似犬坐而缓解呼吸困难

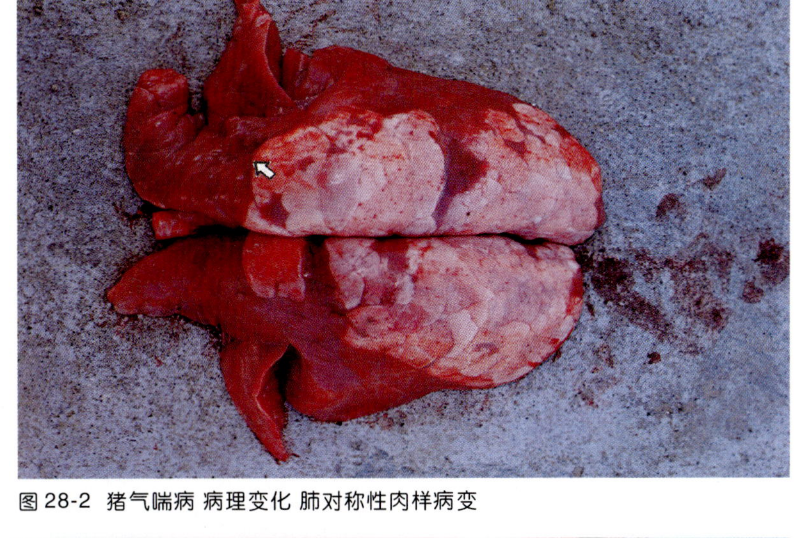

图 28-2 猪气喘病 病理变化 肺对称性肉样病变

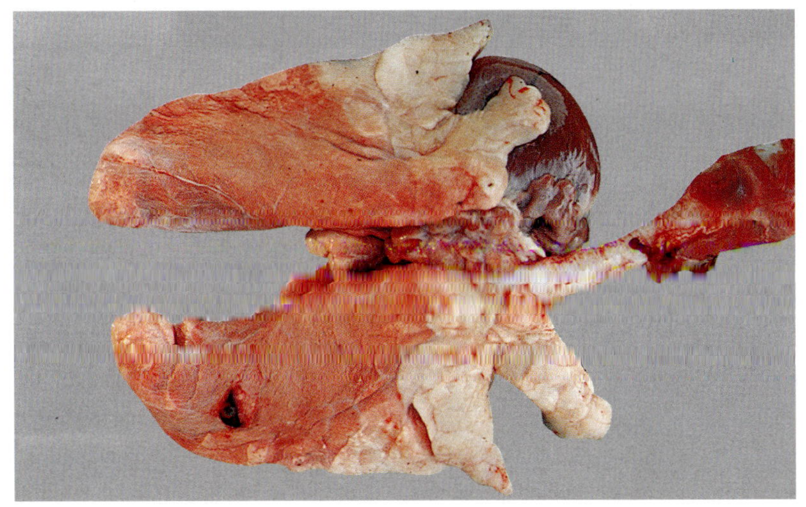

图 28-3 猪气喘病 病理变化 肺对称性胰样病变

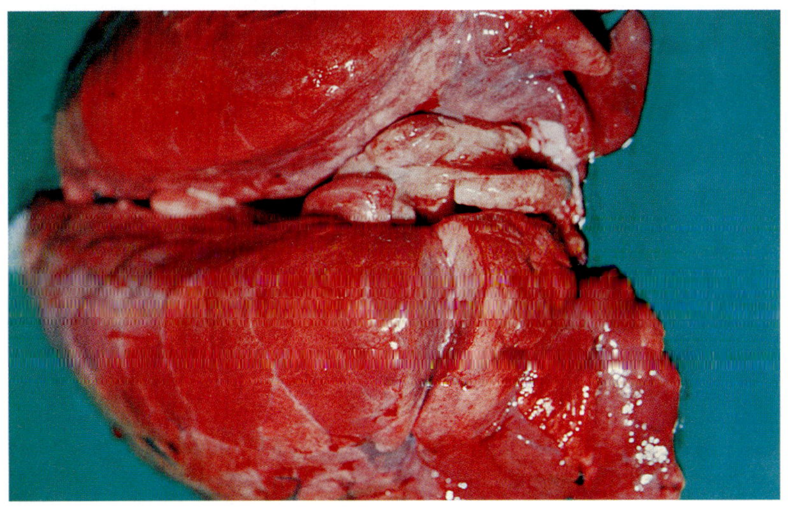

图 28-4 猪气喘病 病理变化 肺门淋巴结肿大 10 倍

该病原对外界抵抗力低，在外界环境中存活不超过36小时，病肺悬液在15～25℃36小时失去致病力。病肺在1～4℃存活7天，-15℃保存45天。常用消毒药可杀死病原体。

二、流行病学

1.易感性：自然病例只有猪和野猪，其他动物不发病。

2.传染源：病猪和隐性病猪是本病的传染源。

3.传播途径：感染的途径是呼吸道，病猪和隐性带菌猪咳嗽、喷嚏时，随飞沫及分泌物排出大量病原，与其接触的健康猪吸入而受到感染。

4.流行特点：该病初次流行多为暴发。多数因引种,又没隔离观察，而直接与健康猪混群，怀孕后期母猪常是急性发作，多为重症。急性期后转为慢性。病猪症状消失后，可长期带有病原体。猪群中病猪连绵不断，很难消除。一年四季可发生，饲养管理和卫生条件，对病的发生和流行有重要影响，条件好时，病势缓和，有利于病猪康复，否则病情加重，并可引起继发感染，病程延长,死亡率增加。

三、临床症状与病理变化

潜伏期为4～12天，本病的主要临诊症状为咳嗽与喘气（图28-1）。首次传入本病时，病猪和隐性带菌猪咳嗽、喷嚏时排出大量病原,健康猪吸入而受到感染,可长期带有病原体。急性型后转为较常见的慢性型,病猪表现咳嗽，特别是早晨活动后和喂食时，发生连续咳嗽，随着病情的发展恶化而出现明显的腹式呼吸困难，常继发感染巴氏杆菌，衰竭而死亡。种猪群一旦被感染本病,病猪连绵不断，很难消除。病变由肺的心叶开始，逐渐扩展到间叶、中间叶和膈叶下部，病变呈对称性与健康组织界限明显，外观似肉样（图28-2）、胰样（图28-3），切面组织致密，从小支气管挤压出灰白色，混浊粘稠的液体，支气管淋巴结和纵隔淋巴结肿大数十倍，切面灰白色（图28-4），组织学观察，小血管和细支气管周围有淋巴细胞增生，呈管套样（图28-5、6）。

四、诊断

一般根据剖检时病变限于肺和胸腔淋巴结的变化和临床症状来确诊，对慢性和急性病猪可做肺部的X线透视检查或做血清学如血凝试验等。

五、防治

（一）免疫预防

猪气喘病乳兔弱毒菌苗，适用疫点（区）断奶后仔猪，后备架子猪，种猪及怀孕2个月以内的母猪，免疫期8个月。猪气喘病安宁168株弱毒苗，该苗对杂种猪较安全，免疫期9个月。

（二）治疗

药物治疗关键是早期用药。

1.土霉素碱油剂、土霉素碱粉70克，花生油100毫升，混合均匀，每千克体重0.2毫升。肩背间或颈部等两侧深部肌肉分点轮流注射，每5天注射1次，连用2～3次。

2.盐酸土霉素 每日每千克体重30～40毫克，用40%硼酸

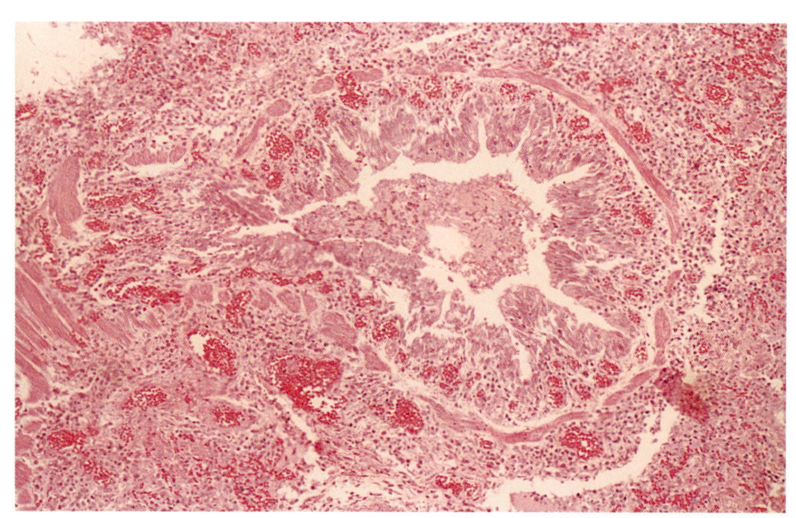
图28-5 猪气喘病 组织学 细支气管内炎性分泌物，周围微血管充血，淋巴样细胞增生 HE × 10

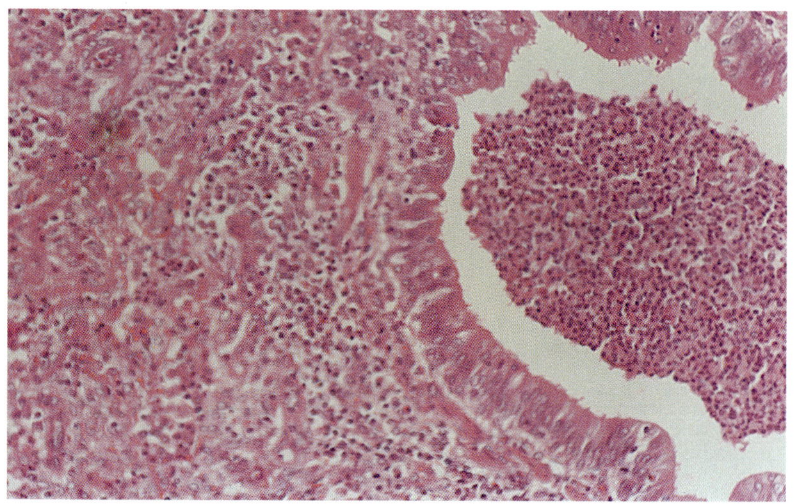
图28-6 猪气喘病 组织学 支气管周围淋巴样细胞增生 HE × 20

溶液稀释后一次性肌肉注射，连用5～7日为一疗程。

3.硫酸卡那霉素 每日每千克体重5万～7万单位肌肉注射，每日2次，连用5～6日。

4.泰乐菌素 按每千克体重50毫克为预防量，100毫克为治疗量，2周一个疗程，拌饲料中喂猪。

5.泰妙霉素（支原净）45克溶于50千克水中，连用10日，有较好的预防效果。

6.盐酸洁霉素 注射液肌肉注射按每千克体重50毫克，5日为一个疗程。

（三）预防原则

引种时从外地购入种猪时，对于购入种猪进行血清学检查，认定阴性合格时，进场后应隔离观察3个月，并用X射线透视2～3次，确认未病时方可混群，有本病猪场，可利用康复母猪或培育无特定病原猪建立健康猪群，逐步清除病猪，以最终彻底消灭本病。

点评本病流行很普遍，是目前仔猪呼吸综合征原发病，由于本病在猪群中存在，可增加其他疾病的发病率和死亡率，猪场经济效益降低。

29 猪副嗜血杆菌病
Haemophilus Suis

猪副嗜血杆菌病是由猪副嗜血杆菌引起猪的多发性浆膜炎和关节炎的细菌性传染病，主要引起肺的浆膜和心包及腹腔浆膜和四肢关节浆膜的纤维素性炎为特征的呼吸道综合征。

一、病原

副嗜血杆菌目前暂定为巴氏杆菌科嗜血杆菌属，镜下本菌有多种不同形态，从单个的球杆菌到长的、细长的以及丝状菌体。无鞭毛，无芽孢，新分离的致病菌株有荚膜。美蓝染色呈两极革兰氏染色阴性。

本菌需氧或兼性厌氧，最适生长温度37℃，pH7.6～7.8。初次分离培养时供给5%～10%CO_2可促进生长。本菌生长时需要X因子和V因子。血液培养基上该菌落不出现溶血现象。

图 29-1 猪副嗜血杆菌 临床症状 病猪关节发炎站立不起

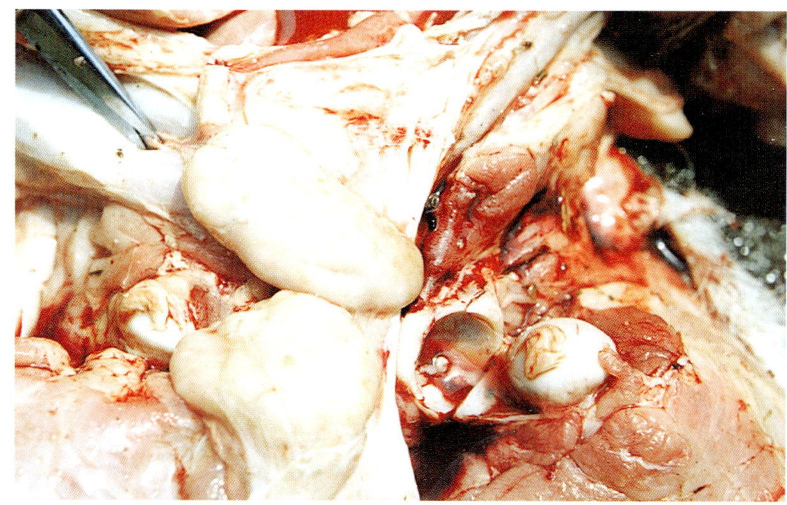

图 29-2 猪副嗜血杆菌 病理变化 腹股沟淋巴结肿大灰白色

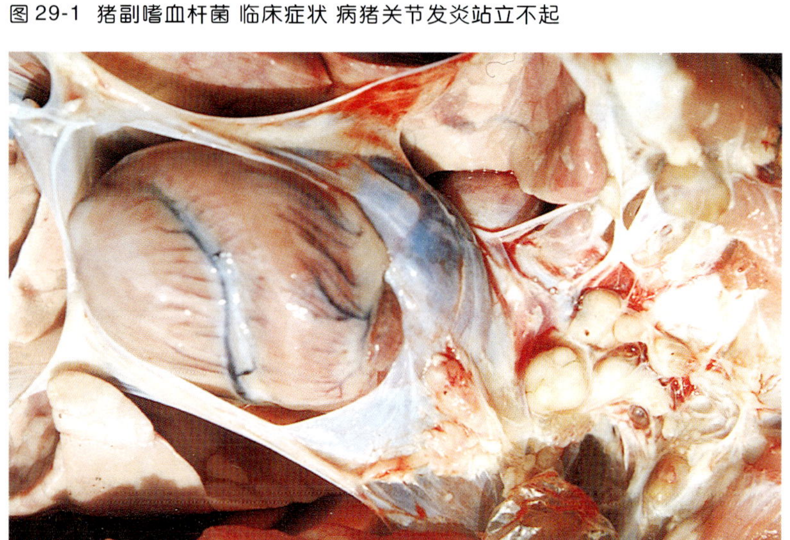

图 29-3 猪副嗜血杆菌 病理变化 胸前淋巴结肿大 灰白色

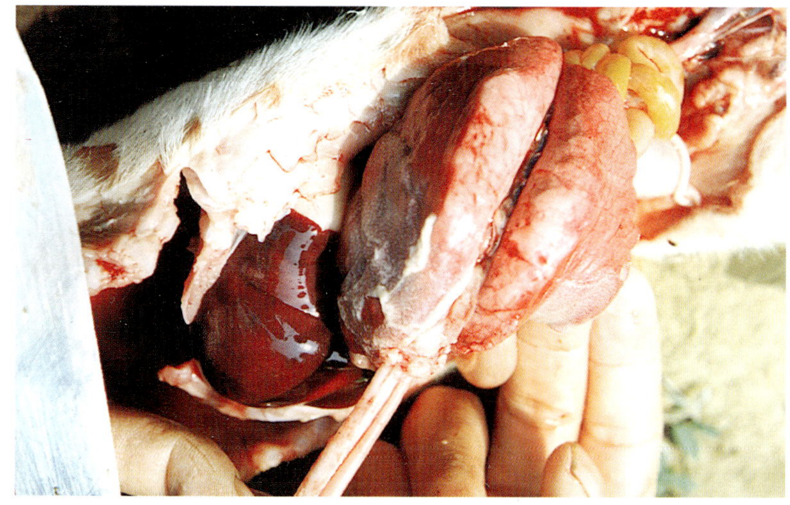

图 29-4 猪副嗜血杆菌 病理变化 肺浆膜的纤维素伪膜

本菌存在大量的异源基因型，天然存在各种血清型，有15种血清型，4、5和13型最常见。用限制性内切酶分析法可将61个菌株分为29个型。但各型毒力差别很大，某些血清型致病力较强。本菌已在猪群中存在，时而侵入猪群中，可能导致猪群高发病率和死亡率的全身性疾病。

本菌对外界的抵抗力不强。干燥环境中易死亡，60℃5～20分钟被杀死，4℃存活7～10天。常用消毒药可将其杀死。本菌对阿莫西林、泰农、红霉素、林可霉素、土霉素、卡那霉素、磺胺类等药物敏感。

二、流行病学

1.易感性： 仔猪敏感，尤其断乳后10天左右多易发病。

2.传染源： 患猪或带菌猪是主要传染源，该细菌寄生在鼻腔等上呼吸道内。

3.传播途径： 主要通过空气直接接触感染，其它传染途径如消化道等亦可感染。

4.流行特点： 在一个猪群中，副嗜血杆菌的致病作用是影响其他许多全身性疾病严重程度和发生发展的因素，这与霉形体肺炎日趋流行有关，也与病毒型呼吸道病原体有关，其中有繁殖呼吸综合症（PRRS）病毒、猪流感病毒和呼吸道冠状病毒。副嗜猪血杆菌与霉形体混感在一起患PRRS猪肺的检出率为51.2%（Kobayashi等，1996）。应引起注意。

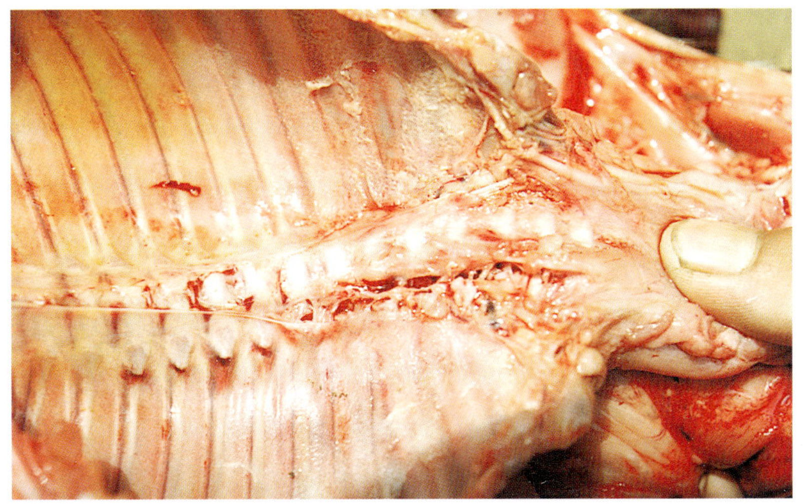

图29-5 猪副嗜血杆菌 病理变化 胸肋膜的纤维素伪膜

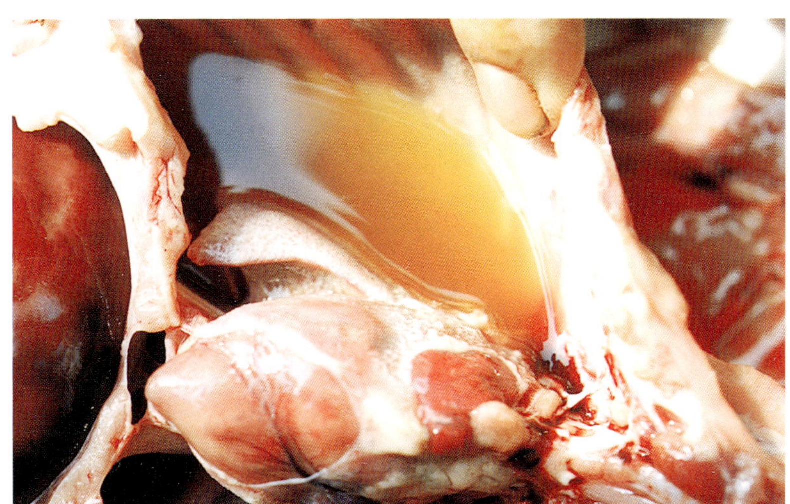

图29-6 猪副嗜血杆菌 病理变化 心包的纤维素性炎症

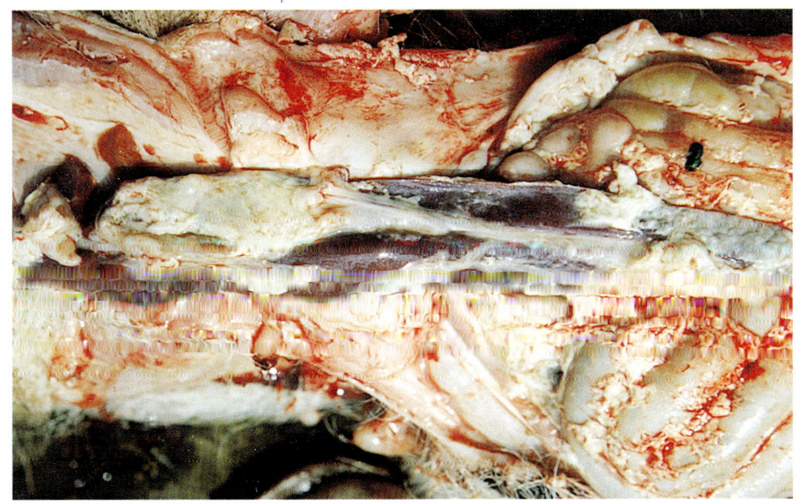

图29-7 猪副嗜血杆菌 病理变化 脾浆膜的纤维素伪膜

图29-8 猪副嗜血杆菌 病理变化 肠管及腹腔内的纤维素条索

三、临床症状

本病多因被PRRSV等病毒类和霉形体感染后猪场的仔猪发生和流行，多呈继发和混合感染，其临床症状缺乏特征性。人工接种试验潜伏期2～5天，一般几天内发病，出现体温升高40℃以上，食欲不佳，精神沉郁，有的四肢关节出现炎症，可见关节肿胀、疼痛，起立困难（图29-1），一侧性跛行。驱赶时患猪发出尖叫声．侧卧或颤抖、共济失调，患猪逐渐消瘦，被毛粗糙，起立采食或饮水时频频咳嗽，咳出气管内的分泌物吞入胃内，鼻孔周围附有脓性分泌物，并有呼吸困难症状，出现腹式呼吸，而且呼吸频率加快，心律加快，节律不齐，可视粘膜发绀，最后因窒息和心衰死亡。如出现急性败血病时，不出现典型浆膜炎时而发生急性休克肺死亡，剖检为急性肺水肿。

四、病理变化

全身淋巴结肿大，如下颌淋巴、股前淋巴（图29-2）、胸前淋巴（图29-3）、肺门淋巴、胃门淋巴、肝门淋巴，切面颜色一致为灰白色。胸膜、腹膜、心包膜以及关节的浆膜出现纤维素性炎。表现为单个或多个浆膜的浆液性或化脓性的纤维蛋白渗出物，外观淡黄色蛋皮样的薄膜状的伪膜附着在肺胸膜（图29-4）、肋胸膜（图29-5）、心包膜（图29-6）、脾（图29-7）、肝与腹膜、肠（图29-8）、以及关节等器官表面，亦有条索状纤维素性膜。一般情况下肺和心包的纤维素性炎同时存在。组织学显微镜下观察渗出物为纤维蛋白和中性粒细胞和少量巨噬细胞（图29-9、图29-10）。

五、诊断

本病根据流行病学和临床症状以及尸体剖检为基础，以细菌培养做诊断是必要的。但细菌培养往往不易成功。因嗜血杆菌非常娇嫩，在采集的病料中可能出现其他杂菌，培养基难以满足猪副嗜血杆菌生长的营养需要。培养分离本菌成功技术之一，采病料必需在没有应用抗菌素之前，其次必需要采浆膜表面的物质或渗出的脑脊液及心血。同时做血清型鉴别。

鉴别诊断首先要与链球菌、放线杆菌、猪霍乱沙门氏杆菌、埃希氏大肠杆菌等引起败血性疾病相区别。同时还应与

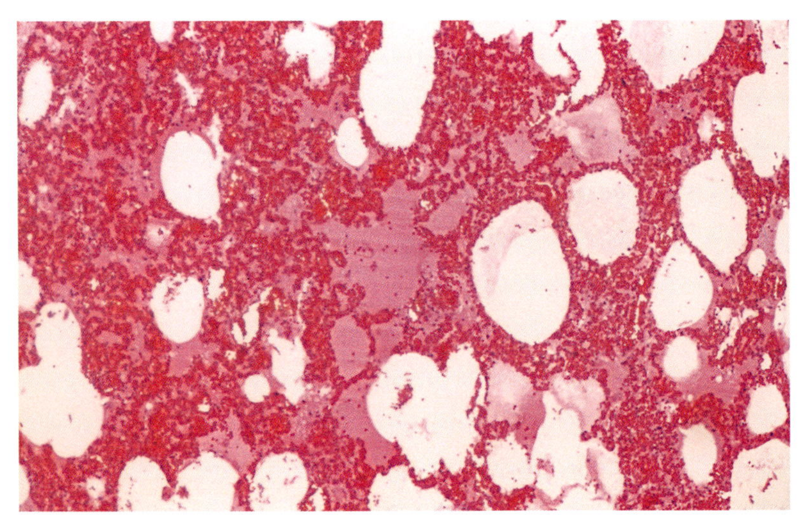

图29-9 猪副嗜血杆菌 组织学 肺泡壁毛细血管扩张充满红细胞，肺泡内积有浆液和炎性细胞 HE × 10

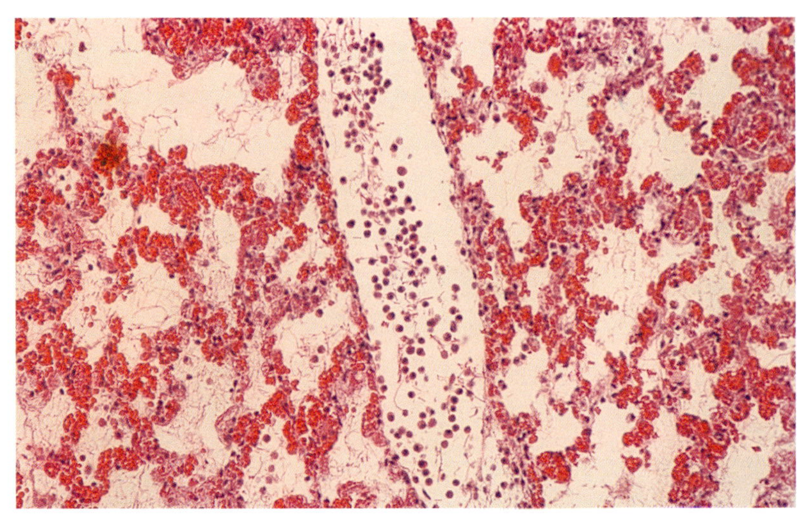

图29-10 猪副嗜血杆菌 组织学 肺泡壁毛细血管强度扩张充满红细胞，肺泡内有纤维素浆液和炎性细胞，小叶间多量炎性细胞 HE × 20

3～10周龄患霉形体多性浆膜炎和关节炎相区别，因为与猪副嗜血杆菌有相似病变。所以只有确认了其他病毒和细菌病原之后，才能认清副嗜猪血杆菌在支气管肺炎的作用。这些病原体可能做为多因子在疾病的发病全过程中起作用。

六、防治

（一）治疗原则

本病多为群发，在治疗时应全群投药，如应用针剂时，应按疗程用药。推荐以下药物：

1.泰安：由泰乐菌素＋磺胺＋增效剂研制成功，产生8～20倍强力协同杀菌作用，吸收迅速，药效持久，水溶性好，可饮水和拌料使用。

2.抗喘灵：多种中药配制而成，清肺平喘，化痰止咳，减少应激，有效杀灭呼吸道病原体。使用方法：250克加入50千克饲料中，连用3～5天。预防：250克加入饲料100千克连用3～5天。

3.病菌消：是最新喹喏酮类抗菌素复合剂。其特点安全性高，不产生抗药性，无毒，用法与用量：按1:1000溶于水，每日二次，连用3～5天或1:1000拌料，连用3～5天。

4.利康宁：强力抗菌，消除肾肿解毒，水溶性好，安全范围大，可长期使用。100克溶于100千克水中，自由饮用，连用3～5天。

（二）预防与免疫

因猪副嗜血杆菌生物学特性研究的尚不充分，由各种菌株致病力和血清型的不同，以及对保护性抗原和毒性因子还缺乏了解，不可能有一种灭活疫苗同时对猪所有的致病菌株产生交叉免疫力。

疫苗:美国、加拿大、西班牙等国有副猪嗜血杆菌病灭活疫苗，可以保护血清4、5和血清1、6型。氢氧化铝佐剂2ml。注射部位：颈部肌肉注射，剂量：各种体重年龄的猪均为2ml，10～15天再用同样剂量进行二免。

30 附红细胞体病
Eperythrozoonosis

附红细胞体病（简称附红体病）是由附红细胞体（Eperythrozoon，简称附红体）引起的一种人畜共患传染病，以贫血、黄疸和发热为特征。

一、病原

附红细胞体是一种多形态微生物，多数为环形、球形和卵圆形，少数呈顿号形和杆状(图30-1)。附红体多在红细胞表面单个或成团寄生，呈链状或鳞片状，姬姆萨染色呈紫红色，瑞氏染色为淡蓝色。在红细胞上以二分裂方式进行增殖。

二、流行病学

1.易感性： 附红体寄生的宿主有鼠类、绵羊、山羊、牛、

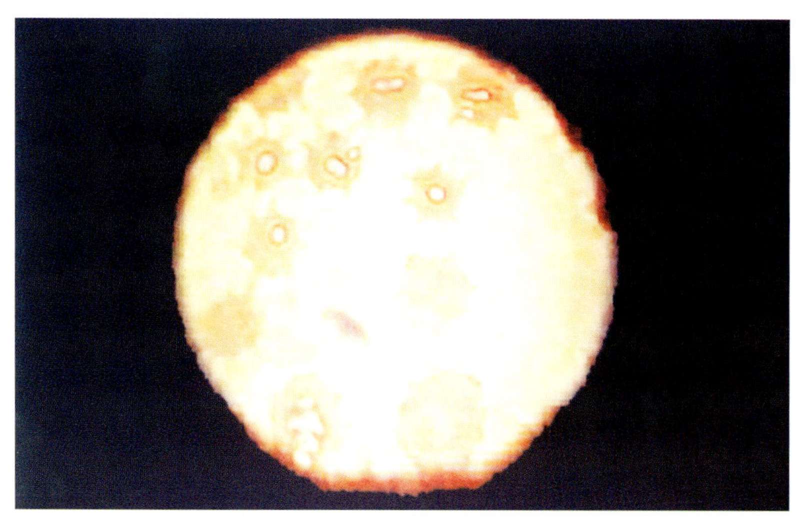
图 30-1 猪附红细胞体 血液压片红细胞周围的附红细胞体（特技）

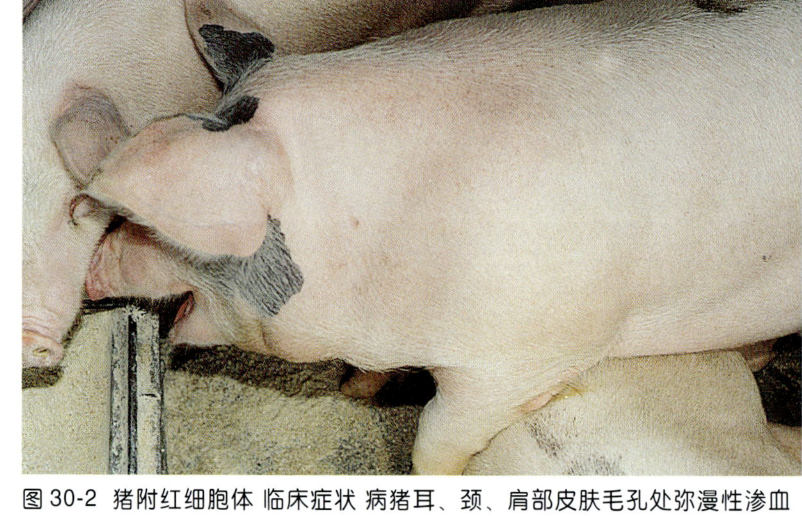
图 30-2 猪附红细胞体 临床症状 病猪耳、颈、肩部皮肤毛孔处弥漫性渗血

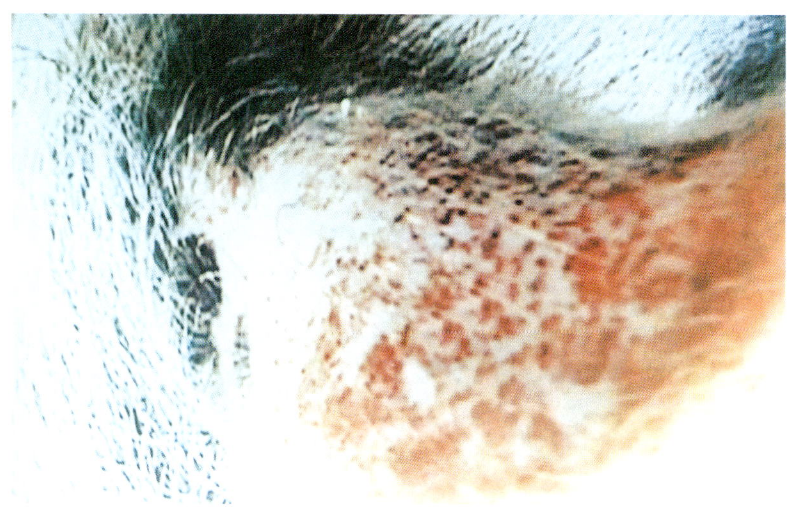
图30-3 猪附红细胞体临床症状 病猪耳部皮肤毛孔处弥漫性渗血（特技）

图 30-4 猪附红细胞体 临床症状 病猪颈背皮肤毛孔处弥漫性渗血（特技）

猪、狗、猫、鸟类、骆马（美洲驼）和人等。在我国也查到了马、驴、骡、猪、牛、羊、奶山羊、兔、鸡、鼠和骆驼等感染附红体。

2.传染源：病猪及隐性感染猪是主要传染源。免疫防御功能健全的猪，附红细胞体和猪之间能保持一种平衡，附红细胞体在血液中的数量保持相当低的水平，猪受到强烈应激时才表现出明显的临床症状。但血清学阴性的猪仍可能携带猪附红细胞体并传给其它动物。

3.传播途径：有接触性传播、血源性传播、垂直传播及媒介昆虫传播等。动物之间、人与动物之间长期或短期接触可发生直接传播。用被附红体污染的注射器、外科手术器械、针头等器具进行人、畜注射，或因打耳标、阉割、剪毛、人工授精等可经血液传播。垂直传播主要指母猪经子宫感染胎猪。

4.流行特点：本病多发生于各种吸血昆虫活动频繁的高峰时期，如虱子、蚊、螫蝇等可能是传播本病的重要媒介。对一个被感染的猪群来说，附红细胞体病只会发生于那些抵抗力下降的猪，许多应激因素可引起猪抵抗力下降，尤其是分娩后易发病。如同时发生其他慢性传染病时，猪群可能爆发本病。

三、临床症状与病理变化

动物感染，多数呈隐性经过，受应激因素刺激可出现临诊

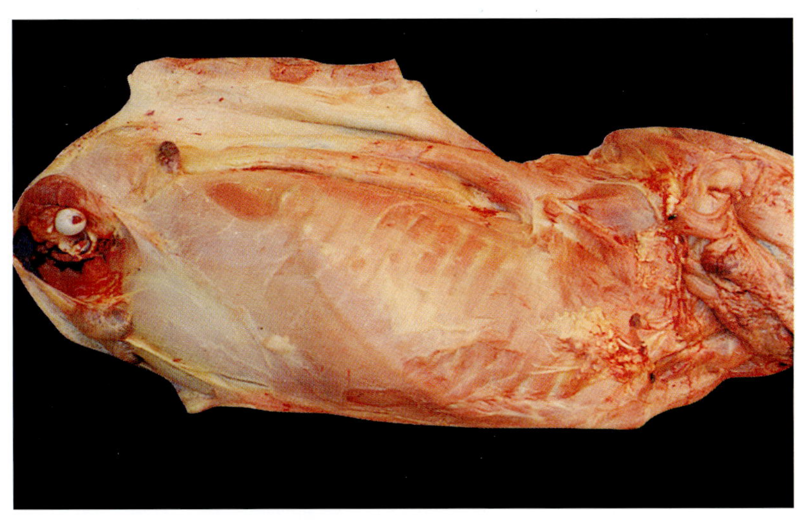

图 30-5 猪附红细胞体 病理变化皮下黄染

图 30-6 猪附红细胞体病理变化淋巴结的展示，有程度不同的肿大充血和黄染

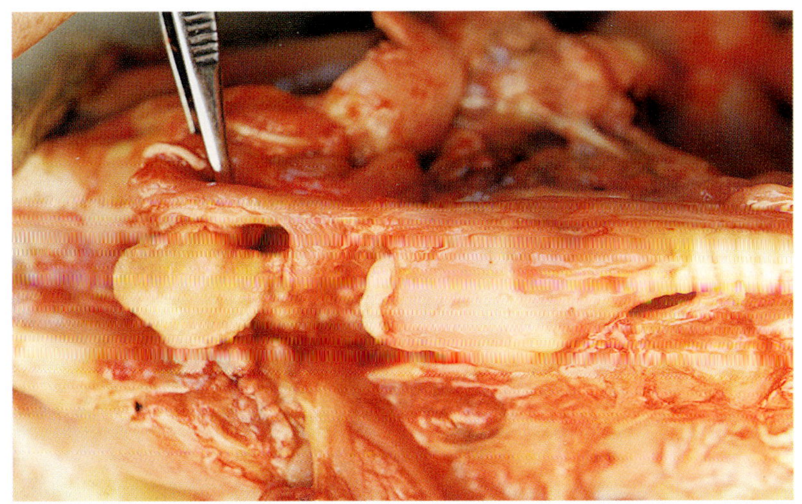

图 30-7 猪附红细胞体 病理变化喉头粘膜和气管外膜黄染

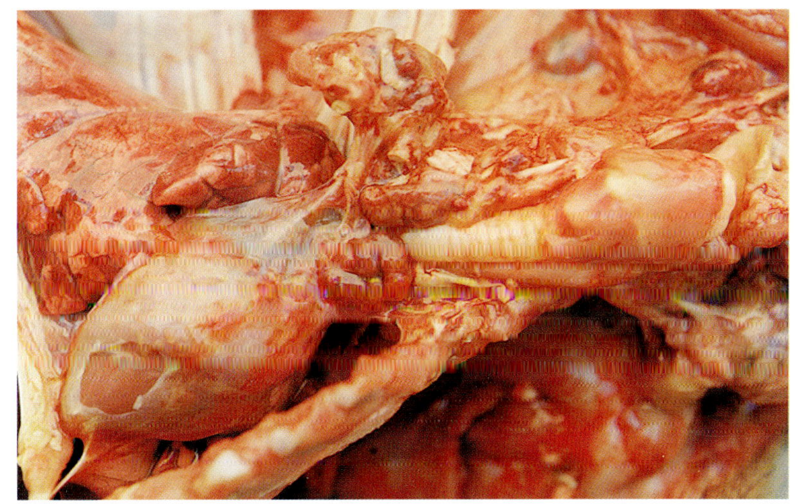

图 30-8 猪附红细胞体 病理变化心包浆膜黄染

症状。猪常以“红皮”为特征，仔细观察可见毛孔处有点状的微细红色点状斑(图30-2)尤以耳部(图30-3)、肩背部(图30-4)、臀部皮肤明显。以后出现贫血和黄染。

猪可见皮下组织弥漫性黄染(图30-5)、全身淋巴结肿大黄染(图30-6)、喉头粘膜、气管外浆膜(图30-7)、心包浆膜、肺浆膜(图30-8、9)、胸腔浆膜(图30-10)、胃浆膜、肠浆膜(图30-11、12)黄染。胃粘膜黄染并有散在的出血斑(图30-13)。消化道内有程度不同的卡它性出血炎症，脾肿大(图30-14)，肝肿大有脂肪变性(图30-15)，胆汁浓稠有的可见结石样物质，肝有实质性炎性变化和坏死，脾被膜有结节，结构模糊。肾黄染(图30-16)。

组织学变化为弥漫性血管炎症，有浆细胞、淋巴细胞和单核细胞等聚集于血管周围，肺、心、肾等都有不同程度的炎性变化。据观察，死亡动物的病变广泛，往往具有全身性。

四、诊断

根据临诊症状，确诊需依靠实验室检查。直接镜检在血浆中及红细胞上观察到不同形态的附红体可做出诊断。

可选用补体结合试验、间接血凝试验、荧光抗体试验、酶联免疫吸附试验、DNA技术等方法诊断本病。由于本病在流

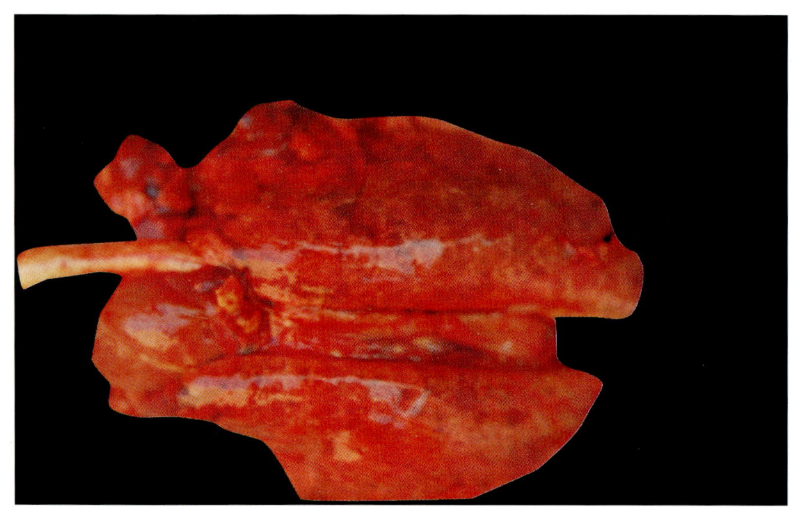

图 30-9 猪附红细胞体 病理变化 肺浆膜黄染

图 30-10 猪附红细胞体病理变化 胸肋膜弥漫性黄染

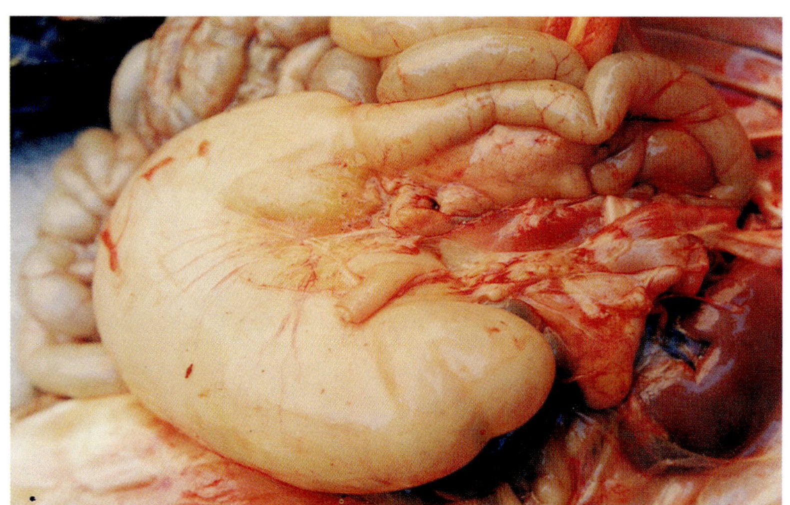

图 30-11 猪附红细胞体 病理变化胃浆膜弥漫性黄染与所属淋巴结肿胀

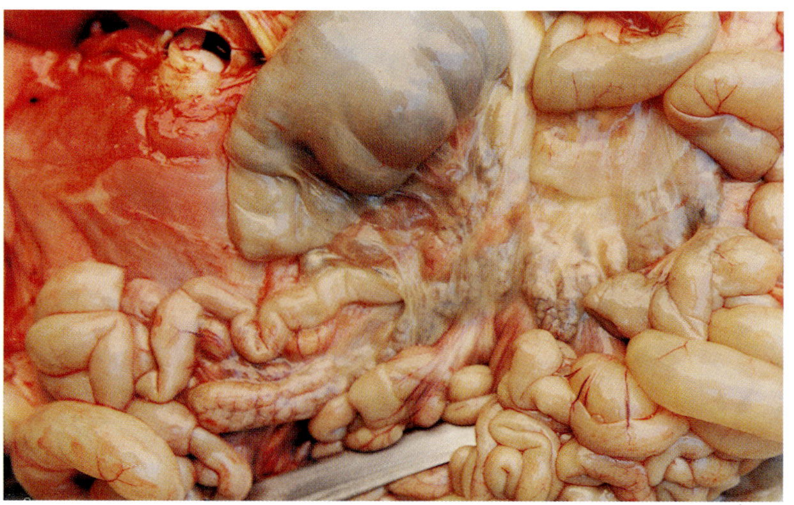

图 30-12 猪附红细胞体 病理变化小肠与肠系膜弥漫性黄染

行病学、临诊症状、病原体形态等方面与焦虫病、无浆体病等类似，需注意鉴别。

五、防治

治疗可选用以下各种药物，如四环素、卡那霉素、强力霉素、土霉素、血虫净（贝尼尔）、氯苯胍、914、含砷类药物(尼可苏、阿散酸、洛霉碇)等。

预防本病要采取综合性措施，尤其要驱除媒介昆虫，做好针头、注射器的消毒。科学的饲养管理和消除应激因素是最重要的；将四环素族类等抗生素药物混于饲料中，可预防猪发生本病。

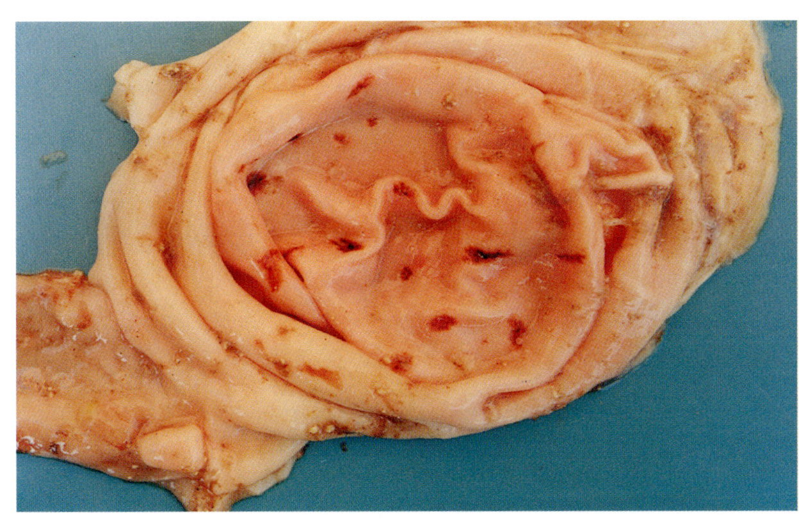

图30-13 猪附红细胞体病理变化胃粘膜弥漫性黄染与散在出血斑

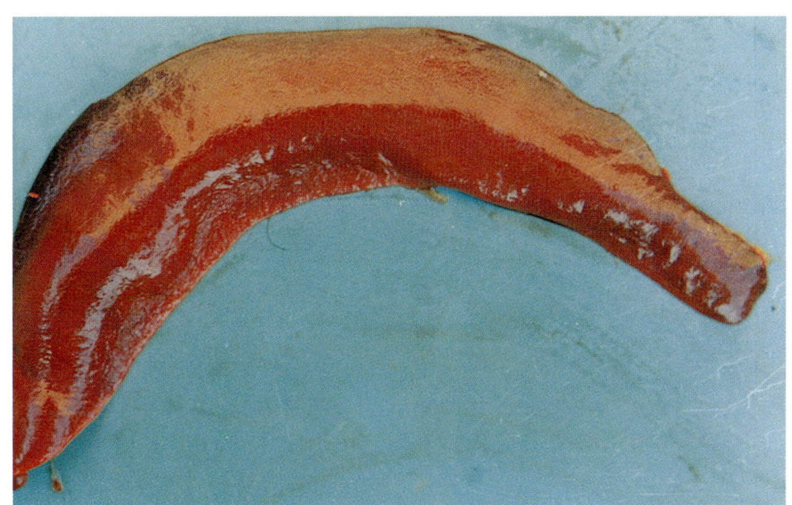

图 30-14 猪附红细胞体 病理变化脾肿大黄染

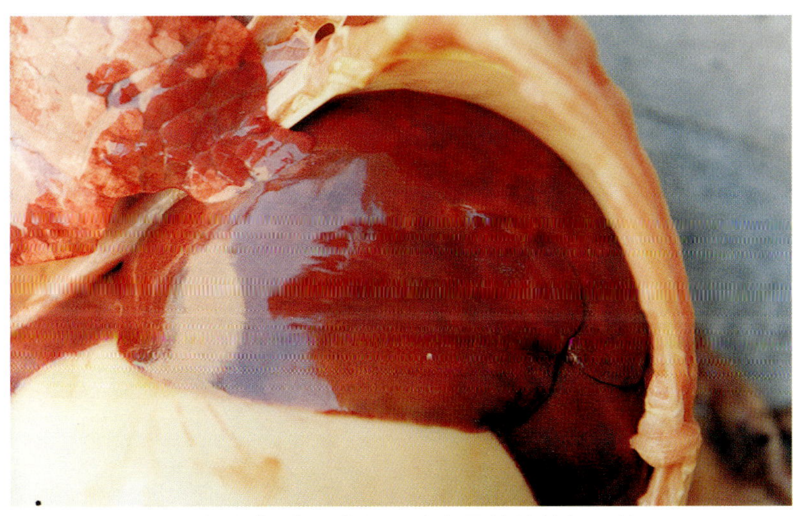

图 30-15 猪附红细胞体 病理变化肝脏有局灶性的坏死灶

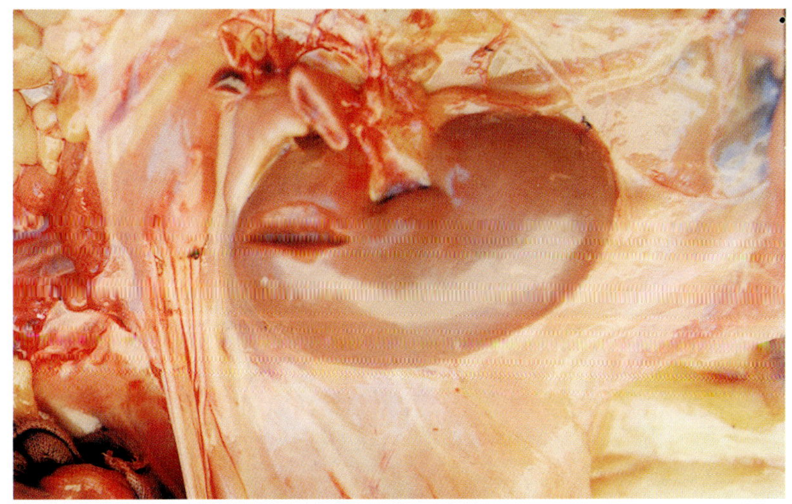

图 30-16 猪附红细胞体 病理变化 肾外观黄染

31 猪的蔷薇糠疹
Pityriasis of Swine

仔猪的蔷薇糠疹最初于1903年描述而根据人的一种类似疾病命名的，它见于所有集约养猪的国家。

一、病原

病原还不明了，但是组织学检查时常可见到“不规则弯曲，棒形增厚的丝状成份”。新近在大量近亲育种材料所进行的研究已经从统计学方面肯定了遗传特性的影响，并曾证明白色地丝菌和白色假丝酵母为皮肤病损的继发性侵入者。

二、临床症状与病理变化

此病通常于生后头几星期内发生，较少发生于几个月大的猪。可能一窝中的所有猪只都患病，也可能只有个别猪只患病，

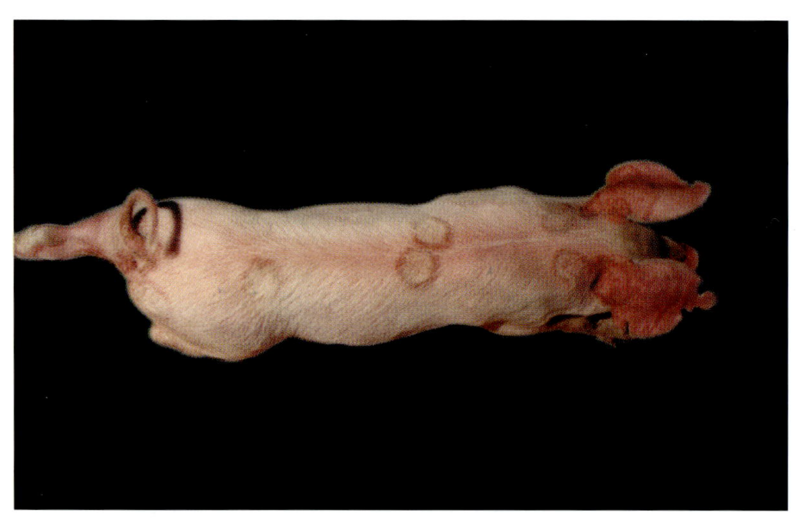

图 31-1 玫瑰糠疹 临床症状 病猪背部蔷薇糠疹

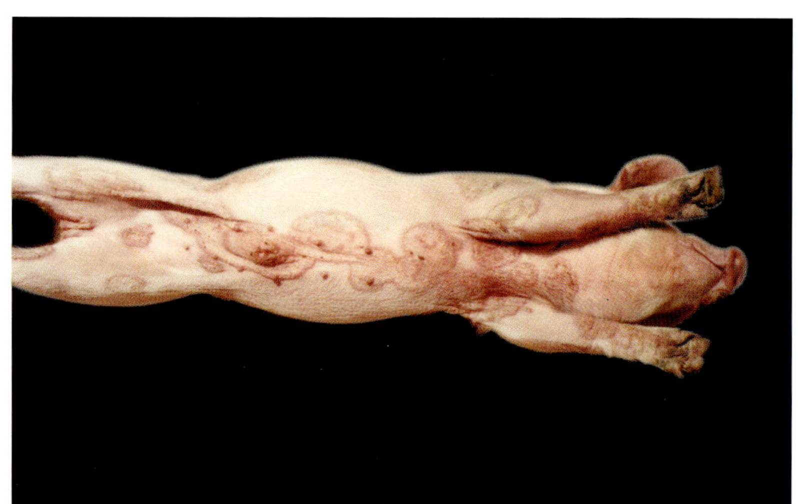

图 31-2 玫瑰糠疹 临床症状 病猪腹部蔷薇糠疹

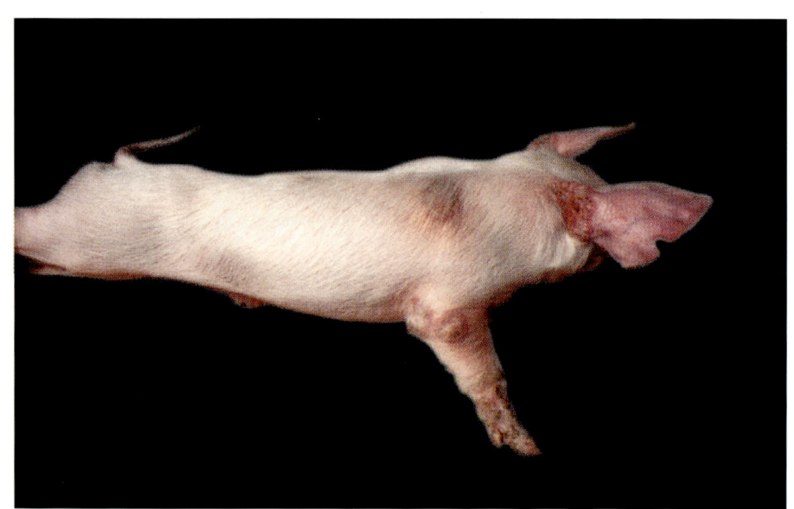

图 31-3 玫瑰糠疹 临床症状 病猪体侧部蔷薇糠疹

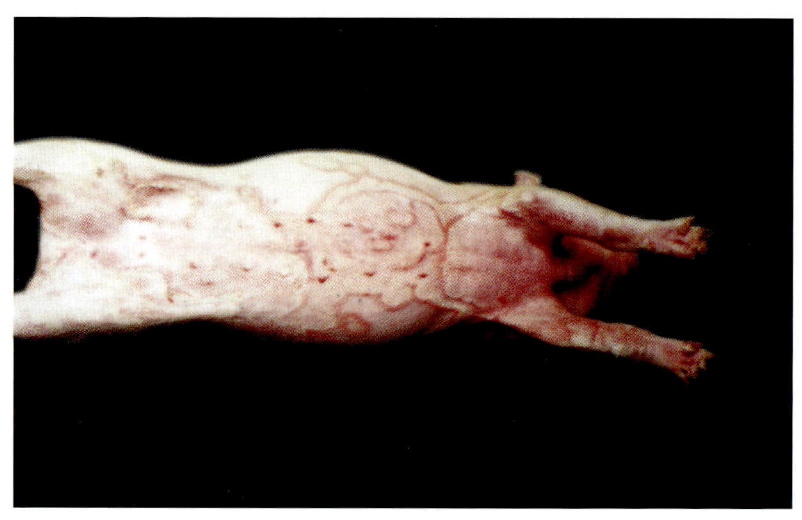

图 31-4 玫瑰糠疹 临床症状 病猪腹部即将痊愈蔷薇糠疹

此病不能使全身情况受到扰乱，不导致消瘦，只有例外情况下引起瘙痒。开始于腹侧或者后腿内侧，表现为黄豆大至五分镍币大的微红色隆起病灶（图31-1、2、3、），迅速向所有方向扩大，病变在形成堤状边缘和痂垢之下向周围扩展，而中央则痊愈，从而形成一种地图状病象如玫瑰样，故又称玫瑰糠疹（图31-4、5、6），在头部和背部边可能见到类似的病变。

三、防治

预防是育种领域中大事，在注意到其遗传影响之下，建议将后裔表现蔷薇糠疹的种猪淘汰。治疗无特效方法,通常可自愈。如发生细菌性继发感染，则应加以治疗。

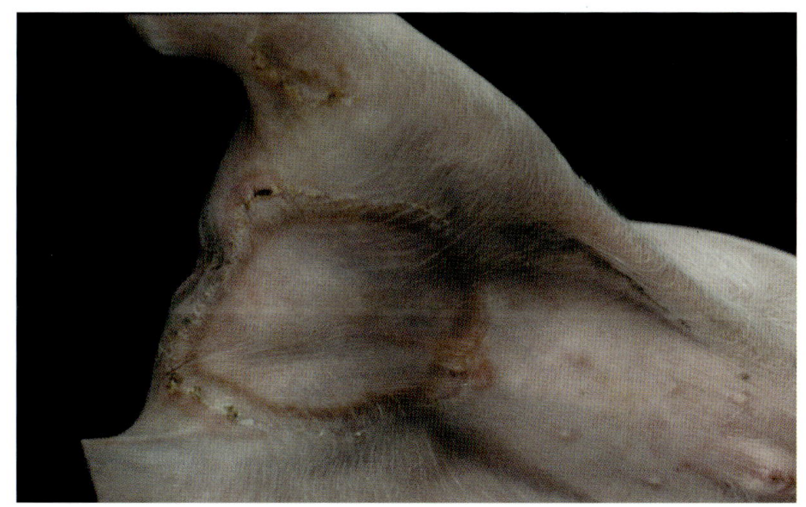

图31-5 玫瑰糠疹 临床症状 病猪腹部即将痊愈蔷薇糠疹

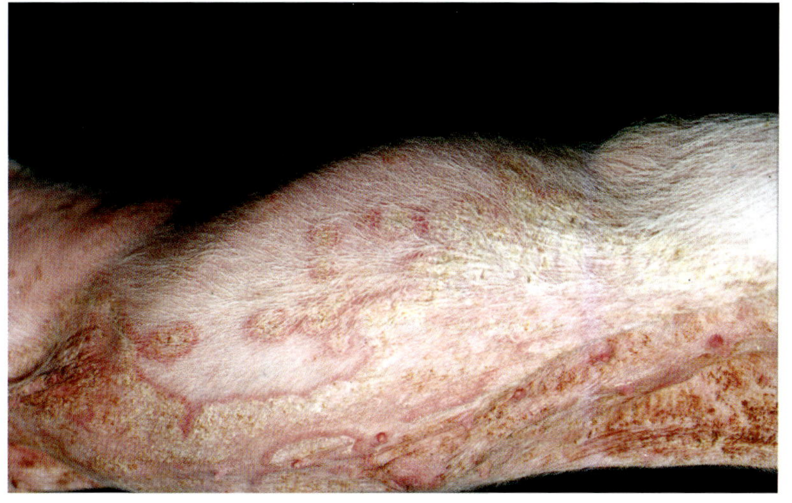

图31-6 玫瑰糠疹 临床症状 病猪腹部即将痊愈蔷薇糠疹

32 华枝睾吸虫病与姜片吸虫病
Clonorchis Sinensis and Fasciolopsis

A 华枝睾吸虫病

华枝睾吸虫病(俗称肝吸虫病)是由后睾科的中华枝睾吸虫寄生于人、猪、狗、猫等肝脏胆管和胆囊中而引起的一种对人畜危害严重的吸虫病。我国已有23个省市自治区存在本病。

一、病原体与生活史

体背腹扁平呈柳叶形，薄而透明，前端稍尖，后端稍钝圆，体表光滑（图32-1）。虫卵黄褐色，形似灯泡，顶端有盖，后端有一小突起，内含毛蚴。猪体内的华枝睾吸虫所产虫卵随胆汁进入消化道，再随粪便排出体外，进入有中间宿主的水中，被第一中间宿主淡水螺吞食，在螺的体内孵出毛蚴。毛蚴进入螺的淋巴系统，发育为胞蚴，雷蚴和尾蚴。尾蚴离开螺体，在水中游动，如遇到第二中间宿主淡水鱼和虾，即钻入其肌肉内，形成囊蚴。终末宿主吞食含有囊蚴的生的或未煮熟的鱼肉或虾后，经胃到十二指肠，在胃肠液作用下，幼虫破囊而出，从胆管开口进入肝胆管，也有人认为可钻进肠壁，经血循到肝胆管，在肝胆管内约经1个月时间发育为成虫。

二、致病作用与临床症状

由于成虫机械作用的刺激，虫体代谢产物，分泌物及虫体寄生夺取营养的结果，胆管和胆囊发炎，胆汁分泌障碍，可引起阻塞性黄疸，表现消化不良，下痢，食欲减少，乏力，贫血，消瘦等。寄生时间长者，引起肝硬化。

三、诊断

粪便检查：首先直接涂片法检查虫卵，如查不到虫卵，再用漂浮法或离心浮卵法检查虫卵。

四、防治

六氯酚：20毫克/千克体重，口服，每日一次，连用2～3日。

海涛林（海托林、三氯苯丙酰嗪）：50～60毫克/千克体重，混入饲料喂服，每日一次，5日为一疗程。

硫双二氯酚（别丁）：80～100毫克/千克体重，灌服或混料喂服。

六氯对二甲苯（血防846、海涛尔）：200毫克/千克体重，口服，每日一次连用7日。

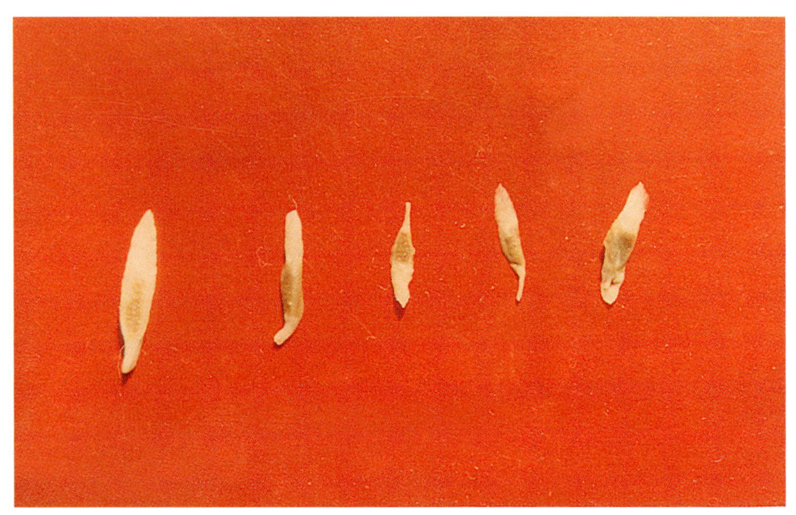

图32-1 华枝睾吸虫病 成虫形态

图32-2 姜片吸虫病 成虫形态

B 姜片吸虫病

姜片吸虫病是由布氏姜片吸虫寄生于猪和人等的小肠内，以十二指肠为最多,而引起的一种吸虫病。在我国主要分布于长江流域以南各省市,影响幼猪的生长发育,严重的可引起死亡。

一、病原体与生活史

新鲜虫体呈肉红色,宽大而肥厚，形似斜切的生姜片，故称姜片吸虫（图32-2)。姜片吸虫寄生在猪的小肠，虫卵随粪便排出体外，落入有中间宿主的水中，在26～30℃的温度下，经2～4周孵出毛蚴，毛蚴在水中游动，如遇中间宿主扁卷螺，即侵入其体内移行到淋巴间隙开始进行无性繁殖,8日后形成胞蚴。8～18日后发育为母雷蚴，之后母雷蚴体内的胚团再发育成若干子雷蚴，每个子雷蚴再发育为3～8个尾蚴。尾蚴从螺体逸出，如遇水生植物水浮莲、浮萍、假水仙等时借助吸盘吸附在上面，脱去尾部形成囊蚴。

二、致病作用与临床症状

当猪吞食附有囊蚴的水生植物而引起感染。囊蚴经胃到达小肠，囊壁溶解童虫逸出，并附在小肠粘膜上发育为成虫。姜片吸虫的口吸盘和腹吸盘，紧紧吸在肠粘膜上，可引起小肠粘膜弥漫性出血、溃疡和坏死。大量感染时，可阻塞肠道，影响消化和吸收机能，严重的可引起肠破裂或肠套叠。毒素可使病猪发生贫血、抵抗力大大降低，常常引起虚脱或并发其他疾病。姜片吸虫病对幼猪危害严重，5～8月龄猪感染率最高。

三、诊断

取粪便用直接涂片法和沉淀法检查虫卵，或结合尸体剖检作出确诊。

四、防治

敌百虫：0.1克/千克体重,内服或拌料喂给，大猪不超过8克，隔日一次,两次为一疗程，如出现中毒有呕吐或卧地不起时，皮下注射硫酸阿托品解毒。硫双二氯酚（别丁):50～100千克以下猪100毫克/千克体重;100～150千克以上 猪50～60毫克/千克体重,混饲喂给。辛硫磷：1.2毫克/千克体重，混饲喂给。

33 猪囊尾蚴病

Cysticercus Cellulosae

猪囊尾蚴病又名猪囊虫病，是由寄生在人小肠内的有钩绦虫（猪带绦虫）的幼虫（猪囊尾蚴）寄生于猪体内，也可寄生于人体内而引起的一种危害极大的绦虫蚴病。

一、病原体与生活史

有钩绦虫（成虫）呈背腹扁平带状，长2～5米。虫体由头节、颈节和数百个至上千个体节节片组成（图33-1）。

虫卵为圆形或略为椭圆形，随粪便排出的虫卵卵壳多已脱落，其外是一层比较厚具幅射状条纹的胚膜，内有一个圆形的六钩蚴。

幼虫（猪囊尾蚴）发育成熟后呈椭圆形，黄豆大，为半透明的囊泡，囊内充满液体，囊壁是一层薄膜，壁上有一个圆形，

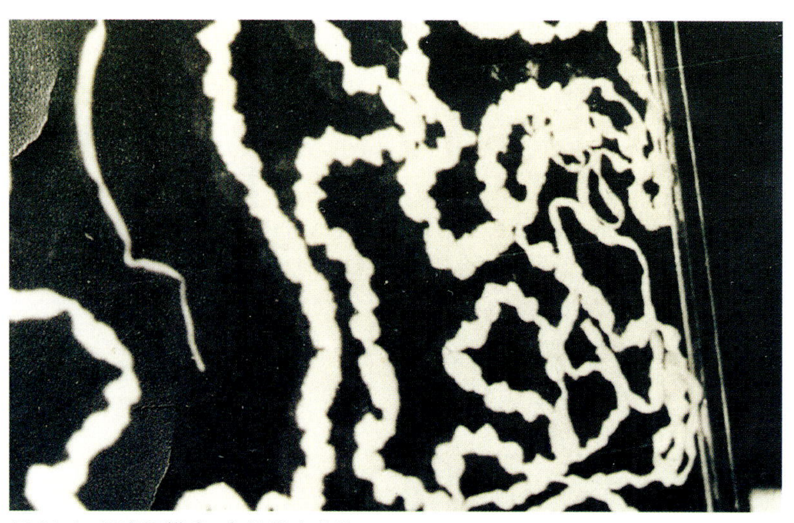

图33-1 猪囊尾蚴病 有钩绦虫节片

图33-2 猪囊尾蚴病 猪囊尾蚴

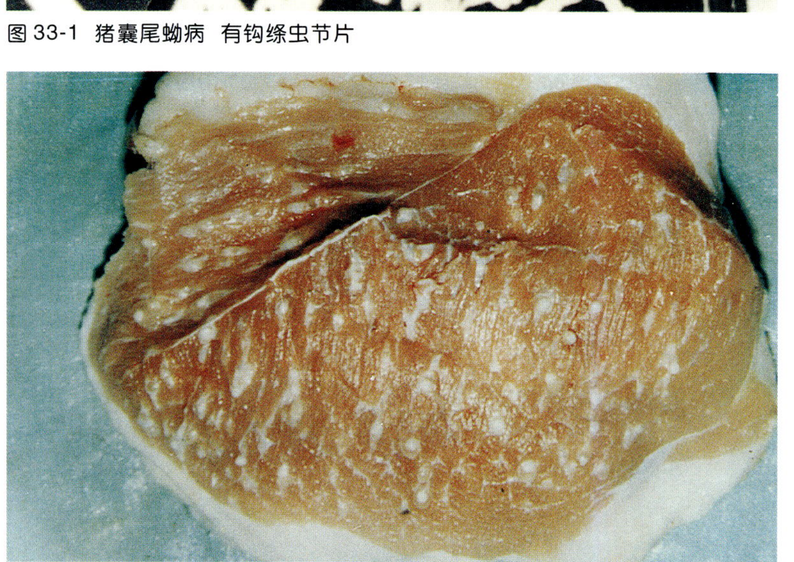

图33-3 猪囊尾蚴病 寄生于肌肉的猪囊尾蚴

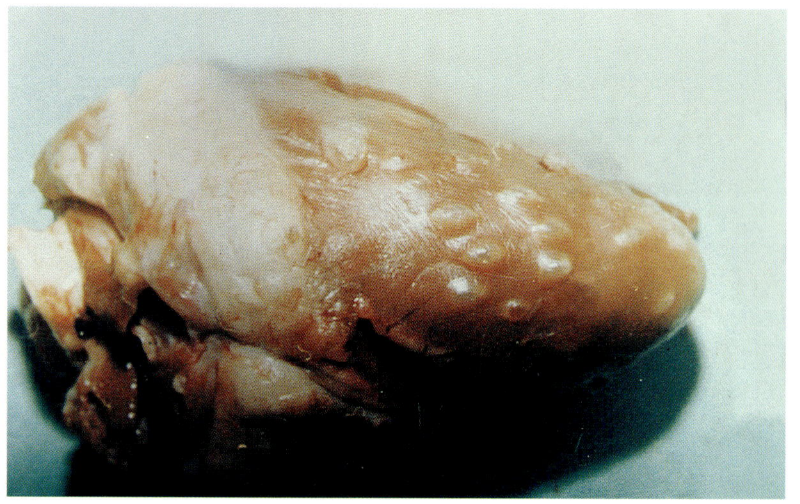

图33-4 猪囊尾蚴病 寄生于心肌的猪囊尾蚴

小高粱米粒大乳白色小结，其内有一个内翻的头节，其构造与成虫头节相似(图 33-2)。

成虫(有钩绦虫)寄生在人小肠的前半段，孕卵节片陆续从虫体上脱落下来，随粪便排出体外。

二、致病作用与临床症状

猪食入含有节片或虫卵的人粪便或是被虫卵或节片污染了的饲料和饮水而感染。在胃肠液的作用下，经 1～3 日六钩蚴破壳而出，然后钻入肠壁小血管或淋巴管，随血流到达猪体各部停留下来，经2～3个月发育为具有感染能力的囊尾蚴。以咬肌、膈肌、肋间肌以及颈部、肩部和腹部的肌肉最多见（图 33-3），内脏以心肌（图 33-4）最多见。

人如果食入生的或半生不熟的含有活的囊尾蚴的猪肉后经胃到小肠，在胃肠液作用下，囊壁消化，头节伸出，经 50 日左右发育为成虫。在人体内通常只寄生一条，偶有寄生2～4 条者，成虫在人体内可活 25 年之久。

三、病理变化

六钩蚴在体内移行时，可引起组织创伤。寄生在肌肉时，可引起周围肌肉变性萎缩，如寄生在眼内时，可引起视力障碍。如寄生在大脑时，引起脑水肿和化脓性脑膜炎，严重者可引起死亡。

四、诊断

猪囊尾蚴病的生前诊断比较困难，通过宰后检验在肌肉中发现囊尾蚴而得以确诊。

五、防治

吡喹酮：60～100 毫克 / 千克体重，肌肉注射。

丙硫咪唑:注射用量和使用方法与吡喹酮相同，优点是成本低，用药后不表现神经症状，安全可靠。

34 棘球蚴病

Echinococcus

棘球蚴病是由寄生于狗、猫、狼、狐等肉食动物小肠内的细粒棘球绦虫的幼虫（棘球蚴）寄生于猪、牛、羊、人等肝、肺及其他脏器而引起的一种绦虫蚴病。

一、病原体与生活史

细粒棘球绦虫是一种很小的绦虫（图34-1），体长只有2～6毫米，由一个头节和3～4个节片组成。棘球蚴为一包囊状构造，一般近似圆形，大小不一，囊内含无色或微黄色的透明液体（图34-2）。细粒棘球成虫,寄生于狗、猫、狼、狐狸等肉食动物的小肠内，孕节脱落随粪便 排到外界，破裂后虫卵散出，污染食物，饲料，饮水和牧场。中间宿主（猪、牛、羊、人等）食入后，六钩蚴在消化道内孵出，即钻入肠壁血管，随血液循环到肝、肺等器官和组织中 发育为棘球蚴。棘球蚴可在动物和人体内生长可延续数年至十几年之久。终末宿主（狗、猫、狼、狐狸等）吞食寄生有棘球蚴（不育囊除外）的肝、肺等器官和组织后，经胃到小肠，在胃肠液作用下，囊壁被消化，原头蚴经2周即可发育为成虫。

二、病理变化与致病作用

对器官的挤压：猪的棘球蚴主要见于肝、肺，受到压迫而表面凸凹不平。被挤压的脏器可引起萎缩，机能障碍。甚至引起死亡。

毒素作用：棘球蚴的囊液含有毒素(异体蛋白)，破裂后对宿主引起强烈过敏反应，使宿主发生呼吸困难，体温升高，腹泻，严重者可造成死亡。

三、诊断

屠宰牛、羊、猪时发现肝、肺及其他组织器官有棘球蚴寄生时。

四、防治

驱虫药物有：氢溴槟榔碱,氯硝柳胺（灭绦灵）口服。对狗、猫要定期驱虫，每年至少4次，要进行销毁处理，严禁喂狗、喂猫。猪要圈养，不放牧不散养。

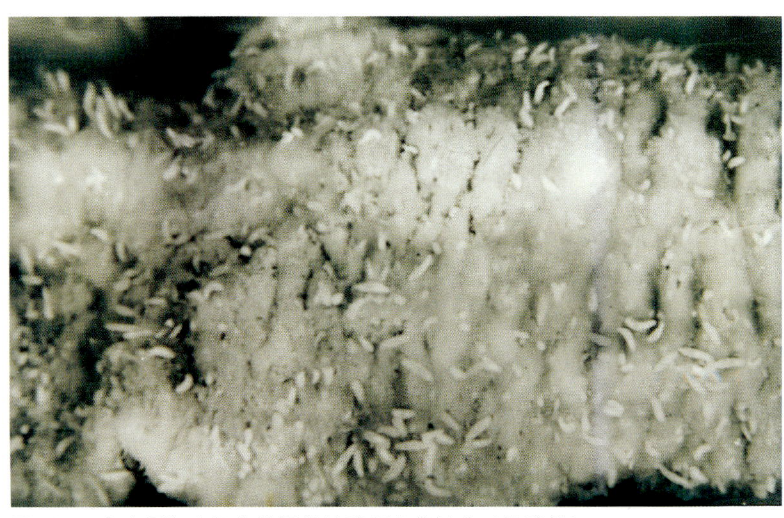

图34-1 寄生于狗小肠内的细粒棘球绦虫的幼虫（棘球蚴）

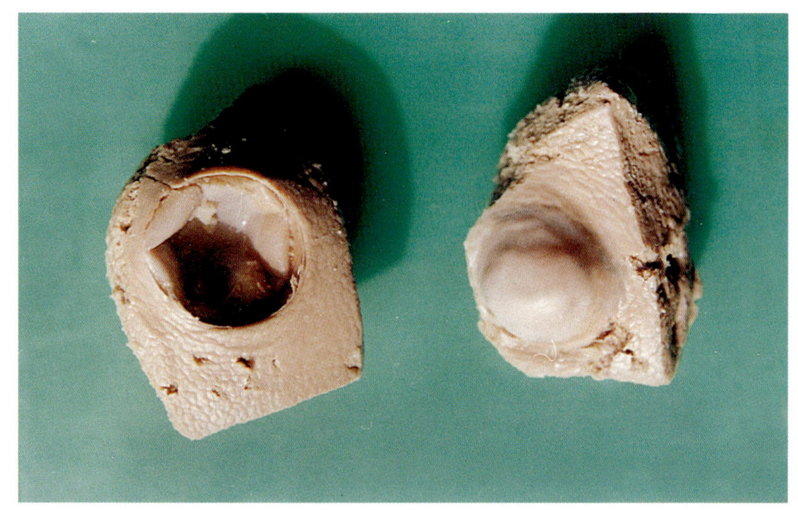

图34-2 寄生于猪肝脏的棘球蚴压迫肝脏而形成的凹陷病灶

35 细颈囊尾蚴病与猪冠尾线虫病
Gysticercus Temuicollis and Stephanurus

A 细颈囊尾蚴病

细颈囊尾蚴病是由寄生于狗、狼、狐狸等肉食兽小肠的泡状带绦虫的幼虫（细颈囊尾蚴），寄生于猪、牛、羊等的肝脏、浆膜、网膜及肠系膜等，严重感染时可寄生于肺脏，而引起的一种绦虫蚴病。

一、病原体与生活史

泡状带绦虫（成虫）长达5米，寄生于狗等动物的小肠中。由250～500个节片组，细颈囊尾蚴（幼虫）呈囊泡状（图35-1），俗称“水铃铛”，内含无色透明液体，大小由黄豆到鸡蛋大。囊壁分两层，外层厚而坚韧，是宿主结缔组织形成的，内层薄而透明，是虫体的外膜，肉眼观察可看到内层壁上有一个向内生长而具有细长颈部的乳白色头节，故称细颈囊尾蚴。泡状带绦虫的孕节随粪便排出体外，破裂后散出虫卵污染牧草、饲料和饮水。中间宿主猪、牛、羊等随采食、饮水而食入，六钩蚴在消化道内逸出，并钻入肠壁血管，随血流到肝实质，以后逐渐移行到肝表面，有些进入腹腔寄生于大网膜、肠系或腹腔的其他部位。一般要经过3个多月时间，其头节充分发育成熟而具有感染能力。

二、致病作用与病理变化

当猪等动物吞食了含有细颈囊尾蚴的脏器后，在小肠内经52～78日发育为成虫。六钩蚴在肝脏移行时，穿成孔道引起急性出血性肝炎，有些虫体在肝实质内发育，可引起结缔组织增生而发生肝硬化。虫体移行至肝被膜，或到腹腔网膜，肠系膜或其他部位寄生时，可引起局部性或弥漫性腹膜炎。虫体侵入胸腔及肺脏时，能引起胸膜炎和肺炎。

三、诊断

屠宰时发现虫体方可确诊。

四、防治

目前尚无有效疗法。

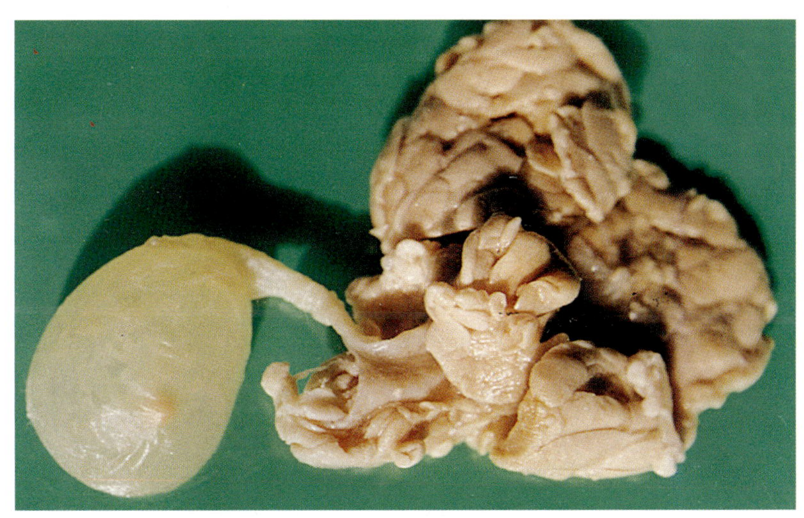

图35-1 猪细颈囊蚴病 寄生于猪肠系膜上的细颈囊尾蚴

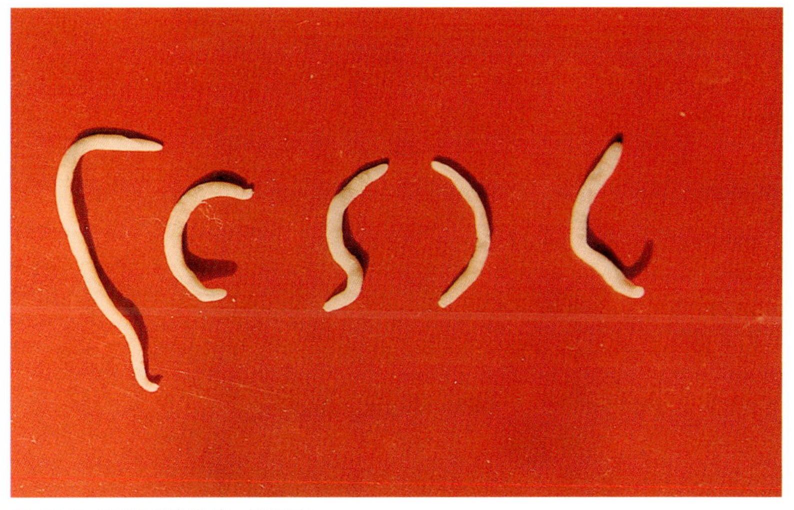

图35-2 猪冠尾线虫病 猪肾虫

B 猪冠尾线虫病

猪冠尾线虫病(猪肾虫病)是由有齿冠尾线虫寄生于猪的肾盂、肾周围脂肪和输尿管等处引起的一种线虫病。我国南方各省分布较广，而且流行严重，近年来辽、吉、黑等省也曾发现本病。

一、病原体与生活史

虫体粗壮，形似火柴杆（图35-2），雄虫长20～30毫米，雌虫长30～45毫米。新鲜时呈灰褐色，体壁较透明，隐约可见内部器官。

成虫寄生于肾盂、肾周围脂肪囊和在输尿管壁组织形成的包囊中，包囊有小管与尿道相通，雌虫产出的虫卵，随尿液排出体外。在适宜的外界环境中经5日发育为感染性幼虫。感染性幼虫可经猪皮肤或经口感染猪。经皮肤感染的幼虫钻入肌肉,钻入血管，随血流到肺，再经体循环到肝脏。经口感染的幼虫钻入胃壁，经数日后，钻入肠壁进入血管，随血流经门脉到肝脏。经两条途径进入肝脏的幼虫，在肝脏寄生约3个月，最后一次蜕皮后，穿过肝包膜进入腹腔，再移行到肾脏，在肾盂、肾周围脂肪及输尿管壁组织中形成包囊，在包囊内发育为成虫。自感染性幼虫侵入猪体内到发育为成虫需6～12个月。

二、致病作用与临床症状

剖检 肝表面可见白色的弯曲虫道，切开有时发现幼虫；肝内有包囊和脓肿，内有幼虫；肝脏变硬，结缔组织增生，切面有幼虫钙化结节；肝门静脉中有血栓，内含幼虫。胸膜壁面和肺脏中均可见有结节或脓肿，脓液中可找到幼虫。肾盂肿胀，肾盂或肾周围脂肪有包囊或脓肿，内含成虫。输尿管壁增厚,有多量包囊,内含成虫。有时膀胱粘膜充血，外围也有包囊，内含成虫。腹腔腹水增多，并可见到成虫。

三、诊断

尸体剖检发现虫体即确诊。

36 猪蛔虫病
Ascaris Suum

猪蛔虫病是由猪蛔虫寄生在猪的小肠中而引起的一种线虫病。

本病分布广泛，尤其是3～6个月龄的猪最易感染。一般表现生长发育不良，增重降低，严重感染发育停滞，伴发胃肠道疾病造成死亡。是造成养猪业损失最大的寄生虫病之一。

一、病原体与生活史

猪蛔虫是一种大型线虫，分雌虫和雄虫，未受精卵呈长椭圆形，受精卵呈短椭圆形，随粪便刚排出的虫卵内含一个圆形卵细胞。

寄生于猪小肠内的雌虫和雄虫受精后，雌虫产出虫卵，虫卵随粪便排到外界，经一次蜕皮，为第二期幼虫（仍在卵壳内），还须在外界再经过3～5周的成熟过程，才达到感染性虫卵阶段。感染性虫卵被猪吞食后，经胃到小肠，并在小肠内孵化。卵内幼虫即可破壳而出，多数钻入肠壁血管，随血循经门静脉到肝脏。少数随肠道淋巴液进入乳糜管，到达肠系膜淋巴结，此后钻出淋巴结进入腹腔，由肝被膜钻入肝脏。也有一部分进入腹腔的虫体钻入胸导管，经前腔静脉入右心，之后经肺动脉进入肺 脏。约在感染后4～5日，进入肝脏内的幼虫进行第二次蜕皮，变为第三期幼虫，之后又随血 液经肝静脉，后腔静脉进入右心房、右心室和肺动脉到肺毛细血管，再钻过血管壁和肺泡壁 进入肺泡。凡不能到达肺脏而误入其它组织器官的幼虫，都不能继续发育。约在感染后12～ 14日进入肺泡内的幼虫进行第三次蜕化，变为第四期幼虫，之后离开肺泡，经细支气管、支气管、气管，随粘液一起到达咽，进入口腔，并随粘液再被吞咽，经食道，胃，返回小肠，进行最后一次蜕化，逐渐长大发育为成虫。从感染性虫卵被猪吞食到发育为成虫需经2～2.5个月。猪蛔虫 寄生活在小肠中 7～12个月后，即自动离开小肠随粪便排出体外。猪蛔虫产卵多，3～6月龄的仔猪最容易大批感染猪蛔虫，患病也较严重，且常常发生死亡。猪感染蛔虫主要是由于采食了被感染性虫卵污染了的饲料和饮水；母猪的乳房沾染虫卵后，使仔猪吸奶时受到感染。

二、致病作用与临床症状

猪蛔虫幼虫移行和成虫寄生过程中，分泌的有毒物质，损害路经脏器和组织，破坏血管，引起血管出血和组织变性坏死。其中尤以肝脏和肺脏损害较大。成虫寄生小肠扭结成团阻塞肠道，严重时引起肠破裂（图36-1）特 别是猪只发热、妊娠、饲料改变和饥饿的情况下，活动加剧，凡与小肠有管道相通的胆管（图36-2）胰管等，均可被蛔虫钻入，引起胆管和

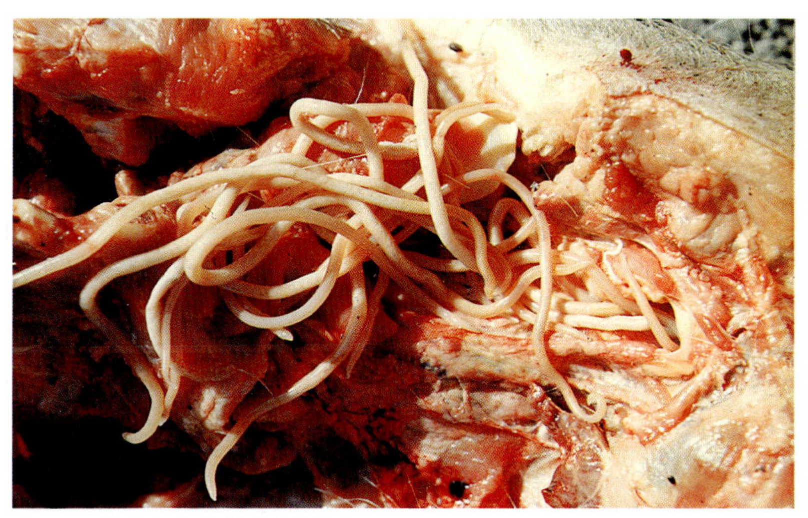
图36-1 猪蛔虫病 肠管内的猪蛔虫

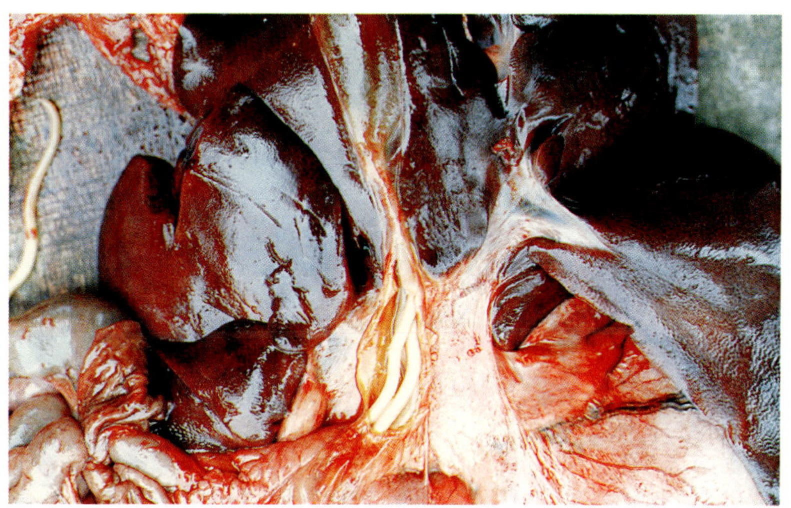
图36-2 猪蛔虫病 钻入胆管内的猪蛔虫

胰管阻塞，引起阻塞性黄疸和消化障碍等。

三、诊断

每年定期检查粪便虫卵，制定驱虫计划。

四、防治

左噻咪唑（左咪唑）:8 毫克/千克体重,溶水灌服，混料喂服或饮水服药；也可配成5% 溶液进行皮下或肌肉注射。对成虫和幼虫均有效。

阿力佳（阿维菌素，虫克星）：注射液每10千克体重皮下注射 0.2 毫升，粉剂，每千克体重 0.3 克内服，仔猪应适当减量慎用。

37 猪食道口线虫病（猪结节虫病）
Vesophagostomum

猪食道口线虫病是由多种食道口线虫寄生于猪的结肠和盲肠而引起的一种线虫病。常见种类有齿食道口线虫和长尾食道口线虫。

本病在我国广泛流行，严重感染时可引起结肠炎，由于幼虫寄生在大肠壁内形成结节，故又有结节虫之名。

一、病原体与生活史

有齿食道口线虫：乳白色，雄虫长8～9毫米，雌虫长8～11.3毫米。长尾食道口线虫：暗灰色，雄虫长6.5～8.5毫米，雌虫长8.2～9.4毫米。

雌虫在猪大肠内产卵，虫卵随猪粪便排出体外。在外界适宜的温度(25～27℃)和湿度条件下经4～8日，幼虫孵出并经两次蜕皮发育为带鞘的感染性幼虫。猪经口吞食后，幼虫在肠内蜕鞘，钻入大肠粘膜下形成大小为1～6毫米的结节；感染后6～10日，幼虫在结节内蜕第三次皮，成为第四期幼虫（图37-1、图37-2)；之后返回肠腔，蜕第四次皮，成为第五期幼虫。感染后38日(幼猪)或50日(成年猪)发育为成虫。成虫在大肠内寄生期限为8～10个月。

二、致病作用与临床症状

只有在严重感染时，大肠才出现大量结节，发生结节性肠炎，便中带有脱落的粘膜，腹泻或下痢，高度消瘦，发育障碍。继发细菌感染时，则发生化脓性结节性大肠炎。严重者可造成死亡。

三、诊断

由于许多疾病临床表现都有类似症状，所以单从临床表现不能确诊本病。尸体剖检，检出成虫及大肠病灶结节而得以确诊。

四、防治

硫化二苯胺（吩噻嗪）：0.2～0.3克/千克体重，混于饲料中喂服，共用2次，间隔2～3日。猪对此药较敏感，应用时要特别注意安全。

敌百虫：0.1克/千克体重，作成水剂混于饲料中喂服。

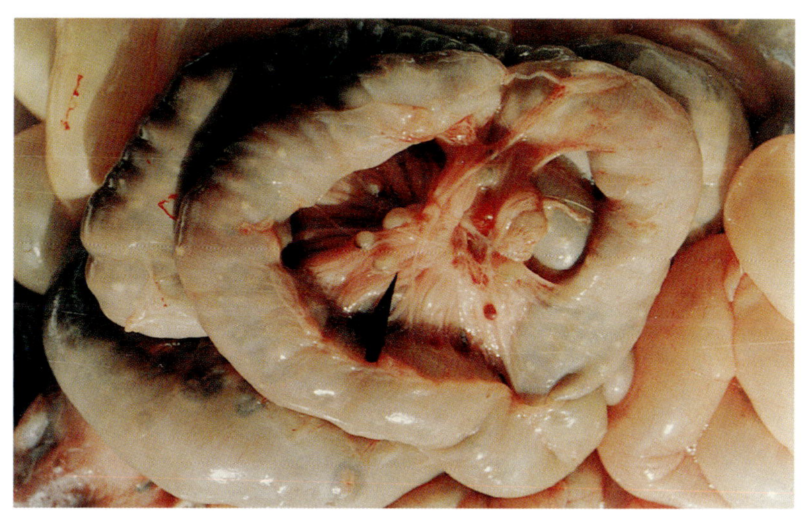

图37-1 幼虫在结肠肠系膜和在浆粘膜内形成的结节

图37-2 从结肠浆粘膜剥下的幼虫展示

38 后圆线虫病

Metastrongylus

猪后圆线虫病（猪肺线虫病）是由长刺后圆线虫、复阴后圆线虫和萨氏后圆线虫寄生于猪的支 气管和细支气管而引起的一种线虫病。由于后圆线虫寄生于猪的肺脏，虫体呈丝状本病多发生于断奶仔猪与育成猪，主要引起猪慢性支气管炎和支气管肺炎，导致病猪消瘦，发育受阻 ，甚至引起死亡。

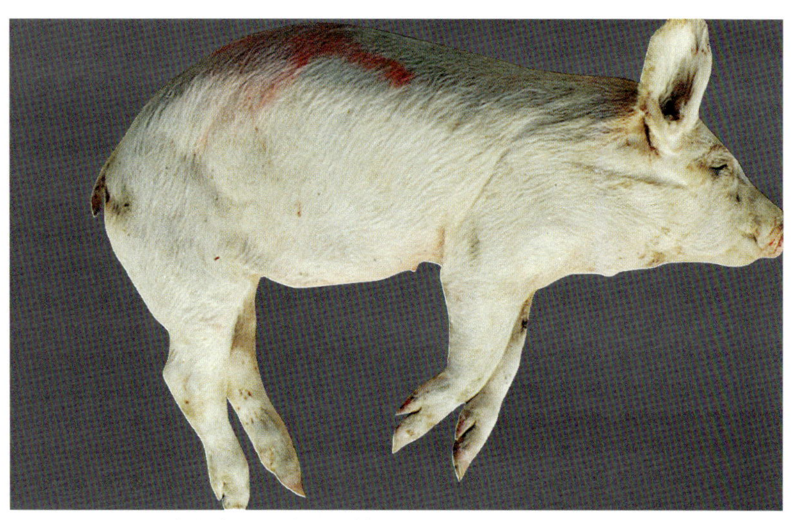

图 38-1 猪后圆线虫病 死亡病猪尸体无明显所见

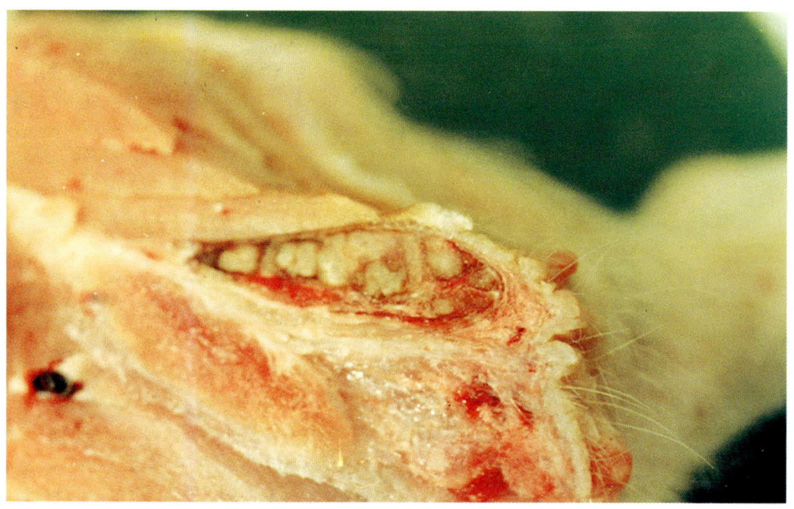

图 38-2 猪后圆线虫病 腹股沟淋巴结肿胀

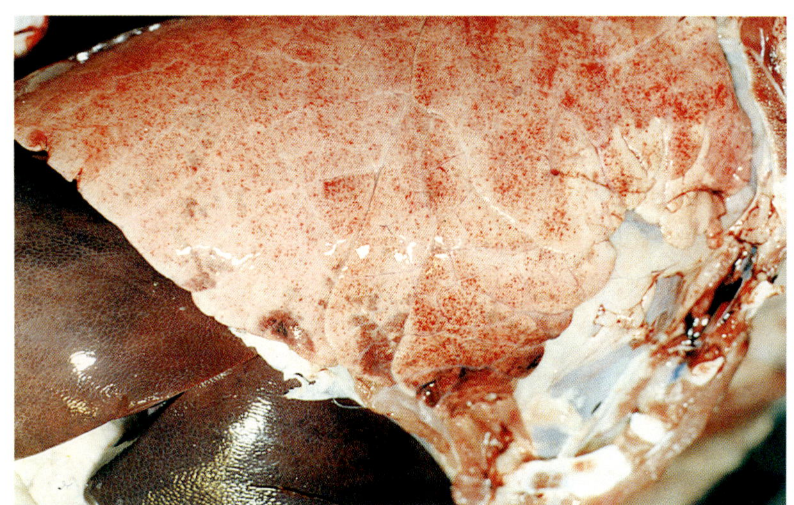

图 38-3 肺膈叶表面散在的弥漫网状充血小叶间增宽

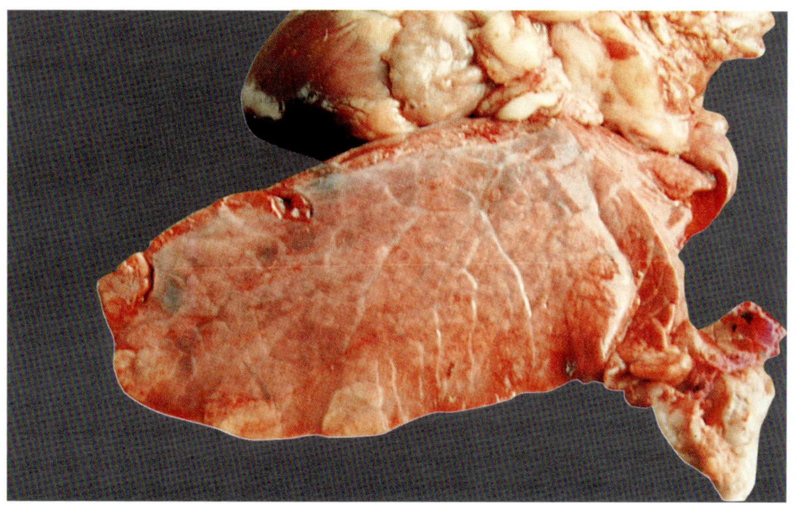

图 38-4 肺膈叶表面弥漫充血小叶间增宽与局灶性气肿

一、病原体与生活史

雌虫在猪的支气管中产卵，卵随粘液到咽喉部，被猪咽入消化道，并随粪便排出体外。虫卵在土壤中或被蚯蚓吞食后在蚯蚓体内，经10～20日发育为感染性幼虫，猪吞食带有感染性幼虫的蚯蚓或是吞食游离在土壤中的感染性幼虫而感染。感染性幼虫进入猪的消化道，钻入肠壁进入肠系膜淋巴结，经淋巴循环到心脏，再由小循环到肺脏，从毛细血管钻入肺泡和小支气管，之后移行到大支气管，在感染后的25～35日，发育为成虫。大部分成虫可在感染后 数周内被排除，只有少量虫体，主要是寄生在肺深部的虫体可得以存留，其寿命约为1年。

二、临床症状与病理变化

轻微感染症状不明显，严重感染时，病猪主要表现消瘦，发育不良和强烈的阵发性咳嗽，特别是早晚、运动、采食后或

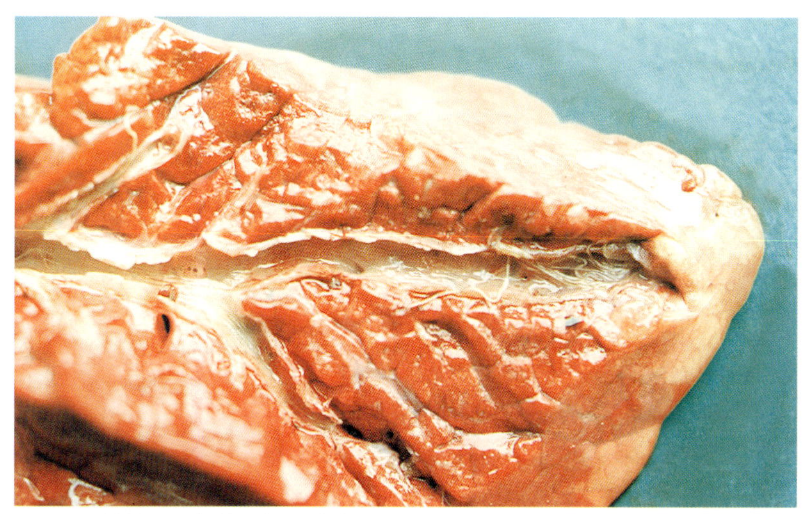
图 38-5 肺纵切支气管内的猪肺线虫

图 38-6 肺横切支气管内的猪肺线虫

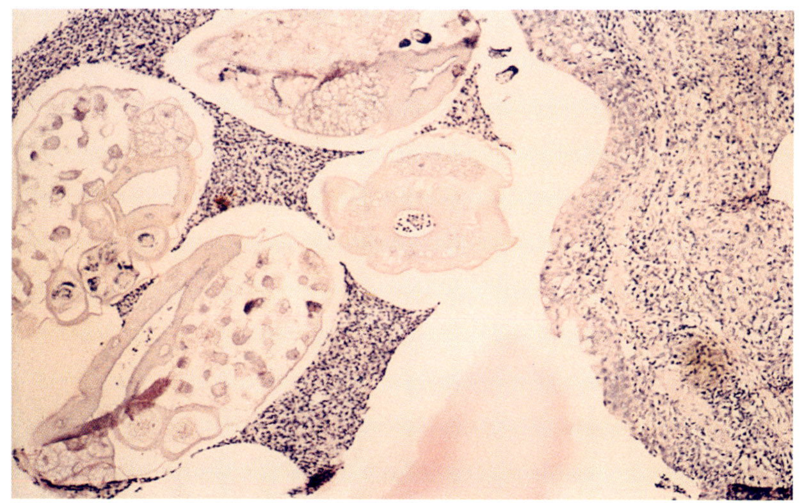
图 38-7 组织学 支气管内的虫体 HE × 20

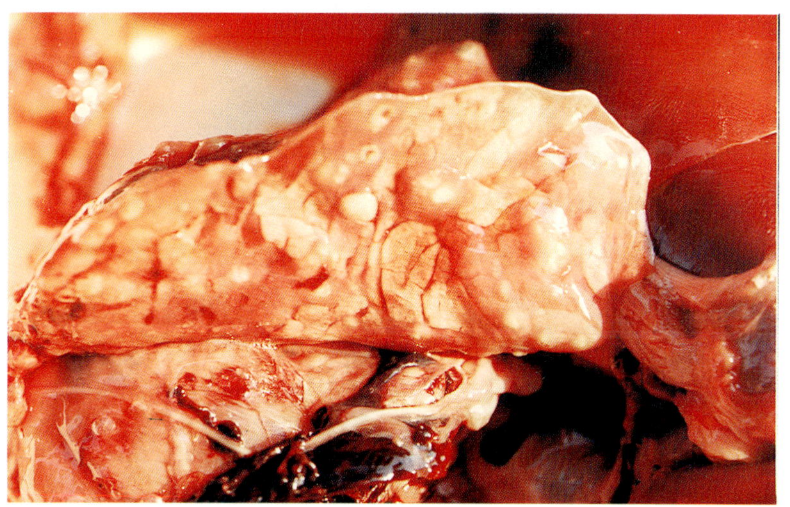
图 38-8 继发细菌感染 发生化脓性肺炎

遇冷空气时更为剧烈。病初还有食欲，之后食欲减退甚至废绝，精神沉郁，极度消瘦，呼吸困难急促，最后极度衰弱而死亡。即使病愈，生长仍缓慢。因本病突然死亡病猪尸体无明显所见(图 38-1),体表淋巴结肿胀(图 38-2)。

剖检应仔细检查才能在支气管内发现虫体及其引起的病变(图 38- 3、图 38- 4、图 38- 5)。主要变化见于肺脏，可见膈叶腹面边缘有楔状肺气肿区(图38-6、图38-7)。虫体在支气管多量寄生时,阻塞细支气管,可使该部发生小叶性肺泡气肿。如继发细菌感染，则发生化脓性肺炎(图38-8)。胃肠(图38-9)、心(图 38-10)、肝、肾、脾等器官无明显与本病有关的变化。

三、防治

左噻咪唑（左咪唑）：15 毫克 / 千克体重，一次肌注，间隔 4 小时重用一次或10毫克/ 千克体重，混于饲料一次喂服，对 15 日龄幼虫和成虫均有 100% 的疗效。

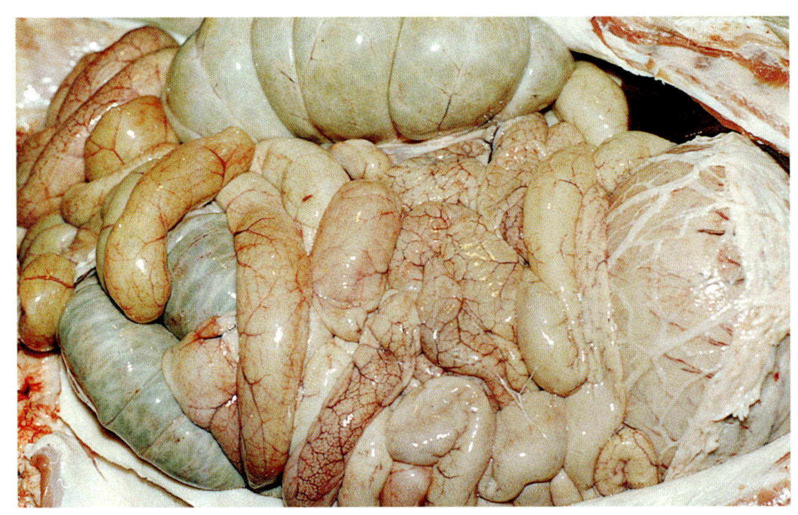

图 38-9　胃肠外观形态无明显可见病变

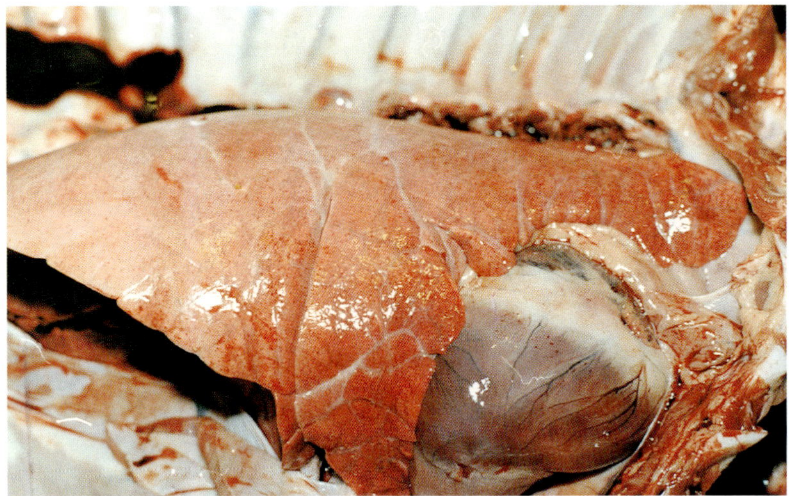

图 38-10　心外膜仅有针尖大小出血点

39 猪毛首线虫病
Trichuris

猪毛首线虫病(猪鞭虫病)是由猪毛首线虫寄生于猪的大肠(盲肠)所引起的一种线虫病。虫体前部呈毛发状，故称毛首线虫；整个外形又像鞭子，前部细，像鞭梢,后部粗,像鞭杆，故又称鞭虫。本病遍及全国,主要危害幼猪，严重感染时，可引起死亡。

一、病原体与生活史

虫体呈乳白色，雄虫长20～52毫米，雌虫长39～53毫米(图39-1)。雌虫在盲肠中产卵，卵随猪粪便排出体外。虫卵在加有木炭末的猪粪中,发育到感染阶段所需时间: 37℃需18日；33℃需22日；22～24℃需54日。在室外,温度为6～24℃时需210日。感染性虫卵内为第一期幼虫。猪吞食后,第一期幼虫在小肠后部孵出，钻入肠绒毛间发育，到第8日后，移行到盲肠内,固着在肠粘膜上，感染后30～40日发育为成虫。成虫寿命为4～5个月。

二、致病作用与临床症状

虫体头部钻入肠粘膜时,可引起盲肠慢性卡他性炎症,有时引起瘀斑性出血性炎症，严重感染时引起出血性坏死、水肿、溃疡，并形成结节(图39-2)。

轻度感染有间歇性腹泻，轻度贫血，可影响猪的生长发育。严重感染时表现食欲减退、贫血、消瘦和腹泻，便中带有粘液和血液。幼猪发育障碍，甚至死亡。

三、防治

羟嘧啶: 为驱除毛首线虫特效药。2～4毫克/千克体重，口服或拌于饲料中喂服。

还可应用敌百虫、敌敌畏、左咪唑、四咪唑和丙硫苯咪唑治疗猪毛首线虫病，可参照治疗猪蛔虫病的用量和用法。

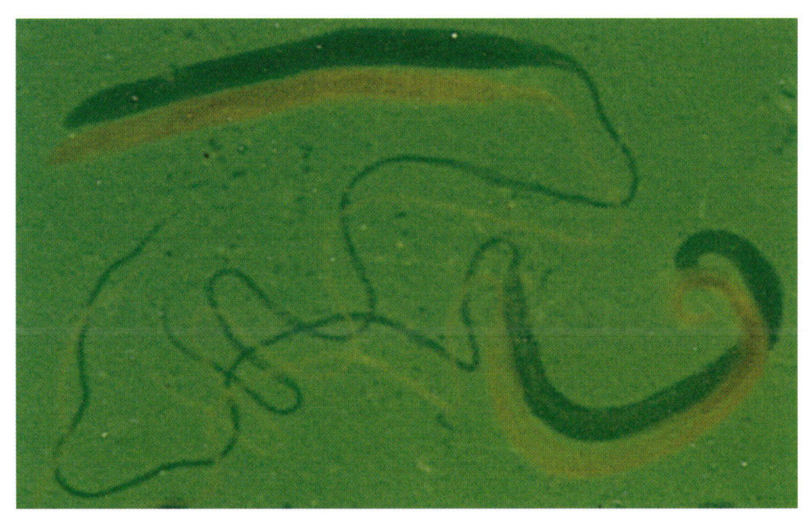

图39-1 猪毛首线虫病 猪毛首线虫

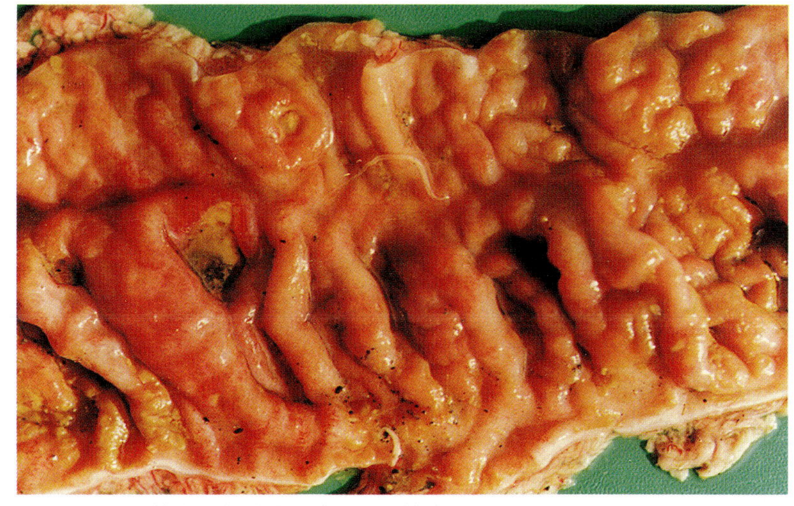

图39-2 猪毛首线虫病 寄生于盲肠猪毛首线虫（鞭虫）

40 旋毛虫病与猪棘头虫病

Trichinella Spiralis and Scoine Acanthocephaliass

A 旋毛虫病

旋毛虫病是由旋毛形线虫成虫寄生于肠管,幼虫寄生于横纹肌而引起的一种线虫病

本病是猪、犬、猫、鼠等许多动物和人都可感染的一种重要的人畜共患的寄生虫病。除严重危害猪体，对人的危害更大，严重感染可致人死亡。

一、病原体与生活史

幼虫（肌旋毛虫）：长达1.15毫米，在肌纤维膜内形成包囊，虫体在包囊内呈螺旋状卷缩（图40-1）。人、猪旋毛虫的包囊呈椭圆形，最初包囊很小，最后可达0.25～0.5毫米。

成虫的雌、雄虫在肠粘膜内进行交配，交配后不久，雄虫死去。雌虫钻入肠腺或粘膜下的淋巴间隙中发育，并在感染后7～10日，开始产生幼虫，每条雌虫可产幼虫1500条以上，产完幼虫后，雌虫也即死亡。

二、致病作用与临床症状

幼虫经肠系膜淋巴结入血流到全身，但只有进入横纹肌纤维内才能进一步发育，形成包囊。另一动物吞食含有活的幼虫的肌肉后，包囊在胃内溶解，幼虫逸出，到十二指肠和空肠，并钻入肠粘膜，经二昼夜发育为成虫。

感染2～3周后，当大量幼虫侵入横纹肌时，病猪表现体痒，时常靠在墙壁、饲槽和栏杆上蹭痒。肌肉疼痛，咀嚼、吞咽和行走困难，喜躺卧。精神不振，食欲减退4～6周后症状消失。

肌旋毛虫在肌肉中寄生的数量以膈肌寄生的最多。形成包囊的虫体，其包囊与周围肌纤维有明显界限，包囊内一般只含一个清晰盘卷的虫体，严重感染的病例，也有包囊含有2条至数条虫体的。

三、诊断

用旋毛虫检查玻板压片镜检或用旋毛虫投影器检查，如有包囊即可作出诊断。

四、防治

目前尚无特效药物。

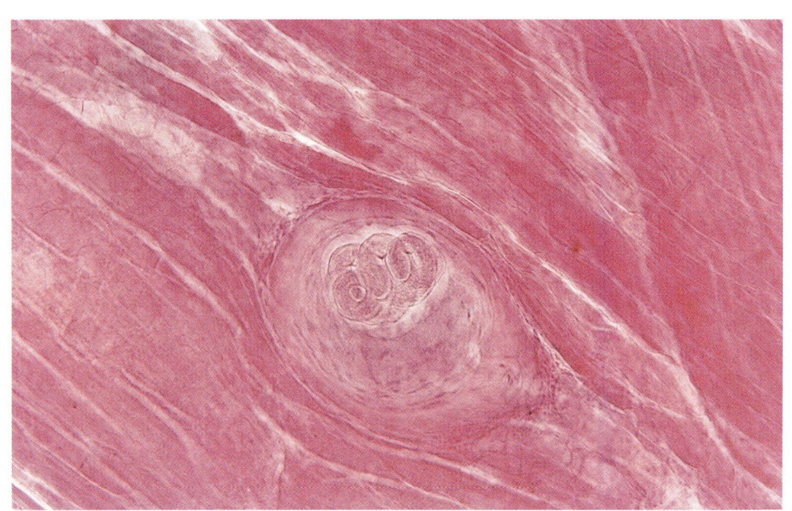

图40-1 猪旋毛虫病 寄生在肌肉中的旋毛虫幼虫 HE × 20

图40-2 猪棘头虫病 猪蛭形巨噬棘头虫

B 猪棘头虫病

猪棘头虫病是由蛭形巨吻棘头虫寄生于猪的小肠内而引起的一种寄生虫病。

本病分布于全国各地，呈散发或地方性流行。

一、病原体与生活史

虫体较大呈长圆柱形，前部较粗，后部较细(图40-2)，乳白色或淡红色。吻突较小呈球形，吻突上长有5～6排，每排6个向后弯曲的小钩。体表有明显的环形皱纹。雌虫较大体长30～68厘米，雄虫较小体长7～15厘米。

成虫寄生在猪的小肠，雌雄交配后，雌虫开始产卵，虫卵随粪便排出体外，被中间宿主某些甲虫（金龟子）的幼虫（蛴螬）吞食后，棘头蚴在肠内孵化然后穿过肠壁进入体腔，发育为棘头体并形成棘头囊，甲虫发育为蛹和成虫时，棘头囊仍留在体内。终宿主猪吞食带有棘头囊的甲虫幼虫、蛹和成虫即可以引起感染。棘头囊进入猪体内，棘头体从囊中逸出，以吻突叮在小肠壁上，经70～110日发育为成虫。棘头虫在猪体内可存活10～24个月。

二、致病作用与临床症状

在感染后的第3日即可表现食欲减退，下痢，粪便带 血和腹痛。当虫体固着部位化脓和穿孔时，症状加剧，体温升高到41℃，病猪表现不食，卧地剧烈腹痛多以死亡而告终。一般感染时由于虫体夺取营养和虫体毒素作用，病猪表现贫血，消瘦和发育不良。

三、诊断

以直接涂片法或沉淀法检查粪便中的棘头虫卵确诊本病。

四、防治

目前尚无特效药物，可试用四咪唑，敌百虫，左咪唑等药物进行治疗。

41 猪疥螨病

Sarcoptes Scabiei var. suis

猪疥螨病是由猪疥螨寄生于猪的皮肤内而引起的一种接触感染的慢性皮肤寄生虫病。以皮肤剧痒和皮肤炎症为特征。

一、病原体与生活史

成虫(图41-1)圆形，浅黄白色或灰白色，背面隆起，腹面扁平，口器(假头)咀嚼式，蹄铁形，躯体的腹面四对短粗圆锥形的足，前两对朝前，较长大伸出体缘，后两对向后，较短小不伸出体缘。

疥螨的发育过程包括虫卵、幼虫、若虫和成虫4个阶段。成虫在宿主的皮肤内挖掘遂道，以宿主皮肤组织和渗出淋巴液为营养。雌雄交配后，雄虫不久死亡，雌虫可在隧道中存活4～5周，并在隧道中产卵，虫卵孵化出幼虫，其幼虫爬到皮

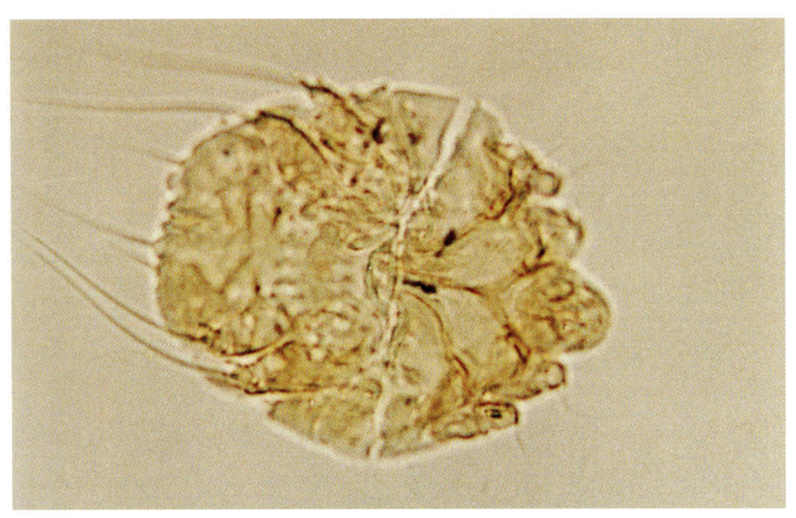

图41-1 猪疥螨病 猪疥螨虫体

图41-2 猪疥螨病 面部和耳根部的皮肤疥螨病变

图41-3 猪疥螨病 耳内侧皮肤疥螨病变

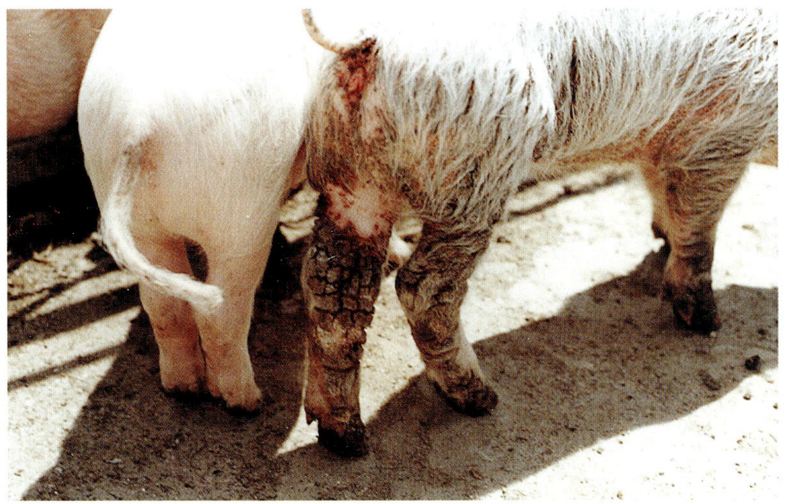

图41-4 猪疥螨病 四肢皮肤疥螨病变

肤表面，在毛间的皮肤上开凿小穴，在里面蜕化为若虫。若虫也钻入皮肤挖掘狭而浅的穴道，并在里面蜕化为成虫。整个发育周期为 8～22 日，平均 15 日。

猪疥螨的感染途径为直接或间接接触感染.从而引起猪疥螨的发生和流行。

二、致病作用与临床症状

猪疥螨的成虫，幼虫和若虫在猪的皮肤内寄生时的机械作用，病原体的代谢产物及分泌物的毒素作用，从而引起猪体皮肤发痒。不断蹭痒，用力磨擦，最初皮屑和被毛脱落，之后皮肤潮红，浆液性浸润，甚至出血，渗出液和血液干涸后形成痂皮。久而久之，皮肤增厚，粗糙变硬，失去弹性或形成皱褶和龟裂。通常病变开始发生于头部、眼窝(图 41-2)、颊及耳部(图 41-3)，之后蔓延到颈部、肩部、背部(图 41-4)、躯干两侧(图 41-5)和四肢(图 41-6)。

三、诊断

本病的确诊要靠实验室诊断。

四、防治

阿维菌素（虫克星），每 10 千克体重皮下注射 0.3 毫升，10～15 日再注一次，30 日可痊愈。治疗猪疥螨病的药物还有螨净、杀虫脒、双甲脒、依维菌素、皮蝇磷、马拉硫磷、二氯醚菊酯、戊酸氰菊酯和升华硫等，均有杀灭作用。

图 41-5 猪疥螨病 断奶仔猪全身皮肤疥螨病变

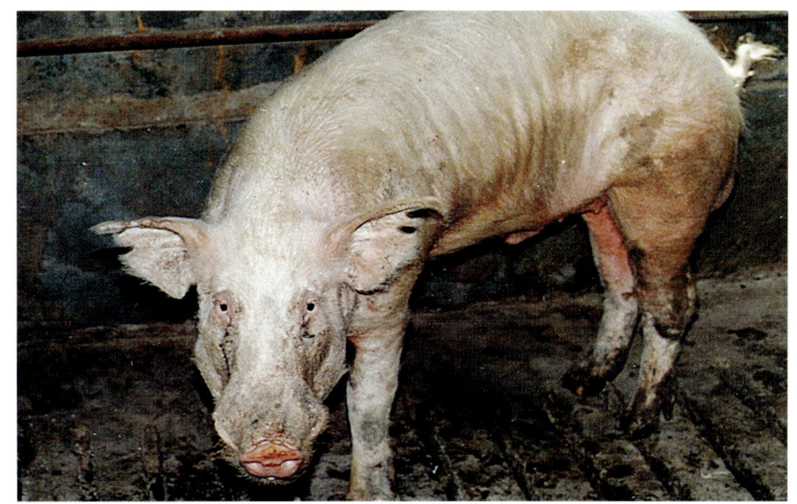

图 41-6 猪疥螨病 种公猪全身皮肤疥螨病变

42 猪虱病

Swine Pediculosis

猪虱病是由猪血虱(猪兽虱、H.suis)寄生于猪的体表而引起的一种昆虫病,猪血虱是猪最常见，永久性寄生的，对猪危害较大的一种寄生虫。

一、病原体与生活史

猪血虱背腹扁平，椭圆形，表皮呈革状，呈灰白色或灰黑色，分头、胸、腹三部分，体长可达5毫米（图42-1）。

猪血虱的发育过程包括卵、若虫和成虫3个阶段。雌、雄虱交配以后，雄虱死亡。雌虱经2～3日开始产卵，一昼夜能产1～4个卵，产卵时能分泌一种胶状液，使卵粘着于毛或鬃上（图42-2），产卵期能持续2～3周，一生能产50～80个卵，产完卵后,雌虱也即死亡。卵经9～12日孵出若 虫，若虫分3

图42-1 猪虱病 猪血虱虫体

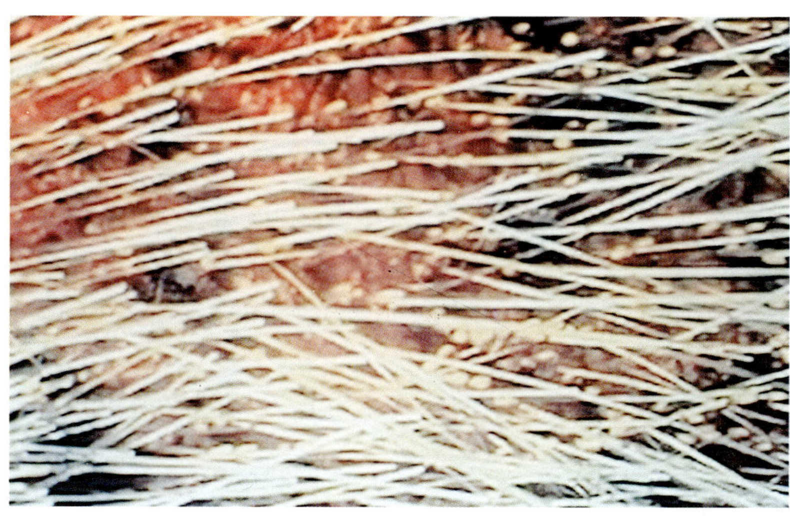

图42-2 猪虱病 寄生于背毛上的虫卵(WJ Smith 等)

期，经3次蜕化后变为成虫。自卵发育到成虫为3～4周。

二、致病作用与临床症状

猪血虱除吸血外,还分泌毒液,刺激神经末梢发生痒感,引起猪只不安，影响采食和休息。有时皮肤出现小结节（图42-3、图42-4），小溢血点，甚至坏死。痒觉剧烈时，患猪便寻找各种物体进行磨擦,造成皮肤损伤,可继发细菌感染或伤口蛆症等。甚至引起化脓性皮肤炎，病猪皮肤脱毛、消瘦、发育不良，除此之外，猪血虱还可以成为许多传染病的传播者。

三、防治

常用杀灭猪血虱有以下药物：0.5%～1%敌百虫水溶液，进行喷洒或药浴，有良效。

杀灭猪血虱的药物还有阿维菌素、皮蝇磷、辛硫磷、马拉硫磷、氧硫磷、双甲脒、二氯苯醚菊酯和戊酸氰菊酯等。

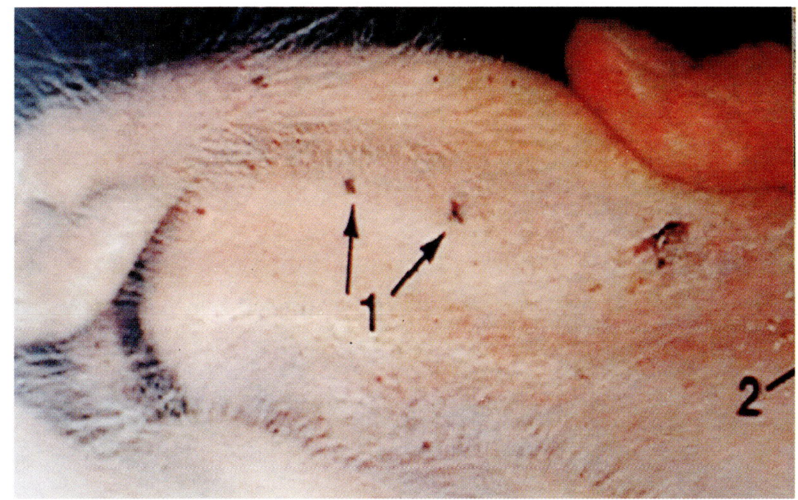

图42-3 猪虱病 寄生于背毛中的血虱(WJ Smith 等)

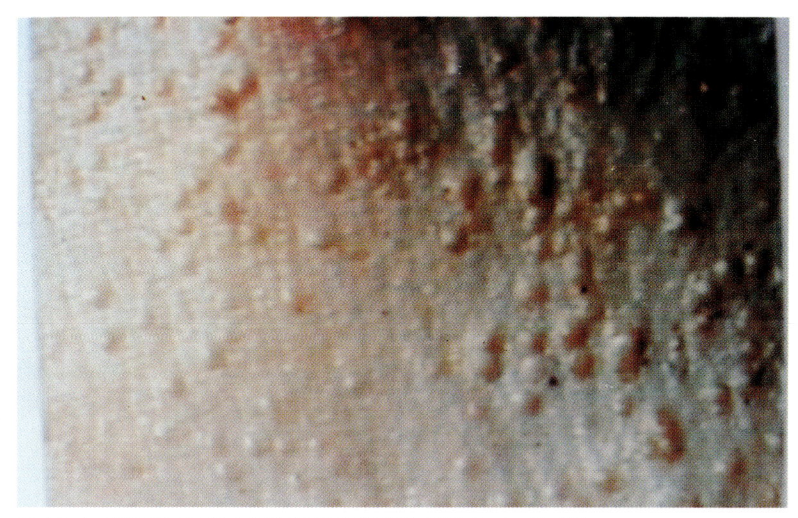
图42-4 猪虱病 因血虱叮咬引起的泡状病变(WJ Smith 等)

43 猪球虫病

Eimeria Swine

本病是由猪的球虫寄生于猪的肠道上皮细胞内而引起的一种原虫病，主要发生于仔猪，多呈良性经过，临床上以小肠卡他性炎为特征。成年猪为带虫者，是本病的传播源。

一、病原体

寄生于猪体的球虫文献记载有10余种，其中以平滑艾美耳球虫（E.polita）和豚艾美耳球虫（E.scrofae）的致病力最强，最为常见。平滑艾美耳球虫卵囊呈圆形或近圆形，淡黄色，无卵膜孔，大小约为18.6微米×14.6微米。豚艾美耳球虫可能是蒂氏艾美耳球虫（E.debliecki）的同物异名，卵囊呈卵圆形，褐色，有卵膜孔，大小约为27.7微米×20.3微米。

二、生活史

感染性卵囊(孢子化卵囊)被猪吞食后，孢子在消化道释

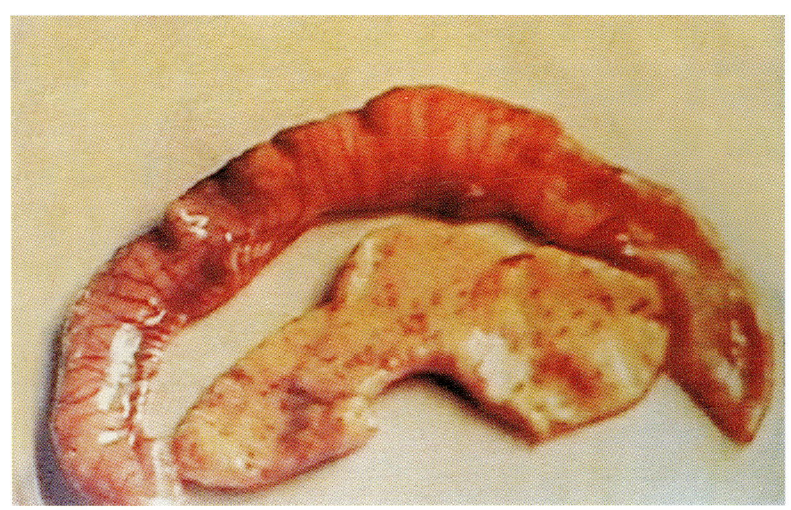

43-1 球虫病 10日龄仔猪回肠变厚图示不透明浆膜表面和较厚的肠壁。内容物内含坏死物质

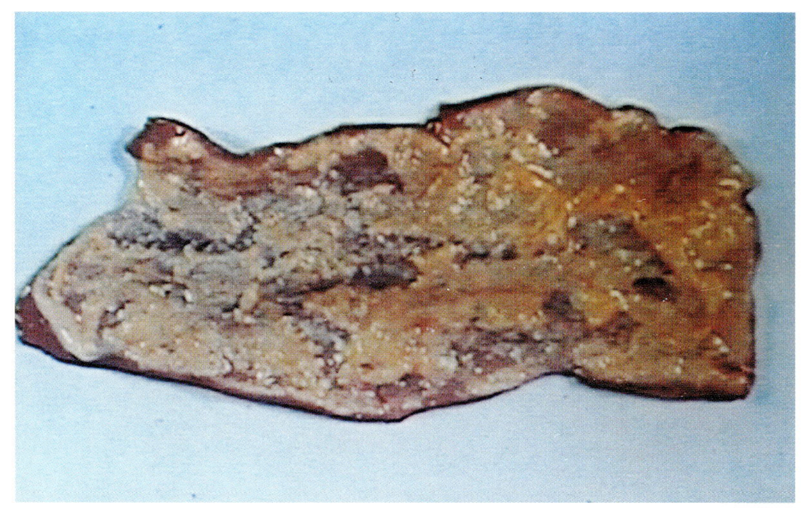

43-2 球虫病 8日龄仔猪小肠内的虫体 图示黏膜坏死病变的肠粘膜附有撒糠样的伪膜

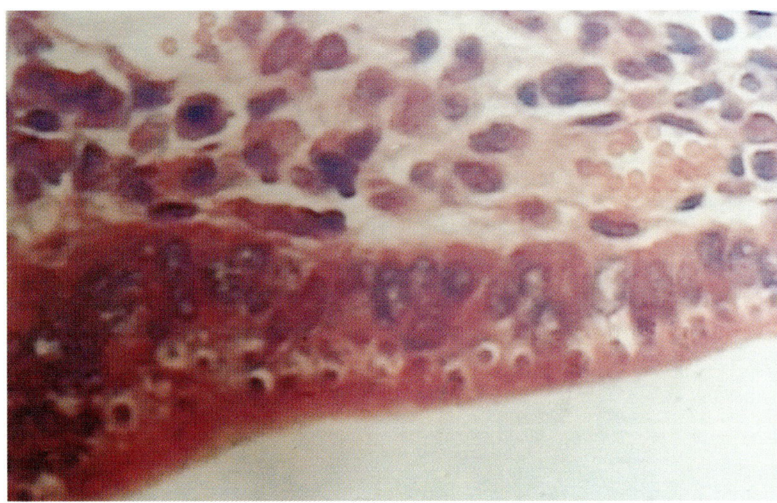

43-3 球虫病 组织学变化 小肠黏膜上有粘化的寄生虫，它占据宿主每个细胞（箭头）HE.×100

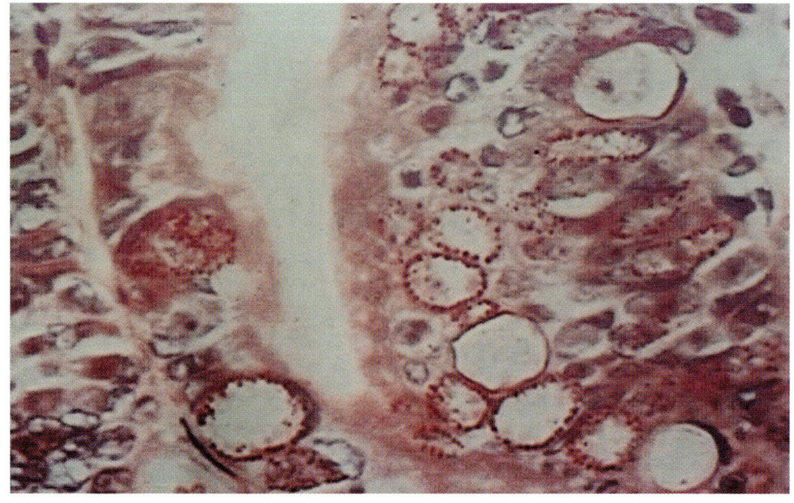

43-4 球虫病 组织学变化 小肠粘膜上见不同成熟期的球虫和小配子体、大配子体及卵囊感染 HE.×400

出，侵入肠上皮细胞，经裂殖生殖和配子生殖后，形成新的卵囊，脱离肠上皮细胞,随猪粪便排出体外，在外界经孢子生殖阶段，发育为感染性卵囊。

哺乳仔猪发病率高，容易继发其它疾病，死亡率高，成年猪多为带虫感染。潮湿有利于球虫的发育和生存，故多发生于潮湿多雨的季节，特别是在潮湿，多沼泽的牧场最易发病。冬季舍饲期也可能发生。饲料、垫草和母猪乳房被粪便污染时常引起仔猪感染。

三、症状

潜伏期2～3周,有时达1个月,发病多为急性型。

急性型的病程通常为10～15天，病初食欲不佳、精神沉郁，被毛松乱，身体消瘦，体温略高或正常，下痢与便秘交替发作(粪中不带血)。一般能自行耐过，逐渐恢复；但下痢严重时可引起死亡。

四、病理变化

仔猪小肠黏膜肿胀变性坏死(图43-1)。仔猪回肠内的球虫病(图43-2)而变厚图示不透明浆膜表面和较厚的肠壁,内容物内含坏死物质。组织学可见小肠黏膜上有粘化的寄生虫(常呈双核)(图43-3)，它占据宿主每个细胞（箭头)。小肠黏膜上不同成熟期的球虫和小配子体、大配子体及卵囊污染（寄生）肠细胞（图43-4)形成孢子的卵囊。

五、诊断

剖检主要病变，小肠有出血性炎症，淋巴滤泡肿大突出，有白色和灰色的小病灶，同时这些部位常常出现直径4～15毫米的溃疡，其表面覆有凝乳样薄膜。肠内容物呈现褐色，带恶臭，有纤维性薄膜和粘膜碎片。肠系膜淋巴结肿大。

从流行病学、临床症状和病理变化进行综合分析，并以饱和盐水漂浮法进行粪便检查，或直肠刮取物涂片镜检发现卵囊即可作出正确诊断。

六、防治

磺胺二甲嘧啶（SM2）：0.1克/千克，内服，每天一次，连用3～7天。如配合使用酞酰磺胺噻唑（PST）0.1克/千克内服，效果更好。

氨丙啉：15～40毫克/千克，每天一次，连用5～6天。

林可霉素：每天每头猪1克，混入饮水中饮用，连用21天。并结合应用止泻，强心和补液等对症疗法。

应采取隔离、治疗、消毒的综合性防治措施。成年猪多为带虫者，应与仔猪分开饲养，放牧场也应分开。仔猪哺乳前，母猪乳房要洗拭干净，哺乳后母猪、仔猪要及时分开。猪圈舍要天天清扫，粪便和垫草等污物集中无害化处理。每周用沸水，3%～5%热碱水对地面、猪栏、饲槽、饮水槽等进行消毒一次。最好用火焰喷灯进行消毒。

对于工厂化猪场应采取全进全出的生产模式，定期对猪舍消毒。饲料和饮水要严禁猪粪污染。变换饲料种类时，注意逐步过渡，不可突然。加强营养，饲料多样化，增强机体抵抗力。同时还可进行药物预防。

44 弓形虫病

Toxoplasmosis

弓形虫病(又名弓形体病或弓浆虫病)是由刚地(刚第)弓形虫有性繁殖过程在猫的肠上皮细胞内，无性繁殖过程在多种动物和人的有核细胞内而引起的一种人畜共患的原虫病。是一种多宿主的寄生虫，45 种哺乳动物，70 种鸟类，5 种冷血

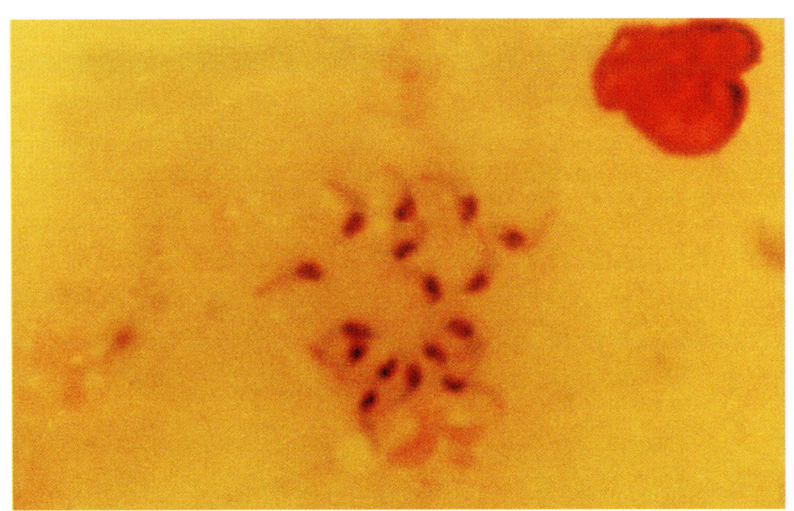

图 44-1 弓形虫病 病猪淋巴结涂片 滋养体 组织学 瑞氏染色 × 100

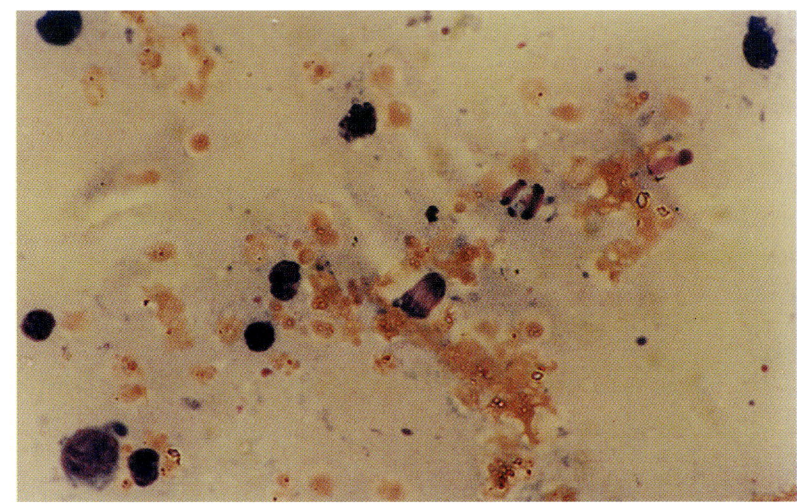

图 44-2 弓形虫病 病猪淋巴结涂片 分裂的滋养体 瑞氏染色 × 100

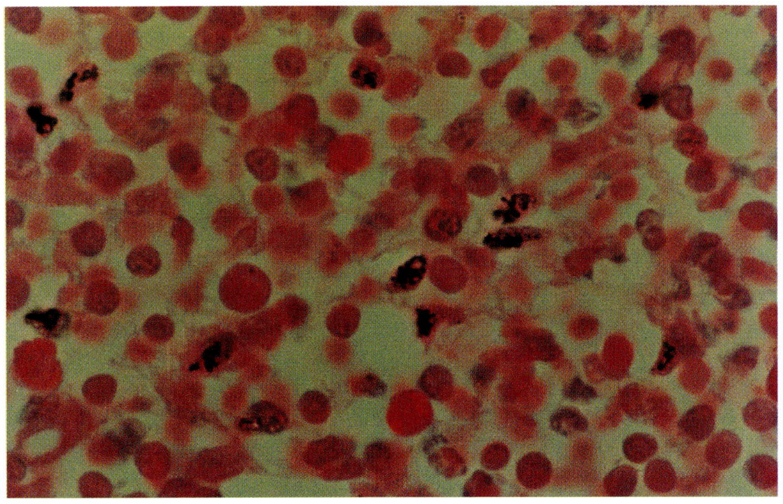

图 44-3 弓形虫病 肺内的包囊 组织学 HE. × 100

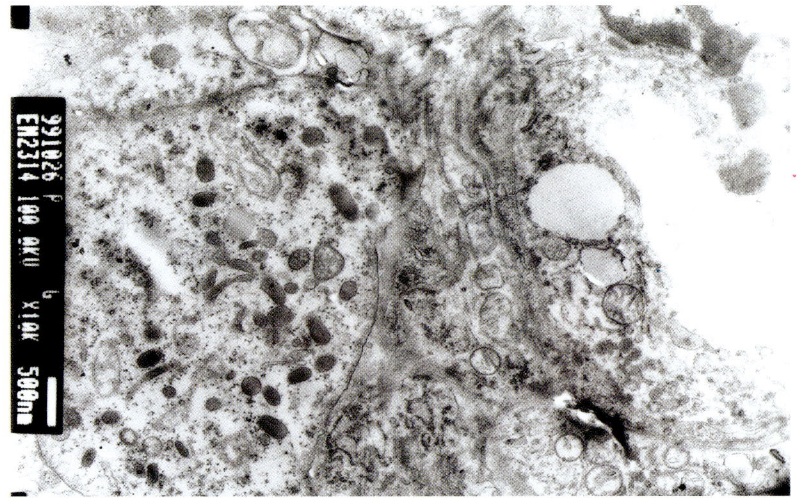

图 44-4 弓形虫病 包囊型 肾超微病理变化 包囊内的孢子 × 100000

动物都能感染本病。

一、病原体与生活史

弓形虫在整个发育过程中分5种类型，即滋养体(图44-1、图44-2)、包囊(图44-3、图44-4、图44-5)、裂殖体、配子体和卵囊。其中滋养体和包囊是在中间宿主(人、猪、狗、猫等)体内形成的，裂殖体、配子体和卵囊是在终末宿主(猫)体内形成的。其中滋养体、包囊、和感染性卵囊这3种类型都具

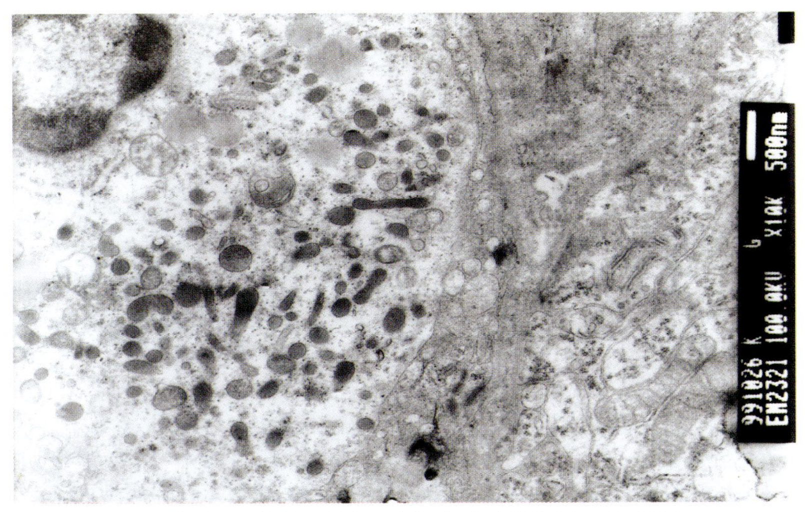

图44-5 弓形虫病 包囊型 肺超微病理变化 包囊内的孢子×100000

图44-6 弓形虫病 包囊型 展示死胎与死亡的弱仔猪

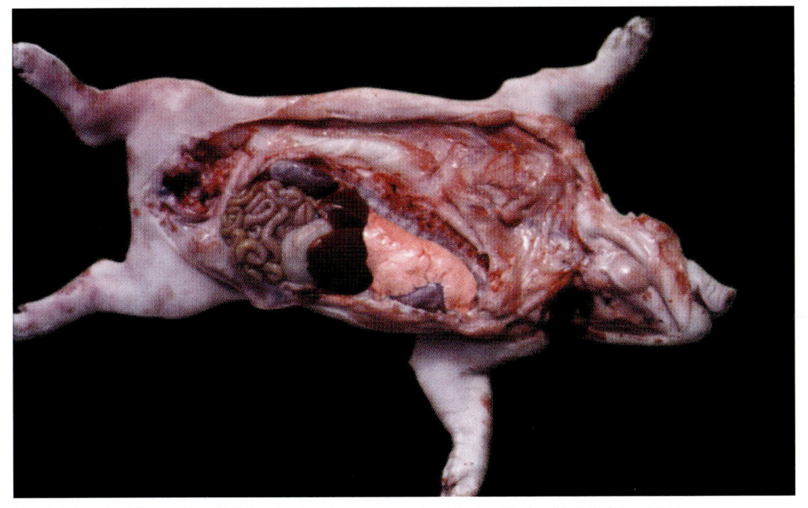
图44-7 弓形虫病 包囊型 病理变化 展示图47-5 肌肉苍白营养不良

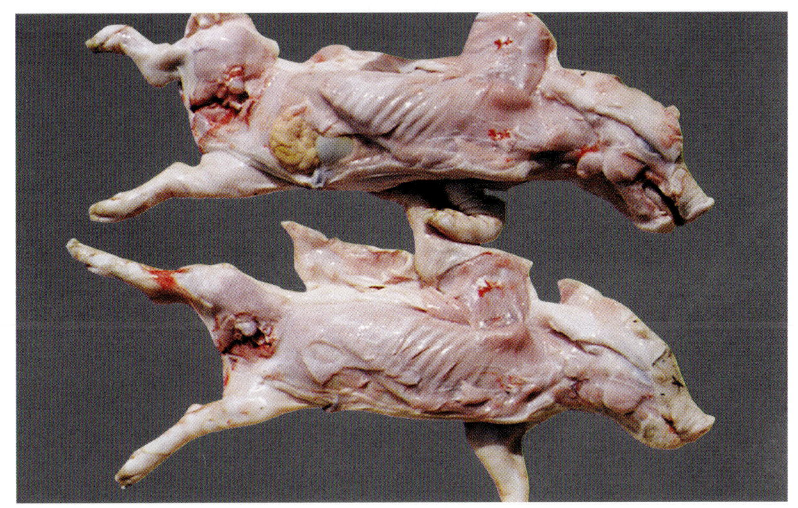
图44-8 弓形虫病 包囊型 病理变化 展示体表淋巴结肿大灰白色

感染能力。

在中间宿主体内的发育：当人和动物摄食含有包囊或滋养体的肉食和被感染性卵囊污染的食物，饲草，饮水侵入体内，滋养体还可经口腔、鼻腔、呼吸道粘膜、眼结膜和皮肤感染，母体还可通过胎盘感染胎儿(图 44-6～图 44-28)，各种年龄的猪均易感。

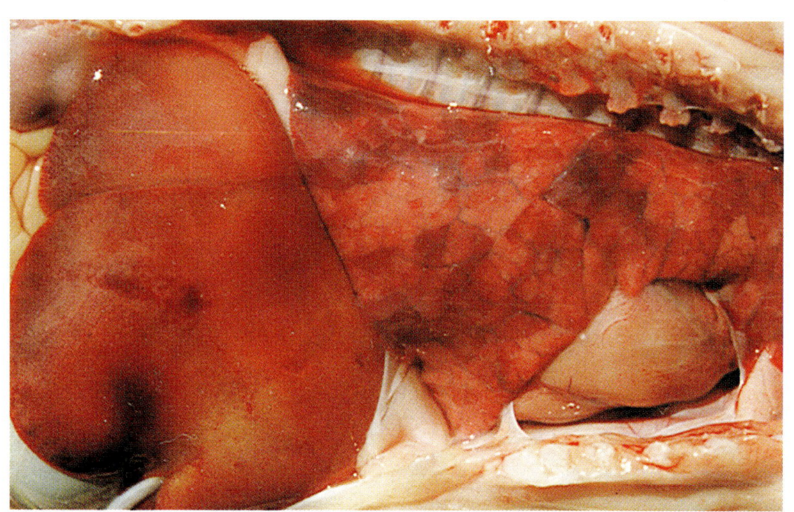

图 44-9 弓形虫病 包囊型 病理变化 由虫体引起的肺炎灶

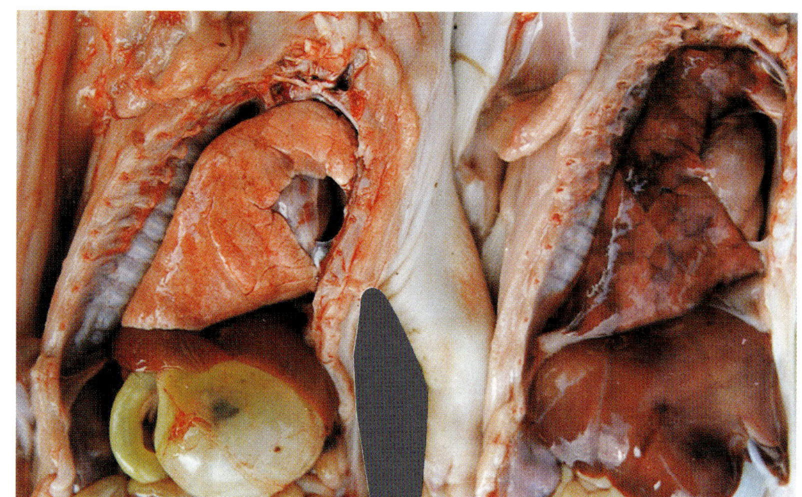

图 44-10 弓形虫病 包囊型 病理变化 同一窝眼观未见到肺炎灶的对照

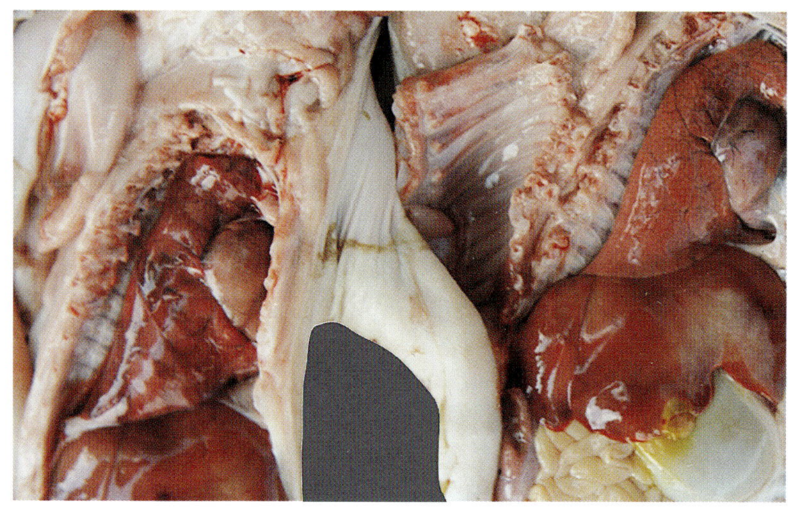

图 44-11 弓形虫病 包囊型 病理变化 由虫体引起的肺炎灶与色淡的变性心肌

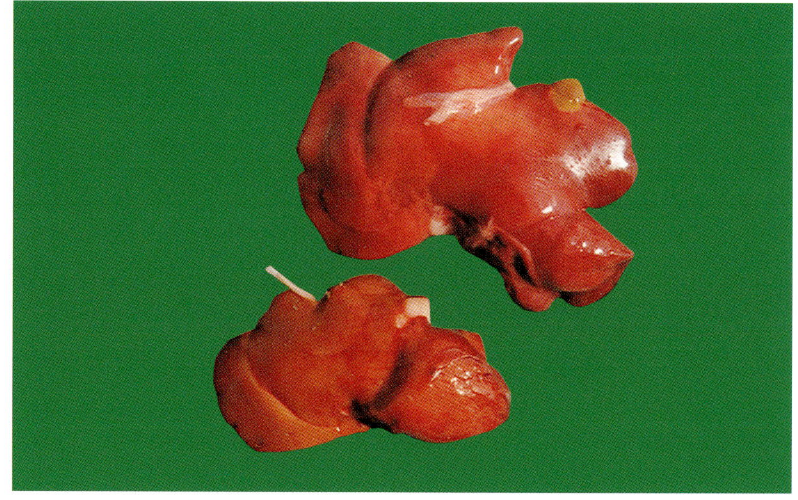

图 44-12 弓形虫病 包囊型 病理变化 肝瘀血肿大有变性坏死灶

二、致病作用与临床症状

弓形虫侵入机体后,随淋巴、血液循环散布于全身多种器官和组织,并在细胞中寄生和繁殖,致使脏器和组织细胞遭到破坏,同时毒素作用，引起各脏器的炎症(图 44-29～图 44-34)和组织水肿、出血、坏死等变化。发病初期体温升高到 40.5～42℃,呈稽留热，精神萎顿，食欲减退,常呈腹式呼吸困难。耳翼、鼻端、

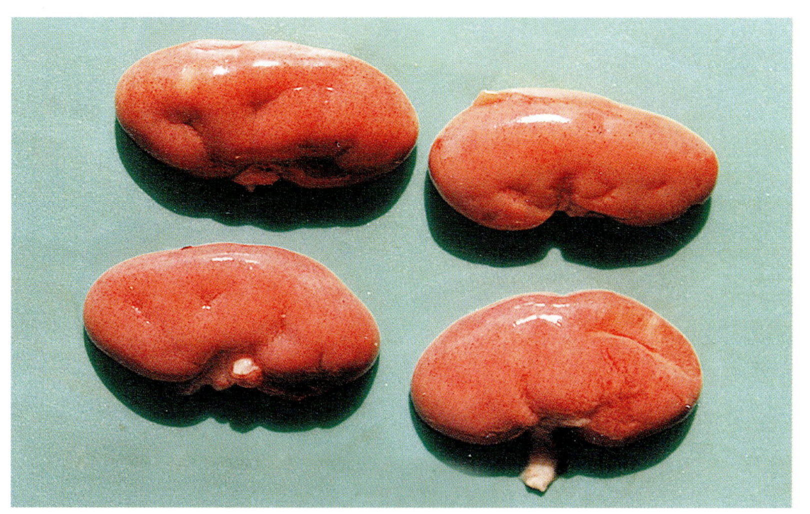

图 44-13 弓形虫病 包囊型 病理变化 肾肿大有弥漫性瘀血点

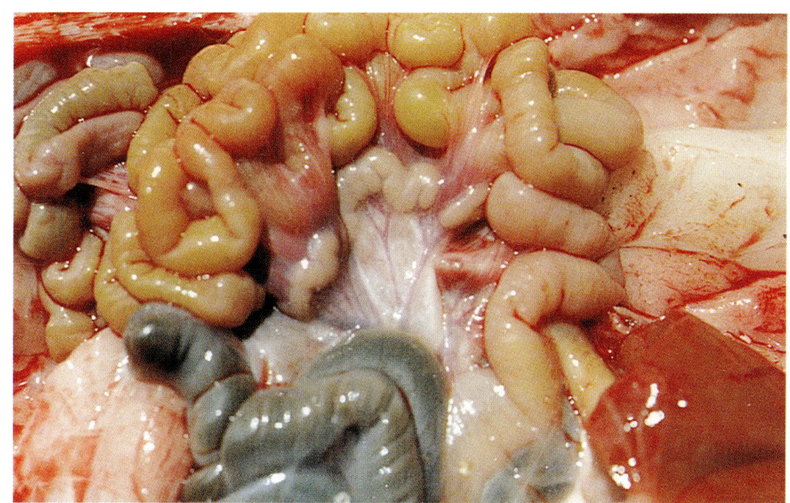

图 44-14 弓形虫病 包囊型 病理变化 小肠系膜淋巴结肿大灰白色

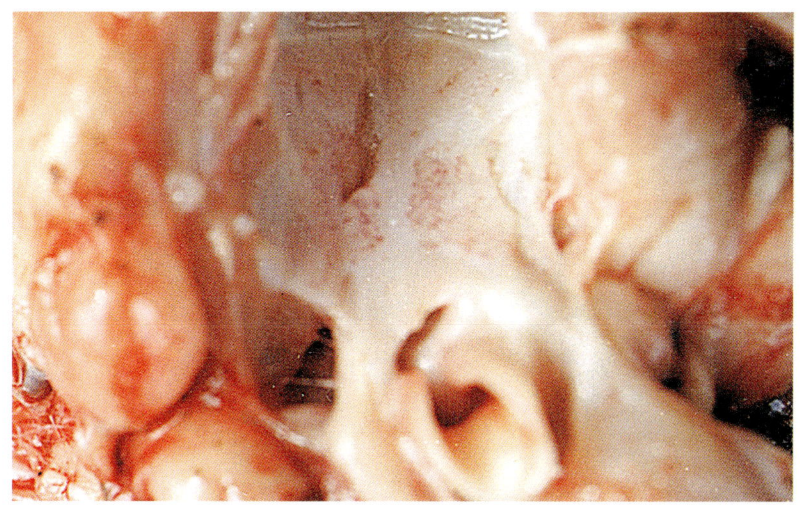

图 44-15 弓形虫病 包囊型 病理变化 下颌淋巴结肿大灰白色与扁桃体出血点

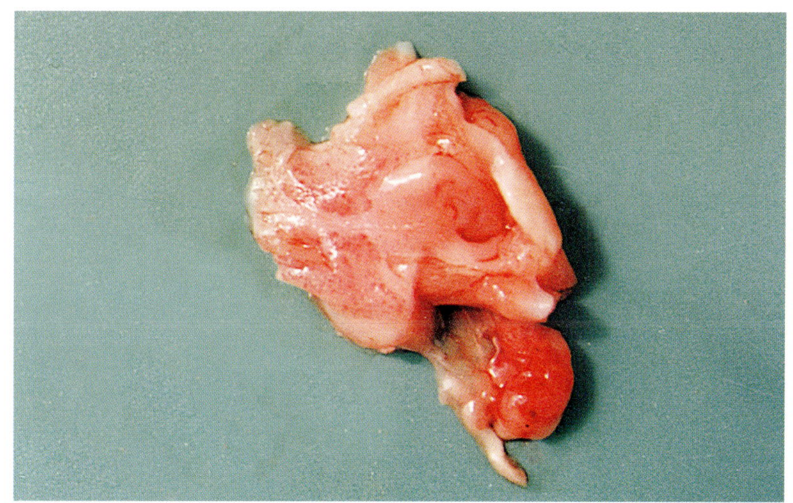

图 44-16 弓形虫病 包囊型 病理变化 扁桃体出血点

下肢、股内侧、下腹部出现紫红斑，间或有小点出血。病程 10～15 日,孕猪往往发生流产。

三、病理变化

尸体剖检,皮肤可见弥漫性紫红色并有较大的出血结痂斑

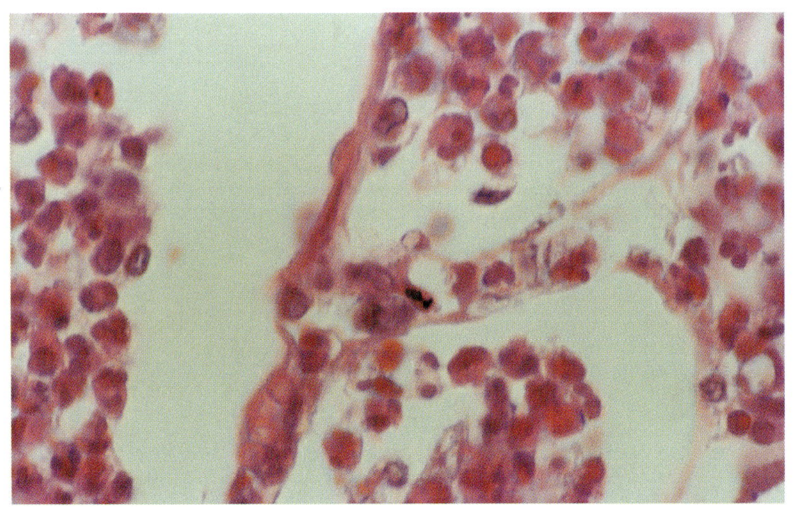

图 44-17　弓形虫病 包囊型 死胎 组织学 由虫体引起的肺炎灶 HE. × 100

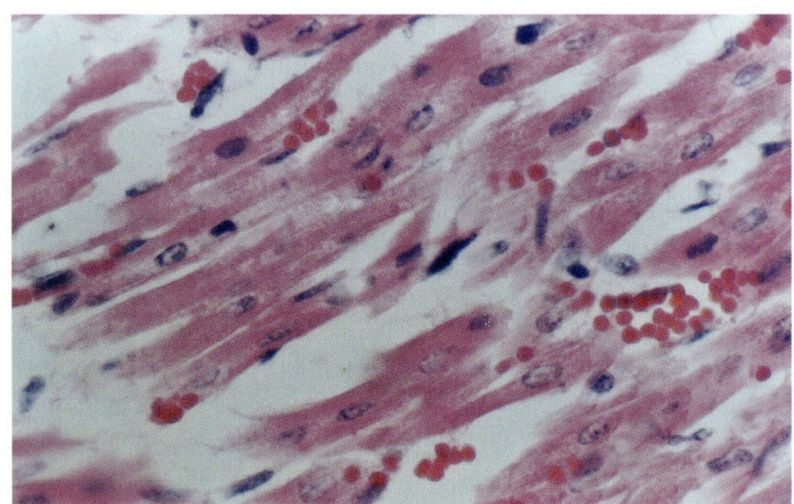

图 44-18　弓形虫病 包囊型 死胎 组织学 心肌细胞内虫体 HE. × 100

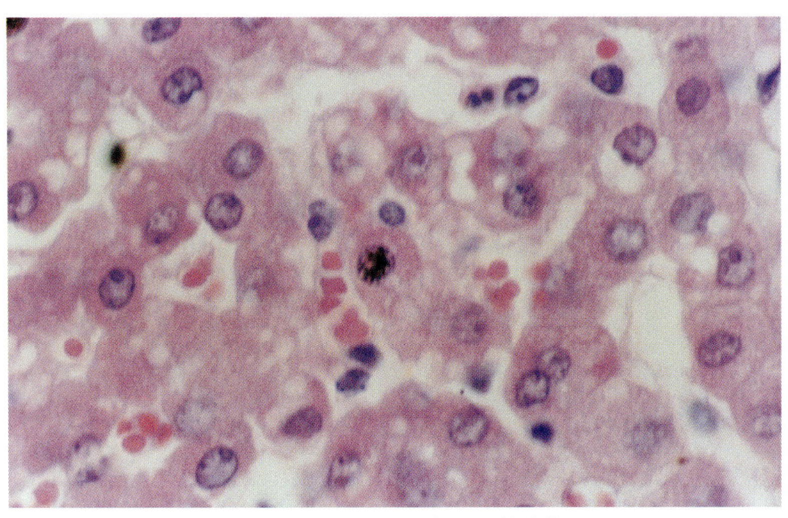

图 44-19　弓形虫病 包囊型 死胎 组织学 肝细胞内的虫体 HE. × 100

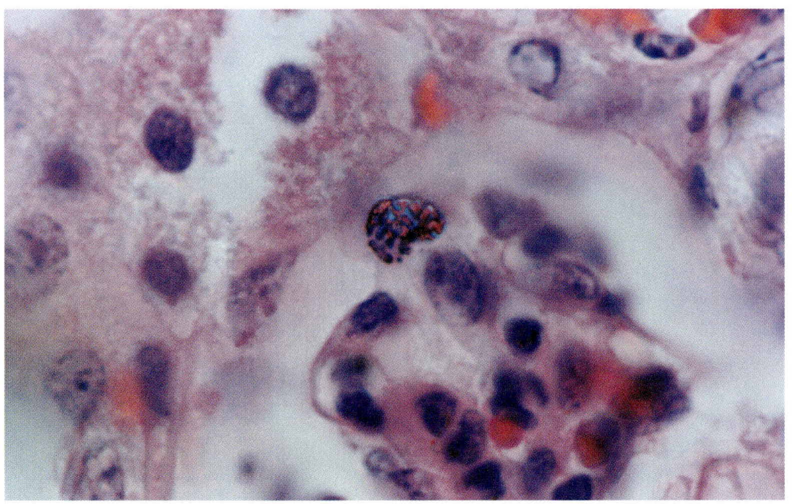

图 44-20　弓形虫病 包囊型 死胎 组织学 肾小球上皮细胞内的虫体 HE. × 100

点(图 44-35)，肝脏肿大,有大小不等的坏死灶，胆囊粘膜表面有轻度出血和小的坏死灶。肺脏肿大呈暗红色，间质增宽(图 44-36)，肝表面有粟粒大或针尖大的出血点 和灰白色病灶(图 44-37)，全身淋巴结肿大，尤其 是肺门、肝门、颌下、胃等

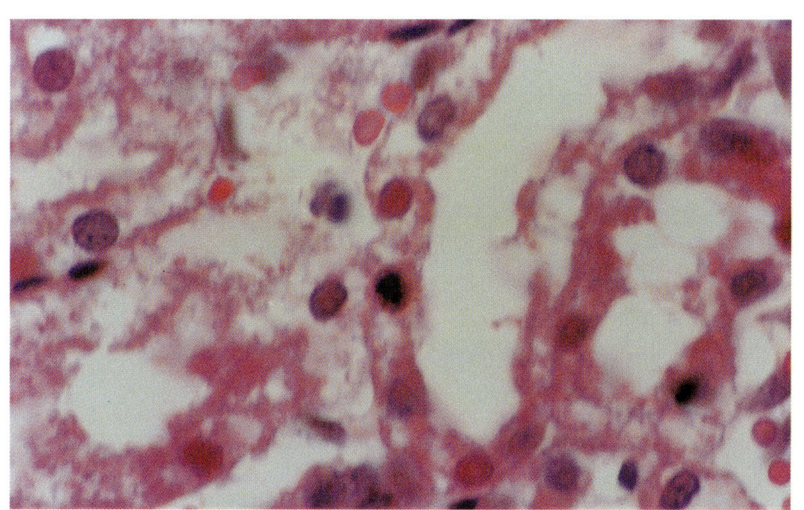

图 44-21 弓形虫病 包囊型 死胎 组织学 肾小管上皮细胞内的虫体 HE. × 100

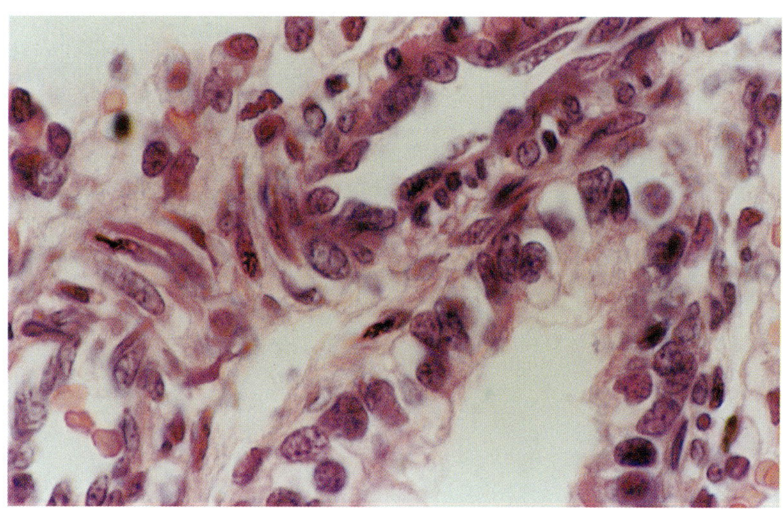

图 44-22 弓形虫病 包囊型 死胎 组织学 肺小动脉血管平滑肌内虫体 HE. × 100

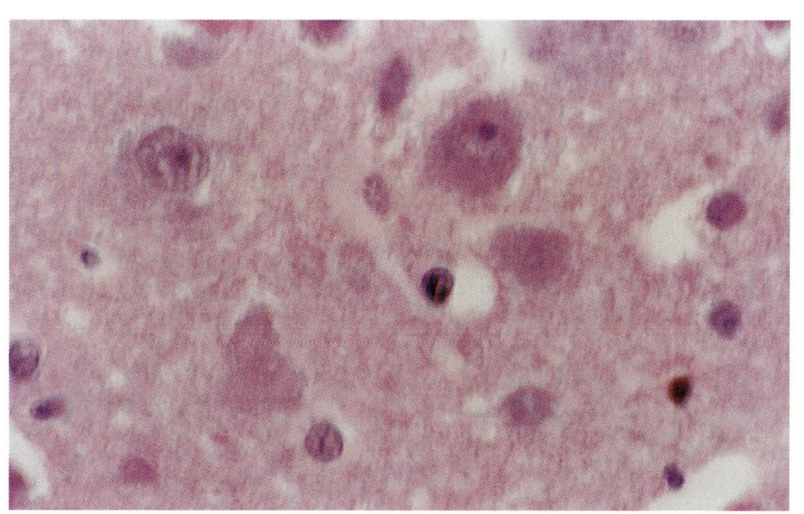

图 44-23 弓形虫病 包囊型 死胎 组织学 脑血管内皮细胞虫体 HE. × 100

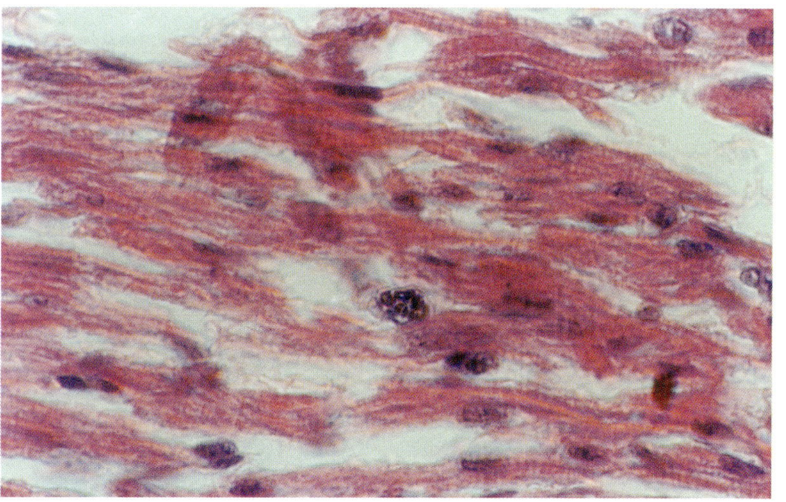

图 44-24 弓形虫病 包囊型 死胎 组织学 肌肉纤维中的虫体 HE. × 100

淋巴结肿大达2～3倍，多数有粟粒大灰白色和灰黄 色坏死灶及大小不等的出血点（图44-38）。心肌肿胀，脂肪变性，有粟粒大灰白色坏死灶。脾脏不肿大或稍肿大，被膜下有丘状出血点及灰白色小坏死灶，切面呈暗红色，白髓不清，小梁较明

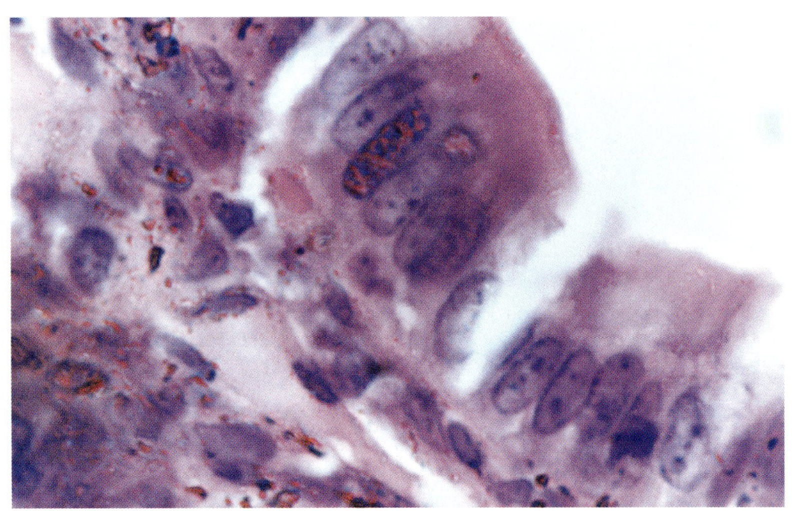
图44-25 弓形虫病 包囊型 死胎 组织学 小肠粘膜上皮细胞内的虫体 HE. × 100

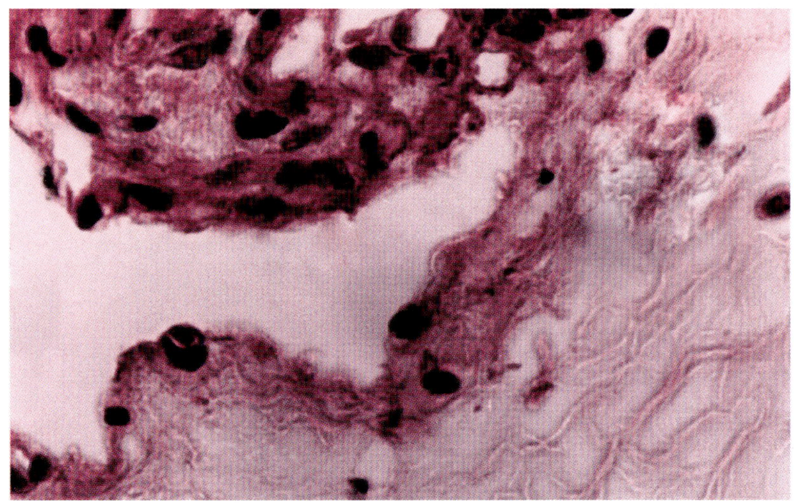
图44-26 弓形虫病 包囊型 死胎 组织学 胎盘血管内皮细胞内的虫体 HE. × 100

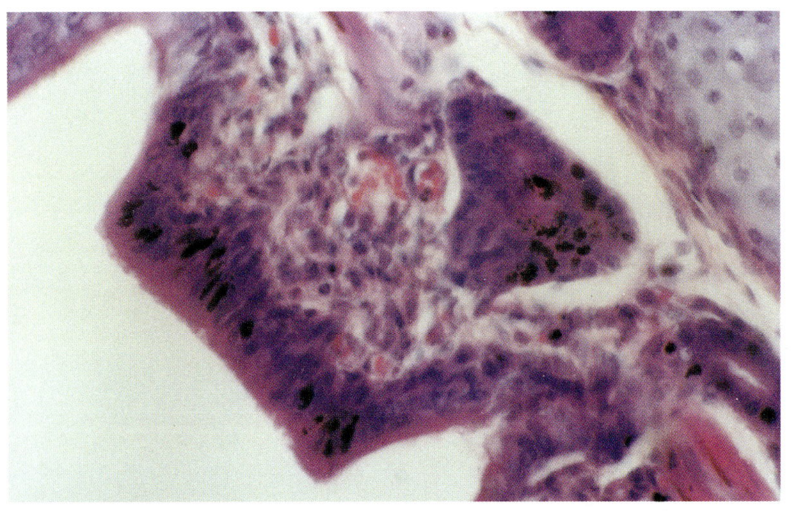
图44-27 弓形虫病 包囊型 哺乳仔猪 组织学 肺炎灶支气管粘膜上皮内虫体 HE. × 20

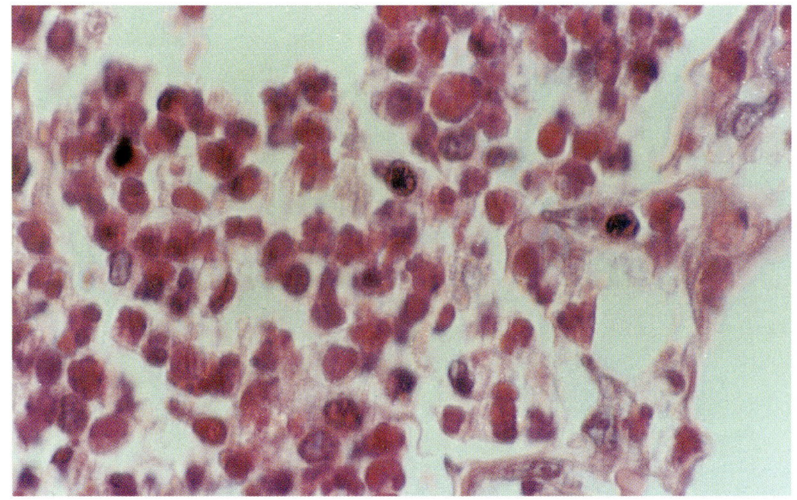
图44-28 弓形虫病 包囊型 死胎 组织学 肺炎灶内肺间膈中的虫体 HE. × 100

显，见有粟粒大灰白色坏死灶。肾脏黄褐色，除去被膜后表面有针尖大出血点和粟粒大灰白色坏死灶(图44-39)。胃粘膜稍肿胀，潮红充血，尤以胃底部较明显，并有出血斑点(图44-40)，肠粘膜充血、潮红、肿胀，并有出血点出血斑。哺乳仔

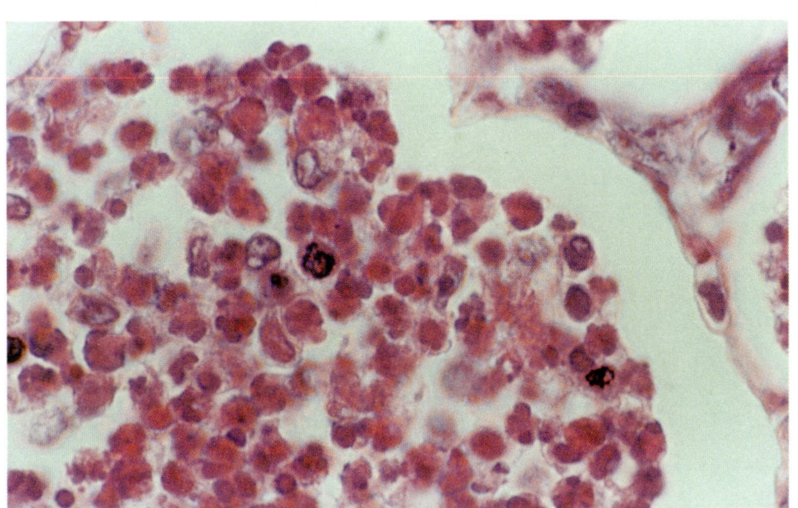

图44-29 弓形虫病 包囊型 死胎 组织学 肺炎灶内肺泡腔中的虫体 HE. × 100

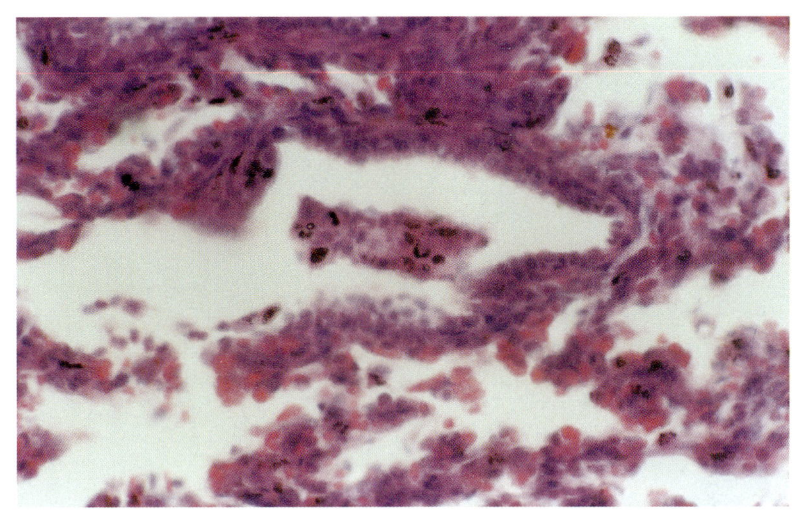

图44-30 弓形虫病 包囊型 哺乳仔猪 组织学 肺炎灶支气管内分泌物中虫体 HE. × 20

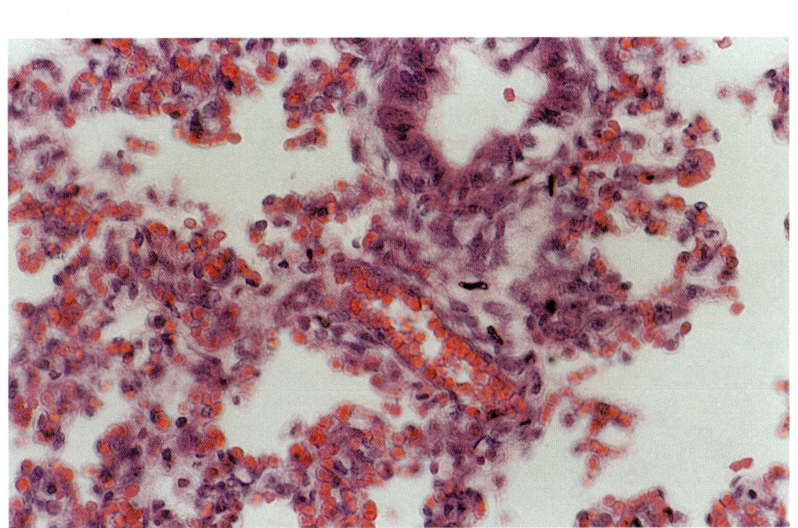

图44-31 弓形虫病 包囊型 哺乳仔猪 组织学 示肺炎灶肺泡毛细血管充血与其中虫体 HE. × 20

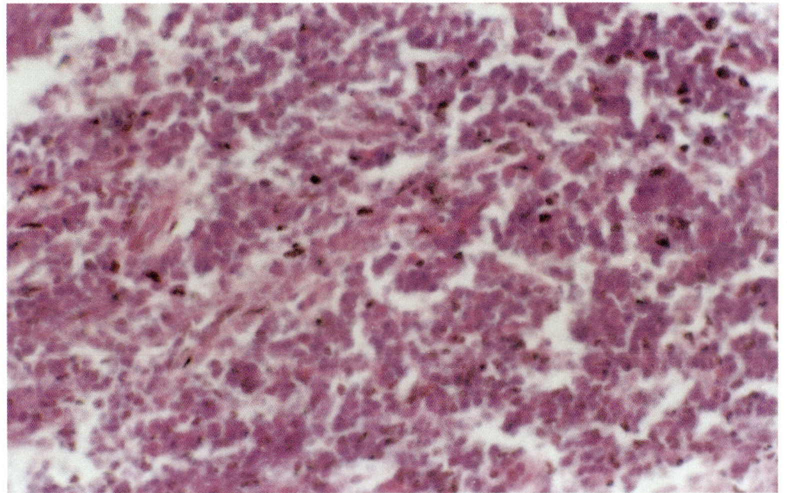

图44-32 形虫病 包囊型 哺乳仔猪 组织学 肺炎灶中虫体与炎性细胞 HE. × 100

猪一旦感染包囊型后缺乏典型症状，临床工作注意本病诊断(图44-41～图44-44)。

四、诊断

必须经检查虫体、动物接种、等方法做实验室诊断查出病

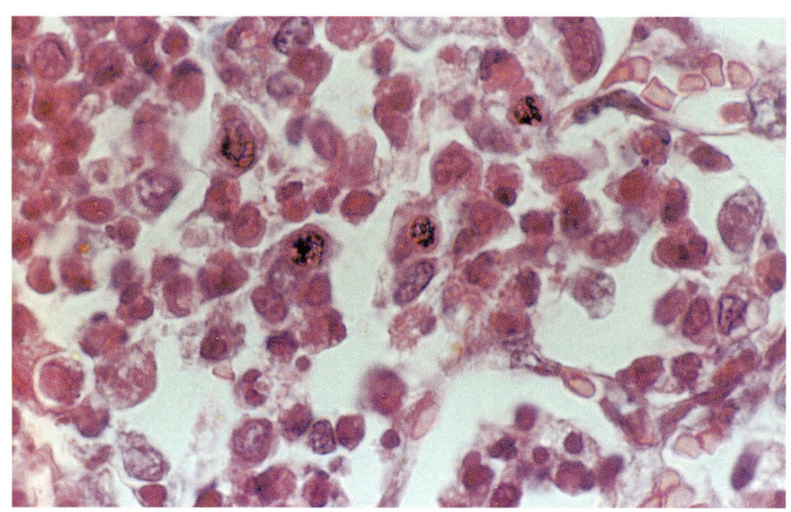

图44-33 形虫病 包囊型 哺乳仔猪 组织学 肺炎灶中肺泡腔内虫体与炎性细胞 HE.×100

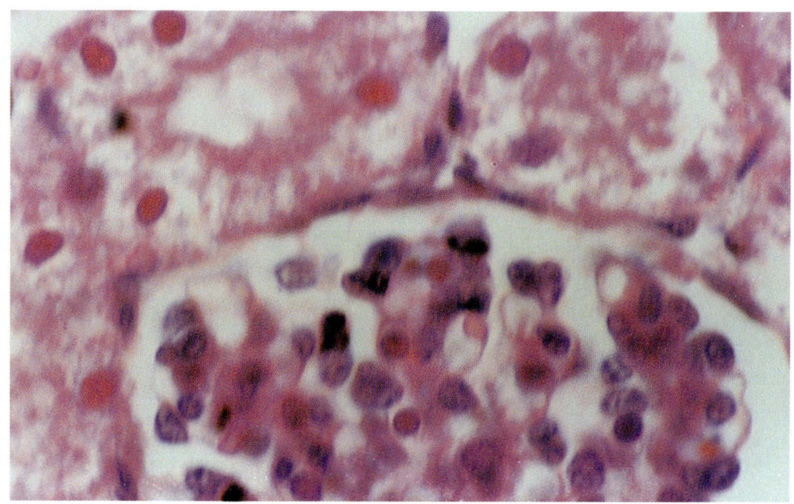

图44-34 形虫病 包囊型 哺乳仔猪 组织学 肾炎灶中虫体与炎性细胞和肾小管变性坏死 HE.×100

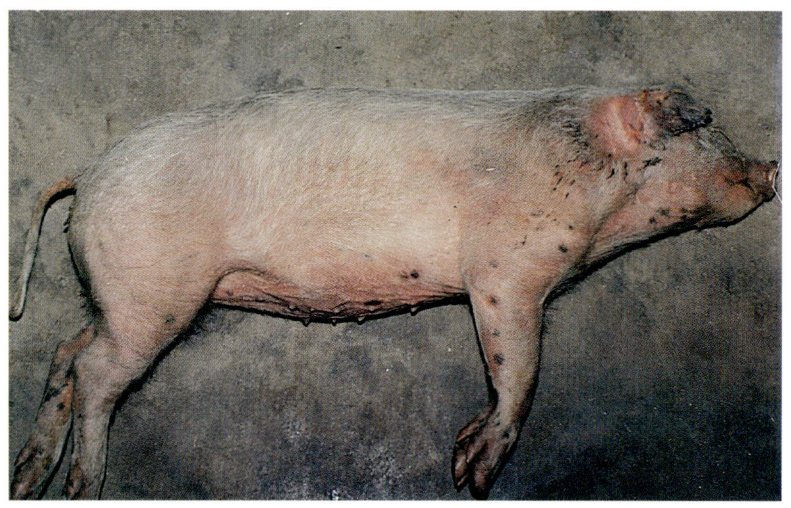

图44-35 弓形虫病 病理变化 猪皮肤出血结痂

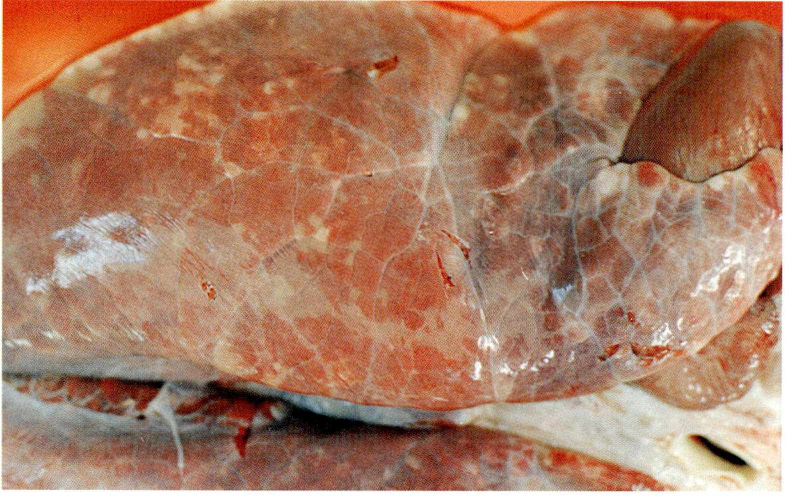

图44-36 弓形虫病 病理变化 肺间质增宽水肿、大小不一的小坏死灶

原体方能确诊。

五、防治

早期治疗均能收到较好效果，如用药较晚，虽可使临床症状消失，但不能抑制虫体进入组织形成包囊，从而使病猪成为带虫猪。

用磺胺嘧啶，磺胺嘧啶＋甲氧苄氨嘧啶，磺胺嘧啶＋二甲氧苄氨嘧啶(敌菌净)，磺胺间甲氧嘧啶(磺胺-6-甲氧嘧啶)，增

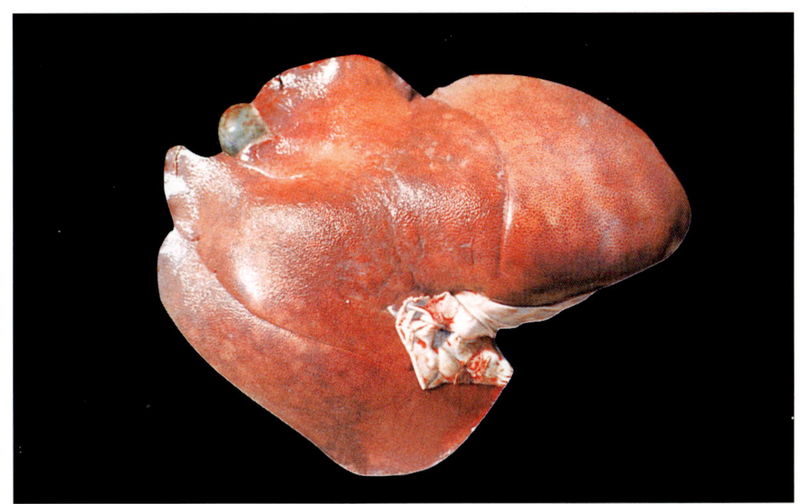

图 44-37 弓形虫病 病理变化 肝表面有大小不一的灰白色病灶

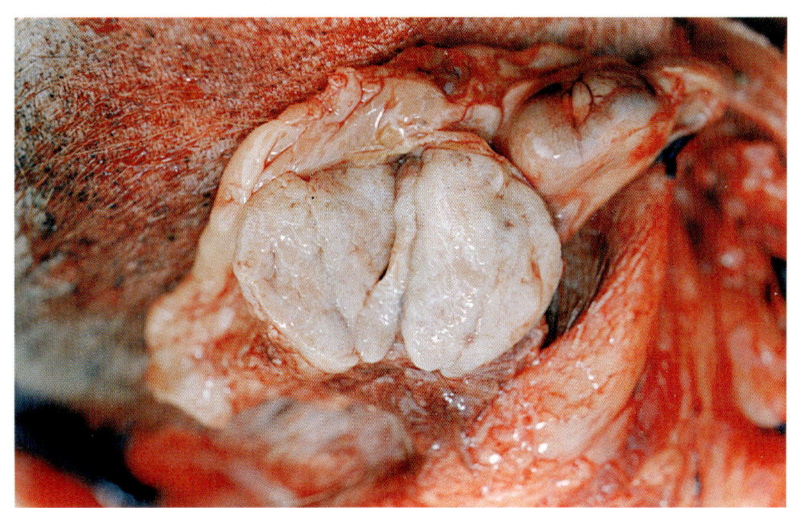

图 44-38 弓形虫病 病理变化 淋巴结肿大灰白色、出血坏死

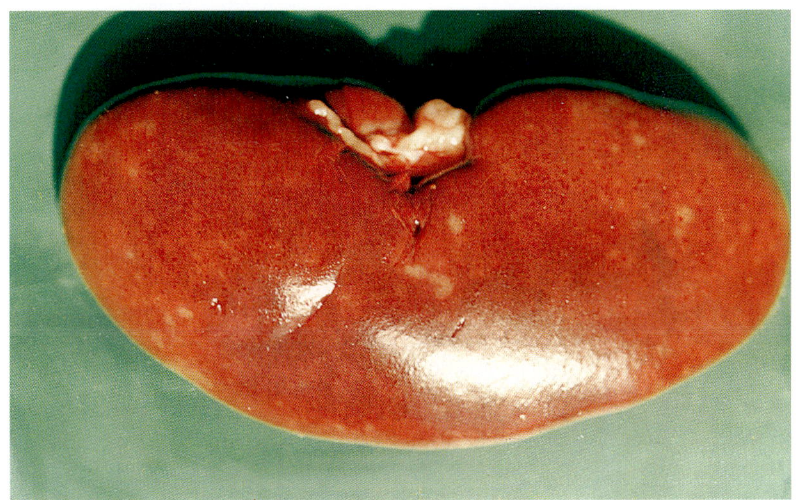

图 44-39 弓形虫病 病理变化 肾表面大小不一的灰白色病灶

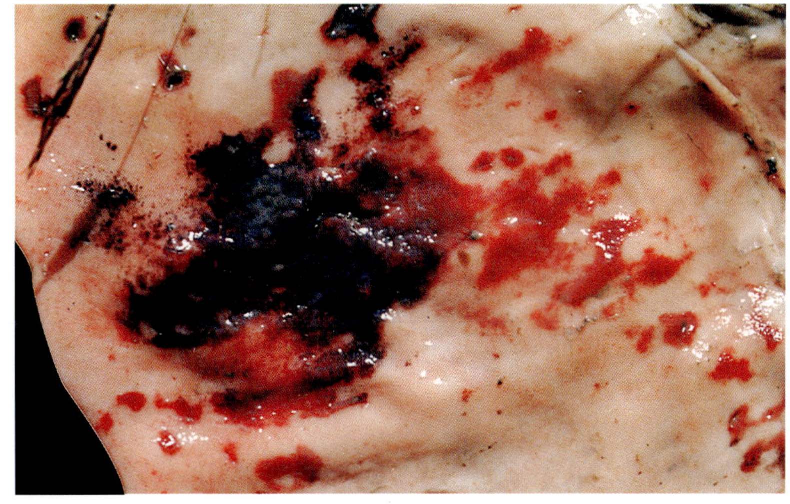

图 44-40 弓形虫病 病理变化 胃粘膜条形斑状出血

效磺胺5-甲氧嘧啶注射液(内含10%磺胺5-甲氧嘧啶和2%甲氧苄氨嘧啶)等药物治疗。田松报道(2003年)应用磺胺-6-甲氧嘧啶注射液,每日2次,75mg/kg；同时饲料中加抗菌增效剂120g/1000kg,7日为一疗程，控制了疫情。

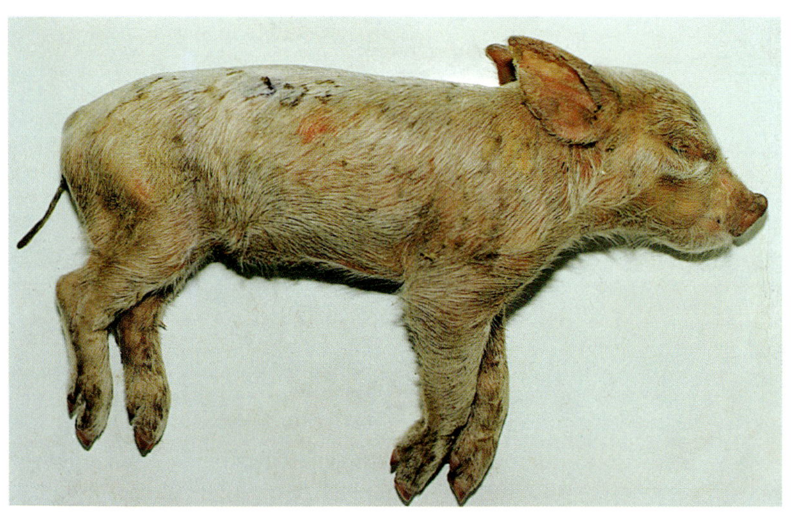

图 44-41 弓形虫病包囊型 病理变化 哺乳仔猪 尸体营养不良皮肤不洁有斑点

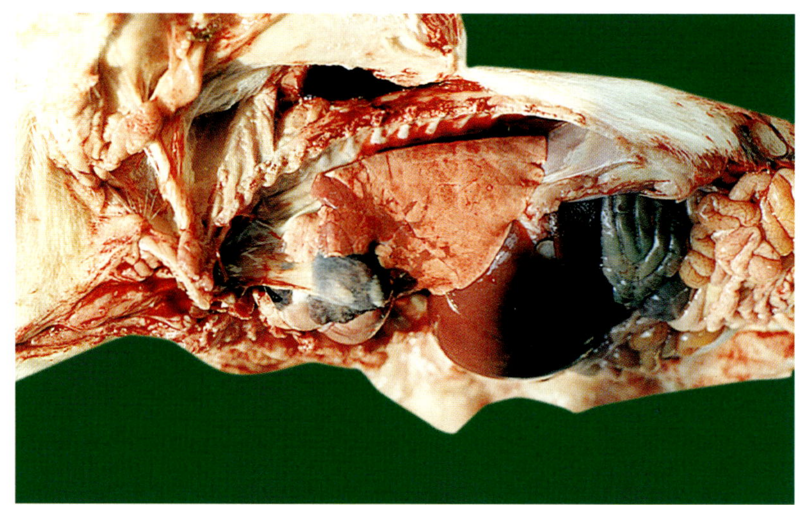

图 44-42 弓形虫病包囊型 病理变化 哺乳仔猪 肺心叶与膈叶前下缘出现肺炎灶

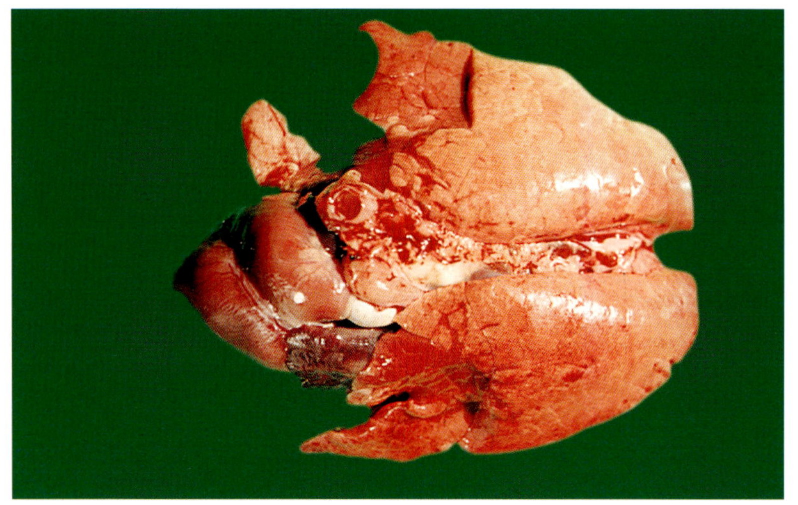

图 44-43 弓形虫病包囊型 病理变化 哺乳仔猪 肺门淋巴肿大

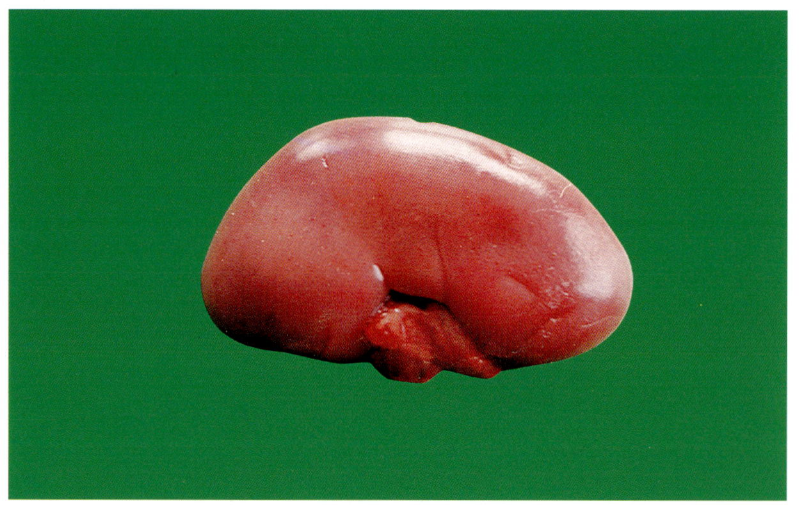

图 44-44 弓形虫病包囊型 病理变化 哺乳仔猪 肾淤血有小点斑点（见组织学 17～22）

45 住肉孢子虫病

Sarcocystis Miescheriana

住肉孢子虫对宿主并无严格的特异性，可互相感染，如羊住肉孢子虫也可寄生于猪的食道、膈肌和心肌。家畜感染住肉孢子虫后，通常不表现临床症状，如肌肉内（图45-1）有大量虫体寄生可引起肌肉变性不能食用，而造成一定的经济损失。主要寄生于猪的食道，膈肌和心肌。住肉孢子虫的中间宿主是猪、马、牛羊、鼠、人、鸟类、鱼类和爬虫类。终末宿主为猫、狗、狼和狐狸等食肉动物。

一、病原体与生活史

中间宿主肌肉内的“米氏束”被终末宿主吞食后，在小肠内直接发育为雌配子和雄配子，配子生殖后产生卵囊。卵囊在肠壁或外界进行孢子生殖发育为孢子化卵囊（内含2个孢子囊，每个孢子囊内含4个子孢子）。中间宿主吞食孢子化卵囊后，子孢子经血液循环到达各脏器，开始在网状内皮细胞特别是血管内皮细胞中进行裂殖生殖。裂殖体最常见于肾小球，其次为肾上腺，脑、肝、胰腺、脾、淋巴结、小肠（图45-1、图45-2）及骨骼肌。裂殖体崩解后释放裂殖子侵入肌纤维形成“米氏束”。住肉孢子虫在自然界的传播方式为：肉食类和杂食类动物主要是吃了含有住肉孢子的肉而感染，也可吞食卵囊而感染。草食动物则是吞食了卵囊而感染。肉孢子虫可分泌住肉孢子虫毒素(Sarcocystin)，该毒素能引起肌细胞变性及肌束膜的反应性炎症。

二、诊断

当猪严重感染时(每克猪膈肌有40个以上虫体)则表现不安，腰无力，出现肌肉僵硬和后肢短 期瘫痪，并有呼吸困难等现象。对动物的诊断主要依据死亡剖检，在肌肉内发现虫体而确诊。

三、防治

目前尚无药物进行治疗。预防措施主要是在屠宰时将寄生有住肉孢子虫的脏器及肌肉剔除、烧毁，同时要保护饲料饮水不被含有住肉孢子虫卵囊的粪便污染，以防猪吃到肌肉中的“米氏束”和终宿主粪便中的卵囊而感染。

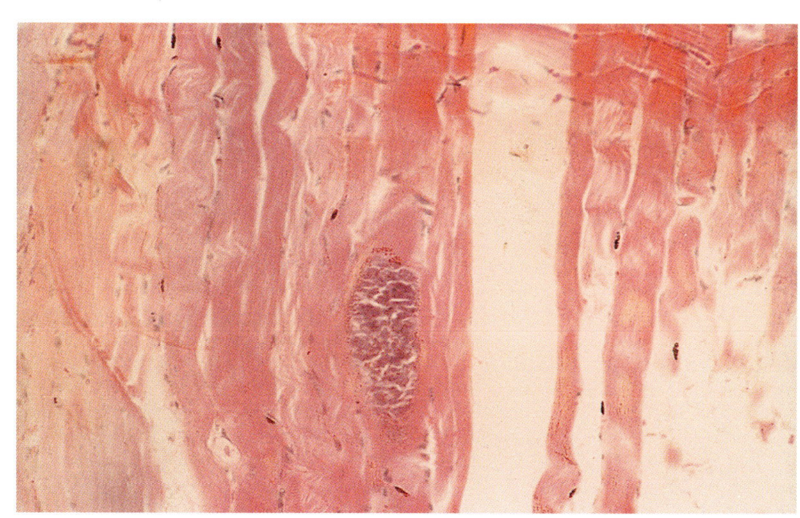

图45-1 住肉孢住子虫病 肌肉中寄生的虫体

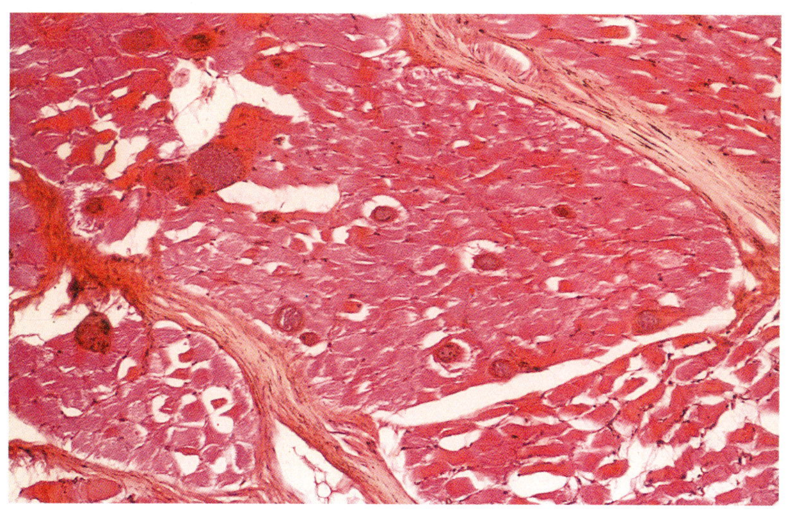

图45-2 住肉孢住子虫病 寄生精囊的裂殖体 HE × 20

46 胃溃疡
Stomach Ulcer

胃溃疡是胃粘膜局部组织糜烂和坏死，或自体消化形成圆形溃疡面，可因胃穿孔伴发大出血或急性弥漫性腹膜炎而迅速死亡。

一、病因

原发胃溃疡主要由于饲料质量不良，过于精细或粗糙、霉败、难于消化、缺乏营养；另外，饲喂不定时，饲料过冷、过热，或过饱可引起消化机能紊乱，影响消化，发生溃疡。

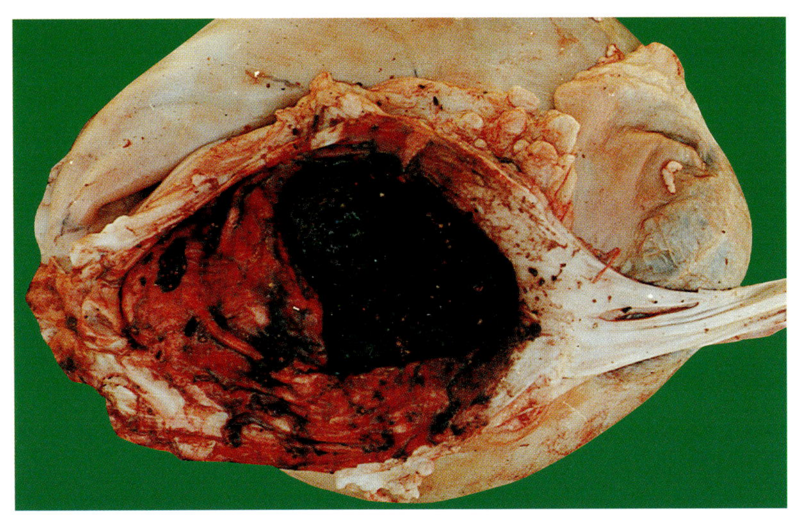

图 46-1 胃溃疡 胃出血 胃剪开后胃内充满凝固血块

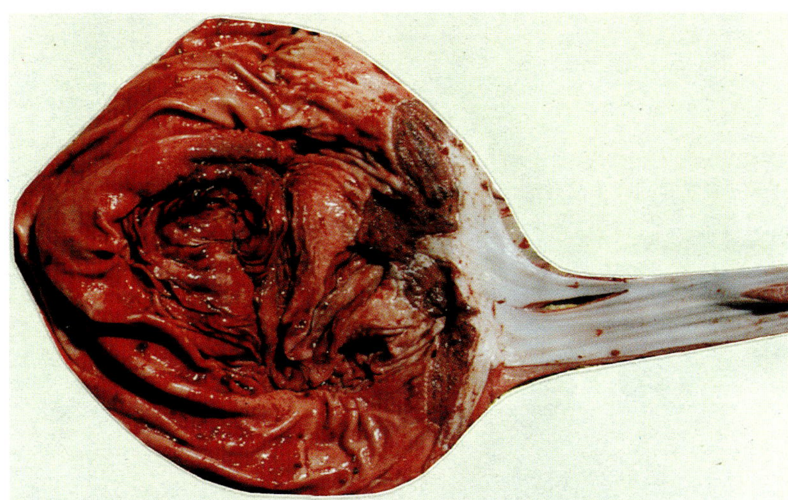

图 46-2 胃溃疡 胃出血上图凝固血块取出后可见胃粘膜溃疡

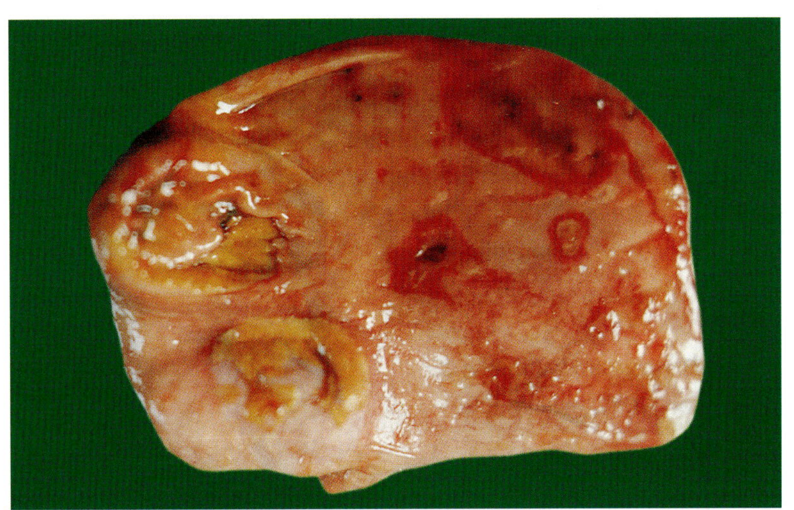

图 46-3 胃溃疡 胃底腺粘膜较大溃疡

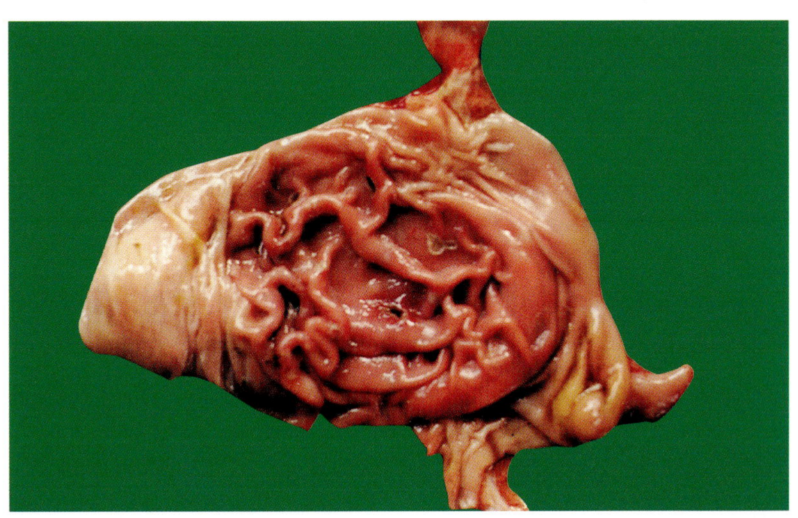

图 46-4 胃溃疡 胃底腺粘膜较小溃疡

二、临床症状与病理变化

主要病变在胃粘膜诱发胃溃疡；还有长途运输、惊恐、拥挤、妊娠、分娩、饥饿等应激因素也能引起神经体液调节机能紊乱，发生溃疡。

最急性和急性型：任何年龄的猪均可发生。外表健康的猪在运动或兴奋之后常常因胃出血发生突然死亡。

临床表现贫血、虚弱及呼吸加快，病初腹痛、磨牙、不安，有时表现阶段性厌食，或出现呕吐，便血，体温一般正常或低于正常。

亚急性和慢性型：症状持续的时间较长，临床表现突然厌食，轻度腹痛，渐进性贫血，排泄少量黑色粪便，偶而下痢，体重减轻，体形消瘦，经2～8天后开始好转或转为慢性病理过程。胃粘膜不同部位出现程度不同、程度形状不一的溃疡病灶（图46-1、图46-2、图46-3、图46-4、图46-5、图46-6）。

三、防治

做好育种工作，饲料加工要科学，减少应激因素。为了减轻疼痛和反射性刺激，防止溃疡的发展，应给予镇静、止痛，中和胃酸等药品，以防止粘膜受侵害。如用氢氧化铝硅酸镁或氧化镁等抗酸剂，口服鞣酸保护胃粘膜，用各种Ⅱ型组胺受体阻断剂，如甲腈咪胍、呋喃硝胺等可明显地减少胃酸分泌。为保护溃疡面，防止出血，促进愈合。亦可于饲喂前投服次硝酸铋，对于出血严重的病例，应着重止血，可给予VK制剂。

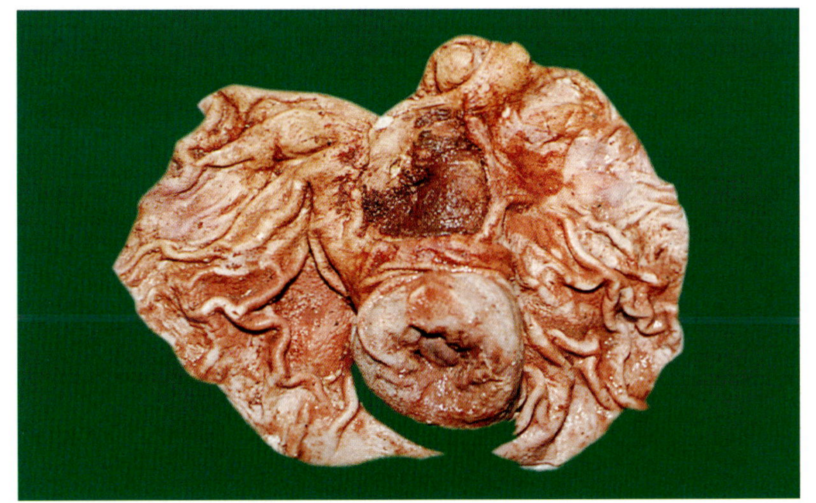

图46-5 胃溃疡 胃喷门与幽门粘膜溃疡

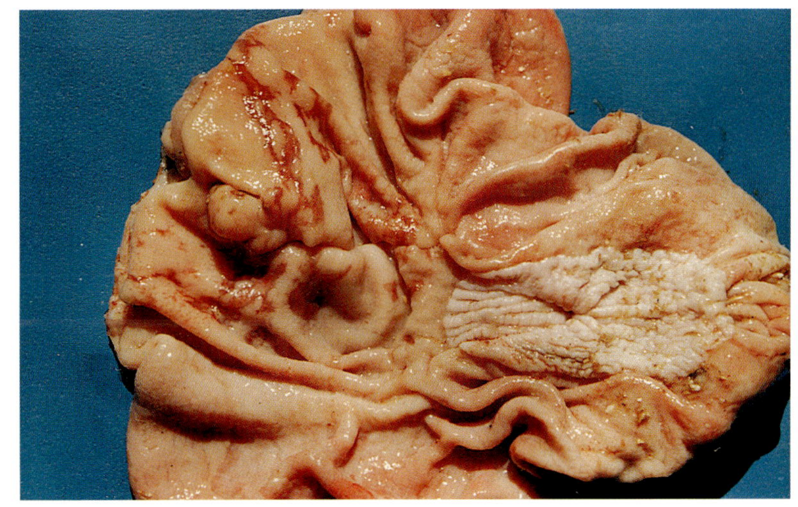

图46-6 胃溃疡 胃幽门粘膜溃疡

47 肠变位

Dislocatio Intestini

肠变位，又称机械性肠阻塞，是由于肠管自然位置发生改变，致使肠系膜或肠间膜受到挤压绞绕。临床上以腹痛由剧烈狂暴转为沉重稳静，全身症状渐进加重，腹腔穿刺液混浊有血，病程短急，肠段有特征性改变为特征。

一、肠套叠

仔猪在饥饿或半饥饿时，肠管长时间处于弛缓和空虚状态，当刺激性食物由胃进入肠腔前段时，肠管伴随食物急剧蠕动，套入相邻接的后段肠管中(图47-1)。某种原因引起肠管的

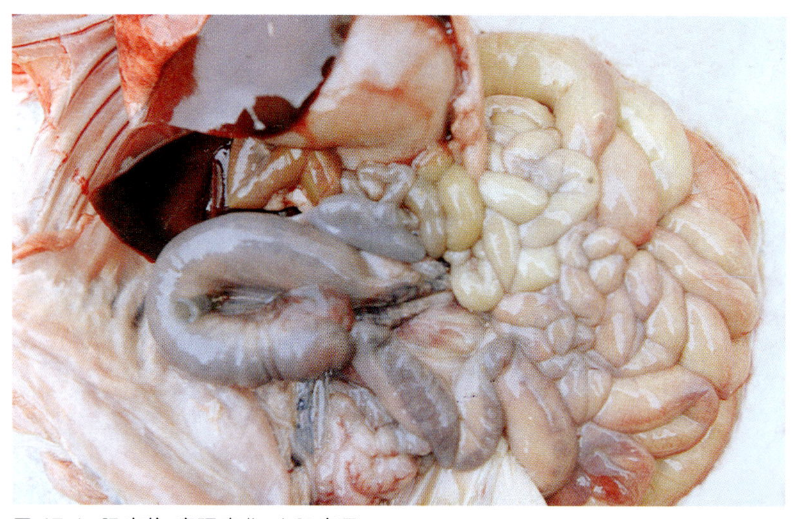
图 47-1 肠变位 病理变化 小肠套叠

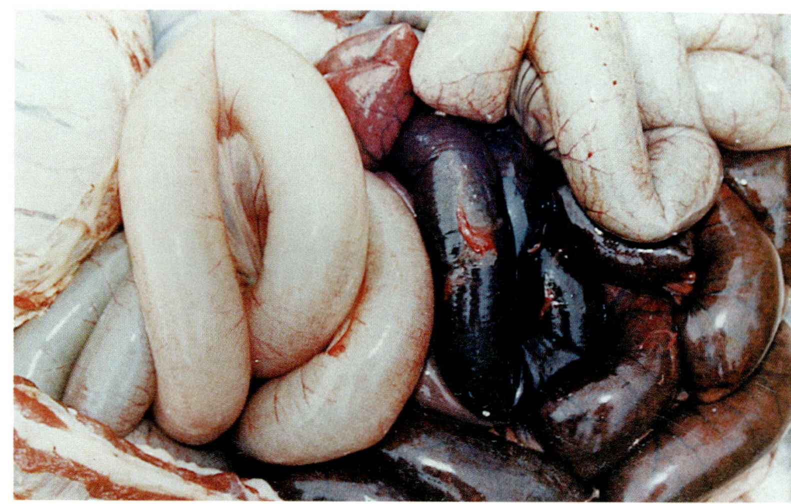
图 47-2 肠变位 病理变化 小肠扭转

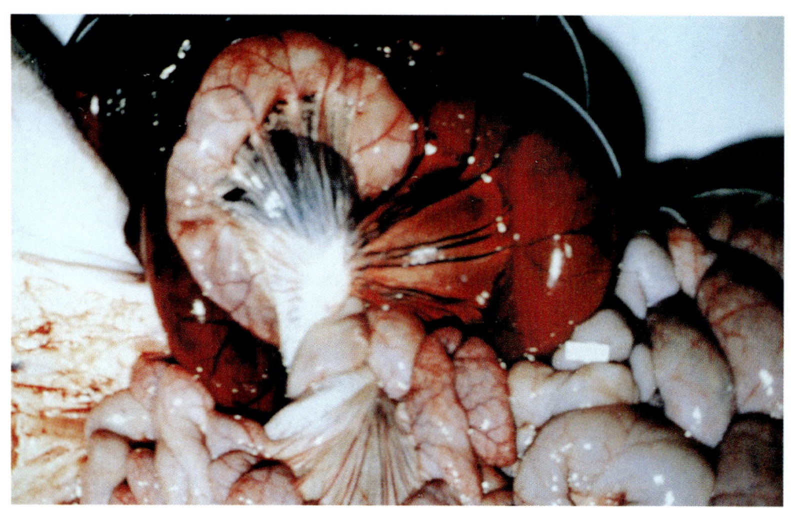
图 47-3 肠变位 病理变化 小肠扭转

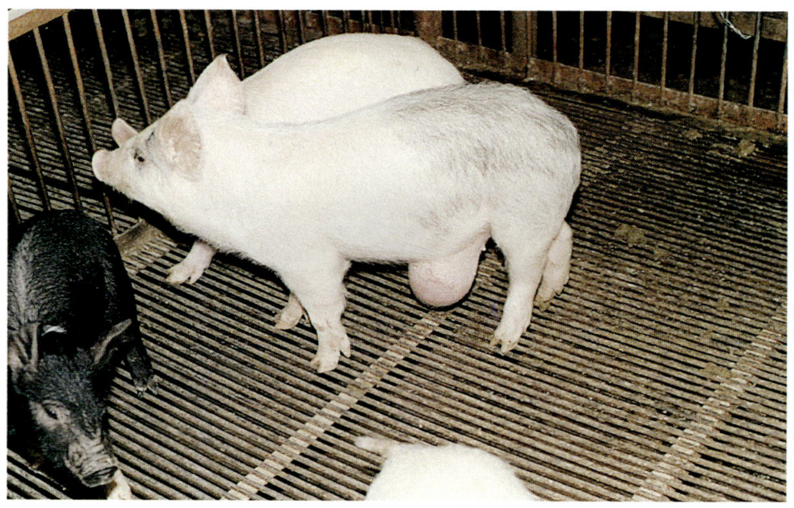
图 47-4 肠变位 临床症状 脐疝

异常刺激和个别肠段的痉挛性收缩，从而发生肠套叠。病猪突然发生剧烈腹痛，翻倒滚转鸣叫，四肢划动，尾巴扭曲状摇摆，跪地爬行或侧卧，腹部收缩，背拱起，后肢前肢伏地，头抵地面，呻吟不止，呼吸心跳加快，结膜潮红，对10～15千克中等膘度猪，触诊时可触到套叠肠管如香肠状，压迫时痛感明显，但15千克以上的肥胖猪，不容易发现肠套叠的硬块，确诊主要依靠剖腹探查。

根据病史和临床症状分析，只要是怀疑肠变位就可断然采用剖腹探查术，以利进一步确诊和手术治疗，严禁投服泻剂，早期轻度肠套叠手术治疗，愈后良好，晚期重度肠套叠，手术预后不良。

二、肠扭转

肠扭转是由于猪体位置突然改变，致使肠管沿自身的纵轴或以肠系膜基部为轴而发生不同程度的扭转，肠扭转常发生在空肠和盲肠。现在认为与肠弛缓和肠痉挛等肠运动失调有密切关系。酸败、冷冻饲料刺激部分肠管，使其蠕动加强，而其他部分肠管仍松弛并充满内容物，该充实的肠段由于肠系膜的牵引而紧张，当前段肠管内容物迅速后移时，因为猪体突然跳跃或翻转等动力作用，而发生肠扭转（图47-2、图47-3）。临床上不易诊断，病程数小时至1～2日，腹痛缓和，除不全扭转外常以死亡而告终。尽早施行手术整复、严禁投服泻剂是治疗肠扭转的基本原则，术前应按一般腹痛进行常规治疗，积极采取减压、补液、强心、镇痛、解毒措施。

三、肠嵌闭

肠嵌闭又名肠嵌顿，旧名疝气，又名赫尔尼亚。是一段肠管坠入与腹腔相通的天然孔或后天性病理破裂口内，使肠壁血行发生闭塞，临床上以突然发生腹痛或周期性慢性发病为特征。常见的是小肠嵌闭。仔猪脐孔愈合不全(图47-4)，阴囊孔先天性过大，如棒打等外力作用，等所等致的病理性腹壁孔形成，是该病发生的先决条件。轻度肠嵌闭，可以自然恢复，但最好手术彻底根除，否则易复发。治愈率决定于有无伴 发肠炎、肠坏死、肠粘连和腹膜炎而定。早期手术治疗，效果较好。治疗的根本是整复肠管 ,必要时应作肠管切除术,但同时必须缩小天然孔或闭合病理孔。

48 仔猪缺铁性贫血

Piglet Anemia of Iron Deficiency

仔猪贫血是指半月至1月龄哺乳仔猪缺铁所发生的一种营养性贫血。多发生于寒冷的冬末、春初季节的舍饲仔猪，特别是猪舍以木板或水泥为地面而不采取补铁措施的集约化养猪，本病在一定地区有群发，给养猪业造成严重的损失。本病同仔猪下痢、仔猪肺炎合称为仔猪的三大疾病。

一、病因及发病机制

特发于半月至1月龄哺乳仔猪的贫血，主要病因在于仔猪体内铁贮存量低而生长发育需要量大，但外源供应量又少，所以仔猪体内严重缺铁，而体内的铁绝大部分（约80%）用于合成血红蛋白，仔猪出生后，血液中血红蛋白逐渐下降，至

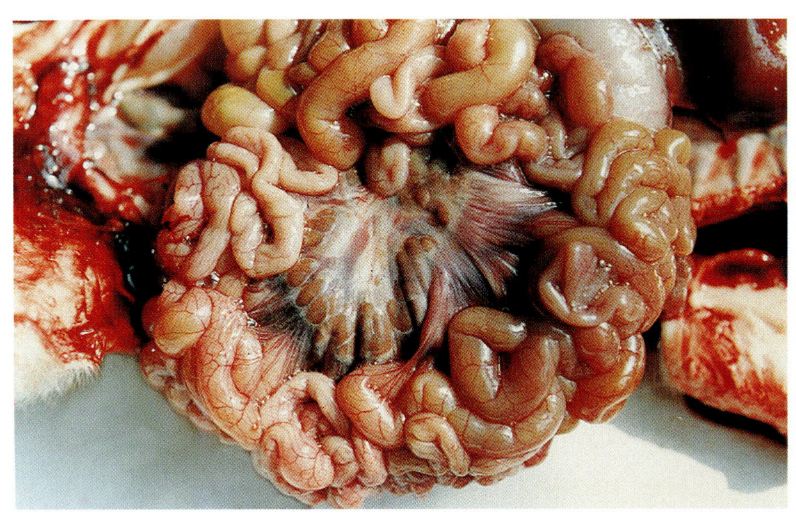

图48-1 肠系膜淋巴结肿大呈褐色

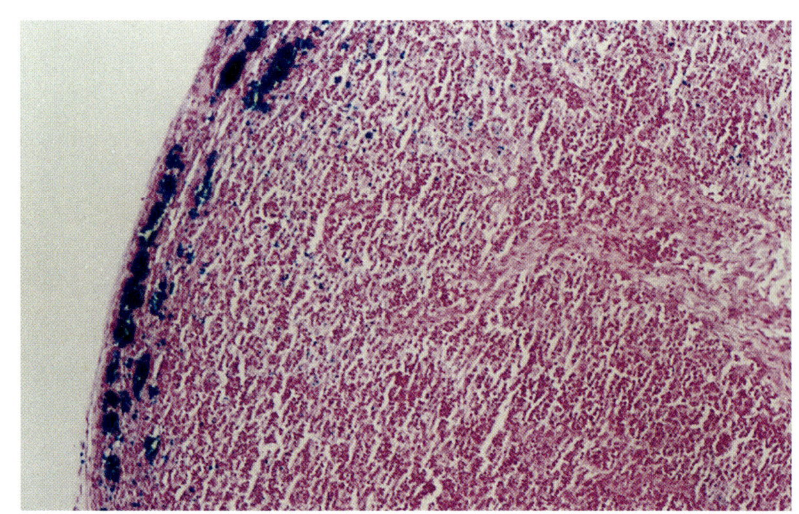

图48-2 淋巴结周边见大量铁颗粒沉积 铁染色×20

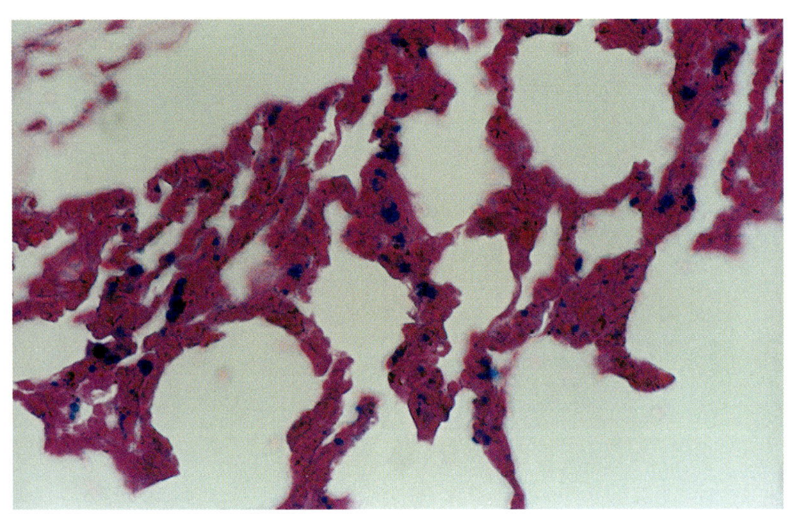

图48-3 肺泡壁毛细血管巨噬细胞吞铁 铁染色×20

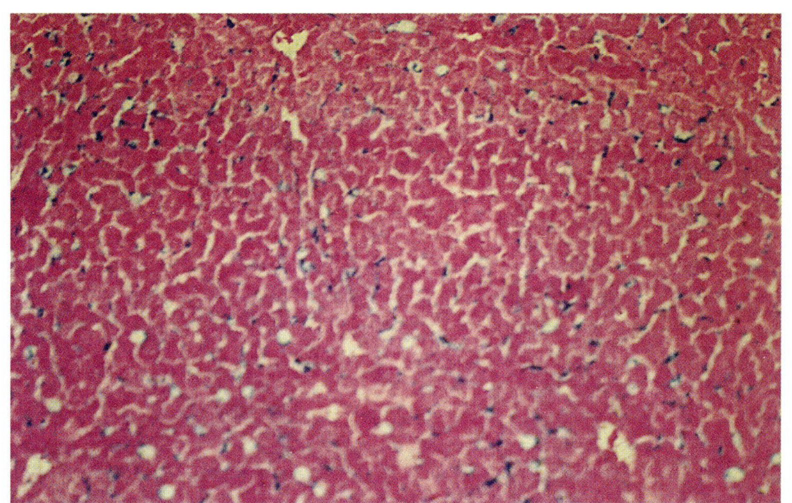

图48-4 肝库氏细胞吞铁 铁染色×20

8～10天时仅有4～5克／100毫升血液（正常血红蛋白的含量为8～12克／100毫升血液中），这是由于仔猪出生后由胚胎期的肝脾造血转为骨髓造血,这种过渡将引起一种贫血性状态,称为生理性贫血。同时由于哺乳仔猪生长发育迅速，每天需铁7～15毫克，而仔猪出生时，体内铁的贮备量极低（约5毫克），稍加动用，即告耗竭。同时又不采取人工补铁措施，仅靠哺乳获取铁远远不能满足仔猪的生长需要，因为乳汁中含铁微少，有资料报道：哺乳仔猪在出生后3周时间从母乳中仅可获铁23毫克，即平均每天获铁不过1毫克。加上仔猪出生后1周胃液内缺乏盐酸，1个月之后才可趋于常态，获得的铁就更少了。这样一来，就出现"铁债"。因为缺铁进而影响血红蛋白的生成，结果发生贫血，因此本病又称为缺铁性贫血。

当仔猪发生贫血时，破坏了机体的氧化还原过程，同时仔猪的消化吸收机能也减弱，这就更加重了贫血的发生，这种猪抵抗力很弱，容易发生继发性感染。

此外，铜与铁质的运输和利用关系密切，有资料报道仔猪贫血不仅缺铁而且缺铜。东欧及前苏联不少学者认为还缺钴、缺锰、维生素B12及叶酸等造血物质，缺铁时，血红蛋白含量下降；而缺铜时则导致红细胞数减少。

二、症状

若仔猪出生后不补铁，哺乳仔猪表现精神沉郁，食欲减退，离群伏卧,营养不良,被毛粗乱，体温不高，突出症状是可视粘膜呈淡蔷薇色，轻度黄染。重症病例粘膜苍白如白瓷,光照耳壳灰白色,几乎见不到明显的血管，针刺也很少出血，呼吸脉搏均增数,心区听诊可听到贫血性杂音,稍加活动则心悸亢进，喘息不止。有的仔猪外观很肥胖，生长发育也较快，可在奔跑中突然死亡，剖检见典型贫血变化，有的仔猪外观消瘦，食欲不振，便秘下痢交替出现，异嗜、衰竭。

三、病理变化

皮肤及可视粘膜苍白，有时轻度黄染，肝脏有脂肪变性且肿大，呈淡灰色，有时有出血点。血液稀薄，肌肉色淡，特别是臂肌和心肌，脾脏肿大，色浅，质地稍坚实，心脏扩张，肾实质变性，肺发生水肿，胃肠有灶性病变，组织学检查，骨髓中的红细胞生成加强，在肝、脾及淋巴结有髓外灶造血，病程长的病例，多消瘦，胸腹腔积有浆液性及纤维蛋白性液体。

现在各猪场新生仔猪出生后2～3天一律注射铁制剂，因制剂含有色素，注射后局部淋巴结肿大，特别是股前淋巴结或下颌淋巴结，可肿大几倍外观暗红色与铁制剂的剂量成正相关，应注意和猪瘟等的淋巴结肿大相区别。肠系膜淋巴结肿大呈褐色(图48-1)，组织学检查在淋巴结周边见大量铁颗粒沉积(图48-2)。同时肺泡壁毛细血管巨噬细胞吞铁(图48-3)。肝库氏细胞吞铁(图48-4)肾小球血管内皮细胞吞噬了大量铁颗粒。胃肠道粘膜上皮细胞没见到有吞噬铁颗粒现象。

四、诊断

根据仔猪生长环境,饲养条件及发病日龄,结合临床表现、病理变化和血液学变化，如皮肤粘膜苍白，有时轻度黄染，血红蛋白量显著减少，随后红细胞数量也下降，一般容易做出诊断。

五、防治

防治原则是补充外源铁质，充实铁质贮备，通常采用铁剂口服，既经济又有效，在大型集约化生产条件下，多采用铁注射剂。

注射铁制剂：疗效迅速而确实，常用的铁制剂有右旋糖酐铁、葡萄糖铁钴注射液、山梨醇铁，实践证明，葡萄糖铁钴注射液或右旋糖酐铁2毫升，肌肉深部注射，通常1次即愈，必要时隔7天再半量注射1次。亦可选择20%富来血2毫升，颈部或后肢深部肌肉注射。

预防本病的主要措施是加强妊娠母猪和哺乳母猪的饲养管理，增加哺乳仔猪外源性铁剂的供给。

49 钙和磷缺乏症
Calcium and Phosphorus Deficiency

饲料中钙和磷缺乏，或二者比例失调或维生素D缺乏又日光照射不足时，则幼龄猪发生佝偻病，成年猪发生骨软病，临床上以消化紊乱，异嗜癖、跛行、骨骼弯曲变形为特征。

一、病因

日粮钙磷缺乏或比例失调。饲料中钙磷比例应是2:1或1.5:1，才能被机体吸收利用。饲料或动物体内维生素D缺乏。

断奶过早或胃肠病、寄生虫病，先天性发育不良等因素也可影响钙、磷和维生素D的吸收利用。

对于先天性佝偻病，则起因于母猪怀孕期间，缺乏日光照射，体内钙、磷、维生素D含量不足，影响胎儿骨组织的正常发育。

二、临床症状与病理变化

佝偻病发病缓慢，早期呈现食欲减退，消化不良，出现异嗜癖，关节部位肿胀肥厚，触诊疼痛敏感，发生跛行，骨骼变形，仔猪多弯腕站立(图49-1)或以腕关节爬行，后肢则以跗关节着地，由于血钙水平低下，神经肌肉兴奋性增强，出现低血钙性搐搦，病症后期，骨骼变形加重，出现凹背、X形腿(图49-2)、面骨膨隆、硬腭突出、采食咀嚼困难，肋骨与肋软骨结合处肿大，压之有痛感。

成年猪的骨软病，多见于母猪，出现运动障碍，后期则出现某些关节肿大变粗，尾椎骨移位变软，肋骨与肋软骨结合部呈串珠状，头部肿大、骨端变粗、头骨穿刺阳性，易发生骨折和肌腱附着部撕脱。

三、诊断与防治

本病的治疗,妊娠母猪、哺乳母猪和仔猪给予无机盐和维生素D源充足的饲料，同时适当运动和照射日光，对于发病仔猪，可用维丁胶性钙、维生素A、维生素D注射液肌肉注射。本病的预防首先保证日粮中钙、磷和维生素D的含量，合理调配日粮中钙、磷的比例，妊娠后期的母猪更应注意钙、磷、维生素D的补给。

图49-1 钙缺乏症 猪病两前肢弯曲

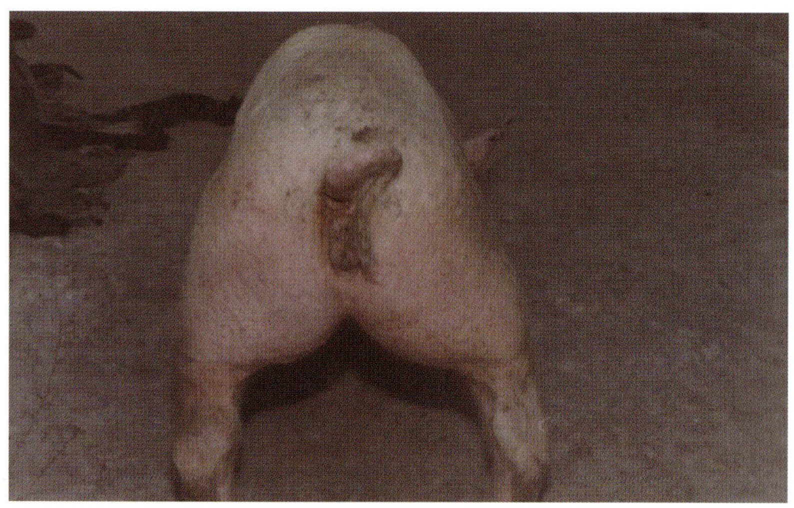

图49-2 钙缺乏症 猪病两后肢弯曲

50 猪硒缺乏症

Selenium Deficiency of Pig

猪缺硒病是微量元素硒缺乏而引起猪的一种营养代谢障碍性疾病，俗称白肌病，发病死亡猪的骨骼肌、心肌、肝脏变性、坏死以及渗出性素质。

一、病因

猪日粮中含硒低于0.02ppm或低于0.06ppm而日粮中同时缺乏维生素E时，即可发生硒缺乏病。多数认为饲料中缺乏

图50-1 硒缺乏症 实验性硒缺乏症发病猪群(1976)

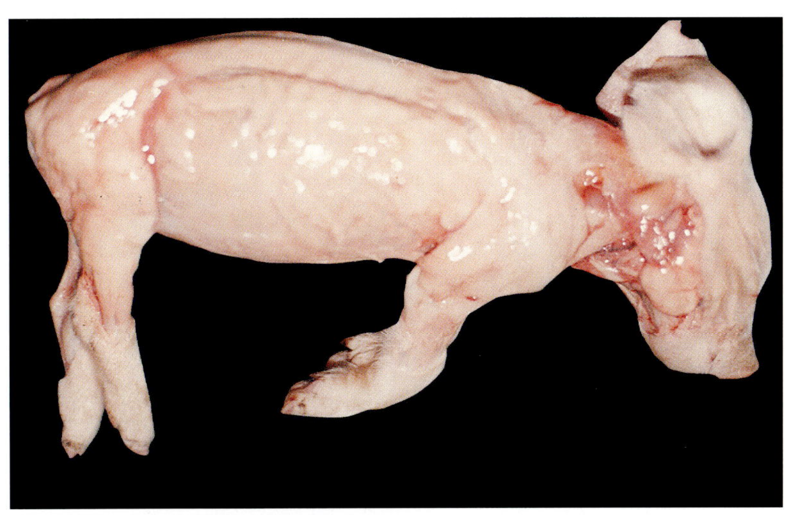

图50-2 硒缺乏症 新生仔猪骨骼肌鱼肉样

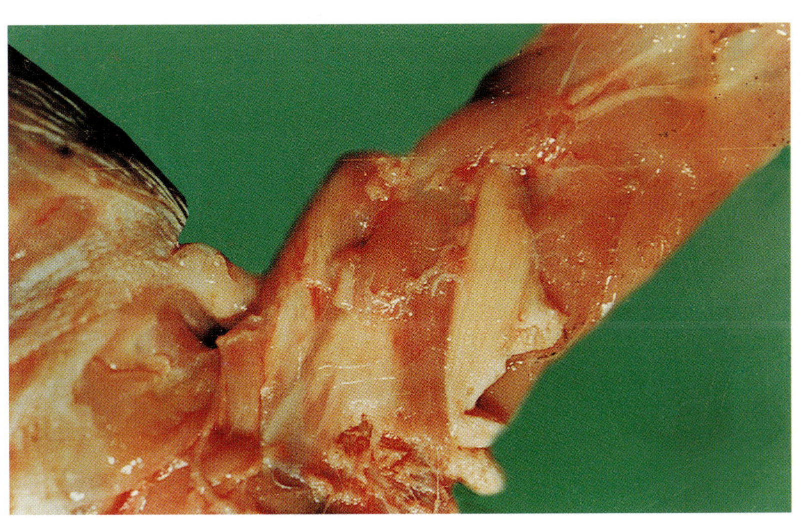

图50-3 硒缺乏症 哺乳仔猪大圆肌、肩胛下肌灰白色病变

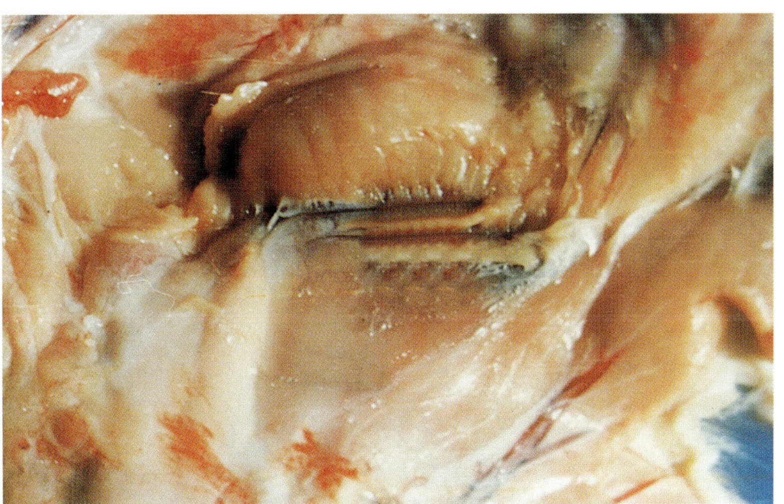

图50-4 硒缺乏症 哺乳仔猪前肢内侧肌肉群病变

微量元素硒引起的。

二、临床症状与病理变化

病猪体温一般在正常范围之内，骨骼肌型的病猪，初期行走时后躯摇晃或跛行（图 50-1），严重时则后肢瘫痪，前肢跪地行走，强行起立时则见肌肉战栗，常发出嘶哑的尖叫声。心肌型的病猪听诊时有心率加快、心率不齐等变化。渗出性素质的病猪，可见皮下浮肿，育肥猪因缺硒引起广泛肌肉变性坏死时，可出现肌红蛋白尿。

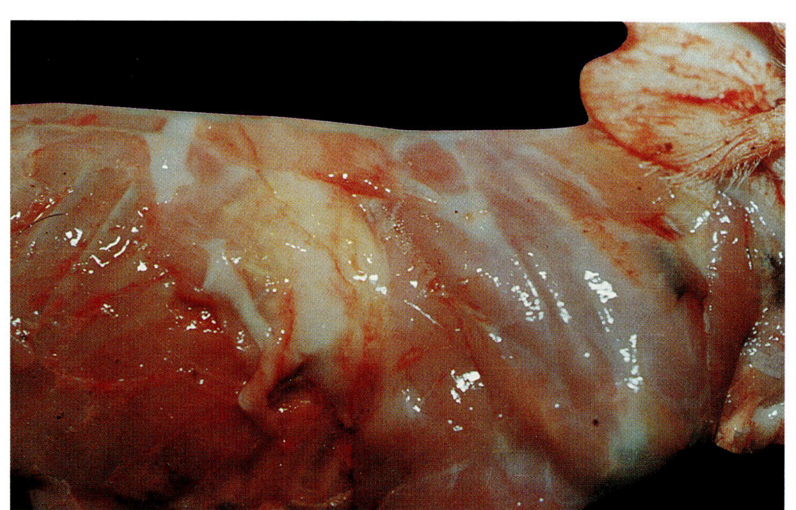

图 50-5 硒缺乏症 哺乳仔猪下锯肌灰白色鱼肉样

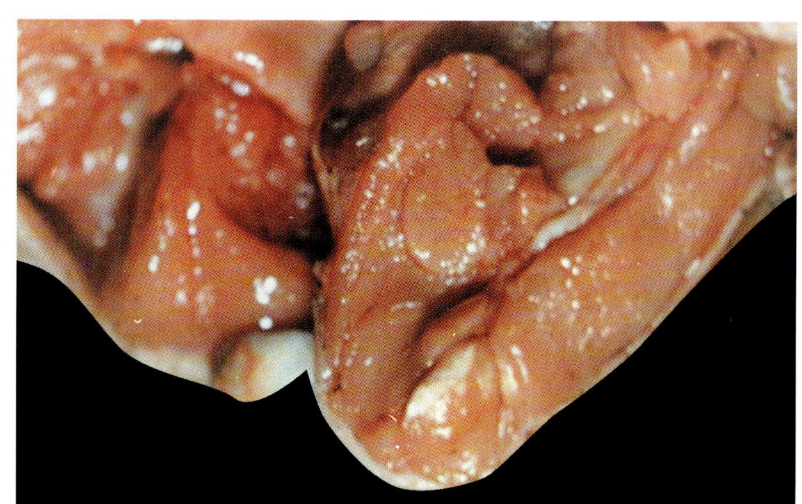

图 50-6 硒缺乏症 哺乳仔猪半腱肌灰白色病变

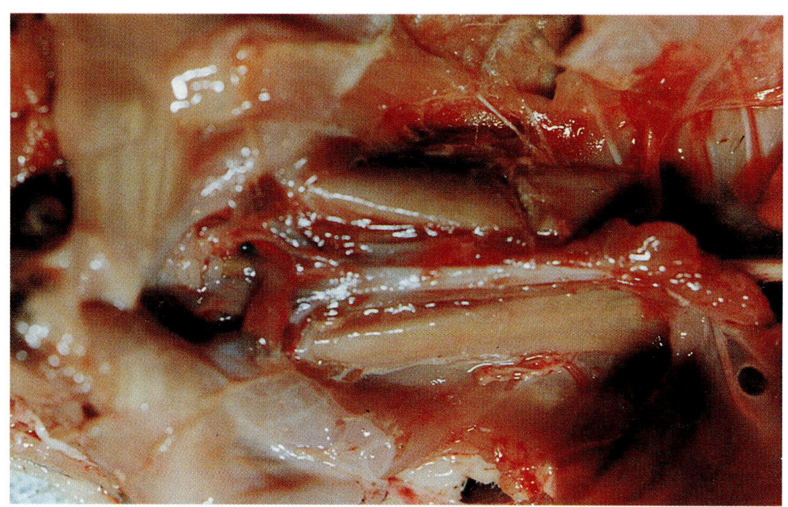

图 50-7 硒缺乏症 哺乳仔猪腰肌灰白色病变

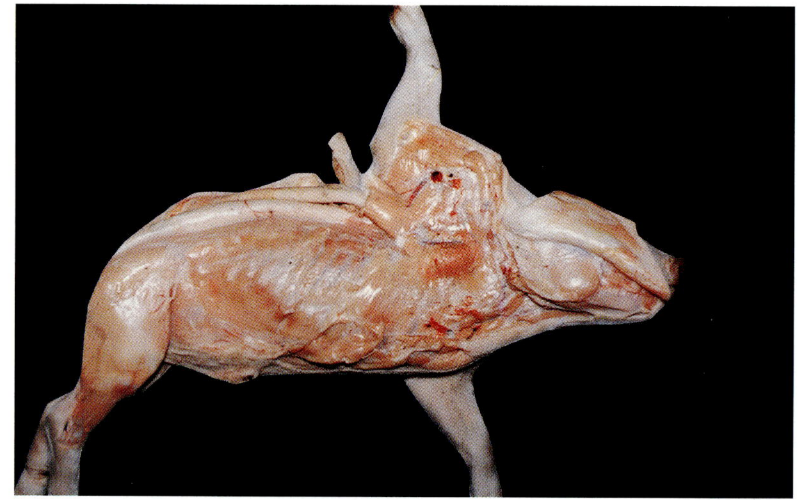

图 50-8 硒缺乏症 青年猪皮下表面各皮肌灰白色条

（一）骨骼肌型

皮肌、前肢、后肢、躯干部位的肌肉变性坏死，病变为对称性损害。

1.初生仔猪：皮下和皮肌的肌间组织水肿，呈现渗出性素质的变化，全身骨骼肌均为淡粉红色，无光泽，轻度水肿，鱼肉样(图 50-2)。

2.哺乳仔猪：肌肉混浊，暗淡无光泽似煮熟样,其中亦有肌肉群当中的某一块肌肉或某几块肌肉局部出现灰白色与周边分界明显的病变(图 50-3、图 50-4、图 50-5、图 50-6、图 50-7)，病灶为顺沿肌纤维方向，出现灰白色条纹状，其条纹宽而

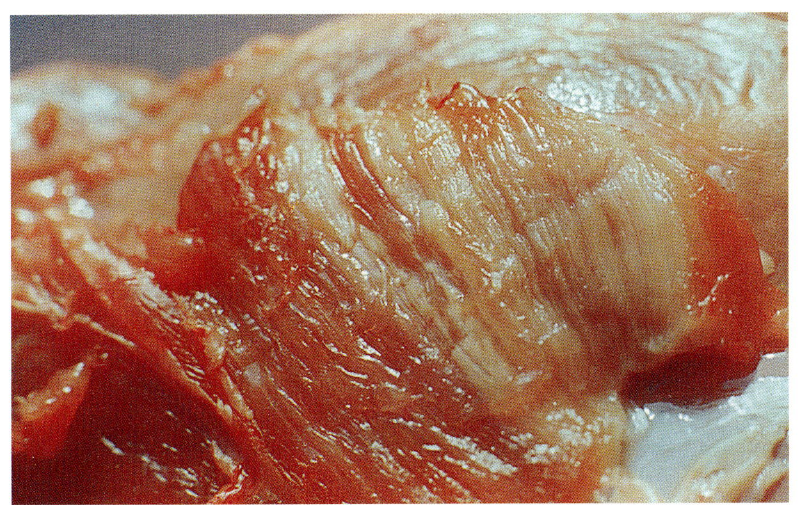

图 50-9 硒缺乏症 青年猪下锯肌条纹状坏死灶

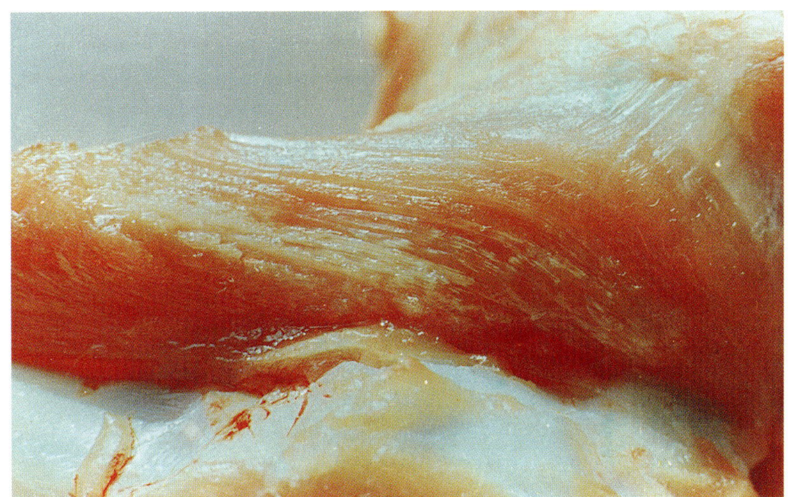

图 50-10 青年猪 菱形肌条纹状密集的灰白色变性

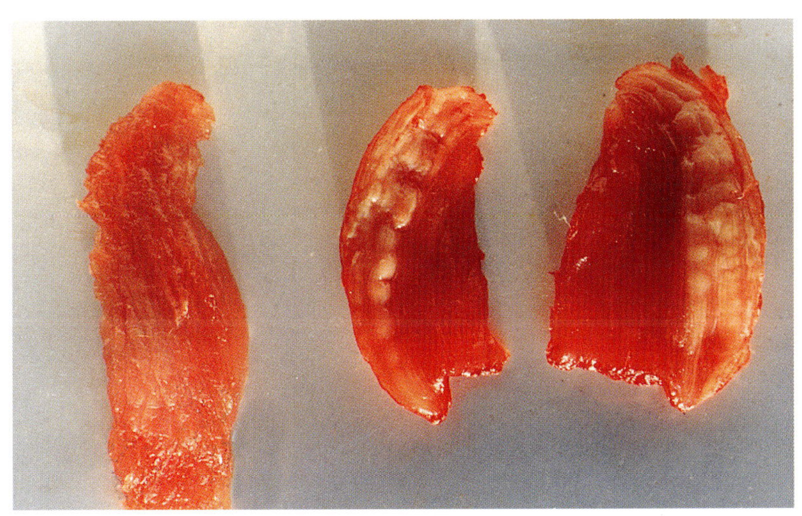

图 50-11 青年猪 岗下肌肉块密集的灰白色变性坏死灶与钙化灶

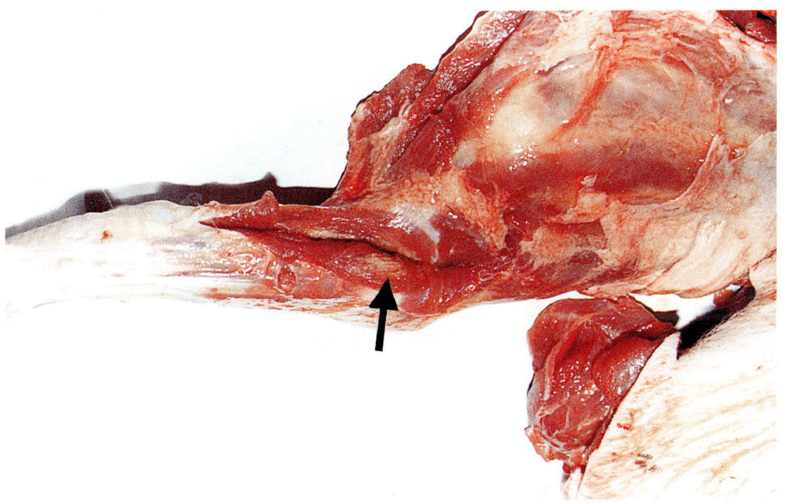

图 50-12 硒缺乏症 青年猪前肢 伸指总肌肉灰白色变性坏死灶

粗大。

3.青年猪（6月龄）：营养良好，部分骨骼肌的肌群出现了不同程度灰白色条纹状变性坏死灶(图50- 8、图50-9、图50-10、图50-11、图50-12)。细胞病理学与超微病理为肌纤维的变性坏死（图50-13、图50-14、图50-15、图50-16）。

（二）心肌型

心肌型白肌病，主要特征为心肌横径增宽（图50-17、图50-18），右心室扩张，为桑椹型，有灰白色条纹状病灶。心外

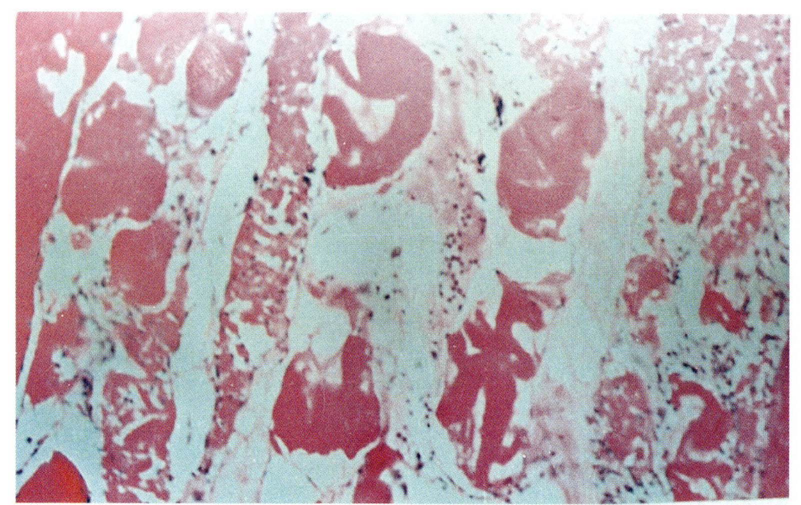

图50-13 骨骼肌纤维溶解后的网状空架 HE.×10

图50-14 骨骼肌肌细胞膜结构不清,肌细胞膜双层膜结构

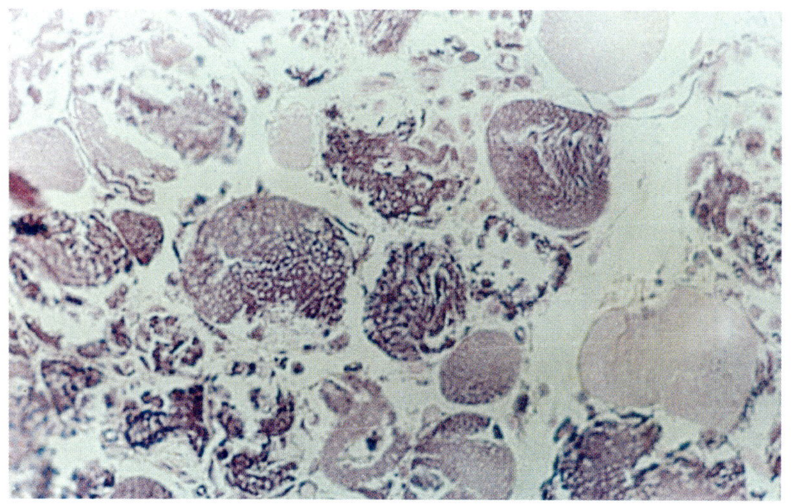

图50-15 横切肌纤维崩解成大小不一的碎块 PTAH.×40

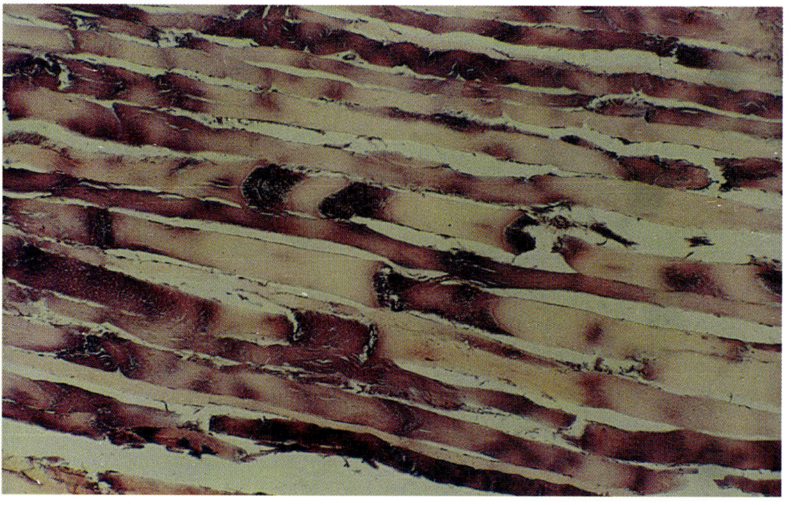

图50-16 纵切肌纤维带状收缩呈竹节状 PTAH.×20

膜、心内膜、室中膈、乳头肌等处均有灰白色病灶。组织学肌纤维变性坏死(图50-19)。

（三）肝坏死型

病猪皮下多黄染，腹水量较多，淡黄色，突出的变化为肝不同程度肿大，质脆，有的呈淀粉样。坏死灶分布，在左中右叶表面和切面均可发生。

1.早期病变：肝出现局灶性或弥散性色彩不一、小米粒样的出血变性坏死灶(图50-20)。

2.典型病变：肝高度肿胀，质极脆，似豆渣样，肝表面出现大面积的变性、出血、坏死灶，由于病程和病变轻重不一，

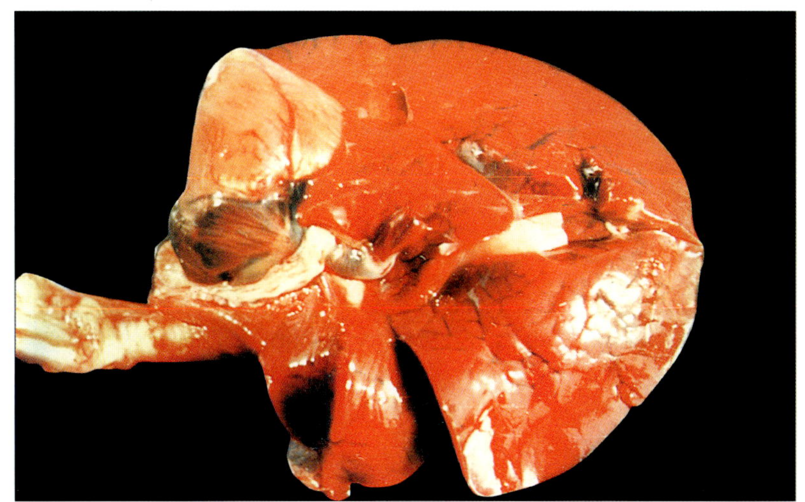

图50-17 心肌型白肌病 心肌与肺瘀血对比之下，心肌变性而呈灰白色

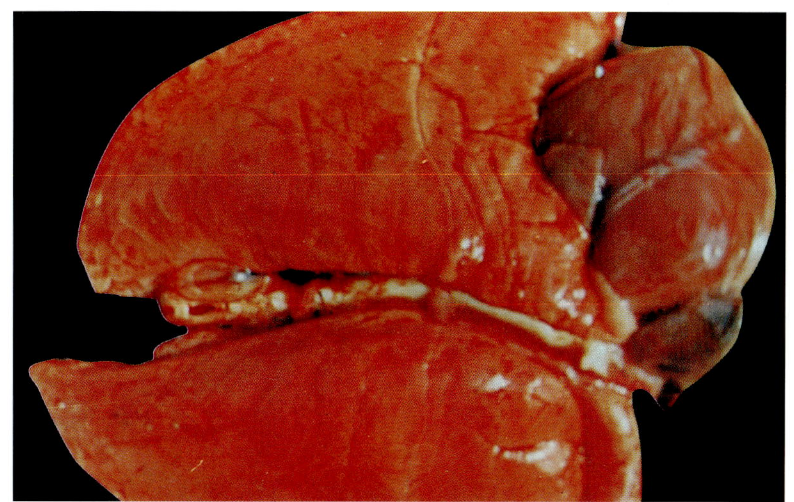

图50-18 心肌型白肌病 心肌呈桑椹型，右心扩张

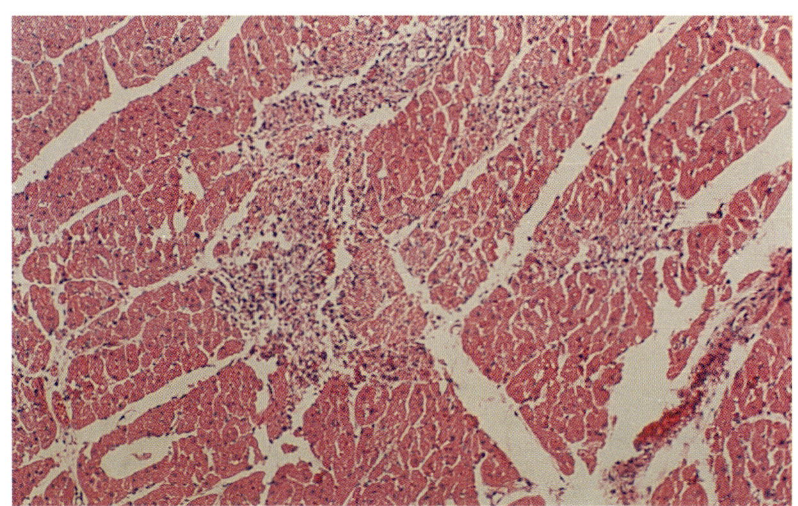

图50-19 硒缺乏症 组织学 心肌坏死灶 HE.×10

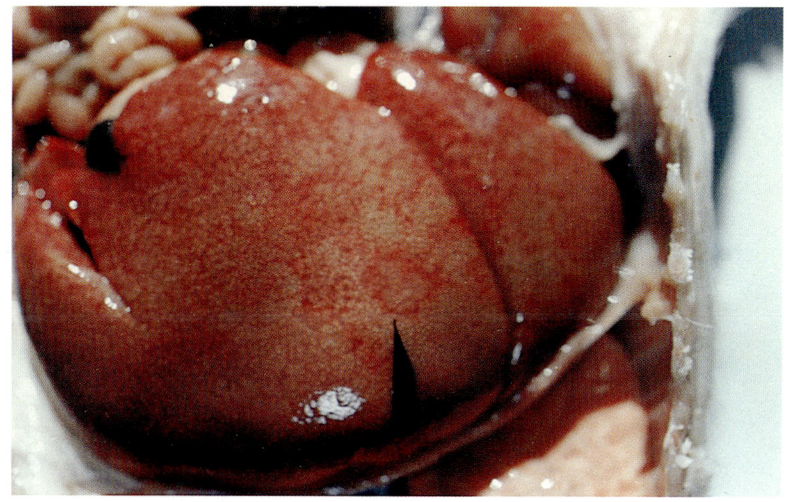

图50-20 肝坏死型哺乳仔猪肝坏死早期变化变性出血灶弥散性分布

表面颜色不一，肝表面粗糙不平，红黄褐灰白等颜色不一，变性出血坏死灶大小形态不一，形成了花肝，俗称花大姐(螵虫)。肝组织因大量结缔组织增生肝表面凹凸不平，出现肝硬化(图50-21)。组织学以肝小叶为单位的肝细胞变性坏死与出血和修补反应导致肝硬化(图50-22～图50-24)。

三、诊断与防治

本病在生产中诊断多以临床中基本症候群为基础，结合病史及病理解剖学变化做出，在常发地区病猪出现姿势异常与运动功能障碍，剖检时骨骼肌出现对称性变性坏死灶，应用亚硒酸钠并配合维生素E治疗有特效。

图50-21 肝坏死型 甲醛固定标本 肝坏死硬化

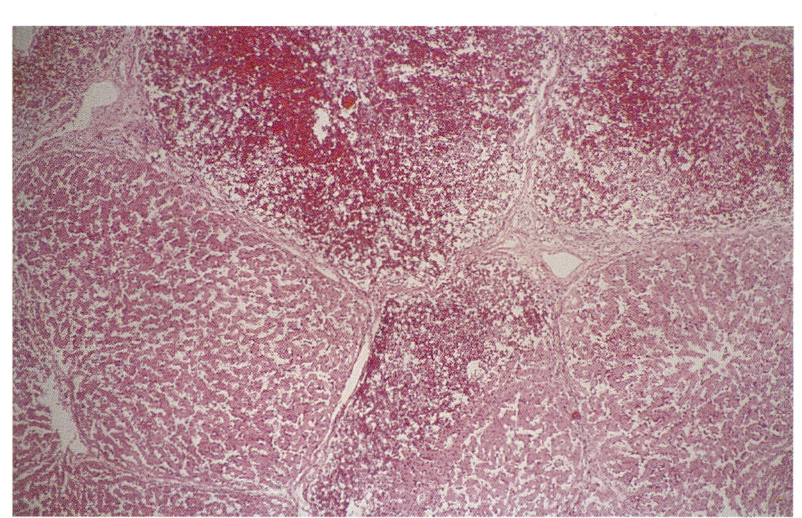

图50-22 肝坏死型肝局灶性出血坏死灶 HE.×10

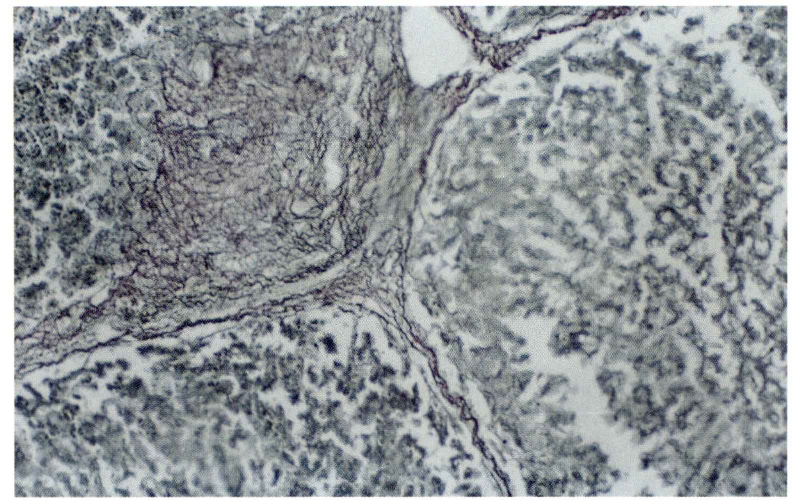

图50-23 肝坏死同时伴有网状纤维的崩解断裂 嗜银染色×10

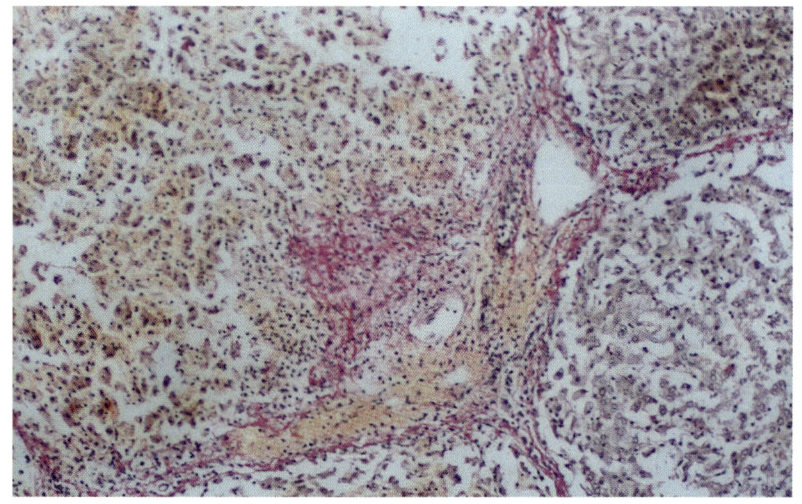

图50-24 组织学 肝坏死后网状纤维胶原化 胶原染色×10

51 霉饲料中毒
Mildew Feed Intoxication

霉饲料中毒就是动物采食了发霉的饲料而引起的中毒性疾病。临床上以神经症状为特征，各种猪都可能发生，仔猪及妊娠母猪较敏感。

一、病因

自然环境中，霉菌种类甚多，常寄生于玉米、大麦、小麦、稻米、棉子、糠麸及豆类制品中，如果温度（28℃左右）和湿度（80%～100%）适宜，就会大量生长繁殖，有些霉菌在生

图 51-1 霉饲料中毒 临床症状 饲喂一个月霉玉米的发病猪

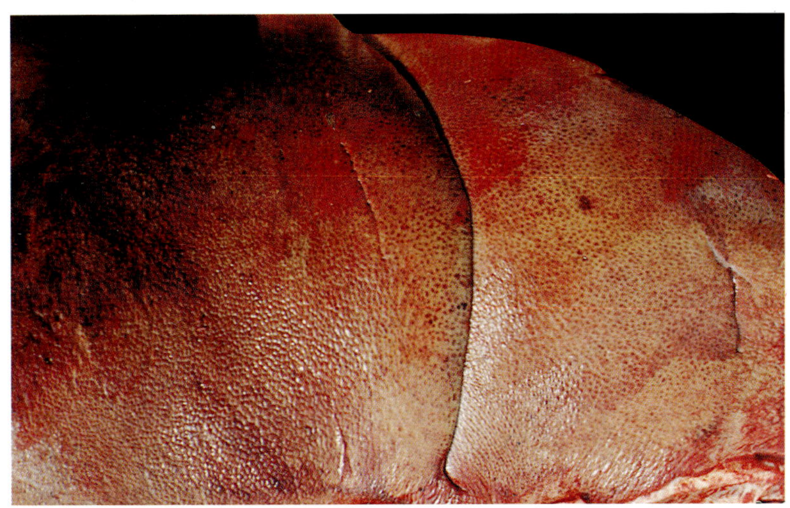

图 51-2 霉饲料中毒 病理变化 肝肿大变性土黄色

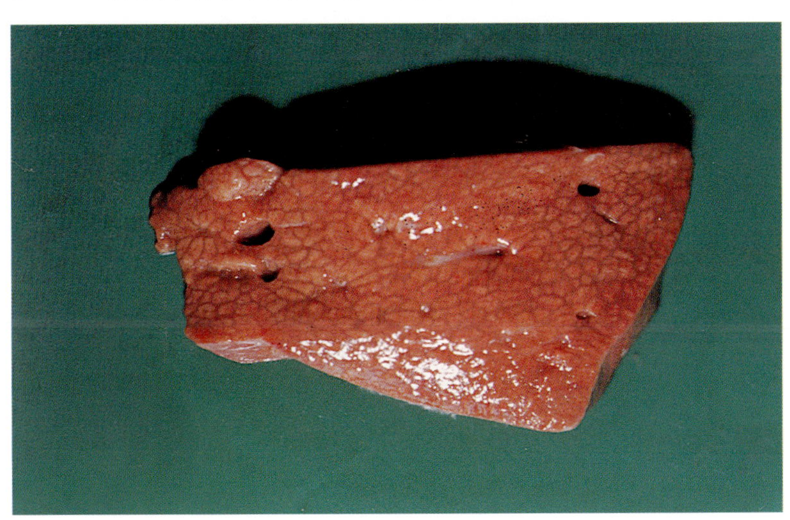

图 51-3 霉饲料中毒 病理变化 肝切面肝小叶肿大

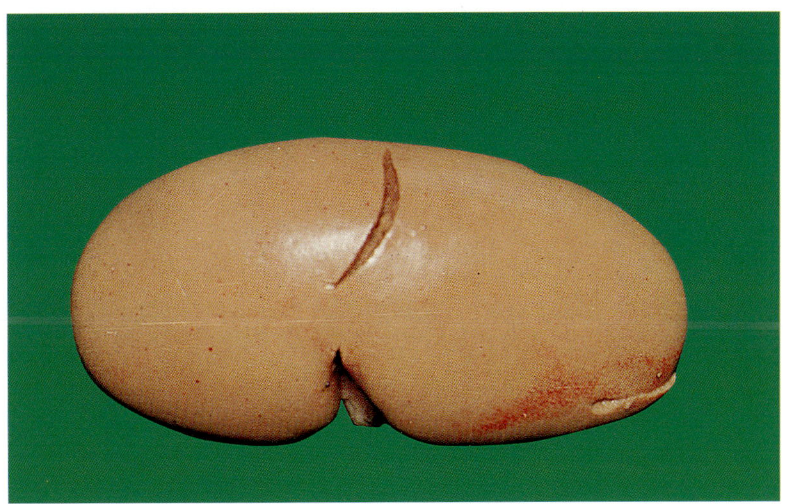

图 51-4 霉饲料中毒 病理变化 肾变性、质脆、色淡

长繁殖过程中，能产生有毒物质。目前已知的霉菌毒素有百种以上，最常见的有黄曲霉毒素、镰刀菌毒素和赤霉菌毒素，含有这些毒素的饲料被猪采食后可引起中毒，造成大批发病和死亡。应分为黄曲霉、镰刀菌、及赤霉菌中毒。

二、临床症状与病理变化

临床上霉饲料中毒的一般性症状是，仔猪和妊娠母猪较为敏感，中毒仔猪常呈急性发作，出现中枢神经症状，数天内死亡；大猪病程较长，一般体温正常，初期食欲减退，精神沉

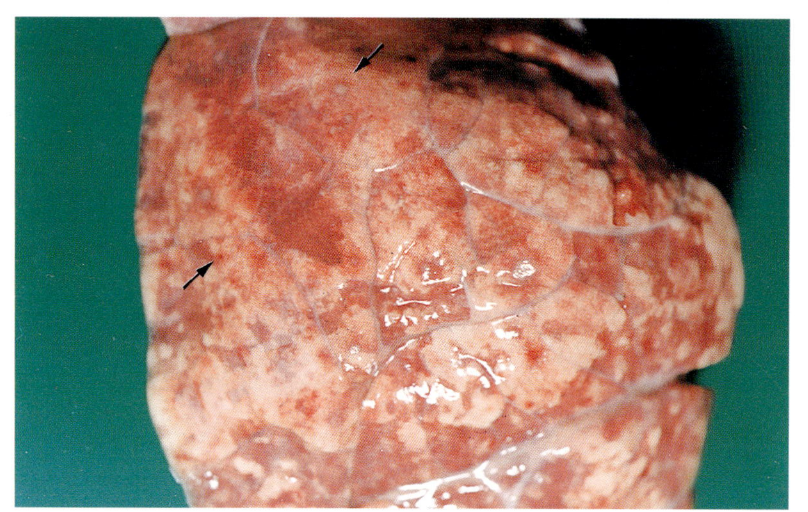

图 51-5 霉饲料中毒 病理变化 肺表面可见黄白色霉菌结节

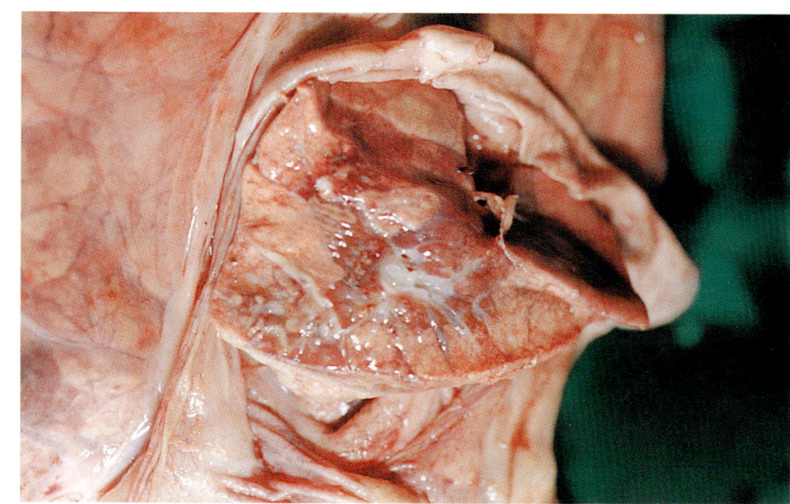

图 51-6 霉饲料中毒 病理变化 肺切面可见红色霉菌结节肺炎灶

图 51-7 霉饲料中毒 病理变化 胃粘膜霉菌结节

图 51-8 霉饲料中毒 病理变化 12 指肠粘膜霉菌结节

郁(图 51-1)，消瘦，嘴、耳、四肢内侧和腹侧皮肤出现红斑，后期停食、腹痛、下痢、被毛粗乱，迅速消瘦，生长迟缓等，妊娠母猪常引起流产及死胎。

主要是肝脏严重变性、坏死、肿大、色黄、质脆，小叶中心出血和间质明显增生(图 51-2、图 51-3)，全身粘膜、皮下、肌肉可见有出血点和出血斑，淋巴结水肿，肾弥漫性出血，肾质变脆弱色淡呈土黄色(图 51-4)。肺瘀血水肿，间质增宽，有霉菌结节(图 51-5、图 51-6)。胸腹腔积液，胃肠道可见不同程度的卡他性出血性炎症的变化(图 51-7～图 51-11)。大脑实质出血、水肿，神经细胞变性，脑实质和脑膜血管明显扩张。组织学可见霉菌孢子(图 51-12)。

三、诊断与防治

目前对发霉饲料中毒的诊断，主要靠饲喂霉败饲料的病史，临床症状及病理组织学变化，进行综合分析，有条件的单位可作生物学接种，分离培养，纯培养，动物回归试验，以进一步鉴别。

无特效解毒药物和疗法，应立即停止饲喂致病性可疑饲料，改换新鲜全价日粮，加强饲养管理。

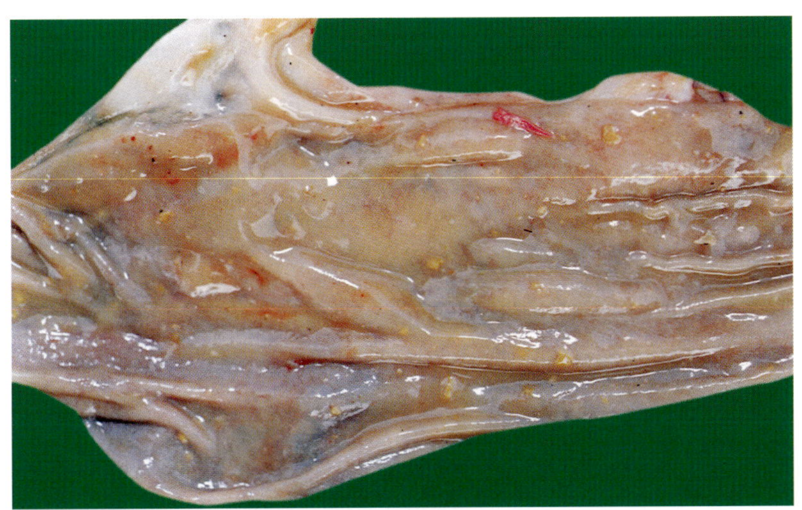

图 51-9 霉饲料中毒 病理变化 空肠粘膜霉菌结节

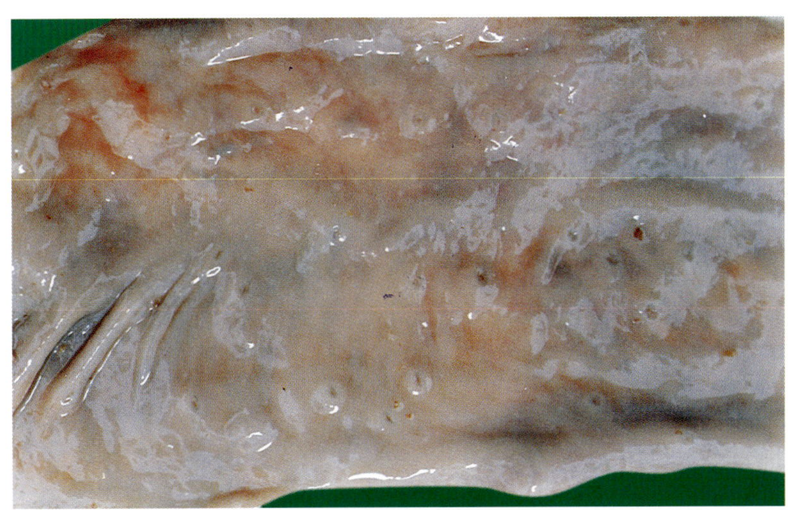

图 51-10 霉饲料中毒 病理变化 回肠粘膜霉菌结节

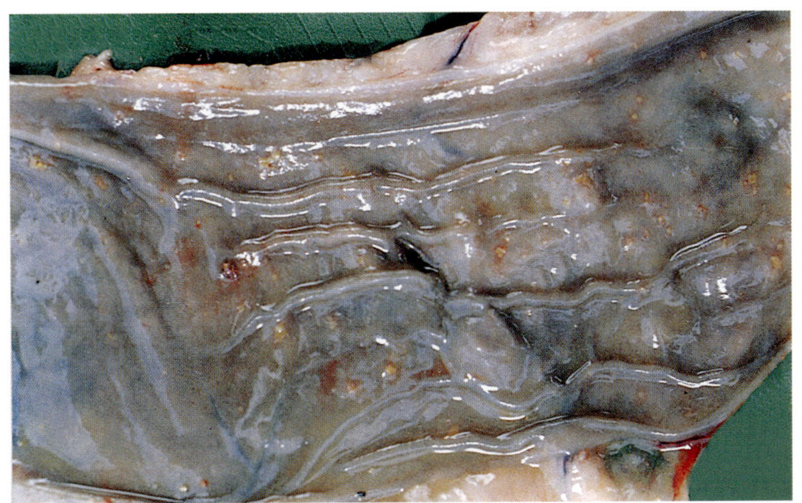

图 51-11 霉饲料中毒 病理变化 结肠粘膜霉菌结节

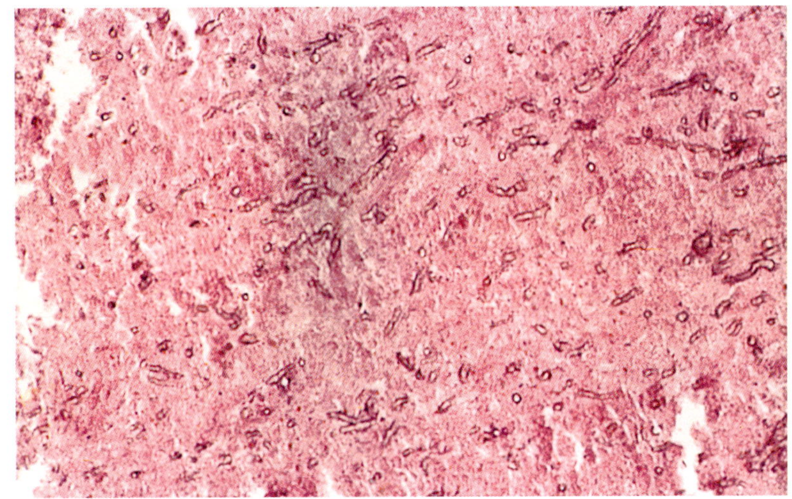

图 51-12 霉饲料中毒 组织学 肺霉菌结节 HE × 20

52 食盐中毒与异嗜癖

Salt Poisoning and Allotriphogia

A 食盐中毒

食盐中毒，采食过多或饲喂不当饮水缺乏时，则极易使猪发生中毒。食盐中毒,实质是钠中毒,中毒量每千克体重为1.0～2.2克，致死量每千克体重为150～250克或3.7克。

一、症状与病理变化

出现呕吐和明显的神经症状,病猪表现兴奋不安,频频点头，张口咬牙，口吐白沫，四肢痉挛，肌肉震颤，来回转圈或前冲后退，呈角弓反张或侧弓反张姿势以致整个身体后退而成犬坐姿势，甚至仰翻倒地，四肢作游泳状划动，听觉和视觉障碍，刺激无反应，不避障碍，猛顶墙壁，体温在正常范围之内病程一般为1～4小时，体温在36℃以下者,预后不良。剖检可见脑脊髓各部可能有程度不同的充血、水肿，脑回展平和发水样光泽。切片镜检可见在脑膜及脑实质内有嗜酸性粒细胞浸润，血管周围间隙有大量嗜酸性粒细胞聚集，形成嗜酸细胞血管套（图52-1），病程较长的病猪，嗜酸性细胞血管套往往消退而被淋巴细胞、组织球和血管内皮细胞所取代。

二、治疗与预防

食盐中毒无特效解毒药，急性中毒的猪，用1%硫酸铜50～100毫升内服催吐后，内服粘浆剂及油类泻剂50～100毫升，使胃肠内未吸收的食盐泻下和保护胃肠粘膜，也可在催吐后内服白糖150～200克。

如恢复体内离子平衡,可静脉注射10%葡萄糖酸钙 为缓解脑水肿,降低颅内压,可静脉注射25%山梨醇液或50%高渗葡萄糖液，为缓解兴奋和痉挛发作，可静脉注射25%硫酸镁注射液或2.5%盐酸氯丙嗪或肌肉注射。心脏衰弱时，可皮下注射安钠加、强尔心等。

在利用含盐的残渣废水时，必须适当限制用量，并同其它饲料搭配饲喂；日粮内含盐量不应超过0.5%并均匀混合，以免过量；平时应供给足够的饮水，有利于体内多余的氯和钠离子及时随尿液排出，维持体液离子的动态平衡。

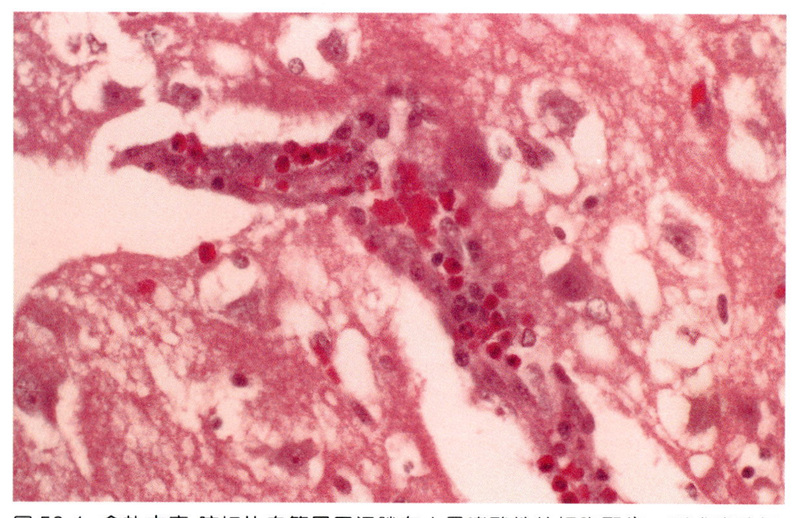

图52-1 食盐中毒 脑切片血管周围间隙有大量嗜酸性粒细胞聚集，形成嗜酸细胞血管套 HE × 10

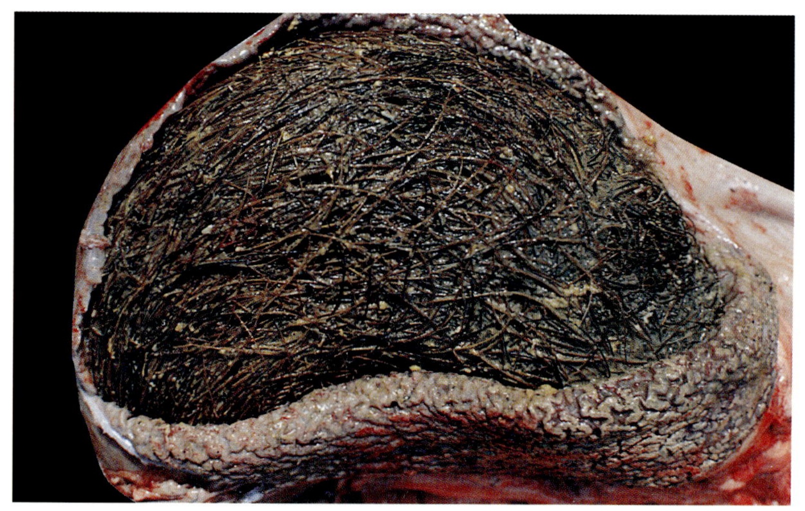

图52-2 异嗜癖 胃内积存的毛团

B 异嗜癖

异嗜癖（Allotriphagia）是由于代谢机能紊乱，味觉异常的一种非常复杂的多种疾病的综合症。临床上以到处舔食、啃咬，通常认为无营养价值而不应该采食的东西为特征，它不只是一种疾病，而且是许多疾病（如骨软症、慢性消化不良等）的一种临床症状。多发生在冬季和早春舍饲的猪群。

一、病因

通常认为与下列 4 种因素有关。

(1) 饲料中缺乏某些矿物质和微量元素。

(2) 饲料中维生素的缺乏特别是 B 族维生素的缺乏。

(3) 饲料中某些蛋白质和氨基酸的缺乏。临床上母猪吞食胎衣、胎儿可能就是这个原因。

(4) 一些疾病的经过中出现异嗜现象，如佝偻病、骨软症、慢性消化不良、寄生虫病以及饲喂精料或酸性饲料过多等。

二、临床症状

异嗜癖症状一般多以消化不良开始，接着出现味觉异常和异嗜症状，表现患猪舔食墙壁、啃食槽、砖头瓦块、玻璃小瓶、破布、尿碱、砂石、毛发（图 52-2）、鸡屎或有咸味的异物，啃咬或吞咽被粪便污染的垫草、杂物。食欲下降，生长不良，病猪渐渐消瘦，对外界刺激的敏感性增高，以后则迟钝，皮肤干燥，弹力减退，被毛松乱无光泽，口腔干燥，开始多便秘，其后下痢或便秘下痢交替出现，母猪常引起流产、吞食胎衣、仔猪则互相啃咬尾巴、耳朵等，当断奶仔猪、架子猪相互啃咬对方耳朵、尾巴和鬃毛时，常可引起互相攻击和外伤。个别患猪贫血、衰弱、食欲进一步恶化甚至发生衰竭而死亡。异嗜癖在临床上多呈慢性经过，对早期或轻症患猪，若能及时改善饲养管理，采取适当的治疗措施，很快就会好转，否则病程拖长，数月甚至 1 年随饲养条件的变化而变化，常呈周期性好转与发病的交替变化。严重病例最后衰竭死亡，也有的因吞食异物造成胃肠道阻塞、穿孔而引起死亡。

三、防治

在病原学诊断的基础上，视病因而定，缺什么补什么。根据饲料成份分析和当地土壤情况，补充所缺物质，保证全价日粮，根据猪的不同年龄、不同用途和不同品种进行相应的饲料配制。

53 猪呼吸道疾病综合征
Porcine Respiratory Disease Complex PRDC

猪呼吸道疾病综合征是由病毒、细菌、支原体等微生物为主要病原体感染所致的一种多因素的呼吸道综合征。由病毒、细菌、支原体、寄生虫以及环境应激和猪体免疫力低下等多种因素互为因果，相互作用而发生的。

图 53-1 猪呼吸道疾病综合征发病的哺乳仔猪

图 53-2 发病的 6～10 周龄断奶仔猪

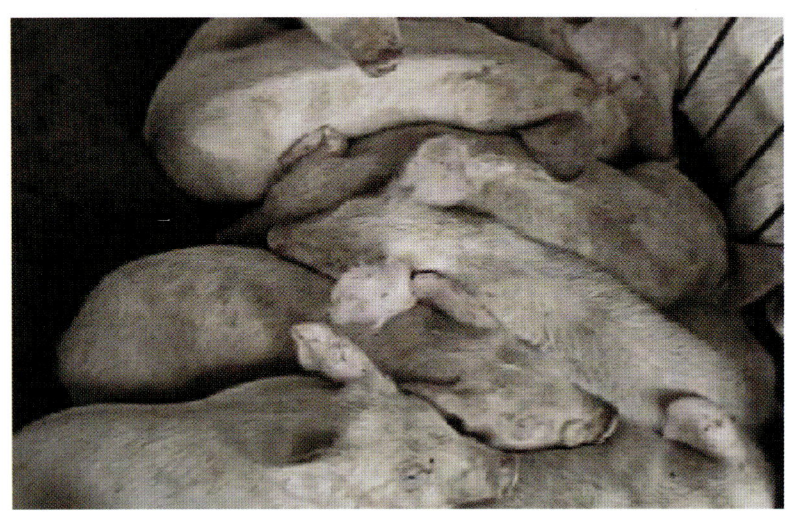
图 53-3 发病的 13～15 周龄育成猪

图 53-4 病猪呼吸困难、喘气

一、病原与病因

1.原发性感染是病毒

多由猪繁殖与呼吸综合征、猪伪狂犬病、猪瘟、猪流感、呼吸道冠状病毒、猪圆环病毒(PCV2)，感染引起发病。

2.继发感染是细菌

猪巴氏杆菌、猪链球菌、病猪副伤寒（沙门氏菌）、胸膜

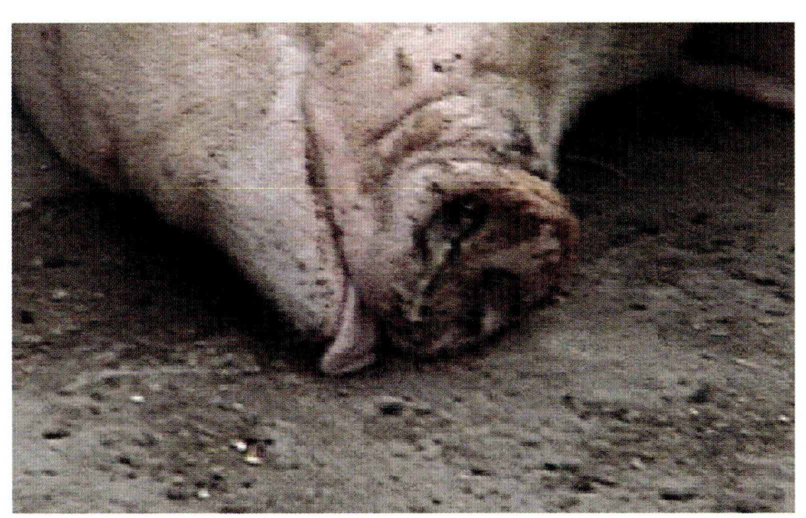

图 53-5 鼻孔流出粘液性或脓性分泌物

图 53-6 病猪结膜炎眼睛肿胀

图 53-7 猪呼吸道疾病综合征病猪生长缓慢

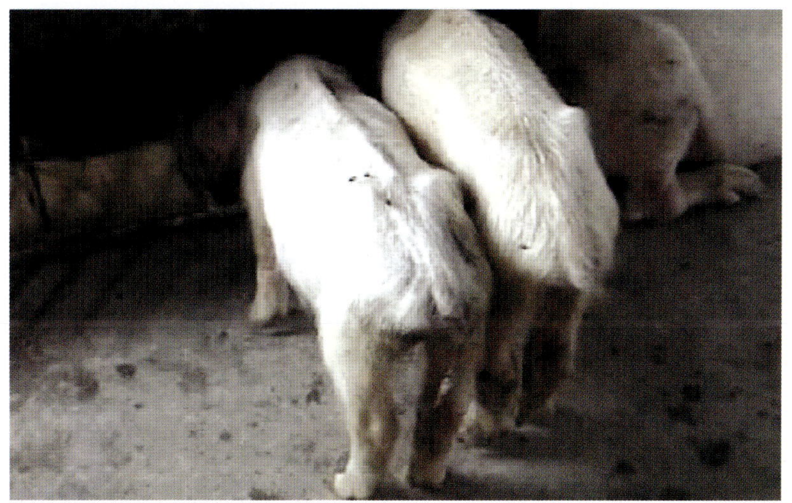

图 53-8 猪呼吸道疾病综合征病猪消瘦

肺炎放线杆菌、猪副嗜血杆菌、附红细胞体病以及产毒多杀性巴氏杆菌、猪气喘病支原体。

3.寄生虫

弓形虫、后圆线虫(肺丝虫)、蛔虫、猪球虫等。而支原体在本综合征的发生与流行具有特殊作用。因为猪呼吸道疾病

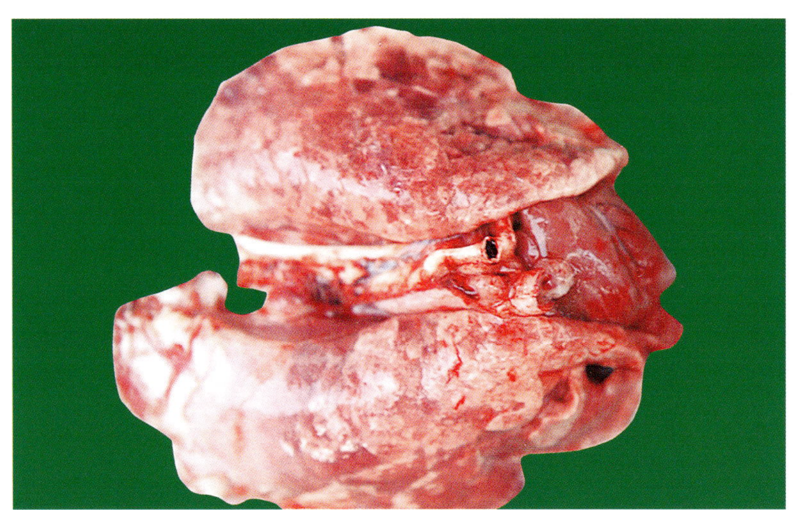

图 53-9 弥漫性间质性肺炎呈花斑样

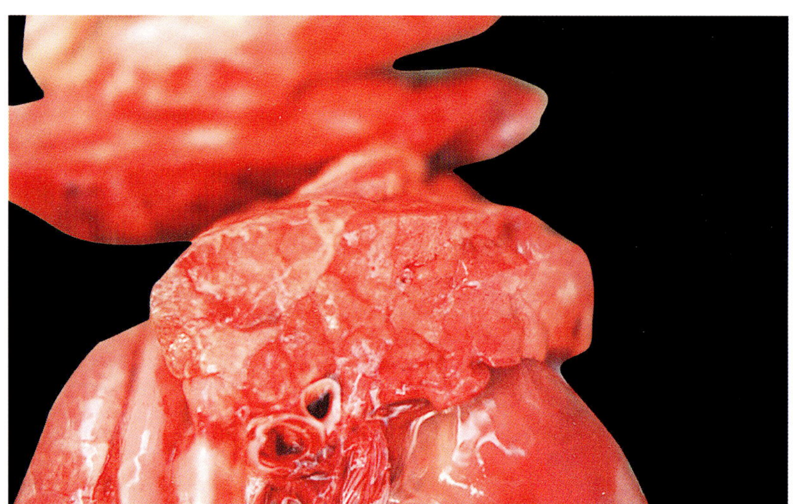

图 53-10 肺横切面

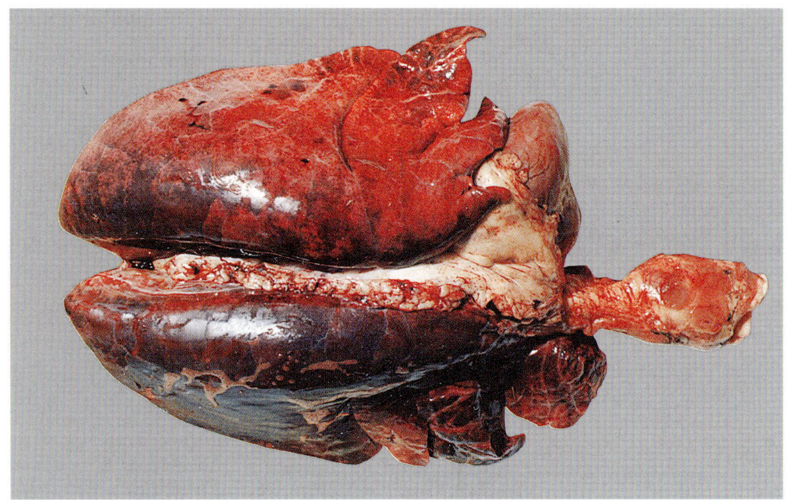

图 53-11 间质性肺炎

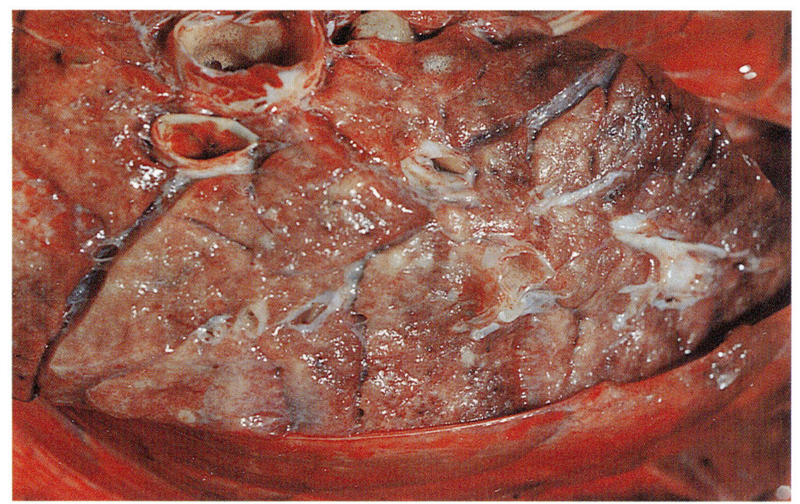

图 53-12 肺横切面

综合征(PRDC)不是由单一病原微生物引起的，所以从不同生产体系和猪场分离的病原体有很大的差异。

二、流行病学

1.易感猪群：哺乳仔猪(图53-1)，6～10周龄断奶仔猪(图53-2)与13～15周龄育成猪(图53-3)。

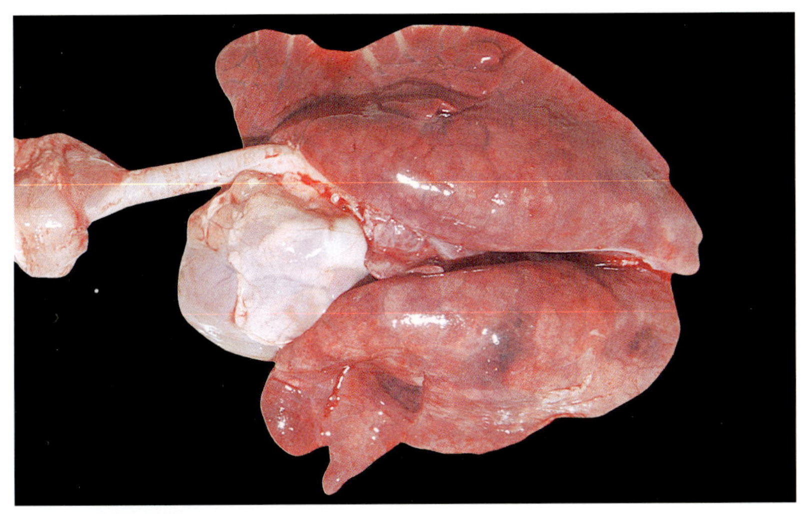

图 53-13 肺出血

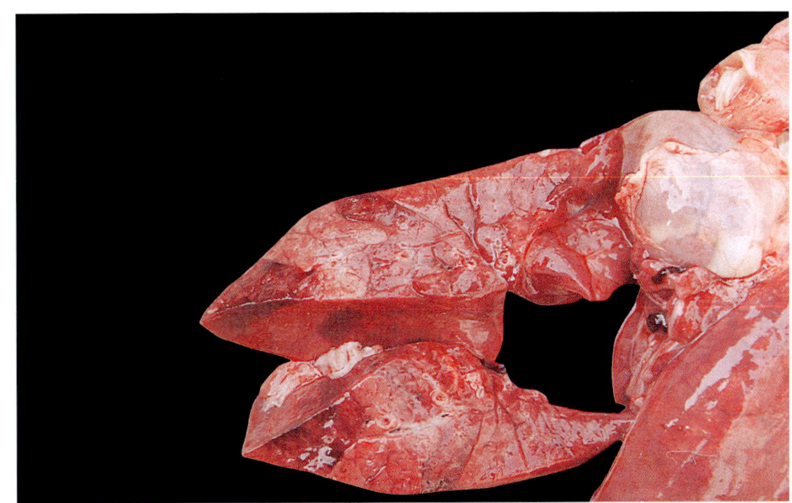

图 53-14 肺横切面

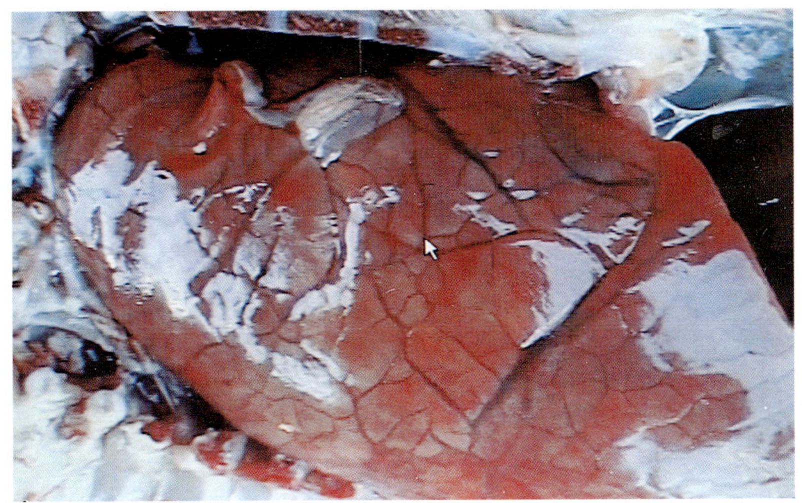

图 53-15 肺瘀血水肿

图 53-16 肺气肿

2.传播途径:通过被污染的空气经呼吸道传染。

3.流行特点:成年猪为亚临床症状，持续性感染、隐性感染、带毒，母猪呈繁殖障碍，垂直感染胎儿。公猪带毒，精子出现畸形，可通过受精传播病毒;猪场的感染率很高。猪群的

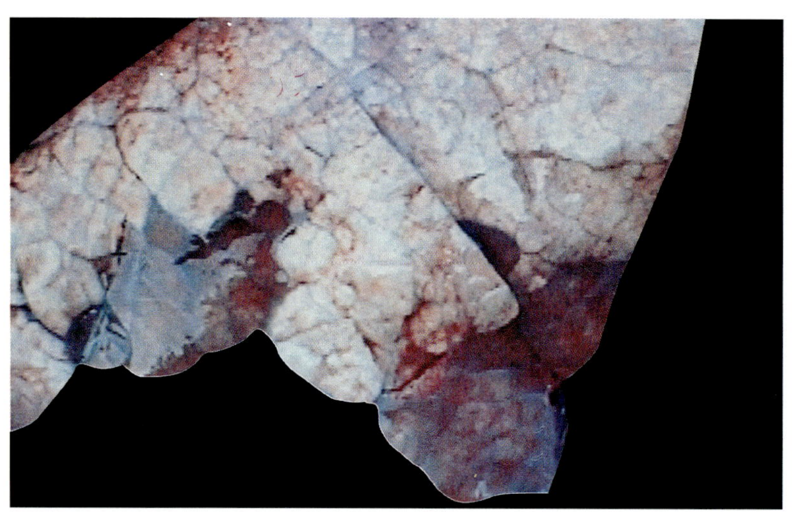
图 53-17 肺肉变

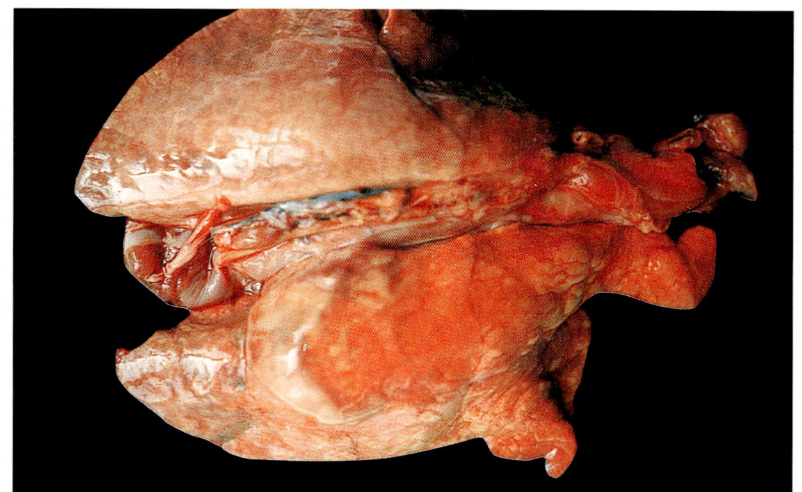
图 53-18 肺化脓灶

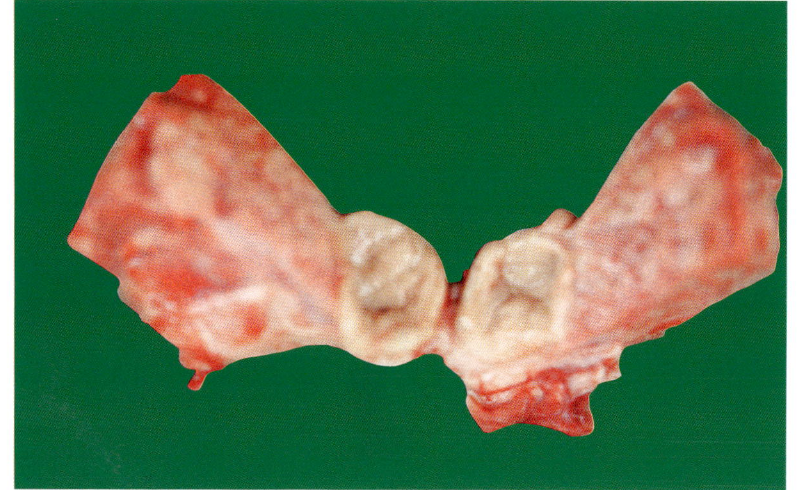
图 53-19 肺横切面脓肿灶

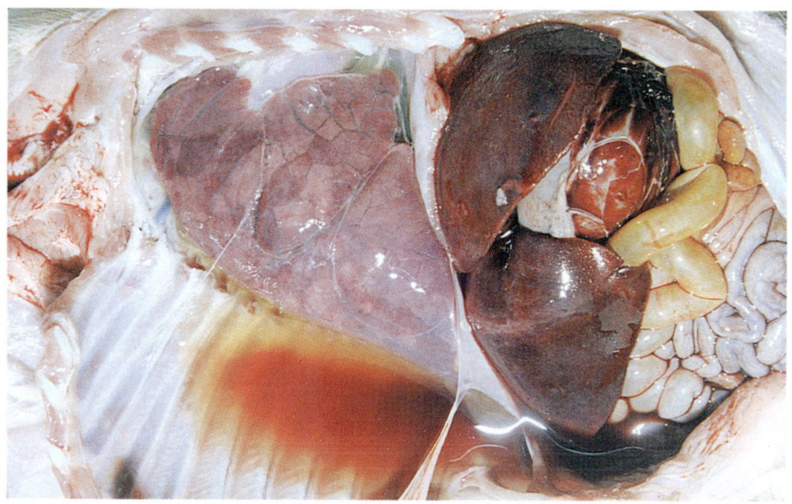
图 53-20 肺维纤素渗出

免疫功能下降（免疫抑制）。断奶后几周可出现暴发或散发。发病率 20%～90%；发病猪死亡率 15%～85%，猪龄越小死亡率越高。

4.与猪呼吸道疾病综合征(PRDC)相关的几种疾病: 猪繁殖与呼吸综合征，猪气喘病，猪传染性胸膜肺炎，猪流感，猪副嗜血杆菌病，猪萎缩性鼻炎，猪链球菌等。

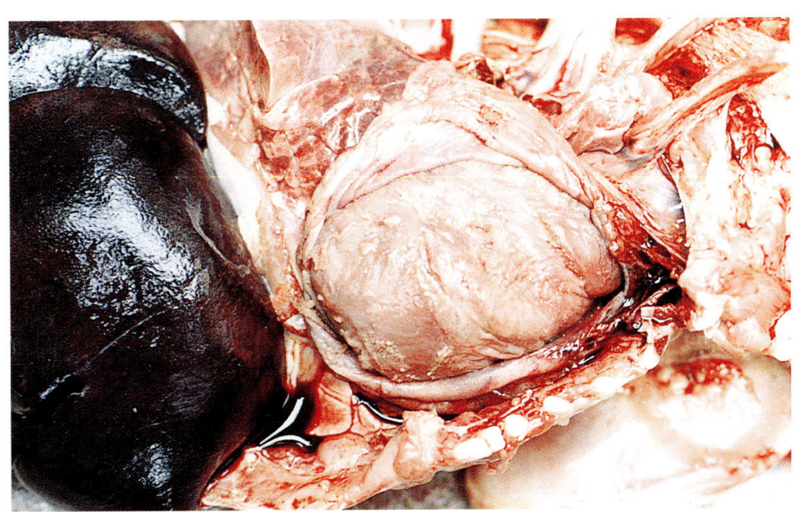

图 53-21 维纤素性心包炎

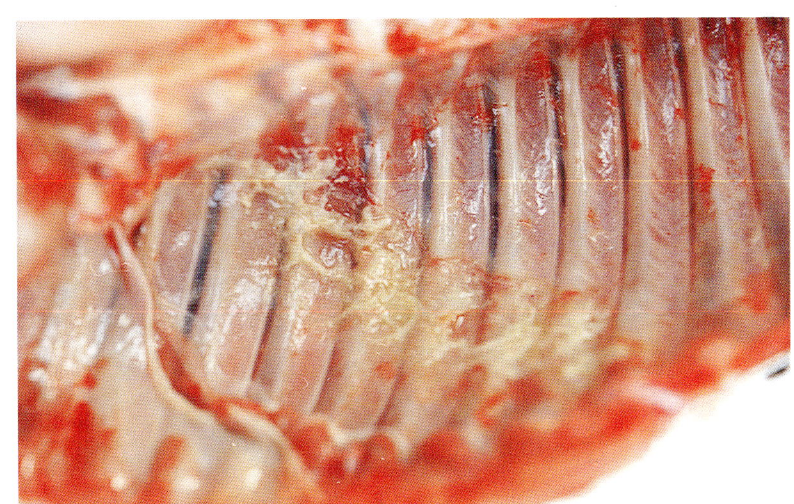

图 53-22 胸肋膜肋膜纤维素性炎

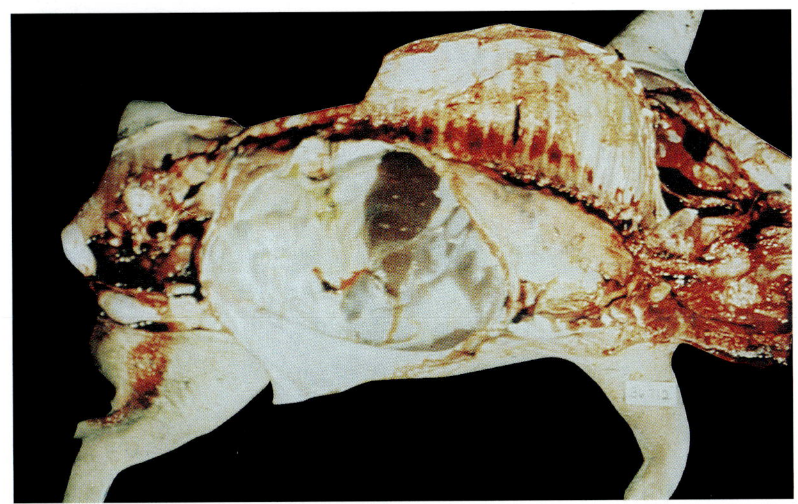

图'53-23 广泛性多发性纤维素性浆膜炎

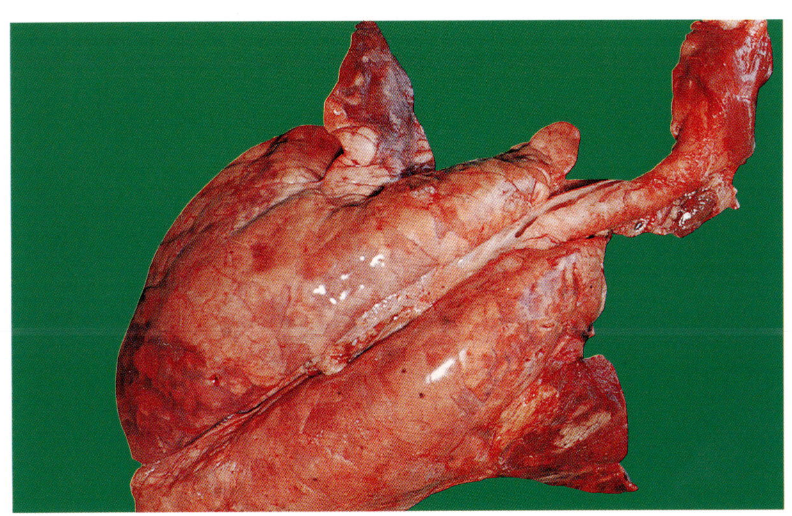

图 53-24 肺部病变与猪支原体肺炎相类似

5.应激因素：密度过大，猪的混群不同来源的猪饲养在一起，猪舍温度变化过大，舍内通气不良，灰尘、有害气体以及异物等。

三、临床症状

以呼吸系统综合症状为主要特征。病猪精神沉郁，发热、呼吸困难、喘气(图53-4)、腹式呼吸、咳嗽、鼻孔流出粘液性

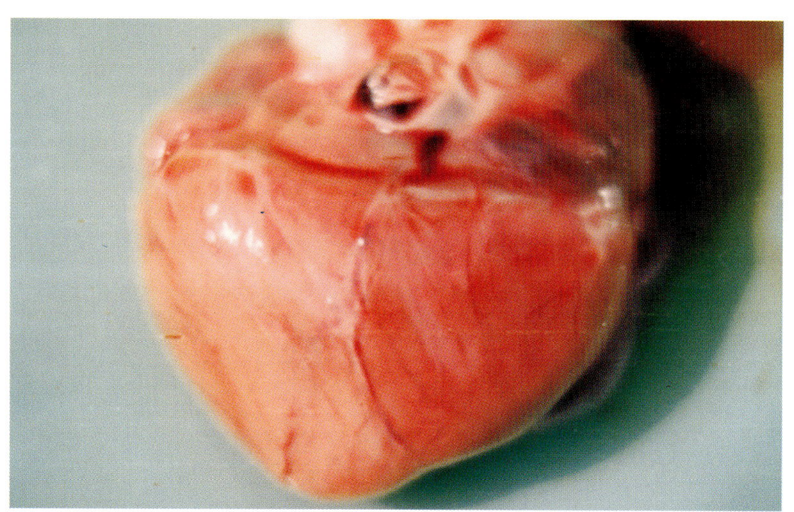

图53-25 心扩张与肌营养不良

图53-26 肝营养不良

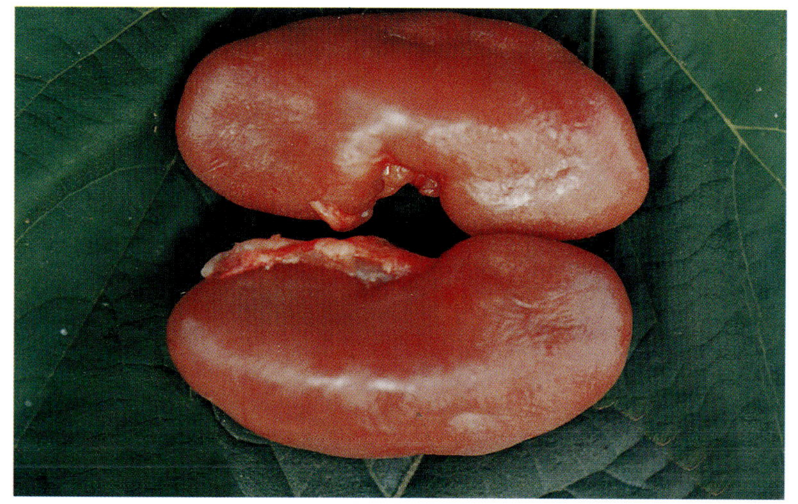

图53-27 肾营养不良

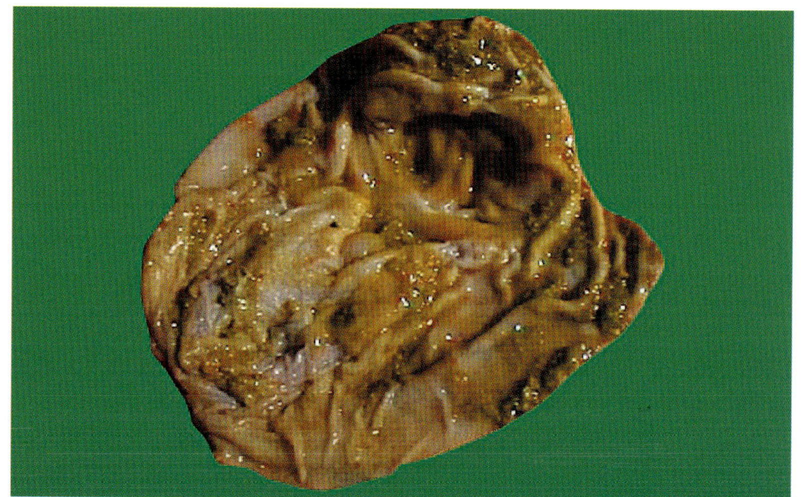

图53-28 胃肠不同程度的卡他性炎

或脓性分泌物(图53-5)，结膜炎眼睛肿胀(图53-6)、食欲下降或无食欲、生长缓慢(图53-7)、消瘦(图53-8)，死亡率升高。

四、病理变化

几种疾病合并混合感染，其病理变化复杂多变，不易鉴别病变性质。主要病变为弥漫性间质性肺炎(图53-9、图53-10、图53-11、图53-12)，表现为肺出血(图53-13、图53-14)、瘀血、水肿、肺间质增宽(图53-15)，气肿(图53-16)、肉变(图53-17)、肺有化脓灶(图53-18、图53-19)，有些病例出现广泛性多发性纤维素性浆膜炎(图53-20、图53-21、图53-22、图

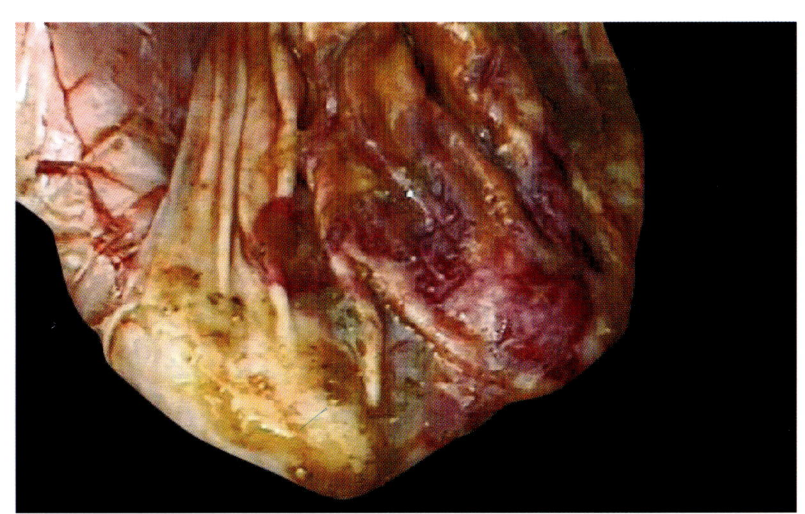
图53-29 胃肠不同程度的出血性炎症

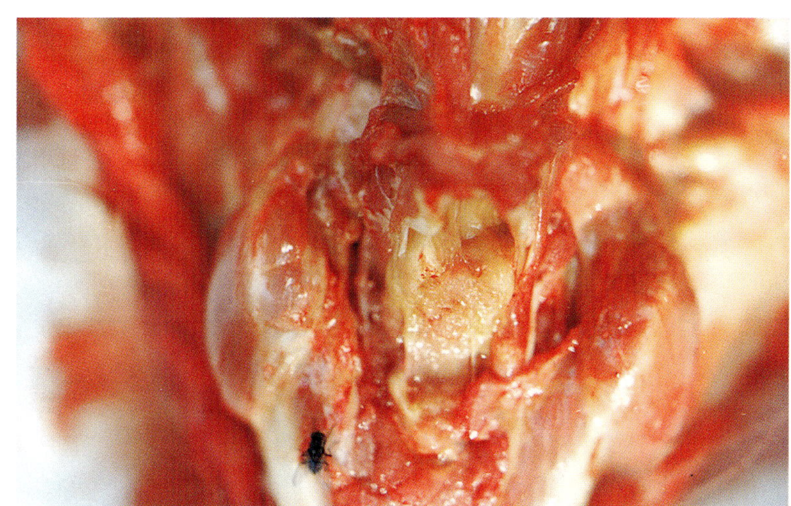
图53-30 扁桃体肿胀化脓坏死

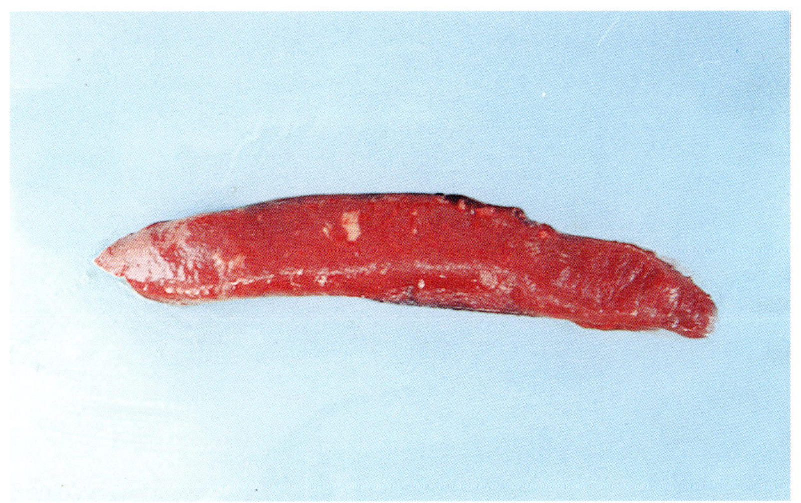
图53-31 脾边缘出血坏死灶被吸收

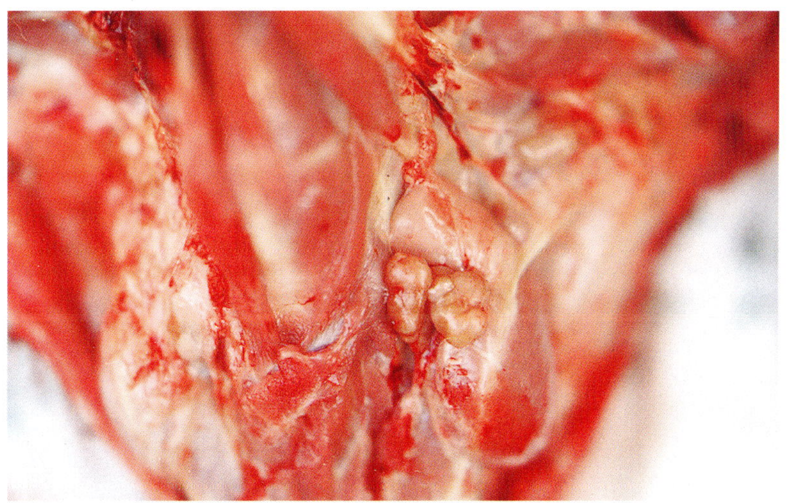
图53-32 下颌淋巴结肿大

53-23)，有些肺部病变与猪支原体肺炎相类似(图 53-24)。此外尚可出现肺心病的病变，如右心扩张(图 53-25)，引起肝(图 53-26)、肾瘀血与营养不良(图 53-27)；胃肠程度不同的卡他性与出血性炎症(图 53-28、图 53-29)，免疫器官出现程度不同的病变，扁桃体肿胀化脓(图 53-30)，脾(图 53-31)淋巴结肿胀(图53-32～图53-37)肝胆囊肿胀内有胆石样栓塞(图53- 38)；组织学为间质性肺炎(图 53-39、图 53-40)。

五、诊断

除了临床和病理学诊断外，确诊需应用病原学与免疫学

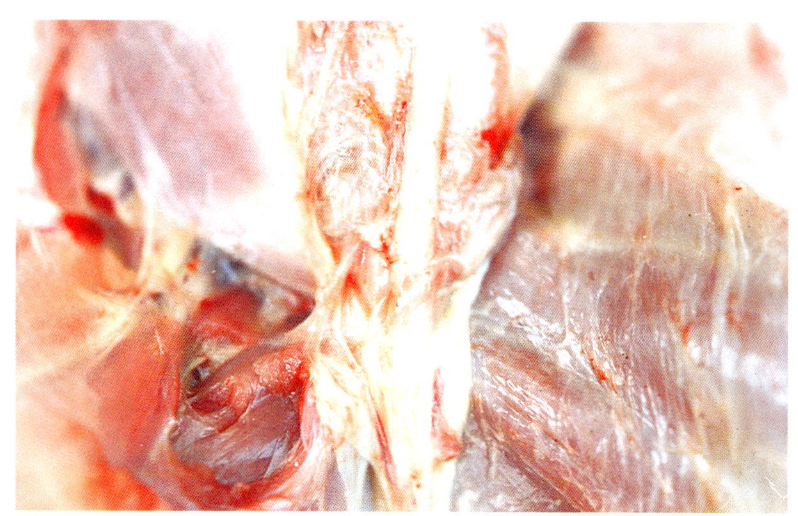
图 53-33 腹股沟淋巴结肿大

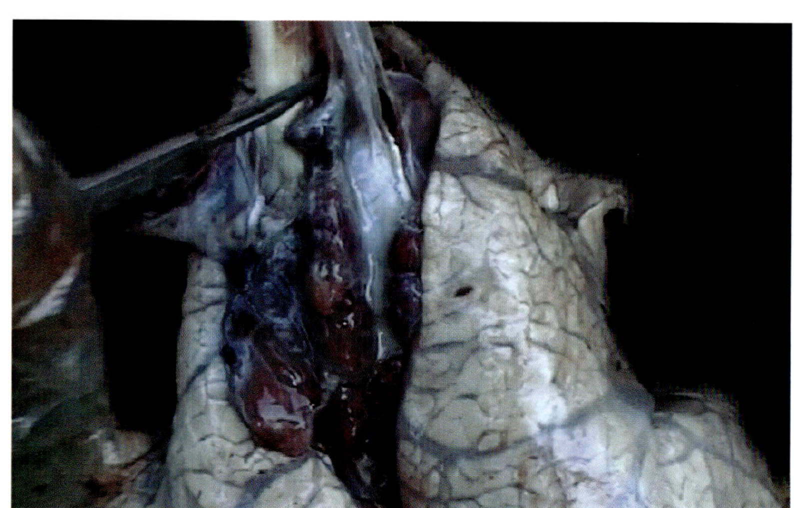
图 53-34 肺门淋巴结肿大

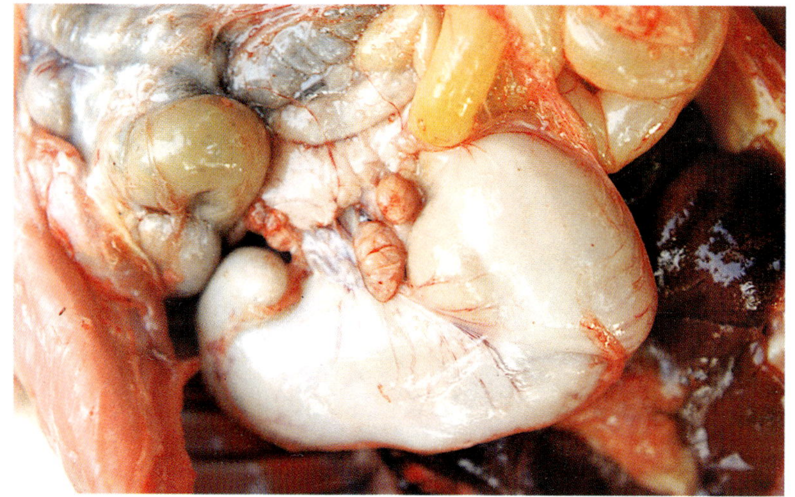
图 53-35 胃所属淋巴结肿大

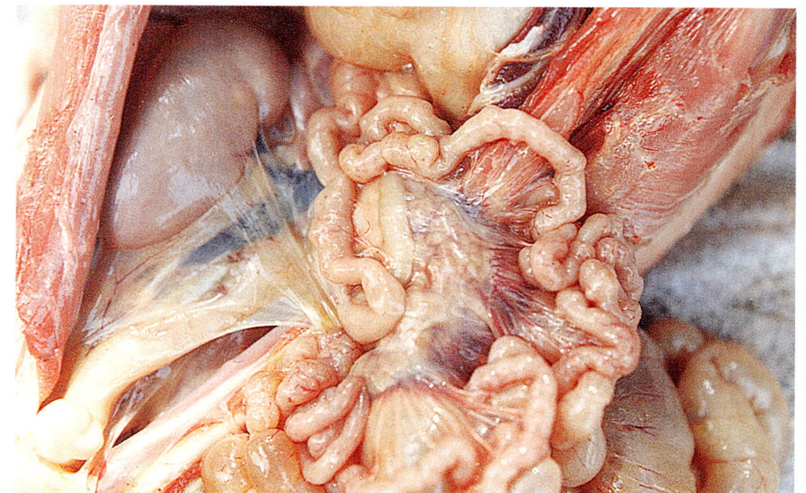
图 53-36 小肠所属淋巴结肿大

方法，最后根据本场实际情况确定病性。

六、猪呼吸道疾病综合征生物安全保健措施

科学的营养标准与饲养密度，全进全出的饲养方式；减少转栏与混群次数；控制猪舍温度与舍内空气质量；作好防蚊、蝇，灭鼠；搞好舍内外与猪体清洁卫生和消毒工作。关键是制定适合本地区情况的科学免疫程序，在做好猪瘟免疫接种的基础上，控制和降低猪群猪繁殖与呼吸综合征病毒、猪圆环病毒2型的感染率，同时用疫苗和药物预防和治疗猪气喘病等疫病的发生和流行。

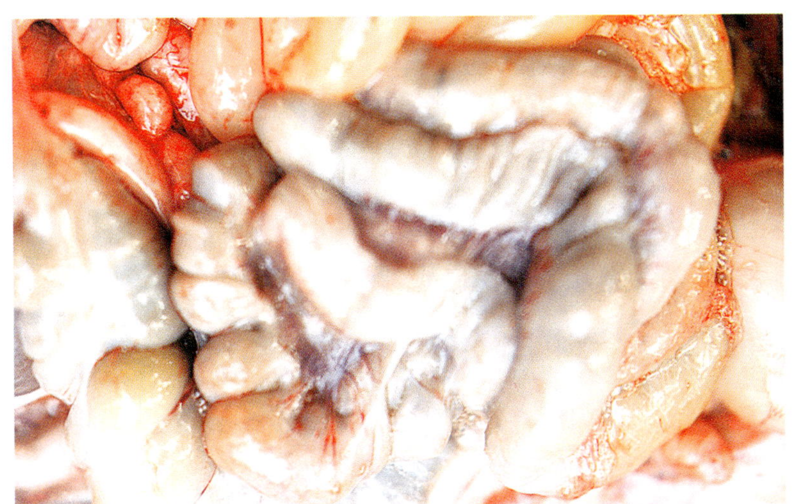

图 53-37 大肠所属淋巴结肿大

图 53-38 肝胆囊肿大内有胆石样栓塞

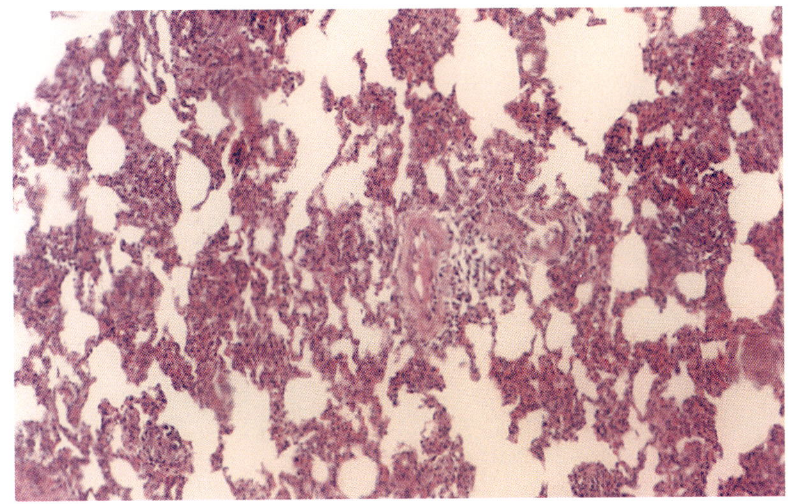

图 53-39 弥漫性间质性肺炎肺间膈炎性细胞增生 HE × 10

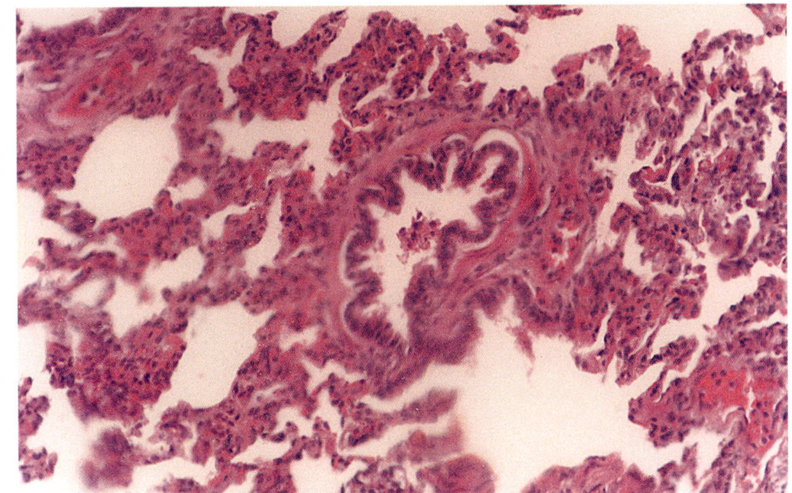

图 53-40 弥漫性间质性肺炎 支气腔内炎性分泌物 HE × 10

54 猪场生物安全控制体系的建立

畜牧业领域养猪生产中猪病防治体系即生物安全控制体系。该体系以生命科学为基础，根据畜牧兽医各学科、系统工程学、运筹学、管理学的原理，与猪生物学特性和病原、宿主、环境辨证关系，养猪实施封闭式管理，全进全出的生产工艺流程，以环境、营养、管理为基础的有机配合，集中国内外猪病防治的先进技术结合我国的实际，制定适合国情的防疫灭病技术模式，首先是防止疫源侵入，其次是净化种群。组装成配套的生物安全控制体系即防疫灭病技术体系模式。

一、贯彻预防为主的方针

调查研究掌握猪场附近及周围地区传染病、常发病、营养缺乏病及流行发生规律，建立行之有效的防疫程序，检疫隔离制度，免疫程序及防治措施。使猪场防疫与生产过程标准化。

二、猪场兽医卫生防疫制度的制定

1.建立健全防疫组织：猪场应建立厂长统一指挥，以兽医为主，饲养员后勤职工紧密配合，防疫灭病组织。全场上下齐心合力，步调一致，认真贯彻防疫措施，才能控制疾病的发生和流行。

2 .坚持严格执行防疫制度：各猪场根据本厂实际情况，制定猪场防疫制度。

3.定期消毒、灭鼠、灭蝇、驱虫：猪场贯彻每季度大消毒一次，平时用水冲洗猪舍，每周带猪消毒一次。产房全进全出方式进行消毒。

4.猪场实行封闭式管理:生产区和生活区隔离分开。猪场要坚持封闭式管理，饲养人员日常住在猪场生活区宿舍，定期轮休，回猪场时洗澡消毒更衣换鞋。

三、环境控制

1.猪场设防疫围墙:在猪场围墙四周，猪舍之间、道路两旁种植树木鲜花，绿化美化起到防疫屏障作用。

2.完善基础防疫设施：猪场要控制疫病发生，必须设消毒池，更衣室，洗澡间，兽医室，病死猪处理场，粪便发酵场。

四、疾病监测

疾病的监测是猪场预防疾病的首选技术，可把疾病消灭在萌芽状态。常用以下几种方法：

1.临床学方法:是疾病监测和诊断的最基本常用的方法，可为进一步诊断疾病提供依据，许多疾病的临床症状都可为疾病诊断的提供根据，例如出现神经症状可怀疑为伪狂犬、乙型脑炎、李氏杆菌。流产、死胎、木乃伊胎可怀疑为猪瘟、细小病毒、布氏杆菌、蓝耳病、弓形虫病。

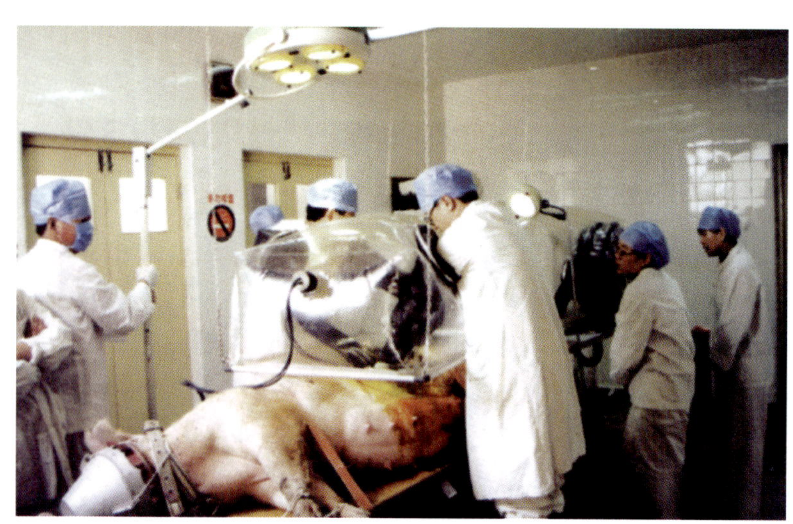

图 54-1 北京养猪育种中心科研人员正在做 SPF 剖腹产手术

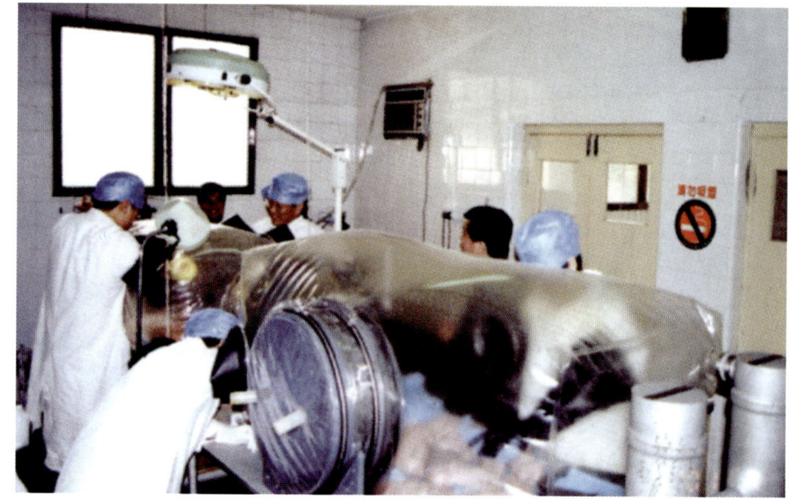

图 54-2 北京养猪育种中心科研人员正在做 SPF 剖腹产手术

2.病理解剖学方法： 猪场经常有淘汰猪，死猪、流产胎儿、死胎等，日常进行剖检可发现一些病变，对病变进行分析判定，可反映猪群的饲养管理、营养情况。对一些疾病可提供一些早期预防措施，特别是对营养代谢病、寄生虫病，都可提供监测诊断结论。

3.血液学监测和诊断： 用常规方法经常有选择的对分娩母猪、哺乳母猪、病猪作血常规、检查红白细胞总数，血红素含量，白细胞分类，血清钙、磷、锌、硒等的测定，对传染病特别是对营养代谢病监测起到心中有数事半功倍的作用。

4.细菌培养和药敏试验： 对仔猪下痢，每半年做一次细菌培养和菌型鉴定及药敏试验，都可针对性地用药。这样可以减少抗药性，提高疗效，节约费用。

5.免疫监测与免疫学诊断技术: 应用各种方法检验抗原和抗体，以掌握和了解病毒病猪瘟、口蹄疫、传染性胃肠炎、流行性腹泻、繁殖呼吸综合症、乙型脑炎、猪细小病毒等。细菌性病猪丹毒、猪肺疫、传染性萎缩性鼻炎、猪痢疾、气喘病、布病、衣原体、猪传染性胸膜肺炎、钩端螺旋体病等。寄生虫病猪旋毛虫、囊虫、弓形虫病等病的猪体免疫状况和疫病发生情况。

五、传染病控制

猪传染病的流行必须有传染源、传染途径、易感猪三个基本条件同时存在，缺一不可，依此控制传染病的发生和流行。但目前我国一般猪场还达不到标准化猪场防疫水平，要采取制定防疫制度、疫病监测、免疫接种等手段控制猪传染病的发生和流行。各种猪场应根据本地区的流行的疫病制定出本场的免疫程序。传染病免疫程序：用免疫学监测的方法，在确定猪群的免疫状态基础上，选定疫苗种类，制定免疫时间、免疫日龄、免疫次数、免疫剂量等，特别对猪瘟应制定出既能抵抗猪瘟临床感染又能防止亚临床感染和阻止强毒在体内复制和散毒的措施。战略上控制病毒性传染病为重点；战术上认真对待出现的每种疾病。

六、寄生虫病控制

普查： 对新建猪场，用检查虫卵、尸体解剖、血清学的方法进行，然后确定寄生虫的动态分布种类及优势种群。其中主要有蛔虫、疥螨、包囊型弓形虫等。药物选择：应选择安全、高效、广谱、残留低的药物，伊维菌素的各种制剂为首选。

程序： 首次实施本寄生虫控制程序时，首先对全场猪只进行彻底的驱虫，然后彻底大消毒一次。新购入猪用伊维菌素后隔离饲养至少30天才能和其它猪并群饲养。可控制猪蛔虫、猪疥螨的发生和流行。

七、营养缺乏病的控制

仔猪缺铁性贫血、缺硒病、妊娠母猪缺钙症等疾病。不能轻视营养缺乏病预防，这些疾病一旦发生出现临床症状，再采取措施就为时过晚，往往成批发生而造成直接经济损失也是相当严重。故应定期对猪血液与饲料进行营养分析等，以做到对营养缺乏病的针对性防治。

八、药物预防

主要是仔猪断奶后的腹泻和育成猪、育肥猪呼吸道疾病以及弓形虫病，选择敏感药物，价格低的、有效的药物在饲料中或饮水添加进行预防，药物剂量为预防量，投予药物持续时间6天。常用各种抗生素类和化学合成类药物等，投药时应注意不干扰免疫接种。育肥猪出栏前2个月不投予任何药物和硒制剂。

九、无特定病原猪群的建立

无特定病原(Specific Pathogen Free S P F)，是指一个畜群中不患有某些指定的特定病原微生物和寄生虫疾病，畜禽呈明显的健康状态。目前认为无七种特定病原，无猪喘气病（MPS）原、无猪痢疾（密螺旋体SD）病原、无猪萎缩性鼻炎（AR）病原、无传染性胃肠炎（TGE）病原、无虱和螨病原、无弓形虫病原。同时无蓝耳病、细小病毒、猪瘟等绝大多数急慢性传染病原。50年代初，美国内布拉斯加州的Young首先提出了SPF的概念，并生产出了SPF猪。不久，就发现SPF猪在养猪业中建立健康猪群的重要作用，从而引到养猪生产中。20世纪80年代以末因传染病种类增多，特别是病毒性传染病出现新的特点，免疫抑制性疾病的出现，而多发生继发感染与混合感染，使疫病趋向复杂化，因多种病原互为因果，形成恶势循环，使疾病控制难度增大。解决的有效途径 ，即我国种猪场核心群应当采用SPF方法培育种猪，实行封闭式管理，全进全出的生产工艺流程，以环境、营养、管理为基础的有机配合，才能控制许多疫病的流行，每个省市都应当采用SPF方法培育种猪。我国在70年代三江白猪育种过程中，为了控制气喘病采用SPF方法成功的培育出三江白猪。北京养猪育种中心建立了S P F猪场，为我国养猪业中建立健康猪群提供先进技术(图54-1、图54-2)与优良的种猪。是我国未来养猪育种与猪病控制的方向，是成功之路。

55 建立SPF猪生产繁育系统

SPF是Specific Pathogen Free的英文缩写，SPF猪即“无特定病原猪”，是指猪群无某特定病原微生物疾病和寄生虫病，猪群呈现明显的成果：

一、建立SPF猪生产繁育系统的必要性

SPF猪生产计划是由美国Young博士首先提出的，在养猪发达的欧美国家多数建立了SPF猪生产繁育系统，与普通猪群比较能获得较好又稳定的成果：

(1)能使耗料增重比降低10%；

(2)其日增重提高10%；

(3)使兽医费用开支降低30%；

(4)可以减少由疾病所致的屠体折扣量。

我国是猪肉生产大国，1998年，中国猪肉产量3973万吨，占世界猪肉总产量的45%，出口10.6万吨，仅占世界猪肉出口量的2.4%（乔娟：中国肉类产品竞争力分析）。我国已成为WTO成员国，随着国际贸易的不断扩大和最终达到全面开放，种猪和猪肉产品走向国际市场即是我国一项巨大的农业资源，也是促进养猪业稳步发展和农民致富的重要因素之一。

猪肉走向国际市场，面临着严峻的挑战，它不仅要合乎国际上猪肉出口的各项质量标准、卫生标准、有毒有害残留物合格标准，更重要的是生猪的总体健康标准。由于我国人口稠密、肉食品流动频繁、种猪来源复杂，特别是从国外引进种猪逐年增加，因此，加强疫病控制十分重要。当前，我国正在部分省市实施“无规定疫病区示范区”建设，它是一项与国际市场接轨的重要举措，而SPF猪生产繁育体系的建立应是重要内容之一。在我国不断发展集约化、现代化养猪业的今天，笔者认为，有计划地开始建设SPF猪生产繁育系统十分必要。

二、SPF猪的概念及技术内涵

1、SPF猪的概念

SPF猪是指猪群无某种特定病原微生物疾病和寄生虫疾病，猪群呈明显的健康状态。据美国SPF计划创始人Young博士称：SPF猪是对妊娠末期的健康母猪通过子宫切除或子宫切开手术获取仔猪，在无菌环境中饲喂超高温消毒牛奶，在此期间，给仔猪接种乳酸杆菌，增强其消化功能，21天后转入环境适应间饲养46周，使其产生对环境的适应能力后转入严格卫生管理的猪场育成，这样育成的猪称为初级SPF猪。初级的SPF猪正常配种繁殖生产的后代称为二级SPF猪。不管是初级还是二级SPF猪，只要不污染所控制的疾病，统称为SPF猪。此方法主要依据是利用胎盘的屏障作用净化不能通过主要由垂直感染的各种疾病，从而生产高度健康的猪群。

2、SPF猪疾病控制技术

（1）通过严格的对剖腹产母猪引进前的化验室检验、排除猪瘟、口蹄疫、猪细小病毒、猪伪狂犬、猪蓝耳病、猪传染性胃肠炎等病毒的传播机会。

（2）通过剖腹产切断猪肺炎支原体、猪萎缩性鼻炎、猪痢疾、猪丹毒、猪传染性胸膜肺炎等病原的传播途径。

（3）通过严格的环境卫生控制措施，避免由鼠、鸟传播的鼠疫、乙脑、弓形体等疾病和旋毛虫、囊虫、绦虫、虱、螨等多种体内外寄生虫病。

（4）通过严格的消毒卫生防疫措施切断外部疾病的传播途径，并对SPF猪群定期化验监测，以保持SPF猪群稳定的健康状态。

三、建立SPF猪生产繁育系统的可行性

我国早已为建立SPF猪生产系统进行了初步探索，“北京市SPF猪育种管理中心”座落在京郊西山深处，于1988年开始筹建，是国家科委重点攻关项目，与中国农业大学、中国农科院、中国兽药监察所等科研单位合作实施，并从丹麦、美国引进技术和设备，1992年通过国家科委验收并获科技进步奖。近十年来又进行了大量的相关软科学研究，实践证明是成功的，由试验到生产摸索出适合我国国情的一整套SPF猪生产技术。SPF猪育种管理中心设有完整的剖腹产手术室、仔猪寄养隔离系统和SPF猪核心猪场，有150头SPF母猪的生产繁殖猪舍。几年来，已实施剖腹产手术208例，成功率99.5%，剖产活仔2060头，3周龄寄养成活率99%，已供应生产单位SPF种猪及实验动物用猪一万余头，为在我国建立SPF猪生产繁育系统进行SPF猪产业化生产创造了先决可行性条件。

由于SPF猪的明显健康状态，其各项生产指标显著优于普通猪群，以SPF英系大白猪为例：60日龄成活率98.4%，平

均146日龄体重100千克，测定期日增重1196±10.45克，饲料转化率2.38：1。

四、建立SPF猪生产繁育体系推进SPF猪产业化生产的前景

SPF猪技术的引进和试验生产的成功是一项科研成果，而将这项成果尽快转化为生产力，为我国养猪业健康发展服务，可使我国无论在种猪生产还是在猪肉产品加工方面，尽快实现与国际接轨，适应国际市场发展的需要。

北京市SPF猪育种管理中心现有150头SPF母猪核心群，每年可供给建立两座500600头基础母猪规模的二级SPF种猪场。加之SPF猪剖腹产手术室每年进行剖腹产手术100例的能力，每年又供建立两座300头一级SPF种猪场，新建成的一级SPF种猪场又可以为二级SPF种猪场提供种猪。按此发展模式，利用10年的时间，可使全国50%左右的种猪实现SPF化。可建立起金字塔模式的SPF猪生产繁育体系，实现SPF猪产业化生产。

我国是养猪大国，如果国家有关部门有组织有计划地在各养猪大省实施SPF猪计划，逐步推动SPF猪的发展，相信经过几年、十几年的努力，我国无论从质量上还是数量上，将成为真正意义上的养猪大国。（王朝军　李明　李纪平　严彩虹　唐诗　北京SPF猪育种管理中心）